PWM電源コントローラの開発に学ぶ

CMOS アナログIC回路の実務設計

吉田 晴彦 著
Haruhiko Yoshida

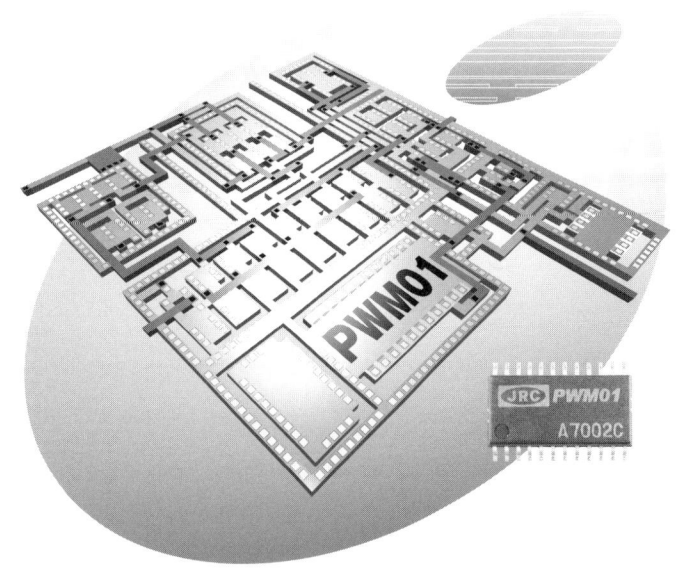

CQ出版社

PWM電源コントローラの開発に学ぶ
CMOSアナログIC回路の実務設計

■ 目 次 ■

まえがき ─────────────────────────── 9
本書で開発・設計したCMOSアナログIC PWM01 ─────── 口絵 1
ICができるまで（1）前工程…ウェハ・プロセスのフロー ────── 口絵 2
ICができるまで（2）後工程…パッケージングのフロー ─────── 口絵16
ICができるまで（3）フォト・マスクの製作工程 ────────── 口絵22

第1章　CMOSアナログICの開発・設計のあらまし ─── 39

1.1　アナログICの開発フロー ─────────────── 40
　早くても6～10ヶ月かかる ─────────────────── 40
　開発するICの仕様検討とスケジュール立案 ─────────── 41
　リスクの洗い出し精度が重要 ────────────────── 44

1.2　アナログIC回路設計の手順と勘所 ─────────── 49
　回路シミュレータの活用 ──────────────────── 49
　万能でない回路シミュレータ ────────────────── 51
　検証はワースト条件で行う ─────────────────── 54

1.3　アナログICレイアウト設計の手順と勘所 ──────── 58
　レイアウト設計のあらまし ─────────────────── 58
　CADで使用するレイアウト検証ツール ─────────────── 59
　アナログIC特有の難所はマニュアル検図で検証 ─────────── 60
　レイアウトに設計者の力量が現れる ───────────────── 64
　マスク製作工程へ ───────────────────────── 66

Appendix A　アナログIC設計者になろう！ ────────── 68
　設計技術力と評価技術力は車の両輪 ───────────────── 68
　幅広い知識と実践的なセンスが必要 ───────────────── 69

アナログICの回路設計者は価値が高い 71

第2章　PWMコントロールIC PWM01 開発のあらまし ── 73

2.1　PWM01の仕様検討〜回路設計までのフロー ─────────── 74
はじめにリスクの抽出 74
仕様書とスケジュールの作成 74

2.2　PWM01に使用するCMOSプロセスとトランジスタの特性 ─── 82
使用するプロセス 82
MOSトランジスタのシンボル 82
MOSトランジスタの直流特性 83
MOSトランジスタの小信号特性 85

（PWM01の要素回路設計）

第3章　基準電圧源/電流源&レギュレータの設計 ──── 87

3.1　基準電圧源の回路設計 ───────────────────── 88
基準電圧源の構成 88
基準電圧生成のしくみ 88
基準電圧の温度特性 89
V_{REF1}の電圧変動の改善が必要 90
プリレギュレータのしくみ 91
基準電圧（V_{REF1}とV_{REF2}）部のトランジスタ・サイズ検討 92
2Vで動作する基準電圧V_{REF1V0}用OPアンプ 93
基準電圧のトリミング回路 97
基準電圧源の全体回路 101
コラム3.1　オンチップ・レーザ・トリミングの実際 102

3.2　基準電流源の回路設計 ───────────────────── 103
基準電流源の構成 103
基準電流生成のしくみ 103
基準電流のトリミング回路 105
具体的なトリミング方法 108
基準電流源の全体回路 109

3.3　電圧レギュレータ（$VB1$）の回路設計 ─────────────── 110

基準電圧源および発振器のための4V・1mAレギュレータ 110
　　出力部：M6の検討 111
　　ロード・レギュレーションとは 112
　　ロード・レギュレーションを改善する 113
　　負荷容量を意識した位相補償 114
　　出力電圧のトリミング 117
　　過電流保護も欠かせない 120
　　電圧レギュレータの全体回路 122

3.4　電圧レギュレータ（VB2）の回路設計 ── 123
　　2V・5mAのレギュレータ 123
　　出力部：M15の検討 123
　　ロード・レギュレーションを良くするには 125
　　外付け負荷容量を意識した位相補償 126
　　電源電圧変動除去比（PSRR）を良くするには 128
　　出力電圧のトリミング 129
　　過電流保護の追加 131
　　全体回路 134

（PWM01の要素回路設計）

第4章　OPアンプの設計 ── 135

4.1　GB = 5MHzのOPアンプ設計 ── 136
　　GB = 5MHz，A_V = 75dBのOPアンプ 136
　　出力バッファのソース・フォロワ：M8の設計 137
　　出力バッファのシンク電流：M9の設計 139
　　差動増幅器のバイアス電流：I_5の設計 139
　　位相補償容量：C1の設計 140
　　差動増幅器の入力段：M1とM2の設計 141
　　差動増幅器のアクティブ負荷：M3とM4の設計 141
　　利得段のソース接地回路設計 141
　　位相補償抵抗：R1の設計 142
　　大信号入力時の過渡応答特性 144
　　全体回路 145

4.2　GB = 1MHzのOPアンプ設計 ── 146
　　U3，U4とほとんど同じ回路構成でよい 146

シミュレーションによる特性の検証 ·· 146

4.3 加算＋リミッタ・アンプの設計 ———————————— 148
電圧リミッタ付き加算アンプの構成 ··· 148
リミッタがかかっているときの位相補償を考慮する ····························· 150
クランプ入力電圧範囲 ··· 152
加算＋リミッタ・アンプとしての入出力過渡応答 ································ 154
コラム4.1　ダイオードを使ったリミッタ・アンプの構成 ····················· 155

（PWM01の要素回路設計）
第5章　三角波発振/PWMコンパレータ　その他の設計 —— 157

5.1　三角波発振回路の設計 ———————————————— 158
発振回路のあらまし ·· 158
電流発生部の構成 ·· 158
電流発生部の回路構成 ·· 159
出力段PMOS：M1サイズの検討 ··· 161
電流発生部の全体回路 ·· 161
三角波発生部の構成 ··· 162
充放電制御部の構成 ··· 164
発振停止部の構成 ·· 165
発振周波数f_{CT}はどうなるか ·· 166
三角波H側電圧/L側電圧の振幅レベル ·· 166
$VB1$へのノイズ回り込み対策 ··· 167
三角波発振器の全体回路 ··· 168

5.2　PWMコンパレータの設計 ———————————————— 171
PWM信号発生器のあらまし ·· 171
PWMコンパレータの構成 ··· 171
ハイ・サイド駆動のためのブートストラップ回路 ······························· 172
最大/最小デューティ・サイクル ··· 172
レベル・シフタの構成 ·· 174
PWMコンパレータの全体回路 ··· 175

5.3　低電圧誤動作防止回路の設計 ———————————————— 177
低電圧誤動作防止回路とは ·· 177
コンパレータにはヒステリシスを ·· 177

低電圧誤動作防止部の全体回路 ……………………………………………… 180

5.4　オープン・ドレイン出力段の設計 ——————————— 181
　　　出力段の構成 ………………………………………………………………… 181
　　　出力トランジスタの設計 …………………………………………………… 181
　　　デッド・タイム（ディレイ・マッチング）回路の設計 ………………… 182
　　　オープン・ドレイン出力段の全体回路 …………………………………… 187

Appendix B　PWM01全体回路図の検証 ——————————— 188

Appendix C　PWM01の設計予実表 ————————————— 192

第6章　CMOSアナログIC レイアウト設計の基礎 ——— 197

6.1　アナログICレイアウト設計のフロー ——————————— 198
　　　はじめはピン配置の検討 …………………………………………………… 199
　　　フロア・プランニング ……………………………………………………… 199
　　　ブロック・レイアウトの検討 ……………………………………………… 200

6.2　信頼性対策上必須のESD破壊耐量の確保 ————————— 201
　　　ICの静電破壊現象 …………………………………………………………… 201
　　　ESDの試験方法 ……………………………………………………………… 202
　　　ESD保護のための回路構成 ………………………………………………… 205
　　　ESD保護を考慮したレイアウト・ルール ………………………………… 208
　　　CDMに対するESD保護回路 ………………………………………………… 209
　　　ESD保護回路の設計 ………………………………………………………… 209
　　　PWM01における実際のESD保護回路 ……………………………………… 210

6.3　CMOS特有のラッチアップ耐量の確保 —————————— 213
　　　ラッチアップのメカニズム ………………………………………………… 213
　　　パルス電流注入法によるラッチアップ耐量測定 ………………………… 214
　　　電源過電圧法によるラッチアップ耐量測定 ……………………………… 214
　　　ラッチアップ対策のためのレイアウト …………………………………… 214

6.4　素子レイアウトの基本的な考え方 ———————————— 217
　　　MOSトランジスタのレイアウト …………………………………………… 217
　　　MOSトランジスタの種類 …………………………………………………… 217
　　　抵抗素子のレイアウト ……………………………………………………… 218
　　　キャパシタのレイアウト …………………………………………………… 219

第7章　PWM01のレイアウト設計 ── 221

7.1　基準電圧源のレイアウト ── 222
　V_{REF1}発生部 ── 223
　OPアンプ部 ── 223
　出力帰還抵抗と負荷抵抗 ── 225

7.2　基準電流源のレイアウト ── 226
　定電流発生回路 ── 226
　トリミング回路 ── 227
　NMOSカレント・ミラー ── 227

7.3　電圧レギュレータ（$VB1$）のレイアウト ── 228
　メイン回路ブロック ── 228
　出力帰還抵抗と負荷抵抗 ── 229
　位相補償用CR ── 230

7.4　電圧レギュレータ（$VB2$）のレイアウト ── 231
　メイン回路ブロック ── 231
　出力帰還抵抗と負荷抵抗 ── 232
　位相補償用CR ── 232

7.5　OPアンプのレイアウト ── 233
　メイン回路ブロック ── 233
　出力段（ソース・フォロワ） ── 234
　位相補償用CR ── 235

7.6　リミッタ・アンプのレイアウト ── 236
　リミッタ・アンプU6/U7 ── 236

7.7　三角波発振器のレイアウト ── 237
　三角波発生部と電流発生部（出力段PMOS） ── 238
　電流発生部と発振停止部 ── 238
　充放電制御部 ── 239

7.8　PWMコンパレータのレイアウト ── 240
　差動入力段 ── 240
　カレント・ミラー ── 241

7.9　低電圧誤動作防止回路のレイアウト ── 242
　UVLO_VB1/OR回路 ── 242

電圧検出抵抗 243

7.10 オープン・ドレイン出力段のレイアウト ─────── 244
出力制御部 244
出力NMOS 245

7.11 PWM01の全体レイアウトと各層のマスク・パターン ─── 246

Appendix D　PWM01のウェハ試作工程 ─────────── 252

第8章　試作ICの評価と信頼性の確保 ─────── 255

8.1 試作ICの特性評価フロー ──────────────── 256

8.2 アナログIC特性評価時の注意事項 ─────────── 258
測定器に関する注意事項 258
測定時の注意事項 261
コラム8.1　出力雑音電圧の評価方法 263
コラム8.2　評価試験時の静電対策 264

8.3 ICの設計品質確保と信頼性試験 ─────────── 265
信頼性設計とは 265
設計審査 266
ICの信頼性試験の実際 267

ICの信頼性試験装置と試験の風景 ─────────── 270

PWM01 開発仕様書 ─────────────────── 276

索引 ───────────────────────── 281

参考文献 ────────────────────── 287

著者紹介 ────────────────────── 288

まえがき

　CQ 出版(株)，インパルス(株)，新日本無線(株)の 3 社によるプロジェクト(**写真1**)で，学生や若手エンジニアの育成を目的に，教材となるような CMOS アナログ IC PWM01 を開発しました．本書では，PWM01 の開発過程のすべて，および開発を通しての勘所…ノウハウなどについて紹介します．

　第1章，第2章，第8章では，アナログIC 開発者が知っておくべき「回路設計やレイアウト設計の手順と勘所」，「フォト・マスク，ウェハ・プロセス，パッケージング」，

写真1　プロジェクト・メンバ

CMOS アナログ IC の技術者育成を目的に教科書や教材の作成を目指す．

「特性評価と信頼性試験」などを中心に，一般的なアナログ IC の仕様検討から製造ラインに量産移管されるまでの製品開発のフローについて説明します．第 3 章から第 7 章では実際にPWM01 を開発し，回路設計，レイアウト設計などの開発過程を説明していきます．

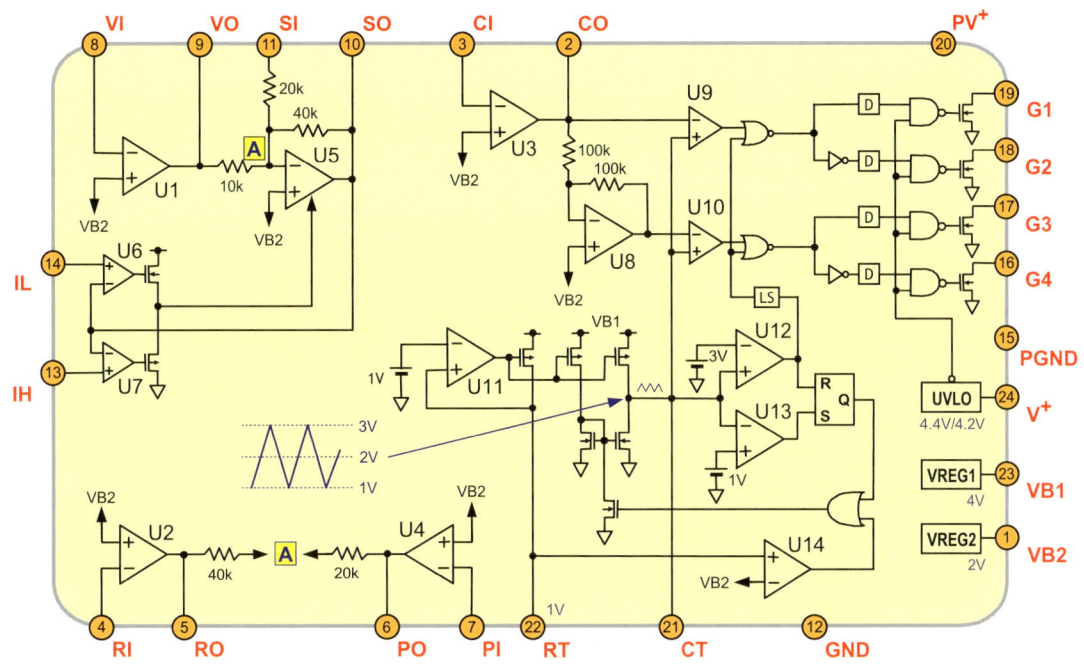

図1　開発・設計する CMOS アナログ IC　PWM01 のブロック図

PWM 制御用コントローラ IC. アナログの基本素子である OP アンプ，コンパレータ，発振回路，基準電圧源，レギュレータなどから構成される．

開発・設計・製作する CMOS アナログ IC PWM01 は，アナログ方式の PWM 制御フル・ブリッジ・インバータ/コンバータ用コントローラ IC で，図 1 に示すようにアナログ IC の基本回路である OP アンプ，コンパレータ，発振回路，基準電圧源，レギュレータなどから構成されます．

PWM 制御によるスイッチング・アンプでは，フル・ブリッジ＆ドライバ(full bridge & driver)の出力からフィードバックをかける手法が一般的ですが，PWM01 の構成では LC フィルタの出力（負荷）側からフィードバックをかけることができますので，より安定なフィードバックを施すことができます．回路は複雑になりますが，LC フィルタによって発生するひずみ，出力インピーダンス，高域周波数特性などの変動を抑制し，ロバスト…堅牢性の高いスイッチング・パワー・アンプが実現できます．

また，状態フィードバック制御[1]と PI 制御[2]による高精度で安定な制御，3 値（ダブル・キャリア）三角波 PWM 制御，定電流垂下特性による過電流保護機能などの特徴があり，工業用スイッチング・パワー・アンプ，AC/DC 電源装置，UPS(Uninterruptible Power Supply)，バイポーラ電源，オーディオ用 D 級パワー・アンプ(図 2)などへの応用が可能です．

本書は，月刊誌"デザインウェーブマガジン"の 2007 年 1 月号から 2008 年 3 月号に掲載された「CMOS アナログ IC の実用設計」の内容を再編集・加筆してまとめたものです．

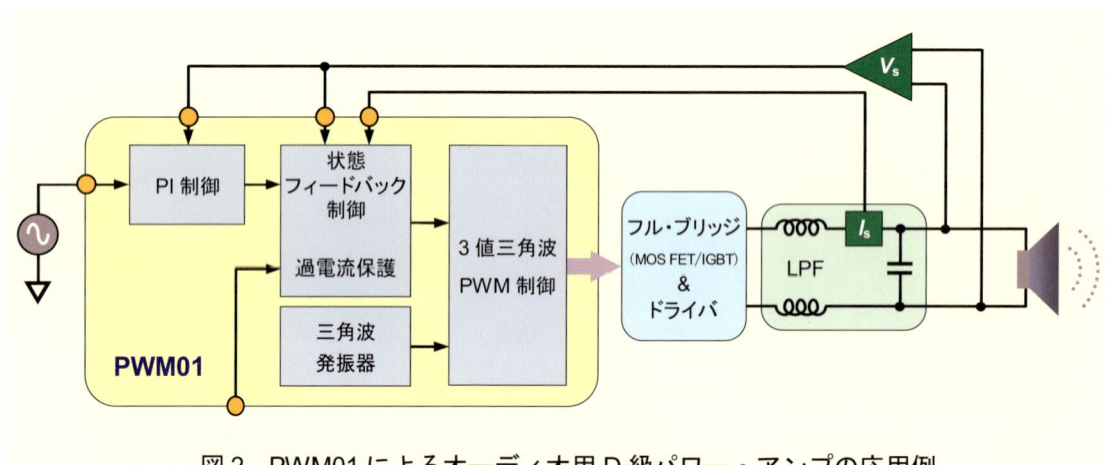

図 2　PWM01 によるオーディオ用 D 級パワー・アンプの応用例

PWM01 は，状態フィードバック制御と PI 制御による高精度で安定な制御，3 値三角波 PWM 制御，定電流垂下特性による過電流保護機能などの特徴がある．

---

[1] 状態フィードバック制御とは，電気回路などの制御対象の内部状態（電流，電圧など）を検出しフィードバックすることで，負荷の変動などによって生じる特性の変化を最小化し，制御ループを安定にすること．
[2] PI 制御とは，P 制御（比例制御：proportional control）と I 制御（積分制御：integral control）を併用したフィードバック制御のこと．比例動作だけでは偏差をなくすことができないため，積分動作を加えて偏差（ゲイン誤差，オフセット電圧など）が最小になるように制御する．

口絵1

本書で開発・設計した CMOS アナログ IC PWM01

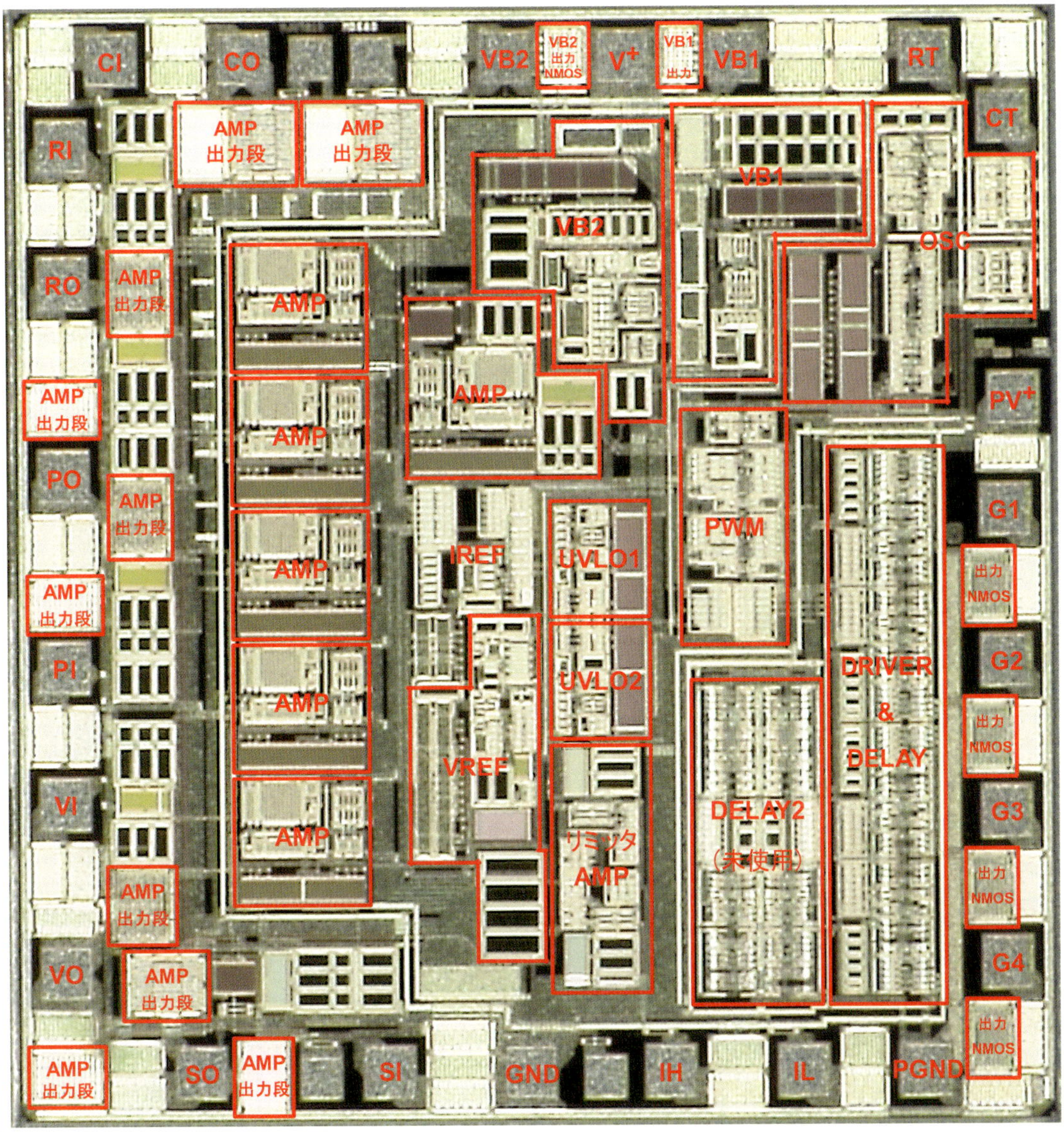

（チップ・サイズ：2.12×2.20mm）

◀開発・設計した PWM01
PWM01 の全体回路構成については 189 ページを参照．

ICができるまで（1）前工程…ウェハ・プロセスのフロー

IC製造の前工程は，図1のようなフローになっています．シリコン・ウェハに成膜[1]し，フォトリソグラフィ[2]，不純物導入[3]などの要素プロセスを繰り返して，トランジスタや抵抗，キャパシタなどの素子や金属配線を形成します（図2）．

素子形成を終えると，ウェハ素子試験とウェハ・プロセス後の出荷検査で良品となったウェハを，バック・グラインド工程でパッケージングに適した厚みまでウェハの裏面を削って薄くします．その後，各チップ上に設けられているボンディング・パッドにICテスタと接続されたプローブ（検査針）を立て，電気的な検査・選別を行います．これがプローブ試験と呼ばれる工程です．

なお，OPアンプのオフセット電圧やレギュレータの出力電圧など，高精度が要求される回路が含まれる製品では，プリ・ウェハ試験で初期特性（誤差の大きさ）を測定し，誤差量に応じた箇所の回路素子に接続された調整用ヒューズ素子をレーザで切断・調整するレーザ・トリミングと呼ばれる工程が，プローブ試験の前に行われます．

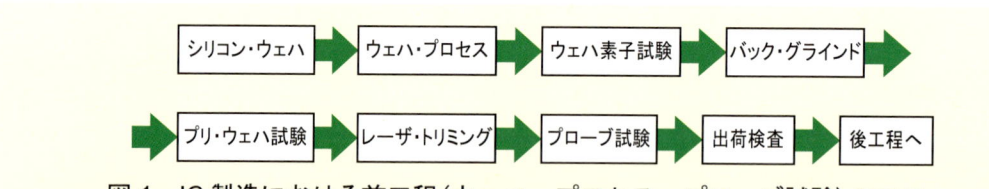

図1　IC製造における前工程（ウェハ・プロセス～プローブ試験）のフロー

一般的な前工程である．ウェハ・プロセス，ウェハ素子テスト，バック・グラインド，プリ・ウェハ試験，レーザ・トリミング，プローブ試験，出荷検査のフローとなる．

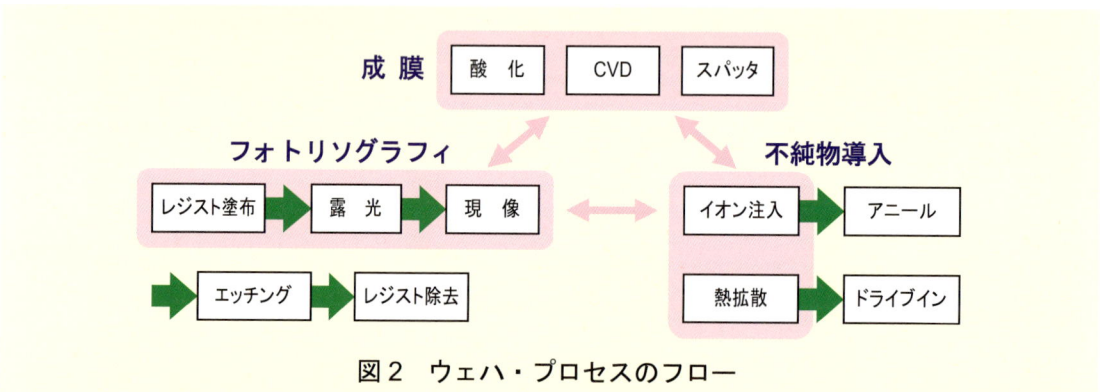

図2　ウェハ・プロセスのフロー

ウェハ・プロセスは，シリコン・ウェハに成膜，フォトリソグラフィ，不純物導入などの要素プロセスを繰り返して，トランジスタや抵抗，キャパシタなどの素子や金属配線を形成する．

---

(1) 酸化膜，絶縁膜，多結晶シリコン，および金属薄膜を成膜するには，熱酸化，CVD（Chemical Vapor Deposition），スパッタの3種類の方法によって形成する．
(2) フォトリソグラフィ（Photolithography）とは，レジスト塗布，露光，現像工程によってフォト・マスクに描かれたパターンをウェハ表面に露光転写する技術のこと．写真と同じ原理で光によるパターン転写を行うので，フォトリソグラフィと呼ばれる．
(3) 不純物導入とは，熱拡散法やイオン注入法によって不純物（ドーパント）を半導体の性質を制御するために添加すること．

口絵3

(1) シリコン・ウェハの外観

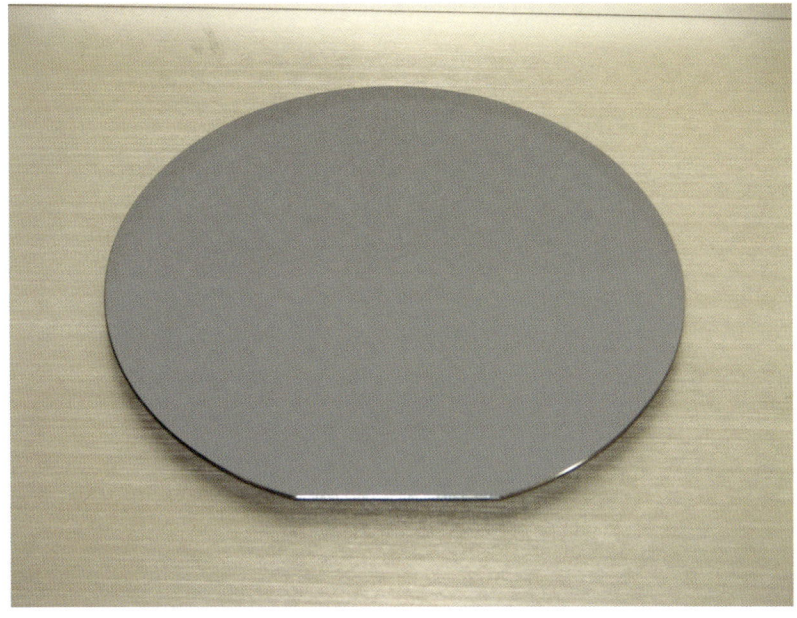

ウェハは，原料の多結晶シリコンをインゴット（Ingot）と呼ばれる円柱状に単結晶成長させ，薄くスライスして作製した円盤．アナログICでは，直径6インチ（150mm）または8インチ（200mm）のものがよく使われる．

(2) ウェハへのナンバリング

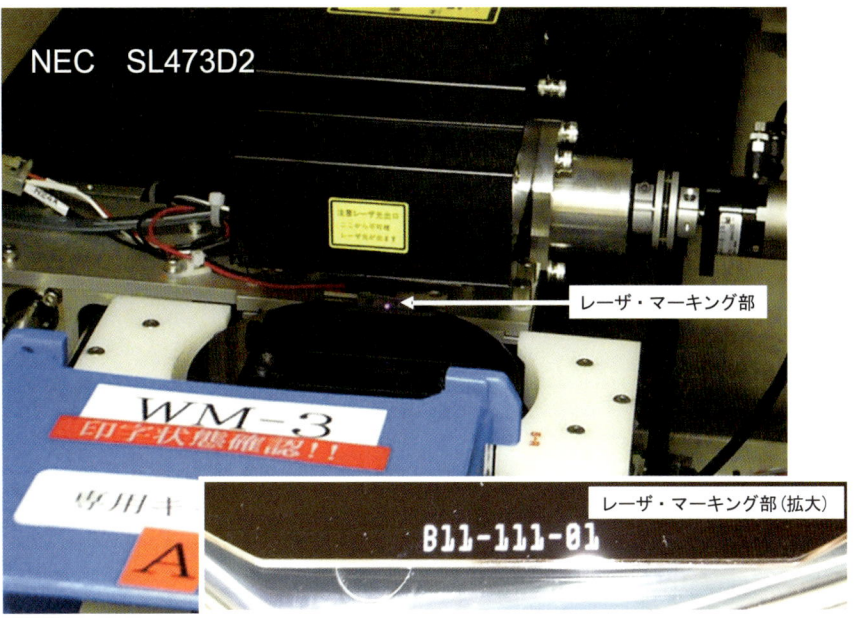

ウェハの表面または裏面に，製品ID，ロット番号，ウェハ番号などをレーザでマーキングする．

(3) ウェハの洗浄

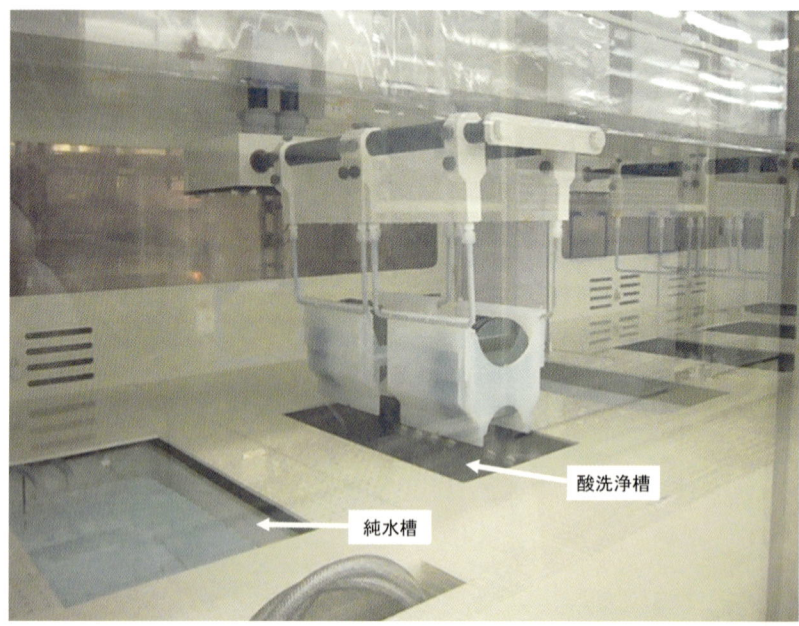

薬液を入れた槽に,テフロン・キャリアに挿入したウェハを浸漬させ,ウェハ表面に付着する微小な粒子,分子レベルの汚染物質や自然酸化膜などを除去し,デバイスの故障や特性劣化を防ぐ.洗浄する対象物によって,純水洗浄,酸洗浄,アルカリ洗浄,有機洗浄などが用いられる.

(4) ウェハへの酸化膜形成

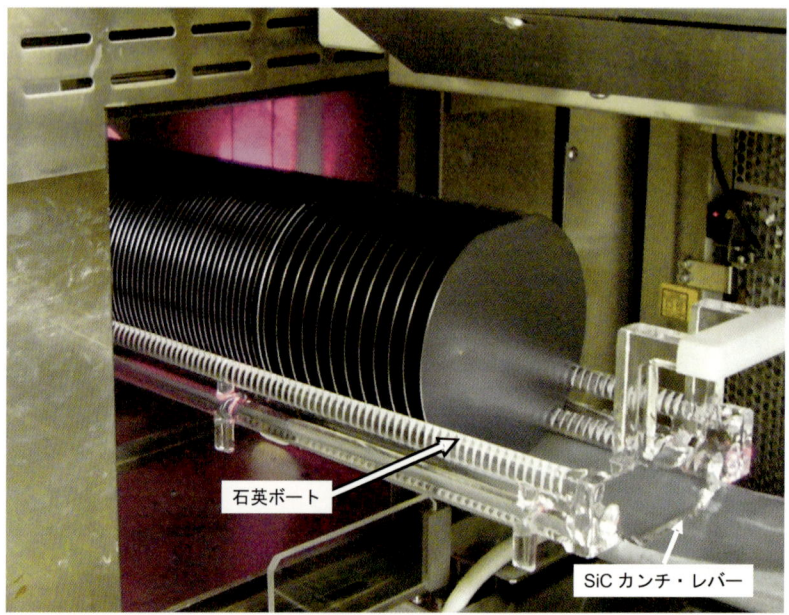

シリコン・ウェハを石英ボートに垂直に並べ,このボートをシリコン・カーバイド(SiC)製のカンチ・レバーで持ち上げて,酸化炉筐体内の石英チューブに挿入する.酸化炉のヒータによって 900〜1000℃程度に加熱された高温の炉の中で,シリコン・ウェハを酸素や水蒸気と反応させ,酸化膜を形成する.酸化膜厚は光干渉式膜圧計やエリプソメータで測定する.

口絵5

(5) 減圧室でのCVD

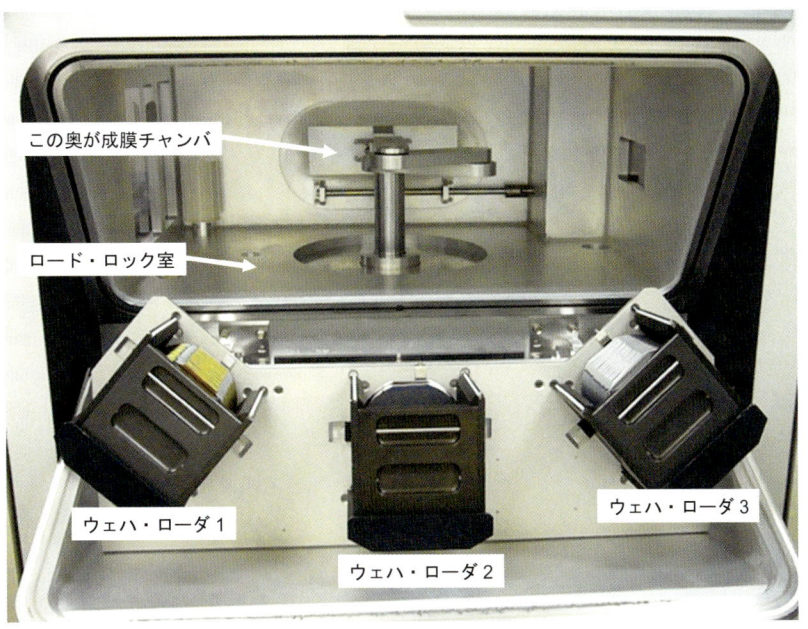

気相での化学反応を用いて，ウェハ上に電極や配線として用いるポリシリコン，絶縁膜である酸化膜や窒化膜などの薄膜を形成する．また，膜厚，屈折率，エッチング・レートなどによって，膜質を管理する．写真は装置のロード・ロック室（減圧室）で，手前に三つのウェハ・ローダが配置され，薄膜の形成はロード・ロック室の奥にある成膜チャンバで行っている．

(6) デポ・チャンバ内でスパッタリング

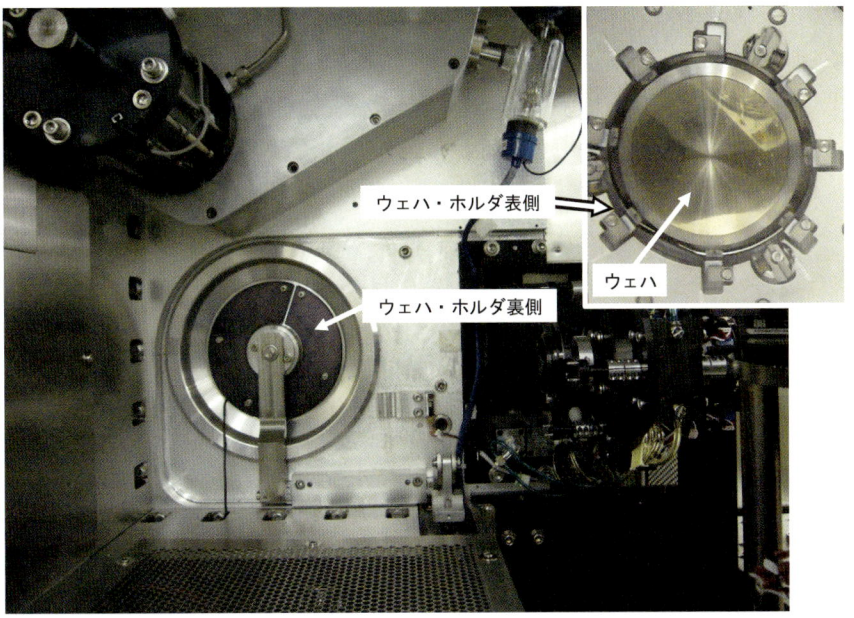

真空デポ・チャンバ内で，Ar（アルゴン）などの不活性ガスのプラズマを用いてターゲット材料を叩き，飛び出したメタル原子をターゲットに対向して置かれたウェハの表面に堆積させて，電極や配線膜を形成する．また，膜厚，反射率などによって膜質を管理する．写真はウェハ・ホルダにウェハをセットし，ホルダをロード・ロック室に入れたところ．デポ・チャンバはロード・ロック室の奥にある．

（7）ウェハへのレジスト塗布

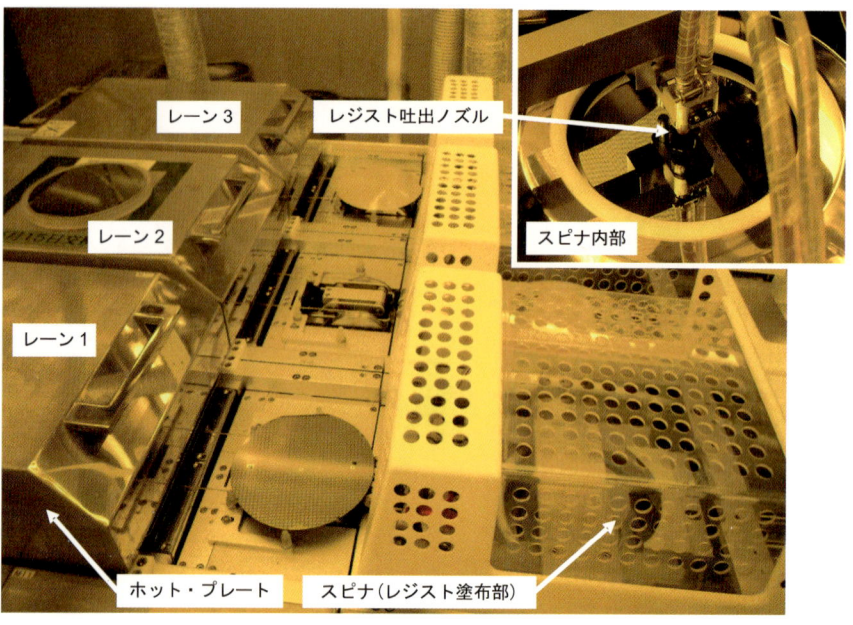

感光性の樹脂であるレジストをウェハ表面に滴下し，スピナ（回転台）で高速回転させ，薄く均一に塗布する．塗布したレジストが室内の光で感光しないように，黄色い蛍光灯が用いられているので，写真も黄色くなっている．この写真は3レーンの塗布装置で，スピナからレジストの溶剤を揮発させるホット・プレートへ，ウェハをベルト搬送しているところ．

（8）UV露光…マスク・パターンをウェハへ転写

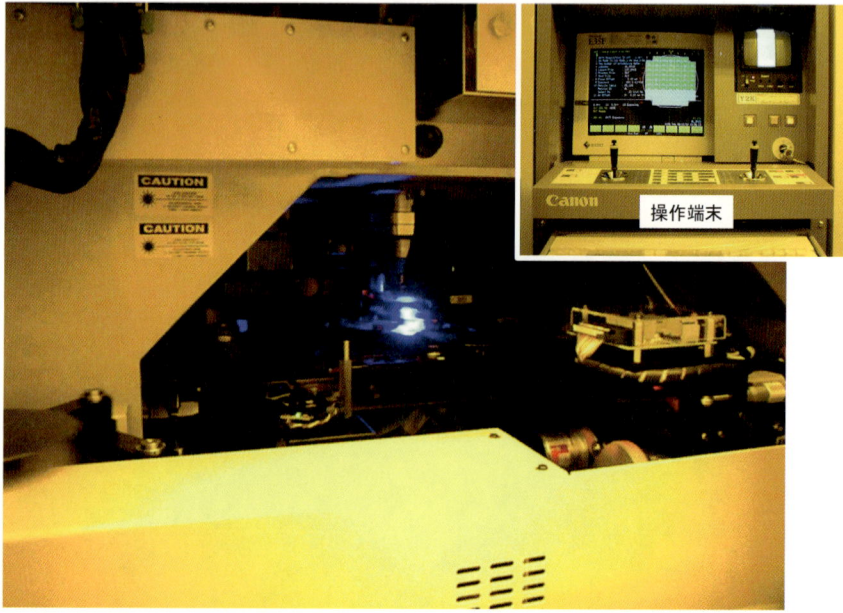

ステッパ（縮小投影型露光装置）を用いて，フォト・マスク（ガラス・マスク）とウェハのアライメント（前工程で形成されたマークとの位置合わせ）を行い，次にUV光（Ultraviolet Rays）を照射して部分的にレジストを感光させることで，マスク・パターンをウェハへ転写している．写真はUV光を照射しているところ．

(9) スピナ内部で現像

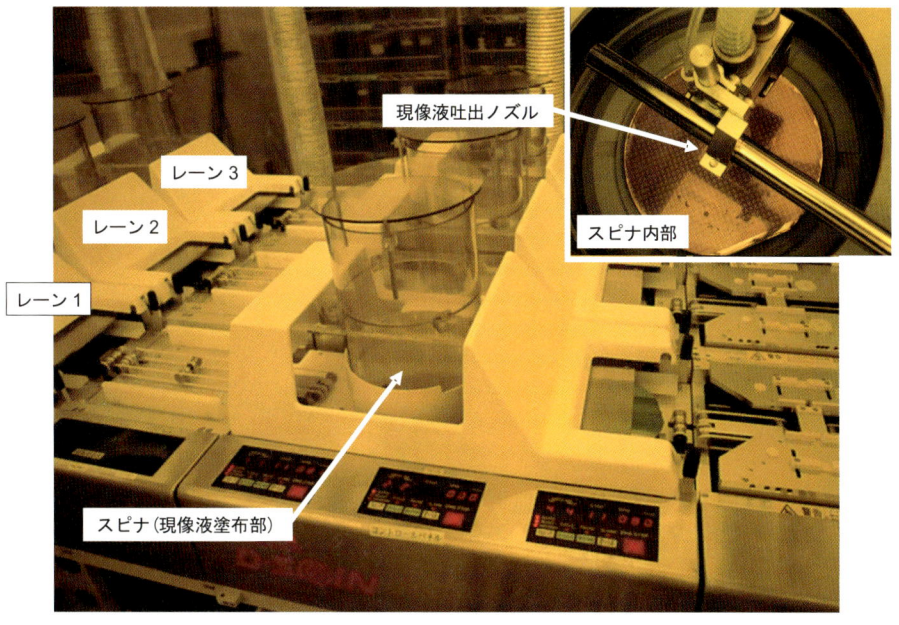

露光したウェハに現像液を塗布し，ポジ型レジストの場合は露光された部分のレジストを除去する．ネガ型レジストの場合は，露光された部分のレジストが残る．写真は3レーンの現像装置で，スピナからレジストの焼きしめを行うホット・プレートへ，ウェハをベルト搬送しているところ．

(10) 現像後のウェハ目視検査

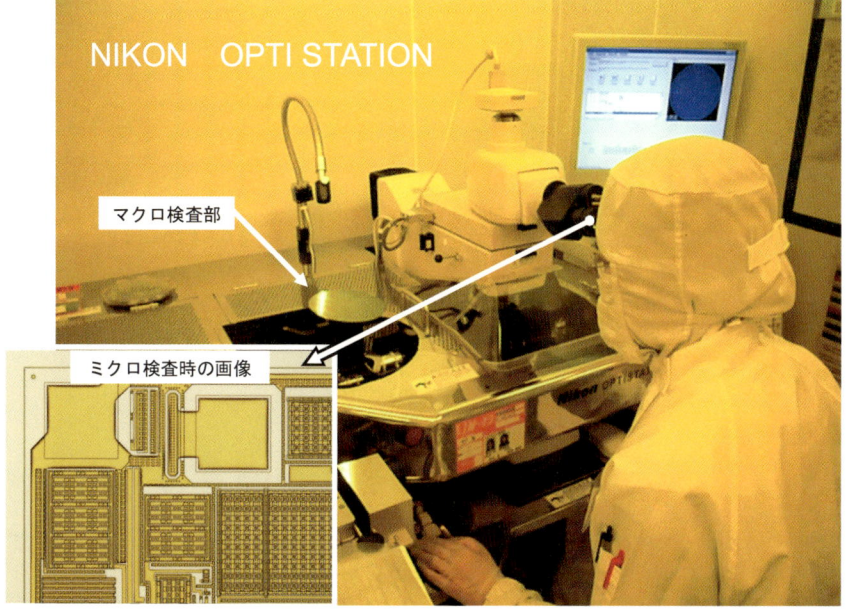

マクロ検査とミクロ検査とがある．現像したウェハのレジストの むら，傷，汚れ，フォーカス不良などウェハ全面を目視確認するのがマクロ検査．レジスト残りやマスクずれなどを顕微鏡で確認するのがミクロ検査（ウェハ面内数箇所）．レジスト塗布から現像までの工程が正しく行われたかを確認する．

(11) ドライ・エッチングの工程

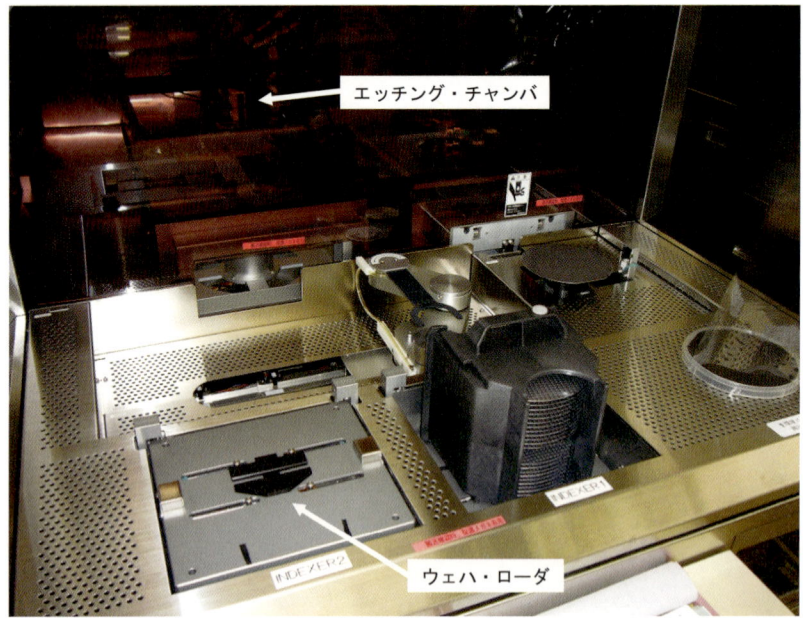

フォトリソグラフィ工程でレジストのパターニングがされた箇所の薄膜を，フッ酸などの薬液による溶解（ウェット・エッチング）や反応性ガスによる化学反応（ドライ・エッチング）によって加工する．写真は枚葉式ドライ・エッチング装置のウェハ・ローダ部分で，奥側のエッチング・チャンバに1枚ずつウェハを自動搬送している．

(12) エッチング後のウェハ目視検査

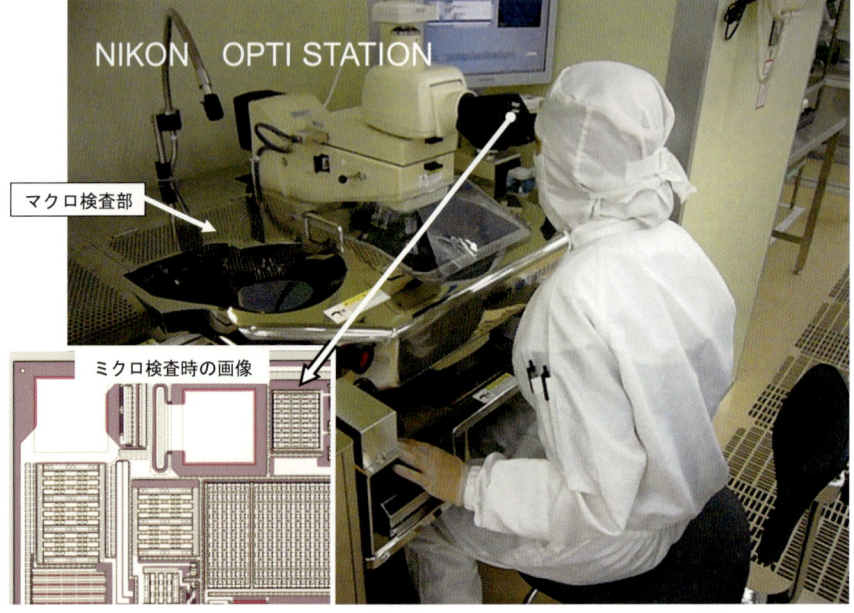

マクロ検査とミクロ検査とがある．エッチングしたウェハの色むら，傷，汚れなどウェハ全面を目視確認するのがマクロ検査．エッチング残りやパターン形状などを顕微鏡で確認するのがミクロ検査（ウェハ面内数箇所）．エッチング工程が正しく行われたかを確認する．

(13) アッシング・チャンバ内でレジスト除去

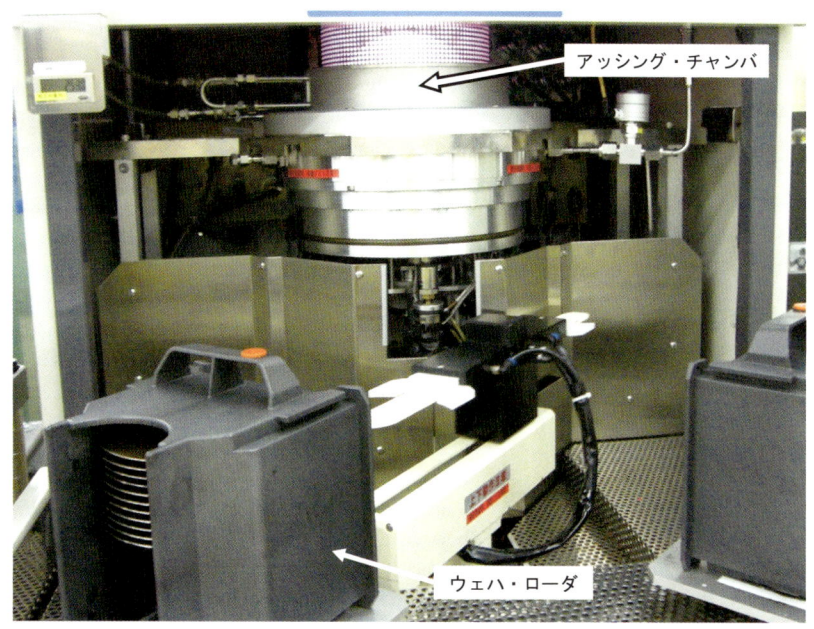

エッチング工程後不要となったレジストを薬液による溶解，またはオゾンやプラズマによって灰化（Ashing）することで除去する．写真は枚葉式のアッシング装置で，ウェハを1枚ずつアッシング・チャンバへ搬送して処理する．

(14) SEMによる寸法検査

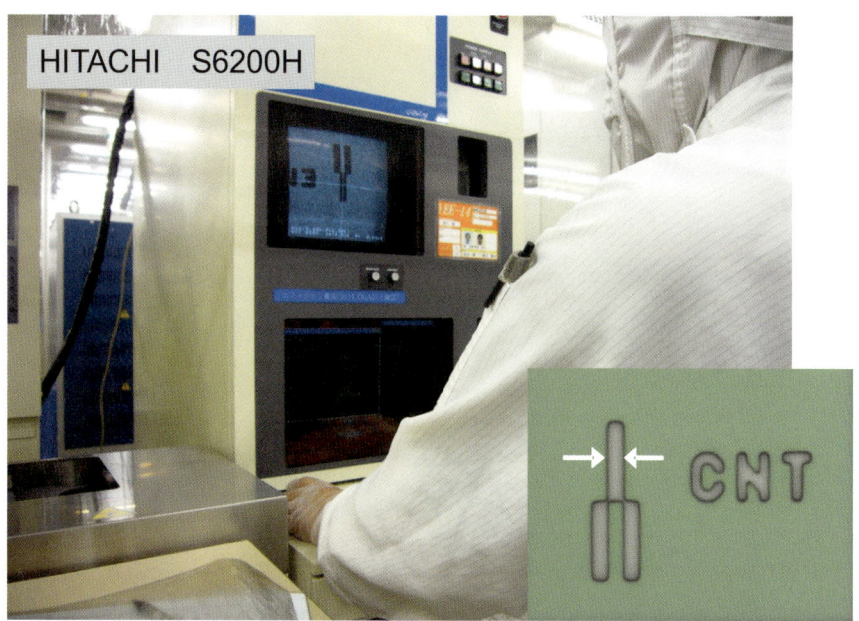

現像後のレジスト寸法や，エッチング後の加工寸法を測長SEM（走査型電子顕微鏡）装置で測定し，製品/工程ごとに定められた規格内であることを確認する．走査型電子顕微鏡とは，対象物体に電子線を走査し，二次電子の発生量を輝度に変換して表面形状を観察する顕微鏡．

(15) イオン注入法によってウェハ表面へ不純物を導入

不純物を電気的にイオン化して，必要とする不純物を高電圧で加速し，真空チャンバ内で物理的にウェハの中に注入する．注入する不純物の種類によって，ウェハの中に p 型や n 型の領域を作る．B（ボロン）を注入すれば p 型，P（リン）や As（ヒ素）を注入すれば n 型半導体となる．写真はバッチ式イオン注入装置のウェハ・ローダ部で，真空チャンバはその奥側にある．

(16) 不純物を活性化するための熱処理…アニール

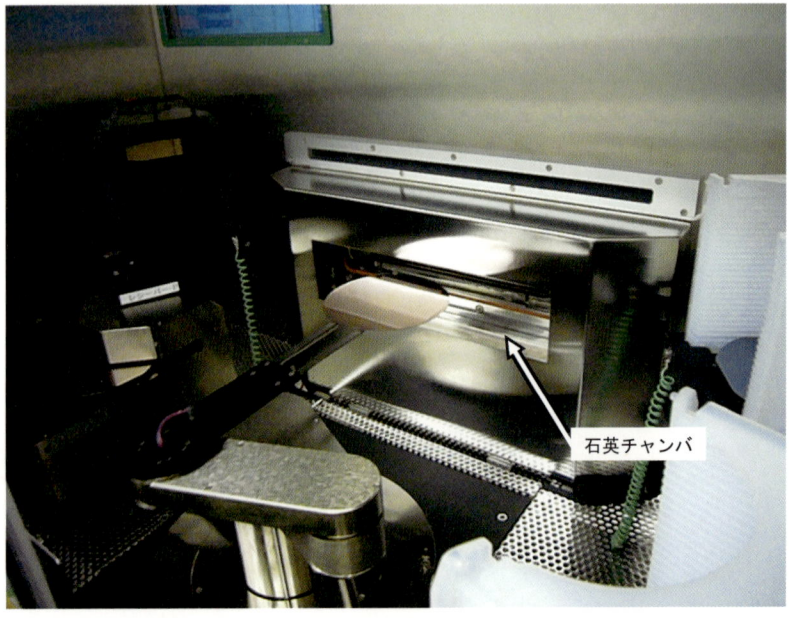

イオン注入によって誘起された照射損傷（イオンの連鎖衝突によって生じる格子欠陥）を除去し，注入不純物を格子位置に導入し，電気的に活性化させる熱処理．イオン注入後のアニール処理の他に，プラズマ工程などによるダメージから電気特性を回復させる水素アニール処理がある．写真は枚葉式 RTA（急速加熱装置）で，ウェハを 1 枚ずつ奥側にある石英チャンバに搬送し，チャンバ外部から赤外線ランプで急速・短時間（900〜1150℃，数 10 秒）の加熱処理を行っている．

(17) 熱拡散法によってウェハ表面へ不純物を導入

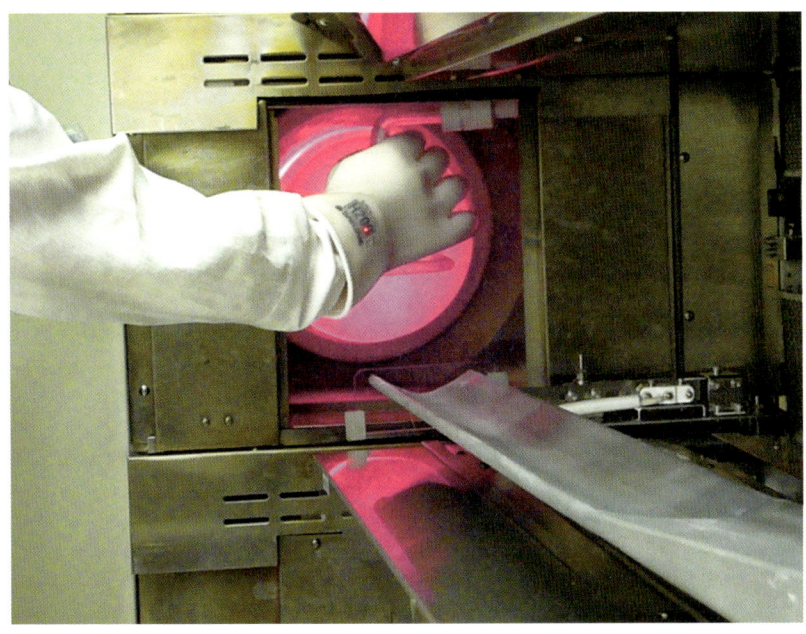

900～1100℃程度に加熱した拡散炉内に，ボロンやリンなどの不純物ガスをキャリア・ガスといっしょに流し，挿入したウェハの表面に不純物を添加（堆積）させている．キャリア・ガスとは，三臭化ホウ素（BBr_3）やオキシ塩化リン（$POCl_3$）などの液体の拡散源から蒸気になったボロンやリンのガス（B_2O_3やP_2O_5の分子）を，ウェハ領域へ搬送するためのガスのこと．一般的には，窒素（N_2）ガスが使用される．写真はウェハを拡散炉内に挿入後，不純物を含むガスの出口の蓋（ふた）に排気管を取り付けるところ．

(18) 不純物を所定の深さに拡散させるためのドライブイン

イオン注入や熱拡散によって，不純物を導入したウェハをボートに垂直に並べて拡散炉に挿入後，1000～1200℃で数十分～数時間程度の熱処理を行い，不純物を拡散させ，所定の深さに分布させている．

口絵12

(19) 半導体生成を終えたウェハの画像による外観検査

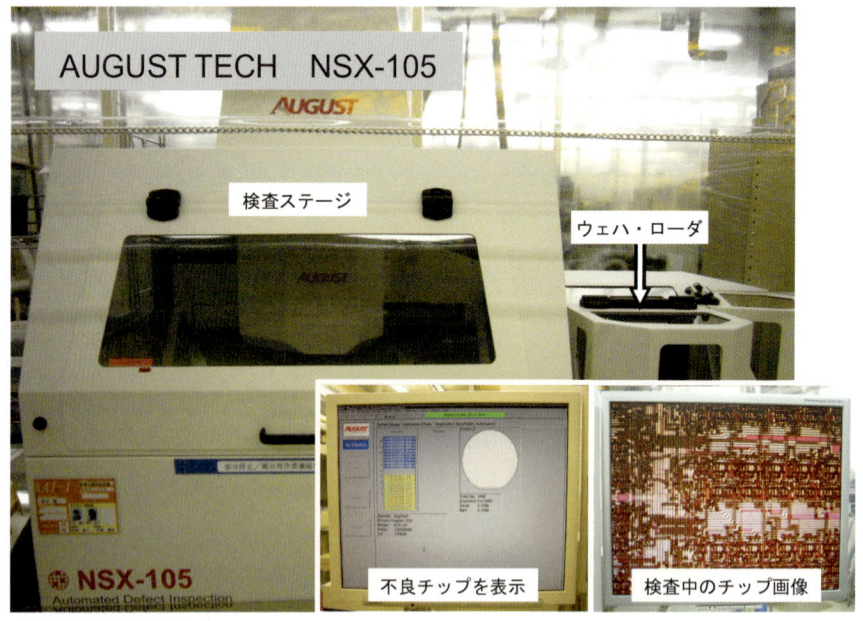

画像検査によって，パターン欠陥や傷などの外観異常チップを検出する．

(20) 完成ウェハの素子試験

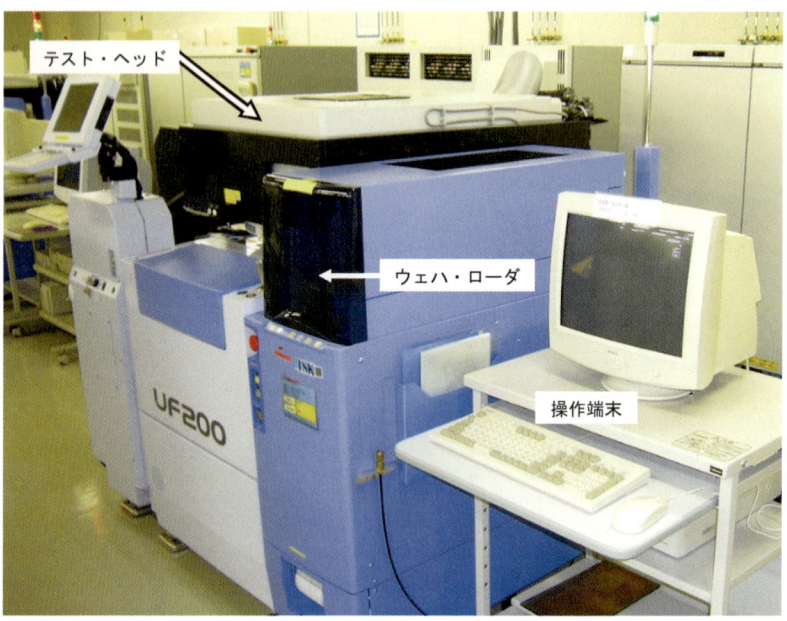

スクライブ領域内，またはウェハの数箇所に，素子特性，配線抵抗，コンタクト抵抗などを評価するためのデバイスTEGを落とし込み，各ウェハに対して素子特性レベルでの良否判定を行う．

(21) ウェハ・プロセスの最終検査

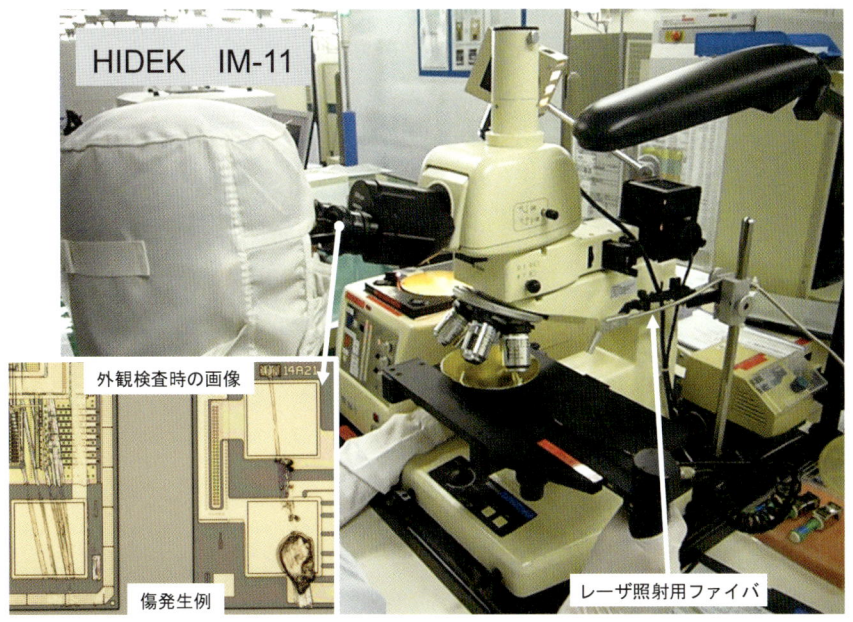

ウェハ・プロセスでの最終検査工程．異物，傷，欠けなどの外観検査を行う．異常チップはレーザを照射し取り除く．

(22) ウェハ裏面を適切な厚みまで削るバック・グラインド

ウェハを載せたステージと上側の砥石(といし)の両方を回転させ，水を流しながらパッケージに適した厚みまでウェハ裏面を削って薄くする．仕上げ厚み公差は，±5μm 程度の精度で削られる．仕上げ研削砥石は，#1200～#2000 が多く使用されている．

(23) 高精度チップに欠かせないレーザ・トリミング

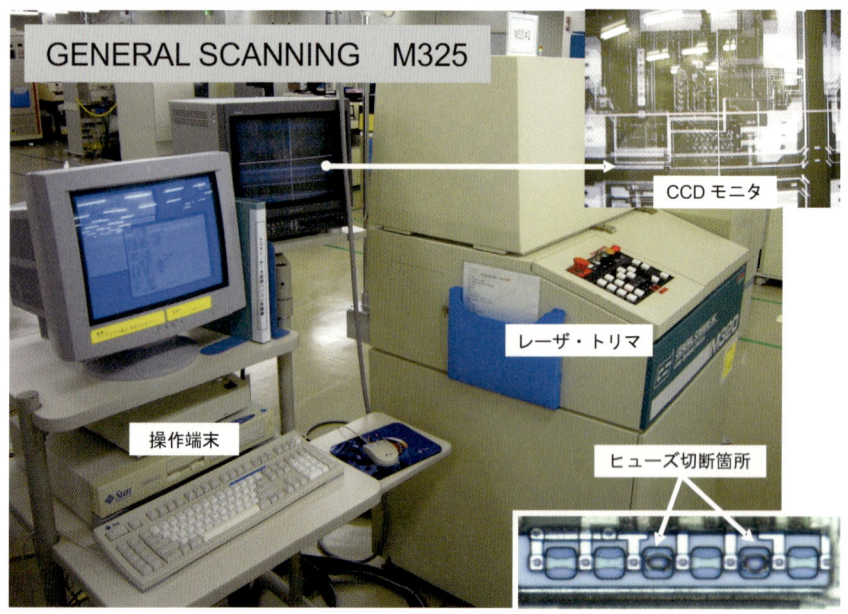

必要によっては,完成チップに対してレーザ・トリミングを行う.ポリシリコンなどで形成したヒューズ素子をスポット径数 μm に絞られたレーザで切ることによって,製品チップ内の回路定数のトリミングを行う.プリ・ウェハ・テストで切断する箇所を決め,チップ上に並んだヒューズ素子をスキャンして切っていく.

(24) 電気的な良/不良を判定するプローブ試験

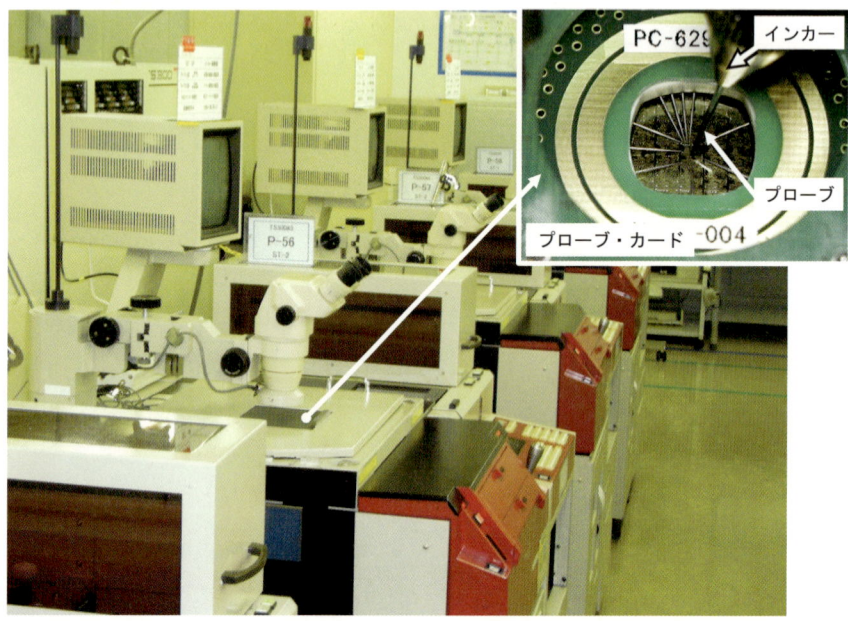

各チップ上に設けられているボンディング・パッドに,IC テスタと接続されたプローブ・カード内のプローブを当てて,ウェハの状態でチップごとに電気的良品と不良品を識別する.ボンディング・パッドとプローブの目合わせは,画像認識によって自動で行い,良/不良は,IC テスタのプログラムに記載された規格値と測定値とを比較して判定する.

口絵15

(25) ウェハの出荷検査と不良チップへのマーキング

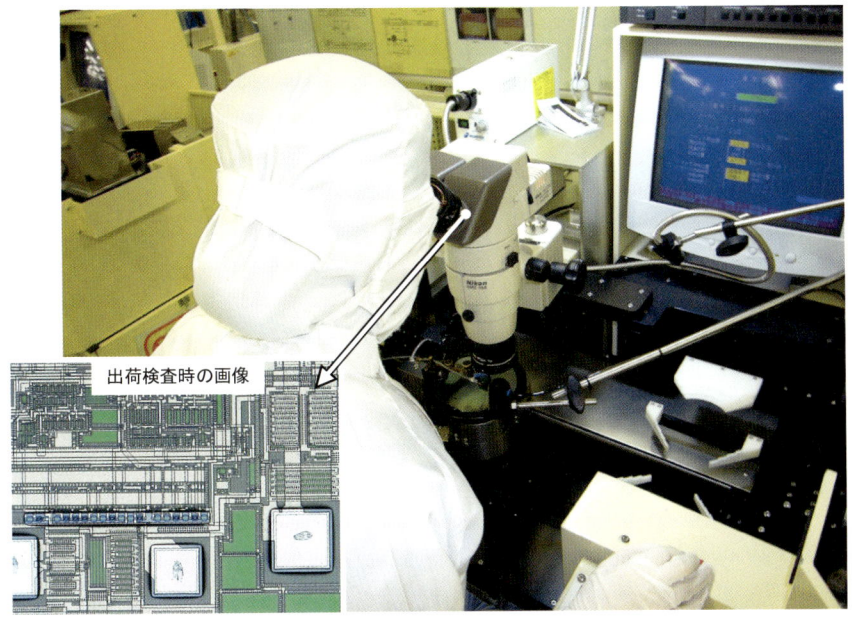

出荷検査時の画像

傷や欠けなどをウェハ全体について目視検査した後，プロービング不良，マーキング不良，傷，パターン欠陥，汚れなどを顕微鏡で検査する．不良チップにマーキングする．

(26) ウェハの完成

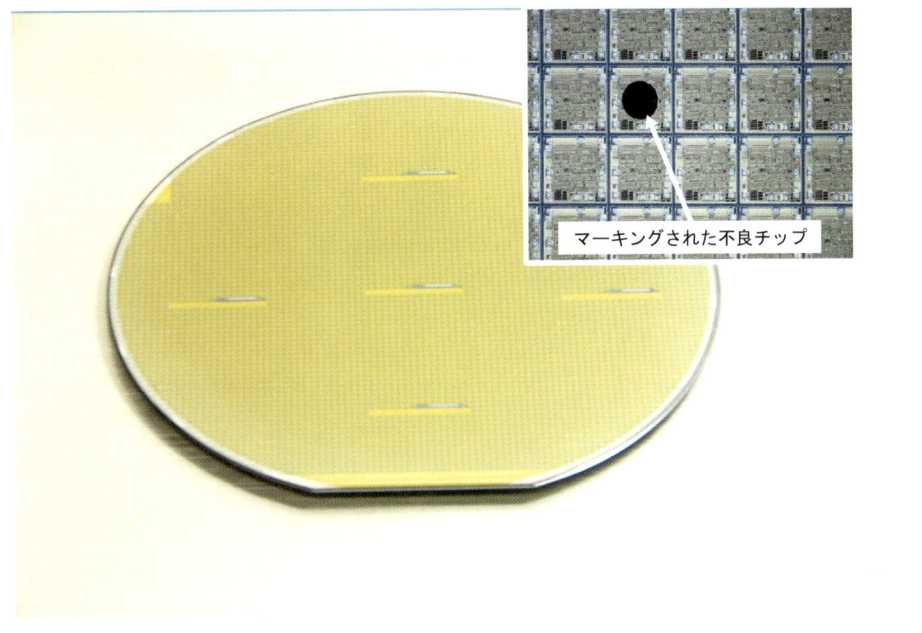

マーキングされた不良チップ

(1)～(25)の工程によって完成したICチップ・ウェハ．トランジスタや抵抗，キャパシタなどの素子をシリコン基板上に構成し，メタル配線で接続し，保護膜を形成し，電気的特性や外観の検査を行い，完成ウェハとなる．

写真提供：新日本無線（株）

ICができるまで (2) 後工程…パッケージングのフロー

IC製造における後工程は，図3に示すフローとなります．前工程で製造されたウェハから，個々のチップとして切り出され，チップは写真2に示すようなリード・フレームに搭載されます．その後，ワイヤ・ボンディング，およびモールド材での封止が行われます．さらにリードをはんだめっきし，パッケージ表面に製造メーカ名やロゴ・マーク，製品名，製造年月日などのロット番号をマーキングします(写真1)．最後に，リード・フレームから個々のパッケージに切り離し，リードを成型して，最終試験が行われます．最後に，外観検査を行います．

ICチップをパッケージングする理由としては，
- チップの外部環境からの保護
- 電気的な接続端子の形成(外部回路との接続)
- 熱の放散
- 基板実装の容易化と標準化

などのためです．

ICパッケージは，性能，信頼性，コストなどが重要な要素です．パッケージ性能としては，多ピン化，小型化，薄型化，高機能化，低熱抵抗(高放熱)化，高速化，実装性，環境への配慮などの要求が強まっています．

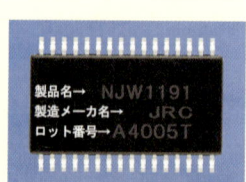

写真1 パッケージへのマーキング

成型された樹脂面に，製品名，製造メーカ，ロット番号などを捺印する．マーキング方法には，オフセット印刷方式とレーザ・マーキング方式があるが，量産性や耐摩耗性で優れるレーザ・マーキング方式が主流となっている．

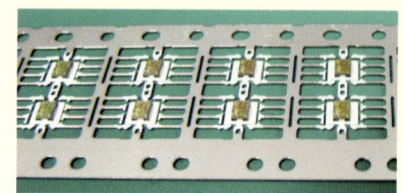

写真2 リード・フレームとは

薄い金属板を化学的なエッチング，または金型を使った打ち抜きで加工し，チップを接着する部分とリード端子部分を形成する．

写真3 ICパッケージのいろいろ

ICパッケージには，ピン挿入型と表面実装型がある．リードの取り出し方向やリード形状に対応して名前が付く．

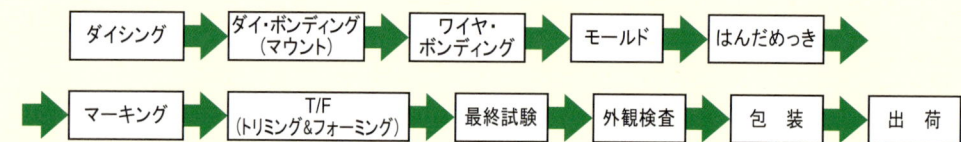

図3 IC製造における後工程(組立・最終試験)のフロー

一般的な後工程である．個々のチップを切り出し，チップをリード・フレームに搭載し，ワイヤ・ボンディング，モールド材での封止，リードのはんだめっき，マーキング，リード成型，最終試験，外観検査のフローとなる．

(1) シリコン・チップのダイシング

2～6μm のダイヤモンド砥粒が散在された厚さ 20～30μm のブレードと呼ばれる砥石を，30,000～50,000rpm で回転させながら 50～100mm/s の速度で走行させ，ウェハから個々のチップに分離する．ウェハ切断時に，ウェハの厚みを一部残して切り込むハーフ・カット法や，完全に切断するフル・カット法などがある．

(2) ダイ・ボンディング

全自動ダイ・ボンダで，チップをリード・フレームなどの回路基板（ダイ・パッド）に接着する．電気抵抗が小さい銀などの金属粉末を添加したエポキシ系接着剤（導電性接着剤）をエア圧で塗布し，この上にチップを加圧実装する．さらに，オーブンによる熱処理で接着剤を硬化反応させて，チップをリード・フレーム上のダイ・パッドに接着する．

(3) ワイヤ・ボンディング

チップの表面外周部に配置されたボンディング・パッドとリード・フレームのインナ・リードとの間を，金線かアルミ線のボンディング・ワイヤで電気的に接続する．写真は超音波併用熱圧着法による金線のワイヤ・ボンド作業である．一般的に使用される金線の太さは 20〜50μm 程度．

(4) 樹脂によるモールド

露出していたチップと金線（アルミ線）を，外部環境から保護するためにエポキシ樹脂などのモールド材で覆い固める工程．固形のエポキシ樹脂を金型内に装填して加熱溶融し，流動化したエポキシ樹脂をプランジャ（円筒状の加圧用部品）によって金型内のキャビティ（射出成型品の形状を有する空間）に注入する．注入されたエポキシ樹脂は，金型から供給される熱によって熱硬化反応を起こし，固形化する．写真は固形化したエポキシ樹脂を金型から取り出すために，金型を上下に分離させた状態である．

(5) マーキング

パッケージ表面に，製造メーカ名やロゴ・マーク，製品名，製造年月日などのロット番号を，上方から照射されるレーザ光で捺印表示する．

(6) リード（ピン）のトリミングとフォーミング

リード・フレームからパッケージを個々に切り出し，リードの形状を整える．リード幅やピッチなどは，EIAJ などの規格に準拠し，一般的に±0.1mm 以内の精度となっている．

（7）ICの最終試験

製品はすべての規格に従って，電気的特性の選別試験を行う．最終試験では，常温試験のほかに高温試験，低温試験，バーン・イン（ICの初期不良を顕在化させる）試験があり，製品や用途によって選択される．

（8）完成したICの外観

最終試験での全数試験後に，外形や電気的特性をサンプリング検査し，ロットの合否判定を行い，めでたく完成ICとなる．

(9) 最後の外観検査と包装

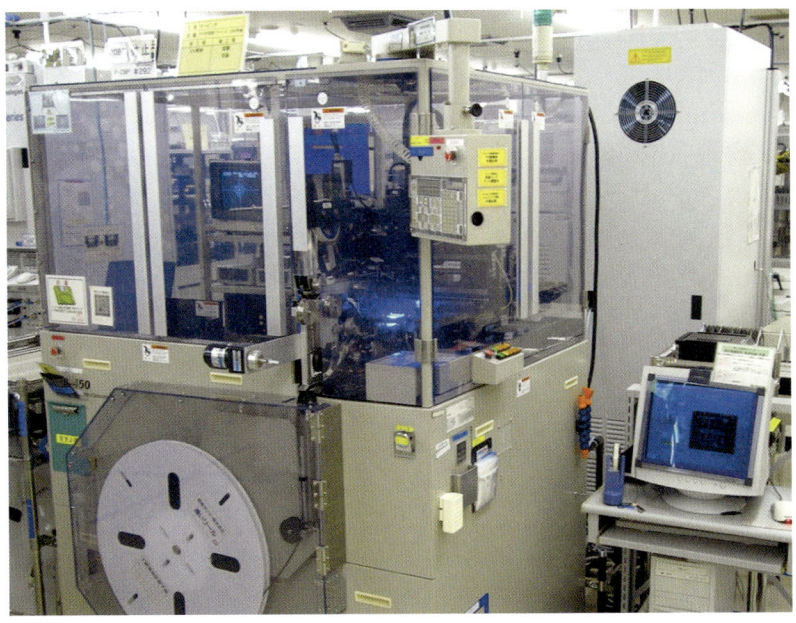

最後に画像認識によって，マーク不良，欠け，向き，リード曲がりなどの外観を検査し，良品を包装する．写真は画像処理機能付きの包装（エンボス・テーピング）装置．リード曲がりの許容誤差は，端子中心位置許容差で表現され，SSOPのパッケージで0.1mm程度である．装置内中央に外観検査用カメラと画像モニタがあり，左下の白いリールがエンボス・テープの供給リール．

(10) 出荷

最終試験や外観検査などで品質を保証されたICが包装され出荷される．包装形態は，スティック・ケース，粘着テーピング，エンボス・テーピング，トレイ，ビニル袋などがある．

写真提供：佐賀エレクトロニックス（株）

IC ができるまで（3）フォト・マスクの製作工程

　ウェハ・プロセスでは，写真と同じような原理で，回路パターンをシリコン上に焼き付けています．そのための露光工程で使用されるのがフォト・マスクと呼ばれるもので，フォト・マスクには焼き付ける回路パターンが何層にもわたって描かれています．

　フォト・マスクは，図4に示す工程のフローで製作します．研磨，洗浄された石英ガラス基板上にクロムや酸化クロムの薄膜層をスパッタリングし，マスク・ブランクスを作成します．クロム膜面上に感光性の樹脂であるレジスト[1]をコーティングし，電子線描画装置などによってレイアウト設計工程で作成されたレイアウト・パターン・データに基づき，マスク・ブランクス上にIC回路のパターンを描画して露光します．そして，現像の後，クロムをエッチングし，レジストを除去します．その後，欠陥検査装置，欠陥修正装置によってパターンの検査・修正を行い，最後にペリクル(防塵フィルム)を装着します．

　フォト・マスクの製作費用は，EB(Electron Beam)アドレス・サイズ[2]や検査規格(寸法精度，位置精度，パターン欠陥サイズなど)に左右されます．

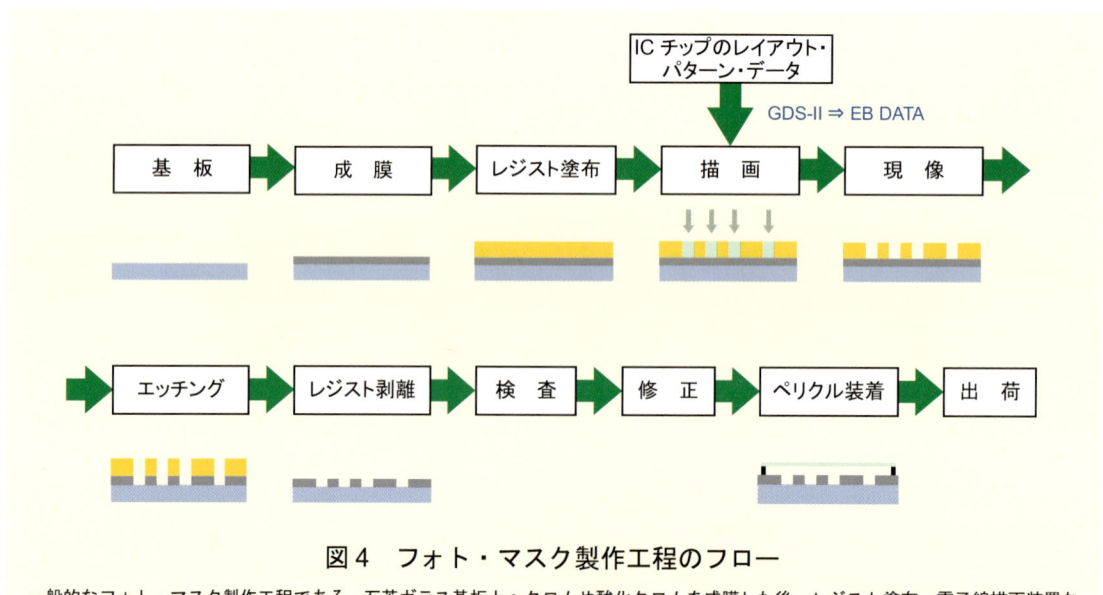

図4　フォト・マスク製作工程のフロー

一般的なフォト・マスク製作工程である．石英ガラス基板上へクロムや酸化クロムを成膜した後，レジスト塗布，電子線描画装置などによる露光，現像，エッチング，レジスト剥離，パターンの検査，パターン修正，ペリクル装着，出荷というフローになる．

---

(1) 光露光に使われる感光膜のこと．露光された部分が現像液に溶けて除去されるポジ型と，露光されない部分が現像液で除去されるネガ型がある．いずれも，樹脂と感光剤が有機溶剤に混ぜ合わされた溶液で，露光された箇所のレジストが変質する．ポジ型ではこの変質層が現像液に溶けるが，露光されていない部分には現像液は浸透しない．そのため，残ったレジストの膨潤現象がないので高解像度が得られる．レジスト上に微粒子が付着しても，致命的なパターン欠陥を生じないという利点もあり，ポジ型が多く使用される．ネガ型は，変質層が現像液に溶けずに残るため，レジストが現像液を吸収して膨潤する傾向となり，高解像度が得難くなる．

(2) EBのビーム形状には，ラスタ・スキャン方式での円形(スポット)とベクタ・スキャン方式の矩形がある．アドレス・サイズは，その大きさを示す．

(1) 基板は石英ガラス

使用環境の変化による熱変動でガラスが伸縮すると,パターン精度に影響が及ぶ.及ぼす影響を小さくするために,ソーダライム・ガラスなどに比べて熱膨張率の小さい石英ガラスがよく使用される.石英ガラスは,350nm以下の短波長領域で透過率が低下しない特徴をもっている.

(2) クロム原子をスパッタ蒸着して成膜

イオンを真空中で加速してクロム・ターゲットに衝突させる.その衝撃ではじき出されたクロム原子を,ターゲットに対向して置かれたガラス基板上に堆積(スパッタ蒸着)させ,遮光膜として数十nm程度のクロムや酸化クロムの薄膜層を形成する.これがマスク・ブランクスと呼ばれる.

（3）マスク・ブランクスにレジスト塗布

成膜工程で作成されたマスク・ブランクスのクロム膜上に，感光性樹脂であるレジストを均一膜厚に塗布する．その後，レジスト内の余分な有機溶剤を蒸発させるためにプリベークを行う．

（4）電子ビーム露光…パターン形成…描画

電子線描画装置で，光より短波長な電子ビームを，塗布されたレジストに直接照射スキャンして露光．こうしてパターンが形成される．

(5) 現像

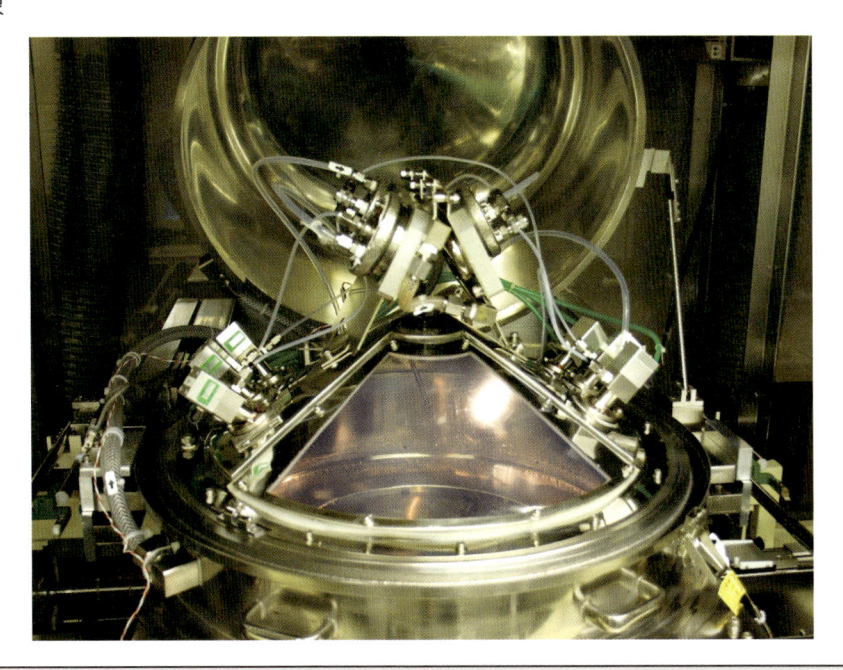

この工程は，現像，リンス（現像の進行停止と洗浄），乾燥などの工程から成っている．ポジ型レジストの場合は，露光された部分のレジストがなくなり，ネガ型レジストの場合は，露光された部分のレジストが残る．

(6) 露出したクロム部分をエッチング

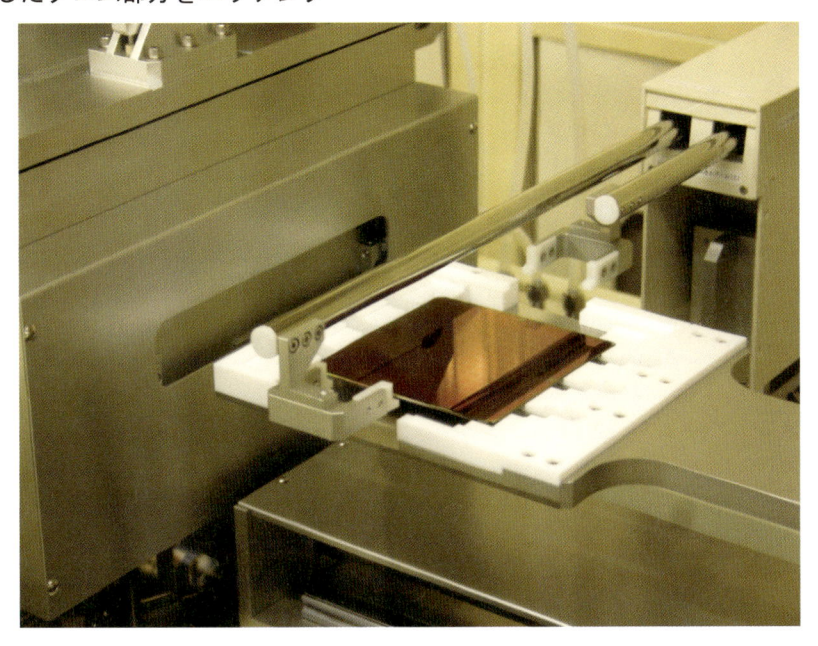

前処理として，ブランクス上にプラズマを浴びせ，エッチング液の浸透性を良くしておく．その後，現像でレジストが除去され，露出した部分のクロムを反応性ガスによる化学反応（ドライ・エッチング）によって加工する．

(7) パターンのサイズや位置検査

寸法検査として，線幅測定装置，座標測定装置，欠陥検査装置などで，パターンのサイズや位置がデータどおりに形成されているかを調べる．寸法検査(短寸法精度，長寸法精度)，位置精度検査(ピッチ精度，直交度，ダイ・ローテーション誤差，ダイ倍率など)，および外観検査(黒欠陥，白欠陥など)を行う．

(8) 欠陥や不良箇所の修正

検査装置で検出された欠陥と不良の修正を行う．レーザ・ビームによってパターンの余分な不良(黒欠陥)部分を加熱蒸発させ除去する．また，CVD(Chemical Vapor Deposition)加工によってパターンの欠落している部分(白欠陥)を炭素膜や金属膜を堆積し補修する．

（9）マスクへのペリクル装着

ウェハ・プロセスの露光工程で，フォト・マスク上に付着した異物がパターン形成されないようにするのがペリクル（pellicle…薄皮）の役割．クロム・パターン面から数mmの高さに透明なペリクル膜（防塵フィルム）を装着する．ペリクル膜上に異物が付着しても焦点が合わないので，異物は転写されなくなる．

（10）完成したフォト・マスク

ペリクル装着後に異物検査装置で異物付着のないことを評価する．これでフォト・マスクの完成となる．

（11）フォト・マスクの出荷

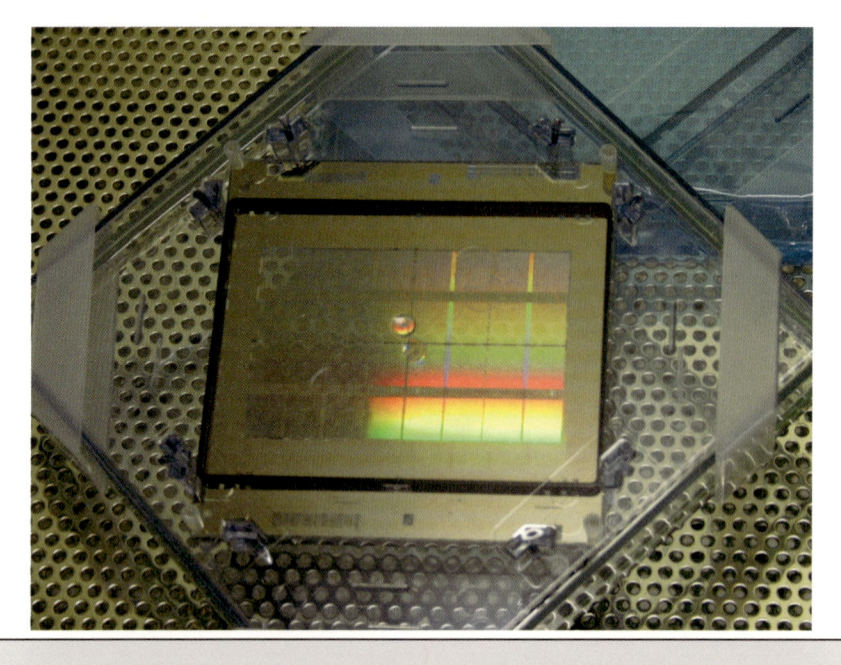

できあがったフォト・マスクは，帯電防止処理やコンタミ（contamination…汚染物）発生の低減処理が施されたケースに密封され，包装・出荷される．

写真提供：凸版印刷（株）

第 1 章

CMOS アナログ IC 開発・設計のあらまし

1.1 アナログ IC の開発フロー

1.2 アナログ IC 回路設計の手順と勘所

1.3 アナログ IC レイアウト設計の手順と勘所

Appendix A　アナログ IC 設計者になろう！

1.1 アナログICの開発フロー

●早くても6～10ヶ月かかる

新しいICが企画され，それが実際に設計・製造され，製品として市場に出ていくまでには，どのような手順で開発が進められていくのでしょうか．

一般的なアナログICの開発フローを**図1.1**に示します．

ICの開発には，市場や顧客の要求に基づく仕様検討から，製品開発が完了し製造ラインに量産移管されるまでの過程があります．この開発フローの中でIC設計者がおもに携わるのは，赤字部分の仕様検討・開発計画立案，回路設計，レイアウト設計，および試作ICの特性評価となります．

ICの特性評価は，「先行特性評価」と「総合特性評価」とに分けて行います．先行特性評価を行う理由は，総合特性評価のためには最終製品形態であるモールド・パッケージへの組み立てを行う必要があり，その組み立てに1～2週間程度の期間を要するためです．時間短縮のため，先行してウェハ状態，または**写真1.1**に示すようにセラミック・パッケージに試作チップを搭載した状態で評価します．この特性評価の段階で不具合が生じた場合は，必要に応じて上流ステップへ手戻り…工程を元に戻してやり直し，設計変更・特性改善を行うので，実際のIC開発は，もう少し複雑なフローとなります．

また，製品開発の要所となる各段階で関連部門(設計，商品企画，プロセス，テスト，組み立て，品質保証など)の有識者が参集し，開発する製品の目標品質(機能，コスト，納期，市場性，信頼性，外観，包装など)について客観的な評価や審議(設計審査：Design Review)を行い，各段階での成果物と要求事項との適合性や妥当性などを確認します(**写真1.2**)．

総合特性評価や最終試験で特性規格を満足すれば，ES(Engineering Sample)として顧客にサンプル提出を行います．ESは特性規格は満足しますが，信頼度および品質に関しては保証しないデバイスで，顧客における試作評価用デバイスとして位置付けられます．また，信頼性試験で問題がなければCS(Commercial Sample)として顧客にサンプル提出します．CSは特性規格を満足し，信頼度や品質に関しても保証するデバイスで，顧客における製品適用に向けたデバイスとして位置付けられます．

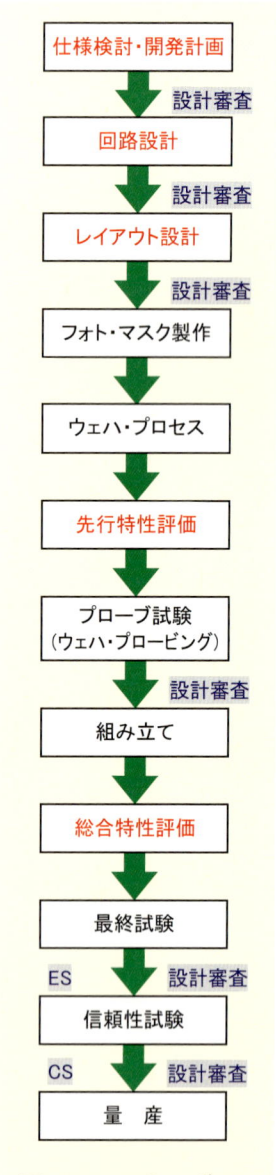

図1.1 アナログIC開発のフロー

仕様検討から量産までの一般的なアナログIC開発工程．製品開発の要所となる各段階で次のステップへ進んで良いかの設計審査が行われ，不具合があれば上流ステップへ手戻りすることもある．

(フロー図：仕様検討・開発計画 → 回路設計 → レイアウト設計 → フォト・マスク製作 → ウェハ・プロセス → 先行特性評価 → プローブ試験(ウェハ・プロービング) → 組み立て → 総合特性評価 → 最終試験(ES) → 信頼性試験(CS) → 量産．各段階で設計審査)

写真 1.1 セラミック・パッケージでの
IC 特性評価

試作チップをセラミック・パッケージに仮実装し，先行特性評価を行う．

写真 1.2 IC 開発でも設計審査が重要

製品開発の要所となる各段階で設計，商品企画，プロセス，テスト，組み立て，品質保証部門などの有識者が参集し，開発する製品の目標品質についての客観的な評価や審議を行い，各段階での成果物と要求事項との適合性や妥当性などを確認する．

●開発する IC の仕様検討とスケジュール立案

　IC の性能や機能は，市場や顧客の要求を満足させるもので，かつ製造ラインで生産する際にプロセス(シリコン基板を投入してからウェハができるまでの製造工程)のばらつき…工程能力を考慮した，十分に余裕度のあるものでなければなりません．IC 設計者はこれらのことを考慮したうえで，IC の仕様をどのようなものにするかを検討します．

　おもな検討項目としては，動作速度，消費電力/電流，最大定格，動作電圧範囲/温度範囲，負荷駆動能力などがあります．また，開発スケジュール，関連特許，パッケージ(実装密度，ピン数，熱抵抗(1.1)，マーキング，包装仕様など)，コスト，試験条件，設備投資，信頼性などの実際の性能とは無関係に見える仕様も，IC 開発にとっては重要な検討項目となります．

　次に，どのようなプロセスやパッケージを用い，どのような回路構成とすれば，要求される仕様を満足できるのかを検討し，開発仕様書(図 1.2)を作成します．たとえば，顧客が外形の小さなパッケージを要求すれば，搭載可能なチップ・サイズで，かつパッケージの最大定格電力に許容できるような低消費電流化や，過電流保護回路，過熱保護回路などの内蔵を検討します．ピン配置やピン数に制限があれば，レイアウト設計での工夫や入出力回路形式の変更などの検討を行う必要があります．

　開発仕様書には，絶対最大定格，電気的特性，等価回路図，測定回路図，アプリケーション回路例，端子情報などが盛り込まれます．また，全体の製品開発のフローを把握し，関連部門との調整，開発工数の見積り，要員計画，開発スケジュール(図 1.3)の立案，費用対効果(販売見込み数量，金額，製品のライフ・タイムなどから，開発費が回収できるか，どれくらいの利益が期待できるか)などの分析を行い，開発計画を立案します．

(1.1) 熱抵抗とは，IC の動作時に発生するジュール熱の逃げ難さのことで，単位電力あたりのパッケージの上昇温度で表現する．単位は[℃/W]．熱抵抗の小さいパッケージほど消費電力の大きい IC チップを搭載することができる．

■ 絶対最大定格(指定なき場合は 25℃)

項目	記号	条件	最大定格	単位
動作電圧	V^+		+9	V
出力電流	I_O		±50	mA
消費電力	P_D	TVSP8	320	mW
動作温度範囲	T_{opr}		-40～+85	℃
保存温度範囲	T_{stg}		-40～+125	℃

■ 電気的特性(試験条件：V^+=3.3V，R_T=47kΩ)(指定なき場合は 25℃)

● 低電圧誤動作防止回路部

項目	記号	条件	分類	最小値	標準値	最大値	単位
ON スレッシホールド電圧	V_{T_ON}	V^+ = L→H	要求仕様	1.9	2.0	2.1	V
			開発仕様	1.9	2.0	2.1	
OFF スレッシホールド電圧	V_{T_OFF}	V^+ = H→L	要求仕様	1.8	1.9	2.0	V
			開発仕様	1.8	1.9	2.0	
ヒステリシス幅	V_{HYS}		要求仕様	60	100	-	mV
			開発仕様	60	100	150	

● ソフト・スタート部

項目	記号	条件	分類	最小値	標準値	最大値	単位
ソフト・スタート時間	T_{SS}	V_{T_ON}→Duty = 80%	要求仕様	8	16	24	ms
			開発仕様	8	16	24	

● 過電流保護回路部

項目	記号	条件	分類	最小値	標準値	最大値	単位
電流制限検出電圧	V_{SENSE}	Duty ≤ 80%	要求仕様	0.17	0.20	0.23	V
			開発仕様	0.17	0.20	0.23	
遅延時間	T_{DELAY}	V_{SENSE}+0.1V OUT までの遅延時間	要求仕様	-	140	-	ns
			開発仕様	90	140	190	
SENSE ブランク時間	T_{BLANK}		要求仕様	-	90	-	ns
			開発仕様	40	90	140	

● 発振回路部

項目	記号	条件	分類	最小値	標準値	最大値	単位
RT 端子電圧	V_{RT}		要求仕様	0.475	0.500	0.525	V
			開発仕様	0.475	0.500	0.525	
発振周波数	f_{OSC}		要求仕様	630	700	770	kHz
			開発仕様	630	700	770	
周波数電源電圧変動	f_{DV}	V^+=2.2～8V	要求仕様	-	1	-	%
			開発仕様	0	1	3	
周波数温度変動	f_{DT}	Ta=-40～+85℃	要求仕様	-	3	-	%
			開発仕様	0	3	5	
発振周波数 2	f_{OSC2}	R_T=150kΩ	要求仕様	-	-	-	kHz
			開発仕様	150	225	300	
発振周波数 3	f_{OSC3}	R_T=27kΩ	要求仕様	-	-	-	kHz
			開発仕様	1000	1150	1300	

● 誤差増幅器部

項目	記号	条件	分類	最小値	標準値	最大値	単位
基準電圧	V_B		要求仕様	-1.5%	1.00	+1.5%	V
			開発仕様	0.985	1.00	1.015	
入力バイアス電流	I_B		要求仕様	-0.1	-	0.1	μA
			開発仕様	-0.1	0	0.1	
開ループ利得	A_V		要求仕様	-	80	-	dB
			開発仕様	60	80	100	
利得帯域幅積	GB		要求仕様	-	1	-	MHz
			開発仕様	0.7	1	1.3	
出力ソース電流	I_{OM+_1}	V_{FB} = 1V, V_{IN-} = 0.9V	要求仕様	25	55	95	mA
			開発仕様	25	55	95	
出力ソース電流	I_{OM+_2}	V_{FB} = 1V, V_{IN-} = 0.9V, V^+ = 2.2V	要求仕様	4	9	16	mA
			開発仕様	4	9	16	
出力シンク電流	I_{OM-}	V_{FB} = 1V, V_{IN-} = 1.1V	要求仕様	0.10	0.16	0.22	mA
			開発仕様	0.10	0.16	0.22	

図 1.2 アナログ IC の開発仕様書例

スイッチング電源コントロール IC の開発仕様書例．絶対最大定格，電気的定格，等価回路図，測定回路図，アプリケーション回路例，端子情報などが盛り込まれる．要求仕様と開発仕様が異なる点がポイント．

- PWM比較器部

項目	記号	条件	分類	最小値	標準値	最大値	単位
入力スレッシホールド電圧	V_{T_0}	Duty = 0%	要求仕様	0.16	0.22	0.28	V
			開発仕様	0.16	0.22	0.28	
入力スレッシホールド電圧	V_{T_50}	Duty = 50%	要求仕様	0.44	0.50	0.56	V
			開発仕様	0.44	0.50	0.56	
最大デューティ・サイクル	M_{AXDUTY_1}	V_{FB} = 0.9V	要求仕様	85	90	95	%
			開発仕様	85	90	95	
最大デューティ・サイクル	M_{AXDUTY_2}	V_{FB} = 0.9V, R_{DTC} = 47kΩ	要求仕様	40	50	60	%
			開発仕様	40	50	60	

- 出力部

項目	記号	条件	分類	最小値	標準値	最大値	単位
出力H側ON抵抗	R_{OH}	I_O = -20mA	要求仕様	-	10	20	Ω
			開発仕様	5	10	20	
出力L側ON抵抗	R_{OL}	I_O = +20mA	要求仕様	-	5	10	Ω
			開発仕様	2.5	5	10	

- 総合特性

項目	記号	条件	分類	最小値	標準値	最大値	単位
消費電流	I_{DD}	R_L = 無負荷	要求仕様	-	800	1200	μA
			開発仕様	600	800	1200	
消費電力	P_D	R_L = 無負荷	要求仕様	-	-	-	mW
			開発仕様	1.98	2.64	3.96	

■ 外形　TVSP-8(8ピン Thin Very Small Package)

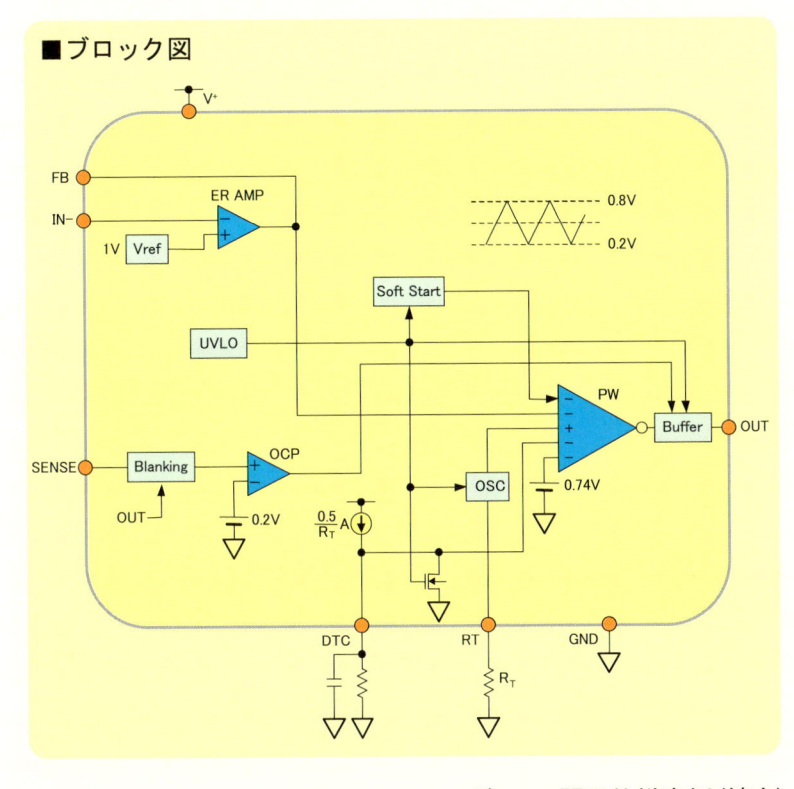

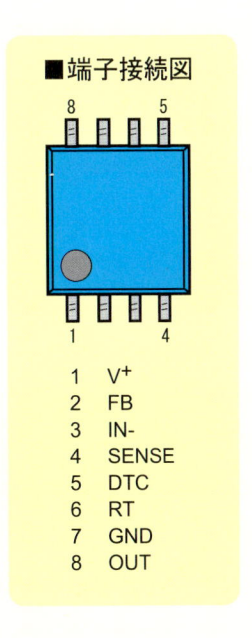

■ ブロック図

■ 端子接続図

1　V^+
2　FB
3　IN-
4　SENSE
5　DTC
6　RT
7　GND
8　OUT

図1.2　アナログICの開発仕様書例(続き)

■応用回路例
• 昇圧回路

• フライバック回路

図 1.2　アナログ IC の開発仕様書例（続き）

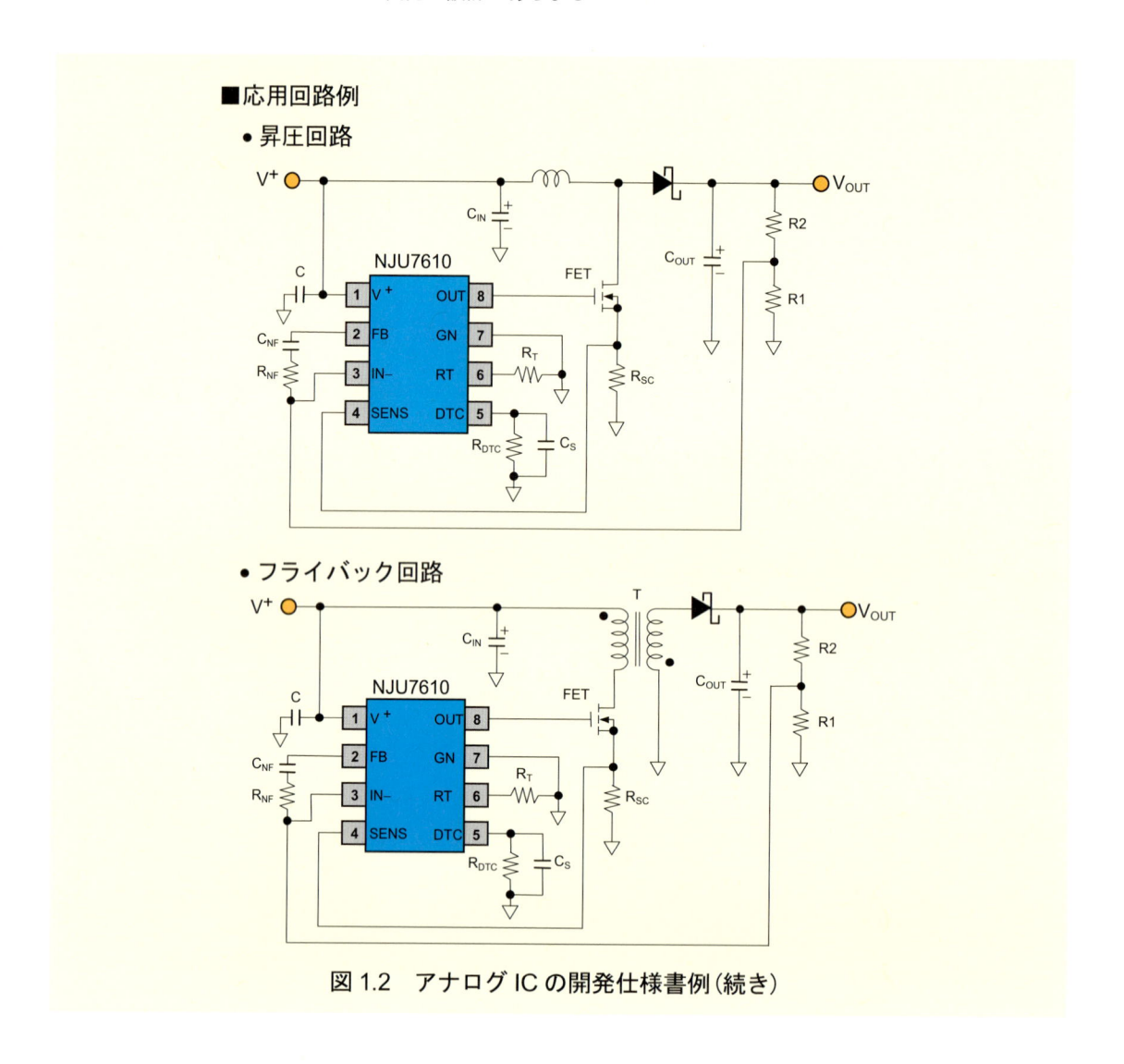

● リスクの洗い出し精度が重要

　開発仕様書の検討段階で，IC を開発していくうえでの「リスクの洗い出し」が重要になってきます．リスク洗い出し検討の精度が，開発期間(手戻り回数)を大きく左右します．**表 1.1** に一般的なアナログ IC 開発におけるリスク洗い出し検討の一例を示します．多岐に渡りますが，ここでの検討が非常に重要です．どのようなリスクが予測されるのかを十分に検証し，対応策の事前検討を行い，仕様検討や開発計画を立案します．開発スケジュールが厳しい場合は，実績のあるプロセスやパッケージの採用を選択し，開発期間や品質，歩留まりなどのリスクを回避する判断も必要となってきます．また，要求される仕様以上の高性能化を目指すことで開発期間が延び，コスト・アップとなってしまっては意味がありません．市場や顧客の要求を十分に把握し，開発仕様を決める必要があります．

1.1 アナログICの開発フロー

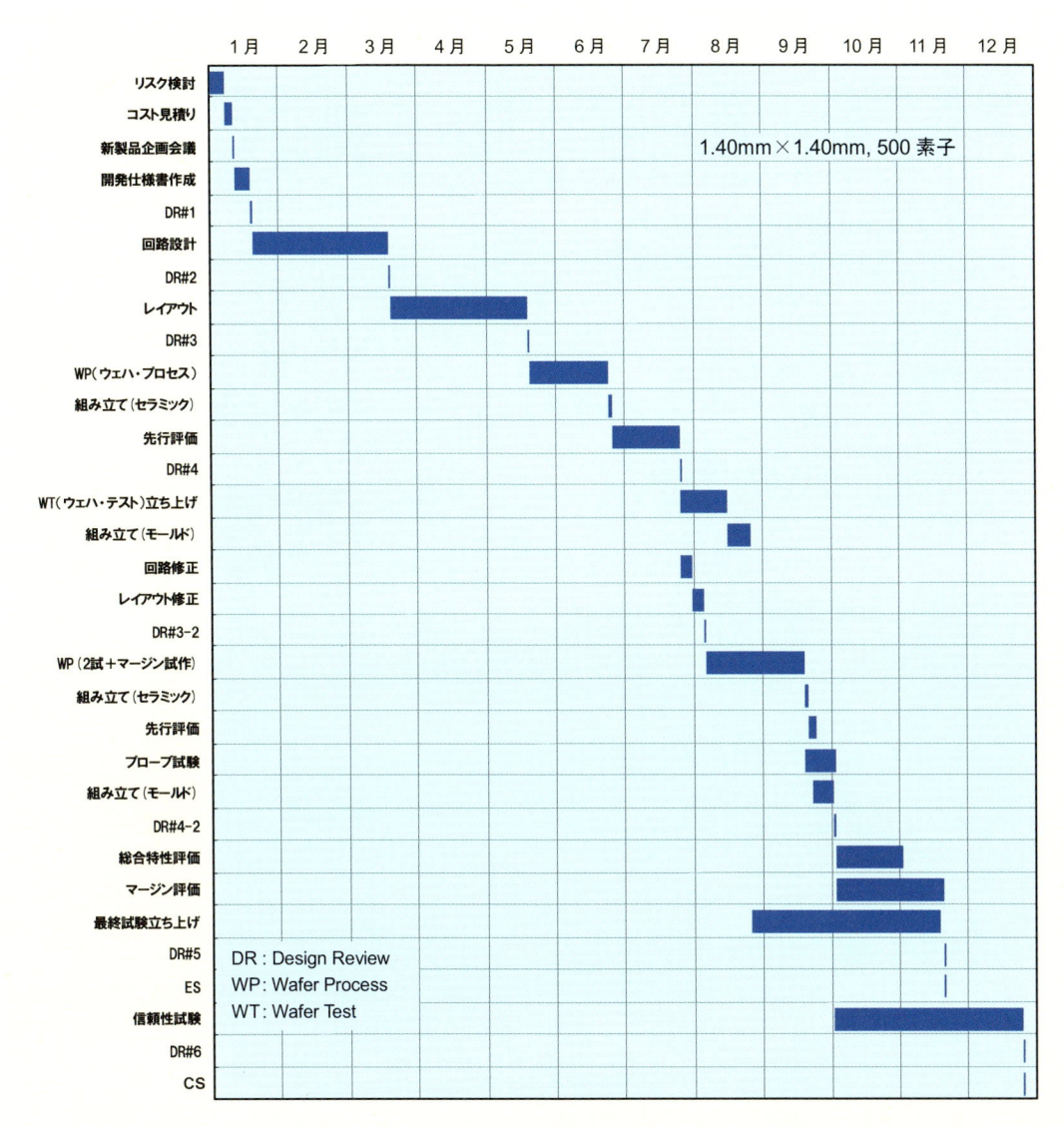

図1.3 アナログICの開発スケジュール作成例

チップ・サイズ：1.40×1.40mmで素子数：500素子程度のCMOSアナログICを想定した開発スケジュール例．このスケジュールでは，回路設計期間を2ヶ月，レイアウト設計期間を2ヶ月としているが，実績のある設計資産をどの程度流用できるか，および設計者のスキル・レベルなどによって，開発スケジュールは大きく変わってくる．この規模のアナログICでは，1年程度の開発期間が必要となってくる．

表 1.1 アナログ IC 開発におけるリスクの洗い出し検討例

分類	回答部門	項目	懸念事項など	判定
仕様	指定なし	要求仕様の完成度は？(未決定の項目は？)	ターゲット顧客確認済み	問題なし
	指定なし	ファンクションの完成度は？(未決定の項目は？)	決定済み	問題なし
	指定なし	動作範囲は？(温度, 電圧など)	決定済み	問題なし
	指定なし	電気的特性で注意すべき点は？(精度, ばらつきなど)	類似製品でのマージン試作結果から特性は実現可能と判断する	問題なし
	指定なし	本 IC での仕様外, 常識的動作で注意すべき点は？	問題なし	問題なし
	指定なし	typ 値だけの項目はないか？	問題なし	問題なし
	指定なし	将来, 温度, 電圧範囲などの拡大要求の可能性はないか？	温度拡大要求時に再度全評価内容を見直し判断する	問題なし
	指定なし	パッド, 端子配置の完成度は？	決定済み	問題なし
	指定なし	使用パッケージは？	TVSP-8	問題なし
	指定なし	測定回路, 測定条件は明確か？	決定済み	問題なし
	商品企画	車載の可能性は？	一般向け製品のため特別品質要求はない	問題なし
	商品企画	特殊マークはあるか？	なし	問題なし
	指定なし	小型パッケージの文字数制限で表示文字の要求はあるか？	なし	問題なし
	商品企画	会社ロゴ指定に要求はあるか？	なし	問題なし
	指定なし	各種法令違反の危険性は？(PL 法, 特許など)	使用予定の回路構成では事前調査の結果, 関連特許抵触はない	問題なし
	商品企画	ターゲット・ユーザ以外の販売あるか？	ターゲット顧客のみ	問題なし
	設計	テスト・モードは明確になっているか？	テスト・モードなし	問題なし
	商品企画	温度範囲での保証項目はないか？	全項目, 電気的特性は 25℃特性保証であり, 温度テストの必要なし	問題なし
	設計	使用上の禁止事項, 制限事項はないか？	なし	問題なし
	商品企画	バンプ・チップの仕様要求は？	バンプの要求なし	問題なし
	技術	パッケージや包装材の新規採用予定はないか？	既存の部材を使用	問題なし
	商品企画	ユーザ, アプリケーションは判明しているか？	一般向けで, 特別検討すべき用途はない	問題なし
回路	設計	PDK(Process Design Kit) は整備されているか？	既存プロセス使用であり, 整備済み	問題なし
	設計	新規回路はあるか？	OP アンプ部(TEG で特性確認済み)	問題なし
	指定なし	ESD への懸念は？	保護素子は既存製品で実績あり	問題なし
	設計	ESD に関し有識者の関与が必要性か？	ESD に特別要求はないので不要	問題なし
	設計	類似品の試作実績は？	数製品あり, 特性確認も完了しており問題は出ていないので懸念事項はない	問題なし
	設計	チップ・サイズの精度は？	約 95%	問題なし
	設計	特許抵触の可能性は？	使用予定の回路構成では事前調査の結果, 関連特許抵触はない	問題なし

表 1.1 アナログ IC 開発におけるリスクの洗い出し検討例（続き）

分類	回答部門	項目	懸念事項など	判定
回路	設計	新規セルの使用はあるか？	事前の TEG で特性の確認済み	問題なし
	設計	既存セルの新規組み合わせはあるか？	PDK が整備されており，通常の検証作業でエラーの抽出は可能	問題なし
	設計	過去の失敗事例に当てはまる特性，回路はないか？	過去の失敗事例調査済み	問題なし
	設計	実測合わせ込みが必要な項目はあるか？	なし	問題なし
プロセス	指定なし	使用プロセスは？	既存プロセス	問題なし
	指定なし	ばらつきが大きいパラメータは？	回路検討時に考慮済み	問題なし
	プロセス	類似品の試作実績は？	数十製品の試作実績があり	問題なし
	プロセス	プロセス DR は？	済み	問題なし
	設計	オプションなど追加素子はないか？	VND，POM（実績あり）	問題なし
	指定なし	新規外注先は使用しないか？	社内プロセス使用	問題なし
テスト	技術	トリミングはあるか？	あり（71 箇所），装置上の問題はなし	問題なし
	技術	新機能の確認：今までの製品にない新機能はあるか？	なし	問題なし
	技術	特殊仕様の確認：評価上特別に考慮することはあるか？	なし	問題なし
	全部門	バーンインを行う必要はあるか？	なし	問題なし
	全部門	特殊外付け部品の確認：外付けアプリケーション回路に入手困難な部品はあるか？	なし	問題なし
	技術	装置上の制約の確認：動作保証電圧範囲	問題なし	問題なし
	技術	装置上の制約の確認：動作保証電流範囲	問題なし	問題なし
	技術	装置上の制約の確認：動作保証温度範囲	問題なし	問題なし
	技術	装置上の制約の確認：最高動作保証周波数	問題なし	問題なし
	技術	装置上の制約の確認：高精度保証項目の有無	入力バイアス電流：テスト打ち合わせで調整	問題なし
	技術	装置上の制約の確認：ピン数（パッド数）	問題なし	問題なし
	技術	装置上の制約の確認：パッド・サイズ（針当て性など）	問題なし	問題なし
	技術	装置上の制約の確認：パッド・ピッチ	問題なし	問題なし
	技術	装置上の制約の確認：パターン・メモリ容量の増設必要性	なし	問題なし
	指定なし	テスト仕様の確認：設計保証項目の有無	アンプ部：電圧利得，利得帯域幅積の測定が必要であり，テスト打ち合わせで調整	問題なし
	指定なし	テスト仕様の確認：代替測定の有無	テスト打ち合わせで調整可能	問題なし

表 1.1 アナログ IC 開発におけるリスクの洗い出し検討例(続き)

分類	回答部門	項目	懸念事項など	判定
テスト	指定なし	テスト回路の確認:テスト時間短縮を目的としたテスト回路の有無	回路設計時にテスト打ち合わせで調整が必要	問題なし
	技術部門	パッケージに関しての確認:FT 先,FT テスタ	問題なし	問題なし
	技術	パッケージに関しての確認:バーンイン装置仕様	不要	問題なし
パッケージ	設計	搭載チップ・サイズは?	1.40×1.40mm	問題なし
	技術	パッケージ認定は?	既存パッケージであり問題なし	問題なし
	技術	リード・フレームは新規か?	既存パッケージであり問題なし	問題なし
	技術	社内製か社外製か?	社内製パッケージ	問題なし
	技術	社外製パッケージの社内使用の実績はあるか?	社内製パッケージ	問題なし
	技術	パッケージ DR は完了済みか?	完了済み	問題なし
	技術	評価用パッケージは特殊か?	量産と同じパッケージを使用	問題なし
	技術	新規外注先は使用しないか?	使用しない	問題なし
	設計	出力電流の仕様でパッケージの熱抵抗は十分か?	TVSP-8 の PD 値と IC 動作から問題なし	問題なし
	商品企画	実装条件の客先要求は?	特別要求なし	問題なし
	商品企画	パッケージ外形の公差要求は?	特別要求なし	問題なし
	商品企画	パッケージ外形の包装仕様は?	特別要求なし	問題なし
信頼性	商品企画	特殊な信頼性条件は必要か?	特別要求なし	問題なし
	品質保証	通電回路で特殊な部品はあるか?	なし	問題なし
その他	設計	派生品の場合,コア品の開発状況は?	コア製品	問題なし
	指定なし	派生品の場合の審査項目は?	コア製品	問題なし
	設計	汎用品かカスタム品か?	汎用品	問題なし

製品開発に潜むリスクの抽出とそのリスクにどう備えるかを関連部門の有識者によって,仕様,回路,プロセス,テスト,パッケージ,信頼性,量産性などのあらゆる見地から懸念事項を検討する.また,過去のトラブル事例やフィールド情報からのフィードバックも行い,手戻り回数の低減,開発スケジュールの精度向上や不良流出の防止,品質,歩留り,納期などに対するリスクを事前に抽出する.

1.2 アナログ IC 回路設計の手順と勘所

次に IC の開発仕様書に基づき，機能や性能を実現させるための詳細ブロック図を作成し，どんなシステム構成で，どんな機能をもたせるのかを検討します．そして，そのシステム構成や機能をどんな回路構成で実現するかを検討します．具体的には，電圧源，電流源，カレント・ミラー回路，バイアス回路，ソース接地回路，差動増幅回路，OP アンプ，コンパレータなどの基本要素回路やその応用回路などをベースに回路を組み立てていきます．

アナログ回路の場合，要求される仕様を実現するためには，いく通りもの回路構成が考えられるので，最適な回路構成を選択したり創造したりする能力が必要となります．これは，アナログ回路はディジタル回路に比べ，設計者の個性や思いが回路に盛り込みやすいということを意味しており，アナログ回路の難しいところでもあり，面白いところでもあると言えます．

図 1.4 が IC における回路設計のフローを示しています．

●回路シミュレータの活用

さて，実際の IC 設計においては，回路構成や定数の最適化，および設計された回路が開発仕様を満足するか否かなどの検証が非常に重要です．IC の開発には相当額のお金がかかるので，慎重のうえにも慎重を重ねた検証がとても重要なのです．その検証を行うための手段として，回路図から最終的な回路設計のアウトプットとなる回路接続情報(図 1.5)を作成し，回路の各ノードの電圧や電流を計算するツール(回路シミュレータ)を用いた設計の検証(写真 1.3)が行われます．現在，最もよく使われている回路シミュレータ用の汎用回路解析プログラムは，米国カリフォルニア大学バークレー校(University of California, Berkeley)で開発され

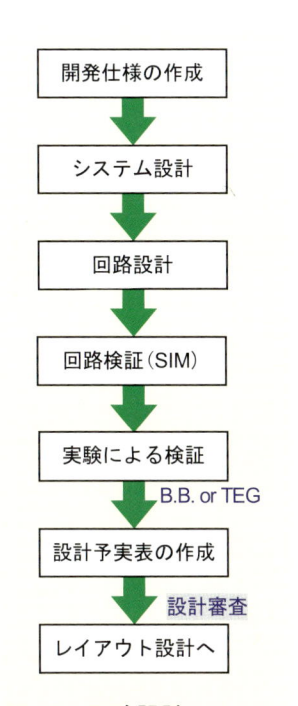

図 1.4　回路設計のフロー

一般的な回路設計のフロー．開発仕様書の作成，システム設計，回路設計，回路検証などを行い，レイアウト設計に着手する前に設計審査を行う．

写真 1.3　回路設計の検証

回路図から最終的な回路設計のアウトプットとなる回路接続情報を作成し，回路の各ノードの電圧や電流を計算する回路シミュレータを用いて設計の検証を行う．ただし，あくまでも回路シミュレータは「机上設計」された回路の検証や定数の最適化などを行う回路設計支援ツールであり，効率の悪い複雑な計算を手助けするツールである．

た SPICE(Simulation Program with Integrated Circuit Emphasis)です. また, HSPICE, Spectre, Smart Spice, PSpice など SPICE から派生した商用の回路シミュレータが多数存在します.

表 1.2 SPICE が行う解析の種類

解析名		内　容
DC 解析		直流特性を解析
	感度解析	デバイス・パラメータ変動に対する直流小信号感度を解析
	TF 解析	DC 小信号伝達関数を解析
AC 解析		交流小信号周波数特性を解析
	ノイズ解析	デバイスが発生する雑音レベルを解析
	ひずみ解析	小信号ひずみを解析
過渡解析		時間領域過渡応答を解析
	フーリエ解析	フーリエ周波数成分を解析
温度依存性		温度を指定して各解析と実行

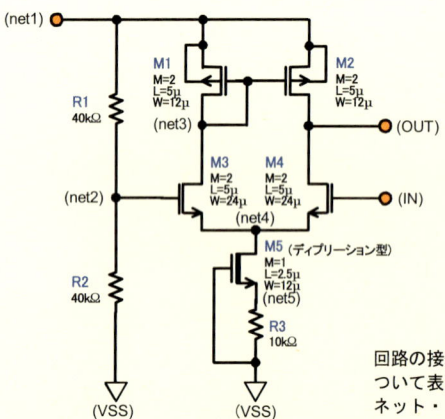

回路の接続情報(ネット・リスト)とは, 回路の素子情報, 配線接続情報などについて表現したデータのこと. 通常, 回路図エディタを用いて回路図を入力し, ネット・リストを出力する.

```
M1   net3  net3  net1  net1  PMOS1  W=12u  L=5u    M=2
M2   OUT   net3  net1  net1  PMOS1  W=12u  L=5u    M=2
M3   net3  net2  net4  VSS   NMOS1  W=12u  L=5u    M=2
M4   OUT   IN    net4  VSS   NMOS1  W=12u  L=5u    M=2
M5   net4  VSS   net5  VSS   NMOS2  W=12u  L=2.5u  M=1
R1   net1  net2  40k
R2   net2  VSS   40k
R3   net5  VSS   10k
```

<u>M3</u>　<u>net3</u>　<u>net2</u>　<u>net4</u>　<u>VSS</u>　<u>NMOS1</u>　<u>W=12u</u>　<u>L=5u</u>　<u>M=2</u>
①　　②　　③　　④　　⑤　　⑥　　　⑦　　　⑧　　⑨

① エレメント名: エレメント/タイプごとに特定の文字が割り当てられている
　　M: MOS FET, Q: BJT, R: 抵抗, C: キャパシタ, D: ダイオード, V: 電圧源, I: 電流源など
② ドレイン端子ノード名
③ ゲート端子ノード名
④ ソース端子ノード名
⑤ バルク端子ノード名
　　(②〜⑤: エレメント同士を接続しようとするノードの名前)
⑥ モデル参照名: エレメントの電気的特性を定義するモデル・パラメータに関連付ける
　　PMOS1: エンハンスメント型 PMOS トランジスタ
　　NMOS1: エンハンスメント型 NMOS トランジスタ
　　NMOS2: ディプリーション型 NMOS トランジスタ
⑦ MOS トランジスタのチャネル幅
⑧ MOS トランジスタのチャネル長
⑨ エレメント乗数: 例(M3)では, NMOS1($W=12\mu m, L=5\mu m$)を 2 素子並列接続する

図 1.5　回路の接続情報

これら SPICE の機能としては，DC 解析，AC 解析，過渡解析などの計算が可能です(表 1.2)．また，使用する回路素子…MOS FET のモデルとしては，BSIM3(Berkeley Short-Channel IGFET Model 3)と呼ばれているものが一般的に使用されています．この BSIM3 では，MOS FET のしきい値電圧に及ぼす不均一基板濃度の効果，短チャネル効果，横方向の電界による移動度の減少，チャネル長変調(CLM)，ドレイン・インデュースト・バリア低下(DIBL)，基板電流インデュースト・ボディ効果(SCBE)，弱反転領域の導電特性，寄生抵抗効果などの物理現象を考慮しています．http://www-device.eecs.berkeley.edu/~bsim3/ を参照してください．

● 万能でない回路シミュレータ

回路シミュレータは万能ではありません．シミュレーションでは再現困難な領域や，信頼度の低い領域などに関しては，必要に応じてTEG(Test Element Group)と呼ばれるチップ実物を試作し，回路設計に必要なパラメータの抽出や定数の最適化などを行います．

TEGには，回路TEG，デバイスTEG，プロセスTEGがあり，この段階で行うTEGは，回路TEGとデバイスTEGになります．回路TEGの試作は，回路性能の確認や定数最適化などのために非常に重要で，この試作でICを構成する基本回路などの特性評価を行います．デバイスTEGは，素子単体の特性評価やモデル・パラメータの抽出などのために試作します．

IC設計者は回路シミュレーションでの検証で，信頼できる部分と信頼できない部分をしっかり判断し，TEGでの検証が必要であるか否かの判断を行う必要があります．回路シミュレータはあくまでも，「机上設計」した回路の検証や定数の最適化などを行う回路設計支援ツールであり，電卓を用いた机上設計では効率が悪い複雑な計算を手助けするツールであることを認識しておく必要があります．

十分な机上設計を行わずに，既存の回路を組み合わせて動作確認をシミュレーションで行うといったカット＆トライ的設計手法では，独創性や新規性のある回路は生まれません．しかも，シミュレーションでパスしたからと言って，試作して期待した性能が得られなかった場合には，不具合の原因解析や対策を迅速に行うことはできません．手軽だからと言って，シミュレーションに依存した設計にならないよう心掛けなければなりません．

経験的な話になりますが，SPICE モデル BSIM3 の場合，弱反転領域を含むしきい値電圧近傍におけるドレイン電流/OFF 時リーク電流の温度特性(図 1.6)，およびしきい値電圧近傍における飽和領域のドレイン電流特性(図 1.7)に関しては，シミュレーション精度が低くなりがちです．幅広い電圧や電流の領域でモデル・パラメータを合わせ込むことは難しいので，場合によっては精度向上のために素子の使用領域を限定したモデル・パラメータを何種類か準備し，動作領域に応じて使い分けるなどの工夫も必要となってきます．

なお，バイポーラ回路であれば，ブレッド・ボード(写真 1.4)と呼ばれる実物ディスクリート部品による回路動作の検証も有効な手段となります．とくに，回路シミュレーションの検証で信頼度が低い領域に関しては，ブレッド・ボードで回路を組み立てて検証を行います．しかし，アナログ CMOS 回路の場合は，トランジスタ・サイズ(ゲート幅，ゲート長)の自由度がありすぎ

ることや，各ノードのインピーダンスが高くなりがちでノイズの影響を受けやすいこと，および静電気に弱いことなどから，ブレッド・ボードでの検証は現実的ではありません．回路シミュレーションによる検証がメインとなります．

最近ではバイポーラ回路でも，ブレッド・ボード作成に時間がかかる割に，大電流領域や高周波領域での検証が不向きであること，回路シミュレーションの精度が向上してきたことによって，ブレッド・ボードでの検証を用いることは少なくなってきました．

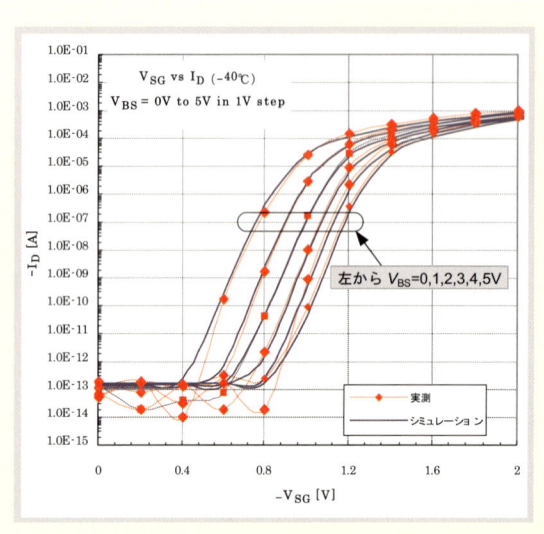

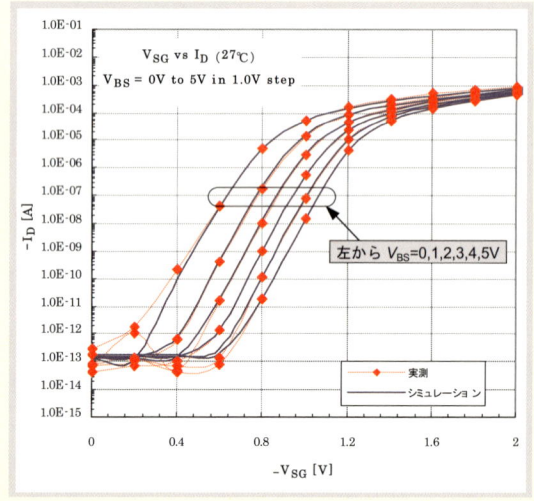

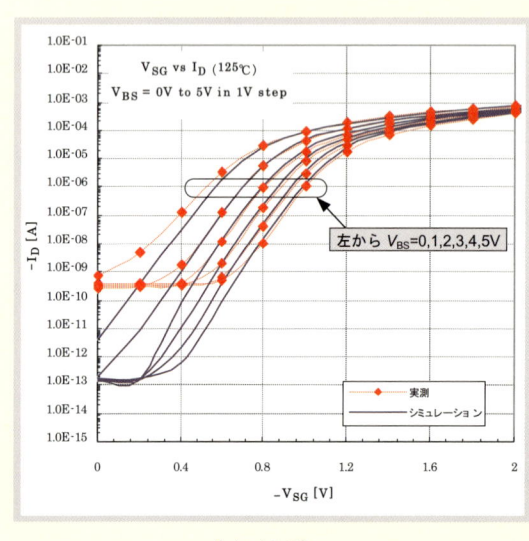

(a) −40℃

(b) 27℃

(c) 125℃

図 1.6 しきい値近傍におけるゲート電圧 V_{SG} 対ドレイン電流 I_D の温度特性

27℃では，OFF時リーク電流のレベルがシミュレーション結果と実測値でよく合っている．しかし，それ以外の温度に関しては差異が見られる．とくに125℃に関してはシミュレーションが2桁以上実測値より電流レベルが低い結果となっている．モデル・パラメータの最適化の余地はあると考えるが，精度が低くなりがちな項目であり注意が必要．V_{BS}：基板バイアス．

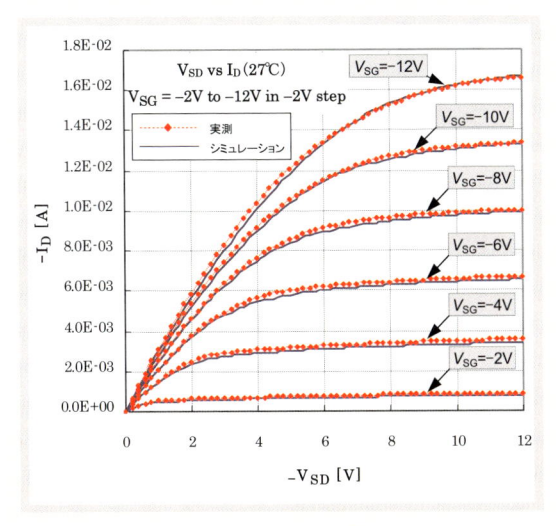

(a) 強反転領域

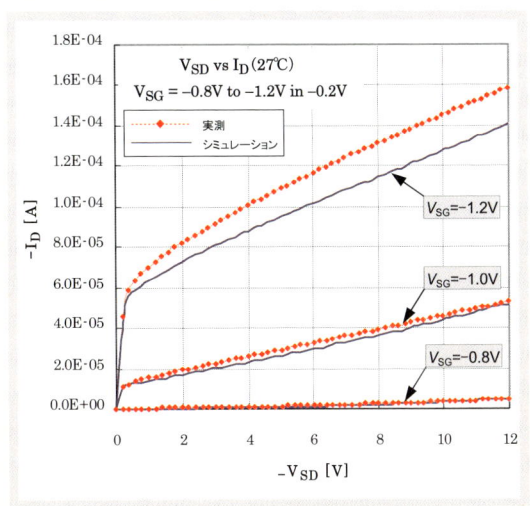

(b) しきい値近傍(1)

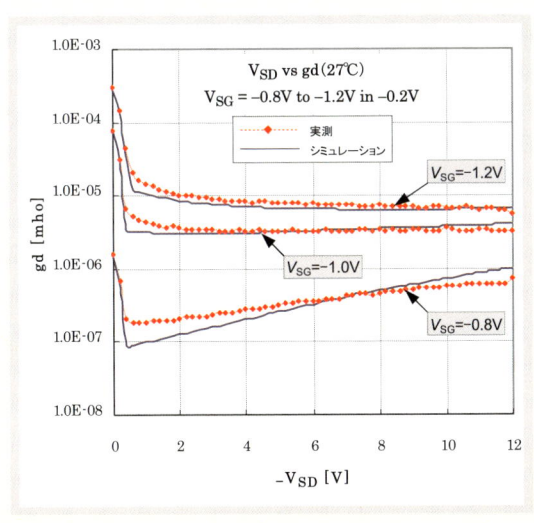

(c) しきい値近傍(2)

**図 1.7　しきい値近傍における飽和領域の
ゲート電圧 V_{SD} 対ドレイン電流 I_D／ドレイン・コンダクタンス g_d**

V_{SG} が 2V 以上の強反転領域では，シミュレーション結果と実測値でよく合っている．しかし，V_{SG} が-0.8V，-1.0V，-1.2V のしきい値電圧近傍では差異が見られる．また，この領域でのドレイン・コンダクタンスで見ても差異が確認できる．モデル・パラメータの最適化の余地はあると考えるが，精度が低くなりがちな項目であり注意が必要．

写真 1.4 ブレッド・ボードの例

ブレッド・ボード(Bread Board)とは，キット・パーツ(写真 1.5)と呼ばれる「集積化する能動素子と同一プロセスで製造された素子群」を用いて IC の機能を確認するボードのこと．IC 上に実現される予定のトランジスタや抵抗などをあらかじめキット・パーツとして製作し，実際の素子での特性を事前に検証する．

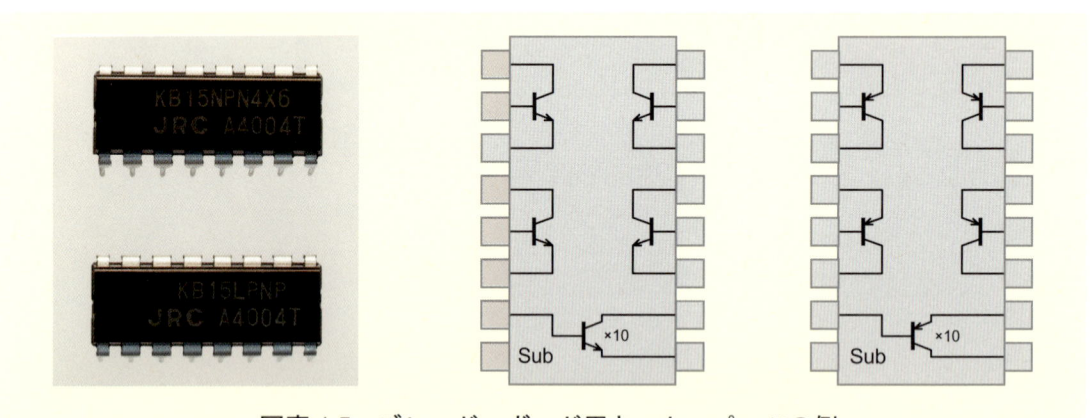

写真 1.5 ブレッド・ボード用キット・パーツの例

定常的に量産ラインで生産している製品のウェハを使用し，その配線層だけの変更でプロセスごとのキット・パーツを準備する．パッケージは，プリント基板に実装しやすい DIP (Dual Inline Package) タイプがよく使用される．

●検証はワースト条件で行う

製造工程でのプロセス・パラメータは，幅のあるばらつきをもっています．各素子の特性もばらつきをもっているので，各素子のばらつき量(工程能力)に対し，十分に余裕度のある設計を行う必要があります．たとえば，ゲート酸化膜厚，ゲート長，基板濃度などのばらつきによって，トランジスタのしきい値電圧 V_T やトランス・コンダクタンス g_m などが変動します．IC が使用されるときの電源電圧や環境温度も一定ではないので，各種あるワースト条件(図 1.8)を考慮した回路設計，回路検証が必要となってきます．

たとえば 6 条件の項目があり，各項目に対して各々 3 条件を振らなければいけない場合(図 1.8)，$3^6=729$ 通りの検証を行う必要があります．また，その結果を確認するのは人なので，すべての条件で検証すると，シミュレーションによる検証時間と結果確認でかなりの時間を費やすことになります．したがって，通常は単純にすべての素子のばらつきの組み合わせを検証するのではなく，

各検証項目でのワースト条件を回路構成から見きわめ，ある程度絞り込んでから検証を行います．例として，回路構成上最大値となる条件が「抵抗値低め・しきい値電圧高め」，最小値となる条件が「抵抗値高め・しきい値電圧低め」などと確実に予測される場合は，他の組み合わせによる検証を簡略化することができます．ただし，予測できない場合はすべての組み合わせでの検証を行うこととなります．

最終的には，開発仕様や各素子のばらつき（絶対値ばらつき，相対値ばらつき），温度変動，電源電圧変動などを考慮したシミュレーション結果，および先に示した TEG での実験結果などを設計予実表（予定値と実績値を表にした形式）にまとめ，すべての条件下で開発仕様と設計検証結果との整合性や妥当性を確認します．

表 1.3 の設計予実表の作成例は，電源電圧 V^+ と周囲温度 T_a が typ 条件のときのものです．電源電圧が低い場合/高い場合，周囲温度が低い場合/高い場合においても同様に設計予実表の作成を行い，開発仕様との整合性や妥当性を確認します．

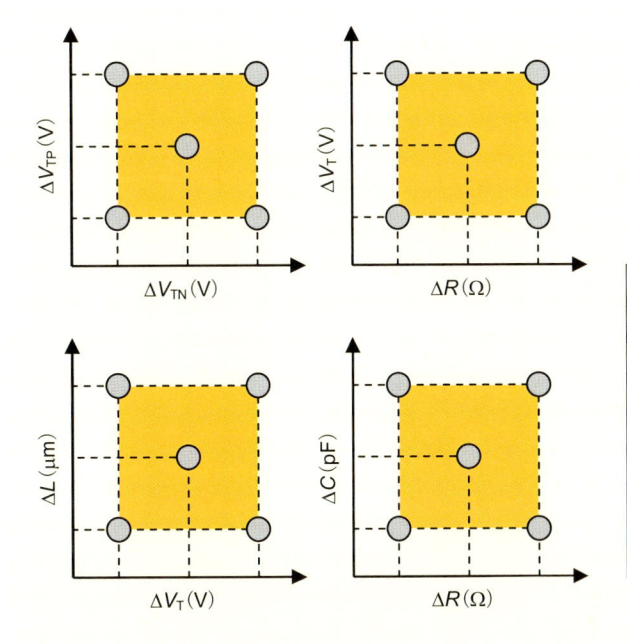

項目		ばらつき			単位
		低	中	高	
NMOS	V_{TN}	−0.15	typ	+0.15	V
PMOS	V_{TP}	−0.15	typ	+0.15	V
抵 抗	R	−20%	typ	+20%	Ω
MOS 容量	C	−10%	typ	+10%	F
電源電圧	V^+	Vmin	typ	Vmax	V
温 度	T_a	−40	typ	85	°C

図 1.8 ワースト条件での回路検証例

製品の使用条件や環境，製造工程でのパラメータばらつきなどを考慮し，各素子の特性変動，電源電圧変動，周囲温度変動などの各組み合わせワースト条件での検証を行う．設計予実表（表 1.3）で十分に余裕度のある回路設計になっているかを確認する．

表 1.3 設計予実表の作成例

■シミュレーションの条件

項目	記号	条件	最小値	標準値	最大値	単位
NMOS (Enhancement)	Vth	—	0.65	0.80	0.95	V
NMOS (Low Vt)	Vth	—	0.35	0.50	0.65	V
NMOS (Initial)	Vth	—	0.20	0.35	0.50	V
NMOS (Depletion)	Vth	—	−0.40	−0.25	−0.10	V
PMOS (Enhancement)	Vth	—	−0.70	−0.85	−1.00	V
PMOS (Low Vt)	Vth	—	−0.40	−0.55	−0.70	V
PMOS (Initial)	Vth	—	−1.00	−1.15	−1.30	V
Resistance (HR-POL)	RPH	—	6k	10k	14k	Ω/□
Resistance (POL)	RPL	—	20	25	30	Ω/□
Resistance (NLD)	RND	—	1.875k	2.5k	3.125k	Ω/□
Resistance (PLD)	RPD	—	3.7k	5.5k	7.3k	Ω/□

(注) Ω/□ = ohm/square(シート抵抗)

■全体の仕様(試験条件:V^+=3.3V, R_T=47kΩ, T_a=25℃)

・低電圧誤動作防止回路部

項目	記号	条件	分類	最小値	標準値	最大値	単位
ON スレッシホールド電圧	V_{T_ON}	V^+ = L→H	開発仕様	1.9	2.0	2.1	V
		最大値:ff, R−	SIM 値	1.999	2.002	2.004	
		最小値:ss, R+	BB 実測値	—	—	—	
OFF スレッシホールド電圧	V_{T_OFF}	V^+ = H→L	開発仕様	1.8	1.9	2	V
		最大値:ff, R−	SIM 値	1.899	1.900	1.902	
		最小値:ss, R+	BB 実測値	—	—	—	
ヒステリシス幅	V_{HYS}	—	開発仕様	60	100	150	mV
		最大値:ff, R−	SIM 値	100	102	102	
		最小値:ss, R+	BB 実測値	—	—	—	

・ソフト・スタート部

項目	記号	条件	分類	最小値	標準値	最大値	単位
ソフト・スタート時間	T_{SS}	V_{T_ON}→DUTY = 80% *トリミングによって調整	開発仕様	8	16	24	ms
		最大値:ss, R+	SIM 値	15.4	15.9	17.1	
		最小値:ff, R−	BB 実測値	—	17.2	—	

・過電流保護回路部

項目	記号	条件	分類	最小値	標準値	最大値	単位
電流制限検出電圧	V_{SENSE}	—	開発仕様	170	200	230.00	mV
		最大値:ss, R+	SIM 値	199.9	200.0	200.0	
		最小値:ff, R−	BB 実測値	—	198	—	
遅延時間	T_{DELAY}	V_{SENSE}+0.1V	開発仕様	90	140	190	ns
		最大値:ff, R−	SIM 値	129	142	184	
		最小値:ss, R+	BB 実測値	—	143	—	
SENSE ブランク時間	T_{BLANK}	—	開発仕様	40	90	140	ns
		最大値:ss, R+	SIM 値	64	82	112	
		最小値:ff, R−	BB 実測値	—	85	—	

・発振回路部

項目	記号	条件	分類	最小値	標準値	最大値	単位
RT 端子電圧	V_{RT}	—	開発仕様	0.475	0.500	0.525	V
		最大値:ff, R−	SIM 値	0.499	0.500	0.501	
		最小値:ss, R+	BB 実測値	—	—	—	
発振周波数	f_{OSC}	*トリミングによって調整	開発仕様	630	700	770	kHz
		最大値:ff, R−	SIM 値	676	700	739	
		最小値:ss, R+	BB 実測値	—	697	—	
周波数電源電圧変動	f_{DV}	V^+ = 2.2〜8.0V	開発仕様	0	1	3	%
		最大値:ss, R+	SIM 値	0.189	1.20	1.92	
		最小値:ff, R−	BB 実測値	—	—	—	
周波数温度変動	f_{DT}	Ta = −40〜+85℃	開発仕様	0	3	5	%
		最大値:ff, R−	SIM 値	2.4	3.2	3.5	
		最小値:ss, R+	BB 実測値	—	—	—	

表 1.3 設計予実表の作成例（続き）

- 誤差増幅器部（1）

項目	記号	条件	分類	最小値	標準値	最大値	単位
基準電圧	V_B	＊トリミングによって調整	開発仕様	0.985	1.00	1.015	V
		最大値：ff, R−	SIM 値	0.999	1.000	1.001	
		最小値：ss, R+	BB 実測値	—	1.001	—	
入力バイアス電流	I_B	—	開発仕様	−0.1	0	0.1	μA
		最大値：ff, R−	SIM 値	0	0	0	
		最小値：ss, R+	BB 実測値	—	—	—	

- 誤差増幅器部（2）

項目	記号	条件	分類	最小値	標準値	最大値	単位
開ループ利得	A_V	—	開発仕様	60	80	100	dB
		最大値：ff, R−	SIM 値	79.2	79.5	79.8	
		最小値：ss, R+	BB 実測値	—	—	—	
利得帯域幅積	GB	—	開発仕様	0.7	1	1.3	MHz
		最大値：ss, R+	SIM 値	1.01	1.04	1.06	
		最小値：ff, R−	BB 実測値	—	—	—	
出力ソース電流	I_{OM+}	$V_{FB}=1V, V_{IN-}=0.9V$	開発仕様	25	55	95	mA
		最大値：ff, R−	SIM 値	37.0	41.0	45.0	
		最小値：ss, R+	BB 実測値	—	—	—	
出力シンク電流	I_{OM-}	$V_{FB}=1V, V_{IN-}=1.1V$	開発仕様	0.10	0.16	0.22	mA
		最大値：ff, R−	SIM 値	0.14	0.15	0.16	
		最小値：ss, R+	BB 実測値	—	0.157	—	

- PWM 比較器部

項目	記号	条件	分類	最小値	標準値	最大値	単位
入力スレッシホールド電圧	V_{T_0}	Duty = 0%	開発仕様	0.16	0.22	0.28	V
		最大値：ss, R+	SIM 値	0.18	0.24	0.24	
		最小値：ff, R−	BB 実測値	—	—	—	
入力スレッシホールド電圧	V_{T_50}	Duty = 50%	開発仕様	0.44	0.50	0.56	V
		最大値：ss, R+	SIM 値	0.50	0.51	0.51	
		最小値：ff, R−	BB 実測値	—	—	—	
最大デューティ・サイクル	$M_{AXDUTY1}$	$V_{FB}=0.9V$ ＊トリミングによって調整	開発仕様	85	90	95	%
		最大値：ss, R+	SIM 値	86.9	90.1	92	
		最小値：ff, R−	BB 実測値	—	89	—	
最大デューティ・サイクル	$M_{AXDUTY2}$	$V_{FB}=0.9V, R_{DTC}=47k\Omega$	開発仕様	40	50	60	%
		最大値：ss, R+	SIM 値	46.8	48.9	49.1	
		最小値：ff, R−	BB 実測値	—	—	—	

- 出力部

項目	記号	条件	分類	最小値	標準値	最大値	単位
出力 H 側 ON 抵抗	R_{OH}	$I_O=-20mA$	開発仕様	5	10	20	Ω
		最大値：ss, R+	SIM 値	5.5	6.0	6.0	
		最小値：ff, R−	BB 実測値	—	—	—	
出力 L 側 ON 抵抗	R_{OL}	$I_O=+20mA$	開発仕様	3	5	10	Ω
		最大値：ss, R+	SIM 値	3.1	3.3	3.5	
		最小値：ff, R−	BB 実測値	—	—	—	

- 総合特性

項目	記号	条件	分類	最小値	標準値	最大値	単位
消費電流	I_{DD}	$R_L=$ 無負荷	開発仕様	600	800	1200	μA
		最大値：ff, R−	SIM 値	679	722	886	
		最小値：ss, R+	BB 実測値	—	888	—	

(注) 記号の意味

R+	抵抗値：高	fs	V_{TN}：低, V_{TP}：高
R−	抵抗値：低	ff	V_{TN}：低, V_{TP}：低
ss	V_{TN}：高, V_{TP}：高	V^+	2.2V, 3.3V, 8V
sf	V_{TN}：高, V_{TP}：低	Ta	−40°C, 25°C, 85°C

設計予実表とは，開発仕様と設計検証結果との整合性や妥当性を確認するための比較表．

1.3 アナログICレイアウト設計の手順と勘所

●レイアウト設計のあらまし

　ICチップのレイアウト設計は，一般の電子回路設計におけるプリント基板のパターン設計と良く似ています．ICチップにおけるレイアウト設計は，**図1.9**に示すようにピン配置の検討とフロア・プランからスタートします．

　レイアウト設計では，設計された回路に基づきトランジスタや抵抗，キャパシタなどで構成される回路システムをデザイン・ルール…製造プロセスで許可されている素子の寸法や配線幅，間隔などを規定したパターン設計規則に従い，ICチップを想定した空間上に配置します．さらに構成要素間を配線し，マスク・パターンを作成していきます．設計するICチップに要求される電気的特性をよく理解し，その性能を十分に発揮できるよう回路機能を忠実にパターン化し，かつデッド・スペースをなくし，無駄のない少しでも小さなチップ・サイズに収めることが要求されます．チップ・サイズが製品価格を大きく左右するからです（**写真1.6**）．

　ピン配置の検討では，想定されるアプリケーションによって，部品の実装や配線引き回しなどのプリント基板設計への配慮や隣接ピンへの信号の回り込み，はんだブリッジによる隣接ピンのショート時の影響などを考えます．また，所望の性能が得られるように各機能ブロックや入出力端子などの配置を決めると共に，チップ・サイズの最小化を考慮したチップ・レイアウトの全体構成（フロア・プラン）の検討を

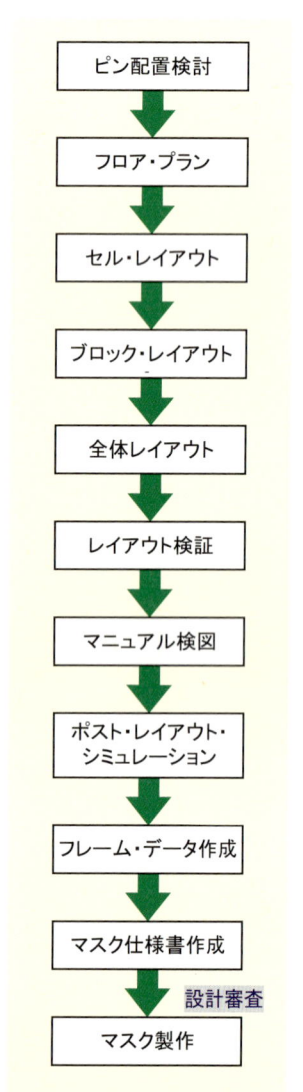

図1.9　レイアウト設計のフロー

- ピン配置検討
- フロア・プラン
- セル・レイアウト
- ブロック・レイアウト
- 全体レイアウト
- レイアウト検証
- マニュアル検図
- ポスト・レイアウト・シミュレーション
- フレーム・データ作成
- マスク仕様書作成
- 設計審査
- マスク製作

一般的なレイアウト設計のフロー．ピン配置の検討，フロア・プラン，レイアウト，検証などを行い，フォト・マスクの作成前に設計審査を行う．

写真1.6　レイアウト設計
レイアウト作成ツールで，設計された回路に基づきトランジスタ，抵抗，キャパシタなどで構成される回路システムをデザイン・ルールに従い，ICチップを想定した空間上に配置して，その構成要素間を配線しマスク・パターンを作成する．

行います.

　レイアウトは，セル(機能単位)，ブロック，およびチップ全体の順序で設計します．全体レイアウトが完成したら，レイアウト検証用ツール(表1.4)を用いてレイアウト・データがデザイン・ルールに違反していないか，レイアウト・データとして適切であるかを検証します.

　なお，セル・ブロックごとにあらかじめ DRC や LVS などを実行してから，全体レイアウトを検証したほうが検証時間を短縮することができます．おもな検証内容は，以下のようなものがあります.

●CAD で使用するレイアウト検証ツール

▶ DRC(Design Rule Checking)
製造プロセスに基づいて定められた最小線幅,最小間隔などの幾何学的設計ルールに違反していないかを検証し，指定されたプロセス・テクノロジで製造可能であることを確認します.

▶ LVS(Layout versus Schematic)
回路接続情報(ネット・リスト)とレイアウト・データを比較し，素子や素子間配線の不一致を検出します.

▶ ERC(Electrical Rule Checking)
ショート回路，オープン回路，フローティング・ノード，入力ゲート開放，出力ゲート短絡などの電気的な誤りを検出します.

▶ LVL(Layout versus Layout)
類似した二つのレイアウト・データから抽出したネット・リスト同士を比較し，データの不一致を検出します.

▶ LPE(Layout Parameter Extraction)/RCX(Physical Parasitic RC Extraction)
実際の配線抵抗や配線容量などの影響を含めた電気的特性の確認シミュレーション(ポスト・レイアウト・シミュレーション)を行うために，レイアウト・データの幾何学情報から配線などの寄生抵抗値や容量値などを抽出して，寄生素子を含んだネット・リストを出力します.

表 1.4　アナログ IC の設計工程で使用されるおもな CAD 技術

工程	CAD 技術	CAD ツール例(ベンダ)
回路設計	回路図入力	Composer (Cadence) Gateway (Silvaco)
回路検証	回路シミュレーション	HSPICE (Synopsys) Spectre (Cadence) SmartSpice (Silvaco)
レイアウト設計	レイアウト作成	Virtuoso (Cadence) Expert (Silvaco)
レイアウト検証	DRC, LVS	Dracula (Cadence) Assura (Cadence)
寄生素子抽出	LPE, RCX	Dracula (Cadence) Assura (Cadence)

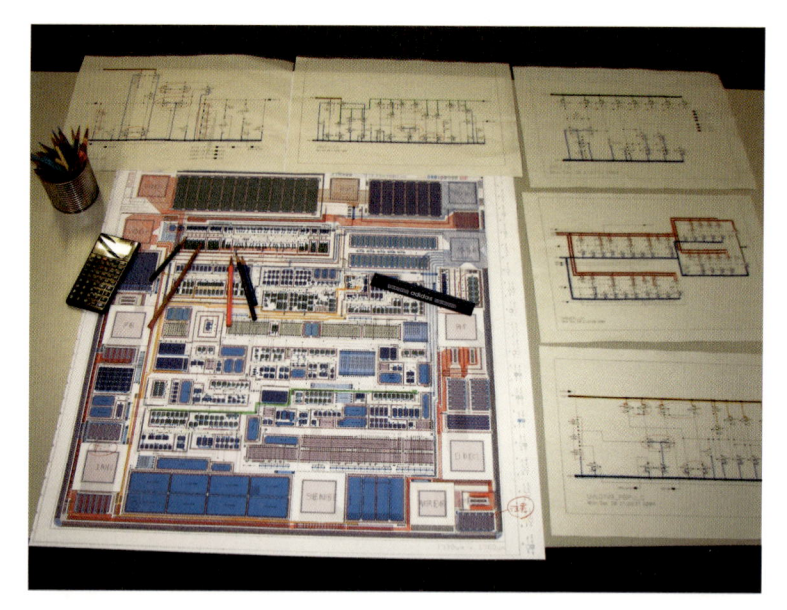

写真 1.7　アナログ IC ではマニュアル検図(目視検図)が重要

回路に対して適切なレイアウト設計がなされているかを，色鉛筆で識別・検証する．目視によるマニュアル検図が重要．

●アナログ IC 特有の難所はマニュアル検図で検証

　アナログ回路のレイアウト設計は，素子形状や配置，寄生効果などによっても性能が大きく左右されます．平面的(2 次元)でなく，チップの断面(3 次元)構造を十分に理解したレイアウト設計を行う必要があり，デバイス特性やウェハ・プロセス技術の知識も必要となってきます．また，このような検証はレイアウト検証ツールだけでは不十分です．最終的なレイアウト検証は，ベテラン設計者の目視によるマニュアル検図が重要になってきます(**写真 1.7**)．

　とくに次のような内容は，レイアウト検証ツールだけでは検証が難しく，マニュアル検図での検証が重要になってきます．

- チップ内の熱分布や機械的ストレス(ウェハの反りやモールドひずみなど)を考慮した素子形状・配置
- 素子間の対称性(素子サイズ，電流密度，配置，方向など)への配慮
- ダミー素子の挿入
- 配線やコンタクトの許容電流密度
- 配線抵抗や寄生素子への考慮
- 基板結合(寄生抵抗)，静電結合(寄生キャパシタ)，電磁誘導(寄生インダクタ)によるノイズ伝播への配慮
- ESD 破壊耐量の確保
- ラッチアップ耐量の確保
- アンテナ効果によるゲート酸化膜のダメージ対策

など

▶チップ上の温度勾配の影響を考慮したレイアウト

図 1.10 に一例として，アナログ IC でもっとも多く使用される回路ブロックである差動増幅回路(入力段)のレイアウトを示します．差動増幅回路はトランジスタ(MOS でもバイポーラでも)のバランス良い配置がとても重要です．しかも，高精度を求めるとなると，近くにある熱源からの影響も考えておく必要があります．

図 1.10 は二組の MOS トランジスタを使用するときのレイアウト例を示しますが，近くに熱源(出力段などの電力消費部分)があると，素子間の温度勾配への配慮が重要です．

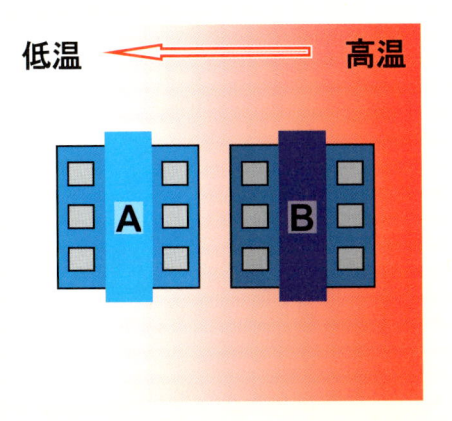

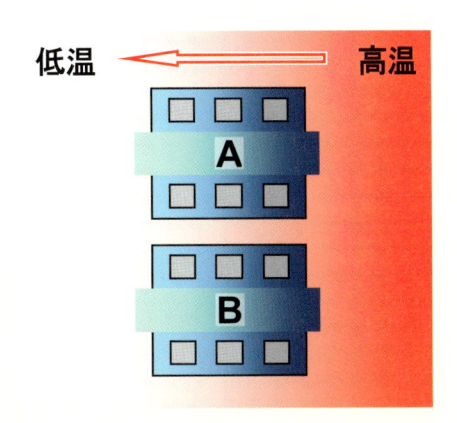

(a) 温度勾配の影響を受けやすい素子配置　　(b) 温度勾配の影響を考慮した素子配置

図 1.10　温度勾配の影響を考慮したレイアウト

熱源ブロックが存在する場合は，整合性の重要な素子はできる限り熱源から離し，素子を等温線上に配置する．図(a)のようなレイアウトでは，温度勾配の影響によって A と B の素子間に特性差が生じる．図(b)のように A と B を等温線上に配置することで，素子間の温度勾配の影響による特性差を低減することができる．

▶素子間の対称性を良くしたいとき

図 1.11 は，アナログ回路で代表的に使用される差動増幅回路(入力段)におけるペア・トランジスタの配置例です．点対称にして対称性を良くすることで知られているコモン・セントロイド配置と呼ばれる方法です．

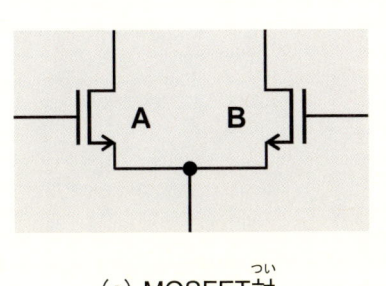

(a) MOSFET対　　(b) レイアウト例

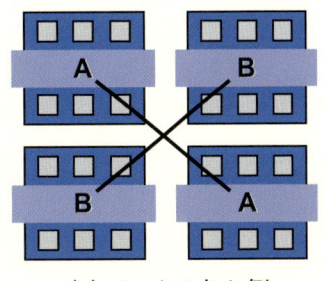

図 1.11　コモン・セントロイド配置

整合性が重要な図(a)の MOSFET対 A, B を 2 素子並列回路に分割し，図(b)のように A, B を点対称に配置することで，A, B の重心が一致する．素子間の対称性のずれを補償することができる．

▶抵抗配列の工夫やダミー抵抗の挿入でパターン精度と対称性を確保

差動増幅回路と同様に，アナログ回路では複数抵抗の相対的な特性を重要視することがあります．図 1.12 に示すように，抵抗配列の工夫やダミー抵抗の挿入でパターン精度と対称性を確保できます．

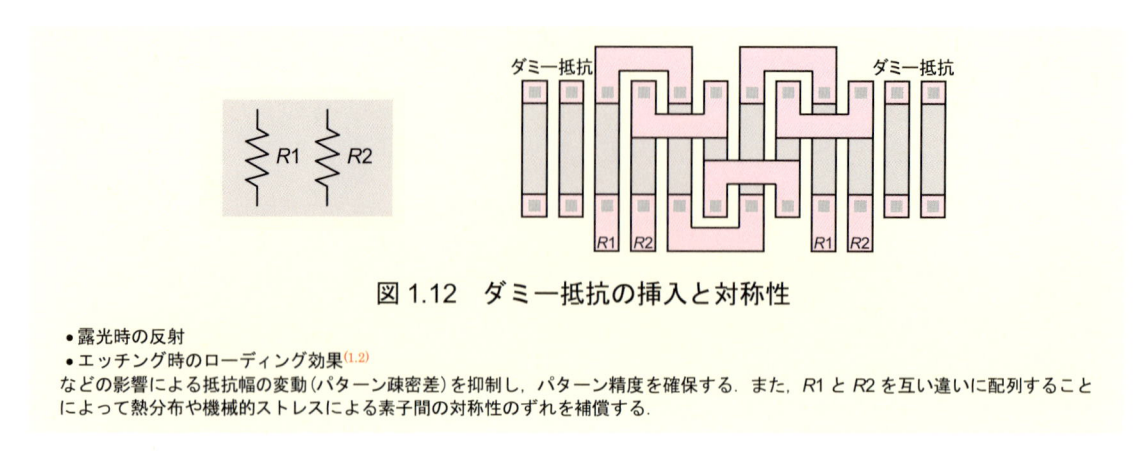

図 1.12 ダミー抵抗の挿入と対称性

- 露光時の反射
- エッチング時のローディング効果[(1.2)]

などの影響による抵抗幅の変動（パターン疎密差）を抑制し，パターン精度を確保する．また，$R1$ と $R2$ を互い違いに配列することによって熱分布や機械的ストレスによる素子間の対称性のずれを補償する．

▶ESD（Electrostatic Discharge）破壊耐量の確保

CMOS を含む MOSIC が，従来バイポーラ IC より好まれなかった理由のひとつに，静電気対策がありました．MOS トランジスタは入力インピーダンスが高いことから，取り扱い時に静電気の攻撃を受けることが多々あるからです．

アナログ IC に限りませんが，MOSIC では ESD 対策が重要です（図 1.13）．

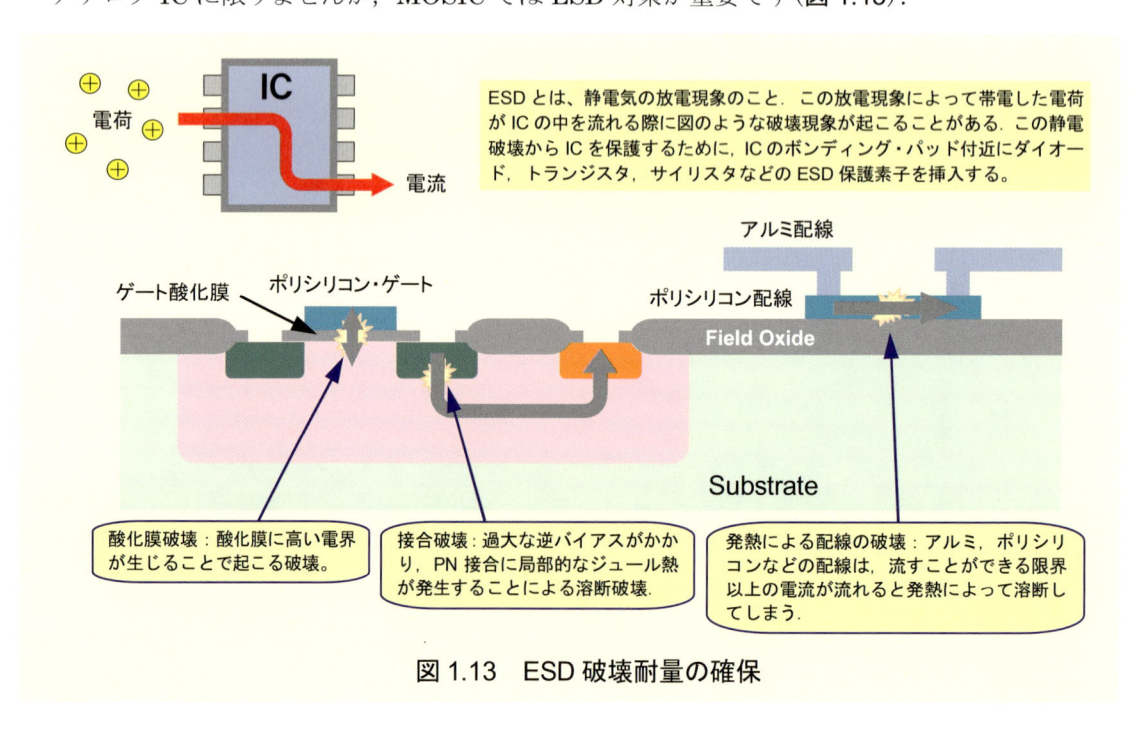

ESD とは、静電気の放電現象のこと．この放電現象によって帯電した電荷が IC の中を流れる際に図のような破壊現象が起こることがある．この静電破壊から IC を保護するために，IC のボンディング・パッド付近にダイオード，トランジスタ，サイリスタなどの ESD 保護素子を挿入する．

酸化膜破壊：酸化膜に高い電界が生じることで起こる破壊。

接合破壊：過大な逆バイアスがかかり，PN 接合に局部的なジュール熱が発生することによる溶断破壊．

発熱による配線の破壊：アルミ，ポリシリコンなどの配線は，流すことができる限界以上の電流が流れると発熱によって溶断してしまう．

図 1.13 ESD 破壊耐量の確保

(1.2) ローディング効果とは，パターンの疎密度によるエッチング・ガスの過不足が原因で，パターンの仕上がり幅が変動する現象のこと．

▶ラッチアップ耐量の確保

これはCMOS IC特有の対策です．CMOS ICはP ch/N chのMOSトランジスタを使用するのですが，じつはMOSトランジスタ以外に意図しない(寄生の)PNP/NPNトランジスタが形成されてしまいます．そして，この寄生トランジスタの増幅率h_{FE}が大きいと，寄生トランジスタがONしたときにラッチアップと呼ばれるサイリスタのような振る舞いを起こしてしまいます(図1.14)．

寄生サイリスタは，入出力端子での電圧のオーバシュートやアンダシュート，基板電流による基板電位変動，図1.14(b)のA点やB点へのノイズ伝播などが原因でターンONします．
ラッチアップしないための耐量を確保するためには，
- 寄生トランジスタ(Q1，Q2)の増幅率h_{FE}を小さくする
- 寄生抵抗(R1，R2)の値を小さくする
- ノイズ源からA点やB点への寄生容量の値を小さくする
- ノイズ源となる拡散部とA点やB点の拡散部で形成される寄生トランジスタの増幅率h_{FE}を小さくする
- 基板の電位変動を抑制する

などを考慮したレイアウト設計を行い，等価回路図(b)のループ・ゲインを1より十分小さくし，またA点やB点のノードへのノイズ伝播を抑制することが重要です．

図1.14(a)の例では，p型基板となっているので，縦型の寄生PNPトランジスタと横型の寄生NPNトランジスタが形成されています．

トランジスタの増幅率h_{FE}を小さくするには，トランジスタのベース領域幅を広く(厚く)するか，ベース領域の拡散濃度を濃くすればよく，寄生NPNトランジスタの場合では，n+拡散(エミッタ領域)とn型ウェル(コレクタ領域)間の距離を離し，その領域間にp+拡散やn+拡散とn型ウェルによるガードリングを配置することで，増幅率h_{FE}を下げることができます．

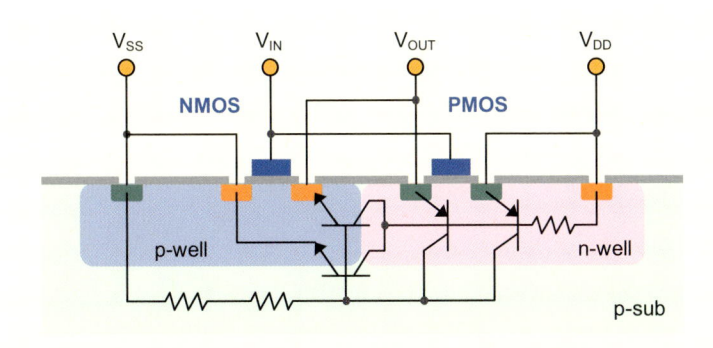

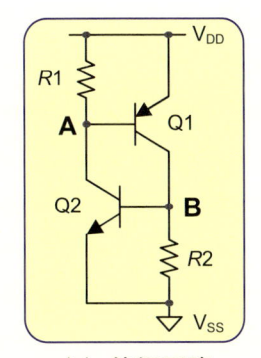

(a) CMOSプロセス(インバータ回路)の寄生素子 　　(b) 等価回路

図1.14　ラッチアップ耐量の確保

CMOSプロセスでは，NMOS，PMOS，および抵抗やキャパシタの受動素子などで回路を構成するが，その構造上，寄生PNPトランジスタと寄生NPNトランジスタが存在し，各トランジスタは寄生サイリスタを形成する．等価回路図(b)のループ・ゲインが1以上で，かつ電源や入出力端子からの雑音などによってQ1，Q2のいずれかが一度ON状態になると，電源と接地間に大電流が流れ続ける．このような現象をラッチアップという．

▶プラズマ・プロセスへの対応…ゲート酸化膜のダメージ防止

近年，CMOSプロセスにはプラズマが多く使用されるようになってきました．しかし，プラズマは帯電しているので，メタル配線箇所がアンテナとなってしまい，MOSトランジスタのゲート酸化膜にダメージを与えるケースがあります（図1.15）．

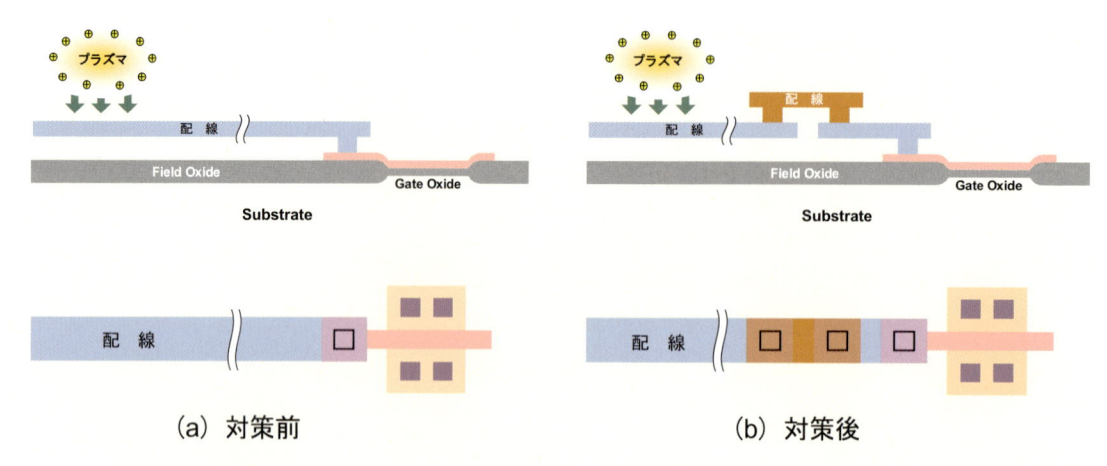

(a) 対策前　　**(b) 対策後**

図1.15　アンテナ効果によるゲート酸化膜のダメージ対策

ウェハ・プロセスでは，エッチング，アッシング，イオン注入，プラズマCVD（Chemical Vapor Deposition）など，多くのプラズマ・プロセスが用いられている．プラズマは帯電しているため，配線メタル領域は，エッチング工程で電荷が蓄積され，電位を上昇させる「アンテナ」として作用する．ゲート電極に接続された大きな面積の配線メタルは電荷の蓄積量が多くなり，ゲート酸化膜にダメージを与えることがあるので微細なプロセスでは考慮が必要となる．
対策としては，配線メタルに右図(b)のような切れ目を入れ，異なる配線メタル層で接続するレイアウトにすれば，ゲート電極に接続された配線メタル（アンテナ）は短くなるので，電荷の蓄積量が少なくなり，ゲート酸化膜へのダメージを回避することができる．配線メタルに切れ目を入れる以外に，ゲート電極の近くに保護ダイオードを接続し，電荷を逃がす経路をつくることも有効な対策となる．

●レイアウトに設計者の力量が現れる

マニュアル検図は，ベテランの設計者だけでなく，違った視点から見られる設計者の検図も有効です．自分ではあまりにも問題に接近しすぎていたり，慣れから問題を発見できなかったりといったことがよくあります．マニュアル検図を他の設計者に行ってもらうことで，より効果のある検証となります．逆に経験の浅い若手設計者が，ベテラン設計者の設計したレイアウトに対してマニュアル検図を行うことは，多くのレイアウト・テクニックを学べる非常に良い機会にもなります．

アナログ回路のレイアウト設計では，素子の配置や配線の通し方ひとつで性能が得られなくなることもあります．レイアウト設計の良し悪しが，ICの性能やチップ・サイズ（コスト），品質，歩留などにも大きく影響を与えてしまいます．このあたりは，いわゆる「匠の技」であり，経験がものを言う世界です．回路シミュレーションに依存した設計者の回路やレイアウトは合理性や最適性がないので，レイアウトを見れば設計者の力量がすぐにわかってしまいます（図1.16）．

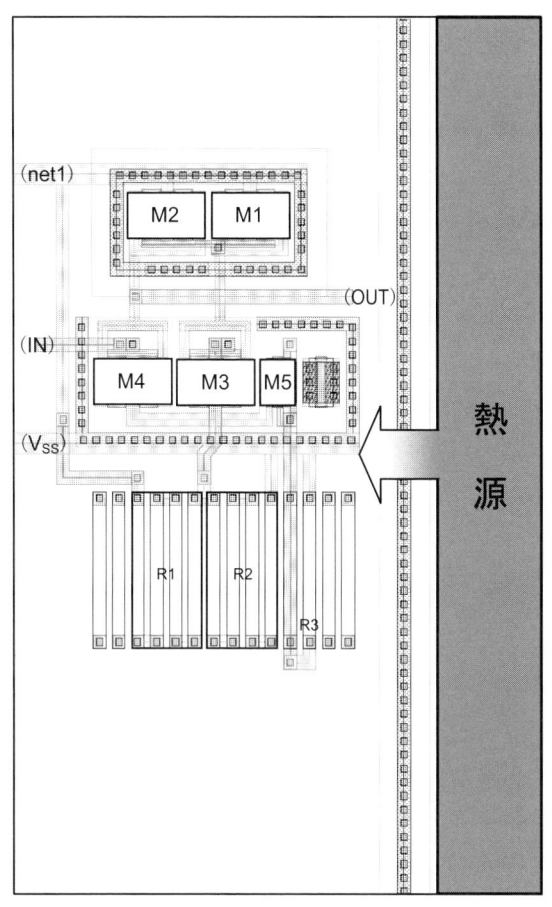

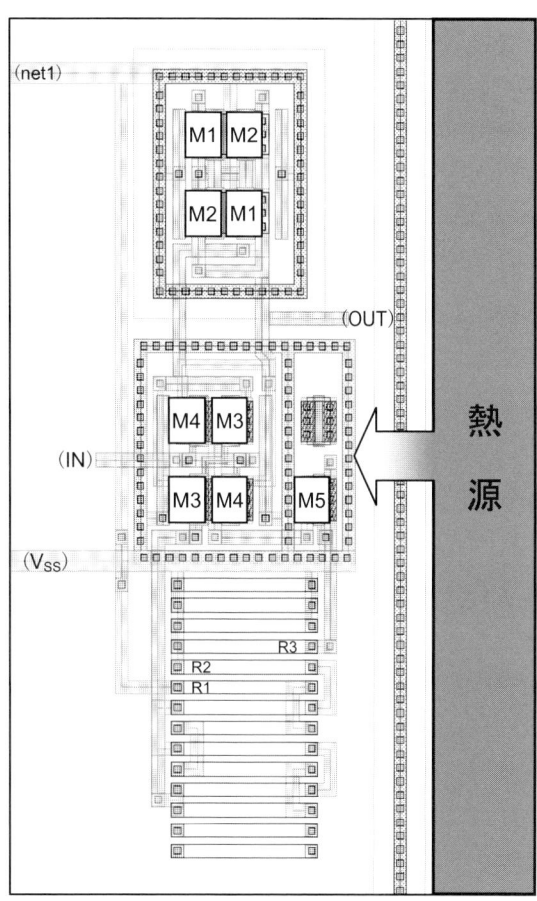

1.3 アナログICレイアウト設計の手順と勘所

(a) シミュレーション依存設計者のレイアウト

(b) 頭を使って設計している設計者のレイアウト

熱源：大きな電流が流れ局所的にジュール熱を発生する回路ブロック

高精度アナログ回路では，素子の整合性（対称性）が重要となる．図(c)の回路図で整合性が重要な素子は，M1 と M2，M3 と M4，R1 と R2 である．図(a)は素子の整合性の考慮をしていないレイアウト．このようなレイアウトだと温度勾配の影響を受け各素子間で特性差が生じる．M1 と M2，M3 と M4 の非対称性によるオフセット電圧の増大，R1 と R2 の非対称性による分圧比のずれなどを誘起する．

図(b)は整合性を考慮したレイアウト．M1 と M2，M3 と M4 をコモン・セントロイド配置（図 1.11）で，R1 と R2 を図 1.12 の手法でレイアウトを行っている．このレイアウトでは，温度勾配の影響による素子変動が補償され，機械的ストレスの影響による特性変動も緩和される．

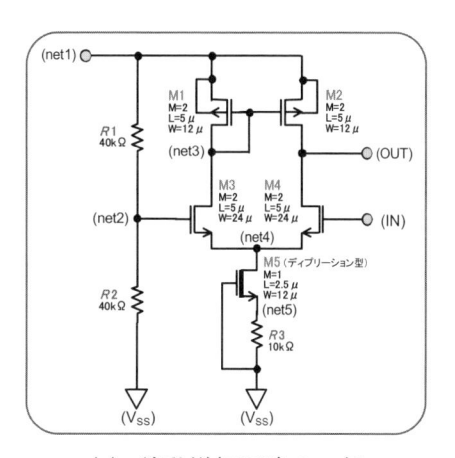

(c) 差動増幅回路の一例

図 1.16 高精度アナログ回路に見る設計者の力量

● マスク製作工程へ

　最後に，レイアウト・データの幾何学情報から抽出した寄生素子を回路情報(フロントエンド設計)にフィードバックし，より半導体チップに近い条件で，配線抵抗や配線容量などの影響による伝送路の遅延や発振，ノイズの問題などを検証するポスト・レイアウト・シミュレーションを行います．ただし，寄生素子の抽出によって回路規模が数倍から数十倍となり，解析時間が長くなるので，いくつかの機能ブロックごとの検証や影響度の高い部分だけの検証とすることもあります．

- パッケージ
- リード・フレーム
- 金線径
- 樹脂
- チップ・サイズ
- ボンディング・パッド座標
- ボンディング・パッド・サイズ

など

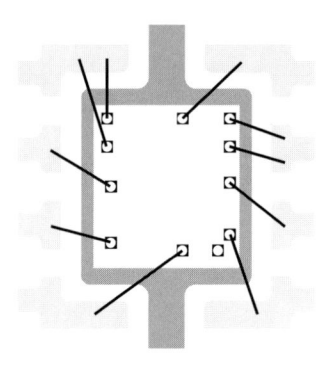

図 1.17　パッケージへの実装可否検討
レイアウト設計されたチップが実装予定のパッケージに問題なく搭載できるかを検証する．

　レイアウト設計が完成したら，図 1.17 に示す情報をパッケージ組み立て部門に提出し，現状のチップ・サイズやボンディング・パッド座標で問題なくパッケージに搭載できるかなどの検証を行います．図 1.18 に示すチップ・データ以外に，図 1.19 のようなフレーム(スクライブ)データの作成を行います．

　フレーム・データとは，

- ウェハをダイシング(チップに切り分け)する幅 100μm 程度のチップ境界となるスクライブ領域
- ウェハ素子テスト用の TEG(Test Element Group…落とし込みタイプとスクライブ挿入タイプがある)
- フォト・マスクの検査で使用する寸法測定パターンと位置測定パターン
- ウェハ・プロセスで使用する寸法測定パターン(図 1.20)とアライメント(位置合わせ)誤差測定パターン(図 1.21)
- ウェハ・プロセスの露光装置で使用するアライメント・マーク

などを盛り込んだレイアウト・データです．

　完成したチップ・データとフレーム・データは，GDS-II と呼ばれるマスク・パターンを記述するためのバイナリ形式のデータに変換されます．また，データを支給されたマスク製造会社では，石英ガラスの基板上にクロムや酸化クロムの明暗パターンを複写したフォト・マスクを製作するために，GDS-II を電子線描画装置に取り込み可能な処理データに変換(EB 変換)します．チップ・データとフレーム・データは，フォト・マスクへの露光描画時に合成されます．

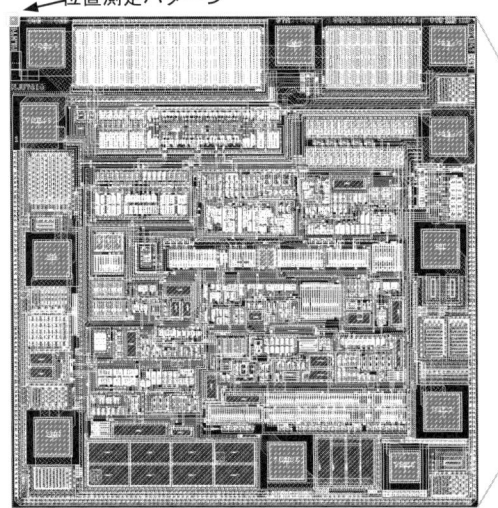

1.3 アナログ IC レイアウト設計の手順と勘所　67

図 1.18　チップ・データ

チップ・データとフレーム・データは，フォト・マスク製作時に合成される．

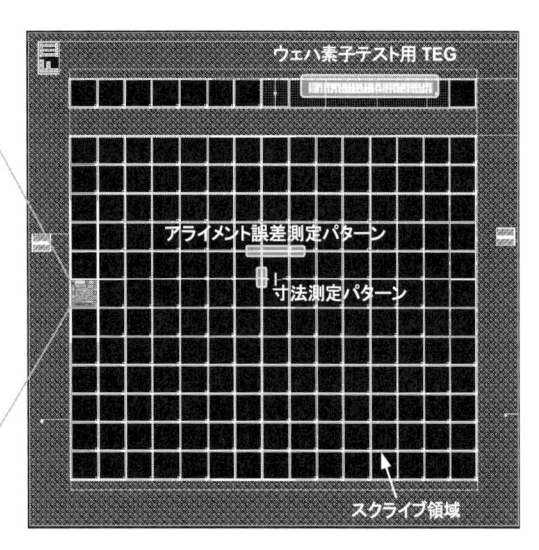

図 1.19　フレーム・データ

スクライブ・ライン，ウェハ素子テスト用 TEG，アライメント誤差測定パターン，寸法測定パターンなどを盛り込んだフレーム・データを作成する．

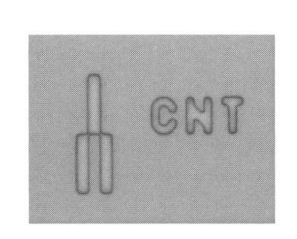

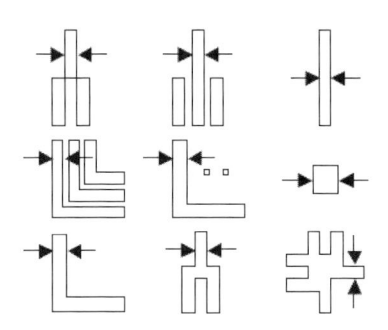

図 1.20　寸法測定パターン

フレーム・データに寸法測定用のパターンを挿入する．フォト・マスク製作工程やウェハ・プロセスでの寸法測定検査時に使用する．

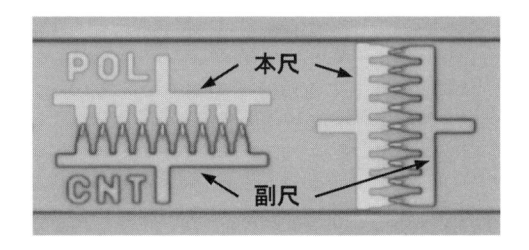

図 1.21　アライメント誤差の測定パターン

バーニア（vernier）と呼ばれ，ウェハ上のパターンと現像後のレジスト・パターンとのアライメント（位置合わせ）誤差を測定する．本尺と副尺（バーニア）とに分かれ，本尺と副尺の目盛りが一直線上にある目盛りで読む．1 目盛りが 0.1μm となっている．

Appendix A　アナログIC設計者になろう！

　IC設計者，ことにアナログIC設計者は，製品開発の全体のフローを把握し，顧客との仕様打ち合わせから，回路設計〜レイアウト設計〜評価までの製品開発のほとんどの部分に携わることになります．したがって，現実問題として表A.1に示すような幅広い能力が必要となってきます．もちろん経験を重ねてスキル・アップしていけば良いわけですから，仕事として奥が深く，これほど楽しいことは他にないのでは…と思うほどです．製品を開発していくうえではプロセス部門，テスト部門，パッケージ部門，品質保証部門などの技術者とのコミュニケーションも必要となってきます．IC開発全般や応用技術に関しての幅広い知識も身に付いてきますので，創造的でじつに楽しい仕事です．

●設計技術力と評価技術力は車の両輪

　アナログICの設計は，ディジタルICの設計に比べ，標準化や自動化が簡単には行えません．そのため人手に頼る部分がまだ多くあり，状況ごとに最適な判断を下す能力が必要となってきます．この能力は，残念ながら教科書や文献などから学ぶだけでは足りません．経験に支えられた多くのノウハウや，幅広い知識からなる実践的センスが必要となってきます．

　アナログIC設計者がまず最低限，身に付けなければならない能力は，「回路の設計技術力」と「評価技術力」です．「回路の設計技術力」では，教科書や文献などで増幅器やフィルタなどの基本的なアナログ回路の構成や動作をマスタして，回路を論理的に把握できる能力が第一に必要です．そして応用として，基本的なアナログ回路を組み合わせたり，ときには自ら回路を考え出したりして，顧客から要求される仕様を実現する回路やシステムを設計する能力が必要となってきます．

表A.1　IC設計者に必要な能力

業務内容	能力	能力の定義
ICチップの仕様検討	仕様の立案力	顧客要求や市場動向を把握し，顧客メリットのある製品仕様が立案できる．
	開発計画の立案力	全体のフローを把握し，開発費の見積もり，および経営リソースの効率的な活用による実現性ある計画が立案できる．
回路の設計	回路設計の技術力	開発仕様を実現するためのシステム設計，回路設計，および設計された回路の妥当性の検証が行える．
レイアウト設計	レイアウト設計力	開発仕様を実現するためのレイアウト設計，および回路設計へのフィードバックができる．また，設計されたレイアウトの妥当性が検証できる．
評価	評価技術力	製品の評価項目や評価方法を立案し，測定系のエラー要因を考慮した信頼度のある特性評価，およびその評価結果の妥当性が検証できる．
	不具合の解析力	回路動作の理論的な解析によって不具合原因の迅速な解明と対応策が立案できる．
全般	プロジェクト・マネジメント力	関係部門との調整やスケジュール，進捗の管理が行える．
	コミュニケーション力	情報の的確な伝達と理解が図れ，関連部門との効率的なすり合わせが行える．
	情報収集および活用力	新規技術に関する業界動向や情報を分析し，必要な提案に結びつけることができる．
	問題予見力	製品開発に際してのリスクの先読みと適切な対応策が立案できる．
	問題解決力	あるべき姿と現実のギャップから問題を抽出し，科学的接近の手法を適宜活用して問題を解決できる．

「評価技術力」は，ICの電気的特性を，適切な方法で精度良く測定する能力です．評価項目や評価方法を決めるには，設計するICの内部回路やアプリケーション回路を理解しておく必要があります．また，評価方法で測定精度は決まってしまいます．評価基板のプリント・パターンや測定装置の性能，測定環境なども考慮しておく必要があります．たとえば開発・設計したICそのものの特性を測定するには，評価基板上のICの端子から，測定装置の入出力までの経路で特性に誤差を与える要因がないかなどを十分に検討しなければなりません．

アナログICの評価においては，基本的なアナログ回路の知識が必要になってくることは言うまでもありませんが，電気的特性を正確に評価できる能力が，アナログIC設計のスキル向上につながっていくこととなります．「回路の設計技術力」だけでは設計スキルが身に付かないということです．

開発・設計したアナログICを評価してみると，設計時に期待した特性と違った結果が得られたり，仕様との差異が生じたりする場合がよくあります．設計した結果(シミュレーションで得られた結果)と，実測した結果との違いについて原因を推測し，解決法を考え，設計にフィードバックし，手直しをしたICを評価するといった「設計」と「評価」の繰り返しが，アナログIC設計のスキル向上につながっていきます．ここで経験した結果を今後のIC設計に活かし，何度も経験を繰り返していくうちに，アナログICを設計するうえでの「勘所」が養われていきます．自動車は両輪がなくては走れないように，「回路の設計技術力」と「評価技術力」の二つの能力がそろって，はじめてアナログIC設計をマスタすることができるようになります．

● **幅広い知識と実践的なセンスが必要**

経験を積み，アナログICを設計するスキルが高くなってくると，今まで上司や先輩にサポートしてもらっていた「回路の設計技術力」と「評価技術力」以外の能力も求められます．アナログICの設計には，図A.1に示すような回路だけでは表現できない多くの要素が必要です．回路の知識に加え，デバイスの知識，プロセスの知識が必要になってきます．製品によっては，テストの知識，パッケージの知識，アプリケーション回路の知識などの幅広い知識が必要となってきます．

たとえば，次のとおりです．

- 高信頼性の確保，および製造装置の負担軽減のためには，製造工程の工程能力に応じた Process Window (Process Margin) の広い設計を行う必要があります．このためにはデバイスやプロセスの知識が必要です．
- パワー製品やRF(高周波)製品の性能は，デバイスとパッケージの性能に大きく依存します．つまり，デバイスとパッケージの知識が必要となってきます．
- 製品によっては，テスト精度やテスト時間を考慮し，テスト・モードを発生する回路や性能を評価しやすい回路を加えたり，テスト専用のパッドを配置したりする必要があります．テストに関する知識も重要です．
- IC単体では機能せず，周辺回路との組み合わせで機能する製品では，そのアプリケーション

回路のことまでを考慮した製品設計が必要となってきます．製品によっては，アプリケーション回路まで含めて顧客に提供する製品も少なくありません．

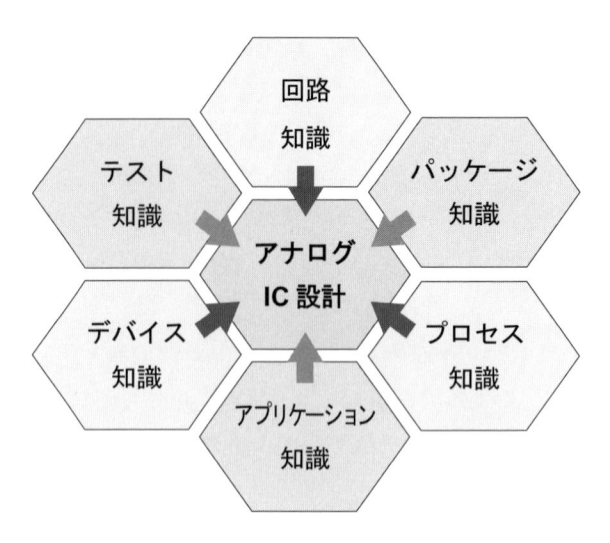

図 A.1　アナログ IC 設計に必要な能力

アナログ IC 設計は，回路だけでは表現できない多くの要素がある．回路の知識に加え，デバイスの知識，プロセスの知識，テストの知識，パッケージの知識，アプリケーション回路の知識などの幅広い知識が必要となる．

また，不具合を未然に防ぐための問題予見能力や不具合発生時の問題解決（トラブル・シューティング）能力も重要です．

要求される仕様の技術レベルが高く，実績のない新規回路にチャレンジする場合は，予見しなければならない課題やリスクが多く発生します．期待どおりの性能が得られないことも多々あります．

とくに，不具合が発生したということは，IC 設計者が設計段階で予期できなかった現象が起こっているわけです．したがって，不具合原因の解析には非常に高い技術レベルと幅広い知識，そして多くの経験が必要となってきます．

逆説的な言い方をすると，アナログ回路の設計者は，多くの不具合原因解析を経験することによって，教科書や文献などでは習得し難いノウハウを身に付け，実践的センスを磨くことができると言えます．しかしながら，多くの経験，多くの失敗をするのを待っていては，一人前の設計者になるまでにかなりの時間がかかってしまいます．経験や失敗を効率的に吸収していくために，回路以外の幅広い知識を勉強しておくなど，日頃の努力や準備が大切というわけです．

また，機能や性能と信頼性は相反する場合が多くあります．機能・性能・信頼性とコストも相反します．要求される品質を見きわめ，バランスの良い製品に仕上げなければ，顧客満足を得ることはできません．このようなバランス感覚もたいへん重要です．目標以上の性能や信頼性が実現できたとしても，大幅に価格アップとなれば，売れない製品となってしまいます．生産性を考慮できなければ，歩留まりの低下を招きます．製造装置に負担をかけたりバッチ枚数の制限や装

置制限(装置指定)を招き，生産性を低減させたりします．つまり，専門分野以外の関連する個々の技術の利害得失も知っておく必要があります．

ICの開発・設計は「モノづくり」です．いくらすぐれた回路設計ができても，実際にモノづくりができなければ意味がなくなってしまうことを認識しておく必要があります．

●アナログICの回路設計者は価値が高い

私たちがふだん接する重さ，長さ，温度，気圧，速度，時間，角度，明るさ，電圧，電流などの連続的に変化する物理量はすべてアナログ量です．自然の中のいろいろな物理情報は，そのほとんどがアナログ値をとり，それらを電気信号として扱うにはアナログ信号処理技術が基本となります．ディジタル処理においても，私たち自身はディジタル信号のインターフェースをもっていないので，アナログ信号に変換するためのアナログ回路が必ず必要になります．

また，ディジタル回路の構成もICチップの微細化・高速化が進めば，回路図上には現れない寄生素子の影響が無視できなくなります．ディジタル回路であっても，内部トランジスタの詳細動作はアナログ的な振る舞いをします．そのため，ディジタル回路設計においても，アナログ回路的な考え方はとても重要なのです．ディジタル全盛の時代であっても，アナログ回路技術がきわめて重要な技術であると言えます．

しかしながら，最近アナログ回路設計者の不足や能力の低下がよく話題にあがります．他分野の回路設計者が充足しているとは言い切れませんが，相対的にアナログ設計者が不足していることは間違いのない事実だと思います．

多くの大学では，トランジスタの動作原理や等価回路の理解までで，実践的なアナログ回路，とくにCMOSアナログ集積回路の教育を行っているケースはまだ少ない状況です．また，アナログ技術の教育に携わる教官や研究室の数も多くはありません．最近では谷口研二先生の「CMOSアナログ回路入門」（CQ出版）や吉澤浩和先生の「CMOS OPアンプ回路実務設計の基礎」（CQ出版），黒田忠広先生の「アナログCMOS集積回路の設計」（丸善）などのすばらしい教科書が出版されていますが，アナログIC回路設計に関する日本語の良書が少なかったことも，アナログ回路設計者が不足している理由のひとつではないかと思います．

では，アナログ回路に興味をもって学ぶ学生をいかに増やし，即戦力となる人材をどのように育成していけばよいのでしょうか．また，企業に就職してまだ経験の浅い若手エンジニアをどのように育成していけばよいのでしょうか．

アナログ回路技術は，教科書や講義，セミナなどから習得できる，基礎原理に基づいた思考に加え，多くの経験から身に付く実践的センスが必要となります．したがって，教科書やセミナのような受身の教育だけではなく，図A.2に示すような実際のモノづくりを通したOJT（On the Job Training）での人材育成が必要となってきます．

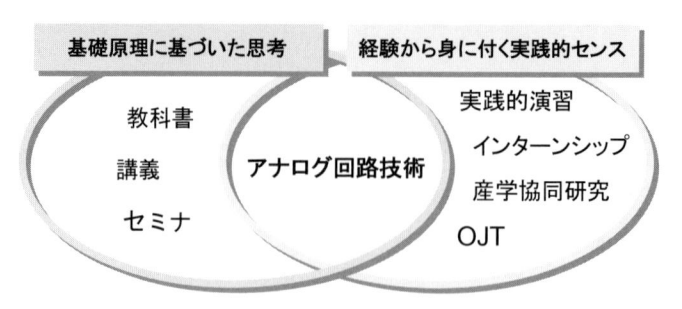

図 A.2 アナログ回路技術の習得には実務経験が必須

アナログ回路技術に必要な実践的センスは，実践的演習，長期インターンシップ，産学協同研究，OJT などの実務経験から身に付く．

　学生にとって，企業との共同研究やインターンシップ(Internship)制度などは，実践から多くのノウハウを学ぶことができるので，非常に効果的な良い機会になると思います．インターンシップ制度とは，「学生が一定期間企業などの中で研修生として働き，自分の将来に関連のある就業体験を行える派遣型の研修制度」のことで，文部科学省，経済産業省，厚生労働省や各経済団体は，インターンシップを積極的に推進しているようです．インターンシップ制度を取り入れている企業は年々増加しています．しかし，多くの日本の大学におけるインターンシップの期間は 2 週間程度であり，最低 3 ヶ月という米国の現状とは異なり，長期インターンシップを行っている大学はまだ少ない状況です．

　また，「時代はディジタル」というキーワードとの意識が学生の間に浸透しており，アナログ回路の講座に学生が集まらない傾向があります．アナログ回路技術の面白さや必要性，重要性などをアピールし，アナログ回路に興味をもってもらえるような取り組みを行っていく必要があります．例えば，東京工業大学のアナログ回路グループが毎年主催している「演算増幅器設計コンテスト」などは，演算増幅器(OP アンプのこと…)の設計を通じ，実社会に通じるアナログ集積回路技術全般を習得した技術者の輩出を目的としており，すばらしい取り組みだと思います．

　(http://www.ec.ss.titech.ac.jp/opamp 参照)

　最近，米国の大学ではアナログ IC 設計を専攻する学生が増えています．就職後に，アナログ技術者のほうがディジタル技術者より給料が良いことが大きな理由のひとつです．また，米国の工学系大学院生の 9 割はインド，韓国，中国，台湾などのアジア諸国からの留学生であり，その多くが自国の 4 年間の大学教育を済ませた学生です．そして，大学院では企業へのインターンシップも盛んに行われ，企業から給料が貰えるそうです．このあたりは，日本企業と米国企業でのインセンティブや人材育成に対する考え方に大きな差があり，今後の重要な課題だと思います．

　未来のアナログ技術者掘り起こしのために，国全体の課題として，大学への研究資金の提供や長期インターンシップ制度，奨学金制度，産学双方向の人材交流や情報交流，産学連携による共同研究などの推進を積極的に図っていく必要があると考えます．

第2章

PWM コントロール IC PWM01　開発のあらまし

2.1　PWM01 の仕様検討～回路設計までのフロー

2.2　PWM01 に使用する CMOS プロセスとトランジスタの特性

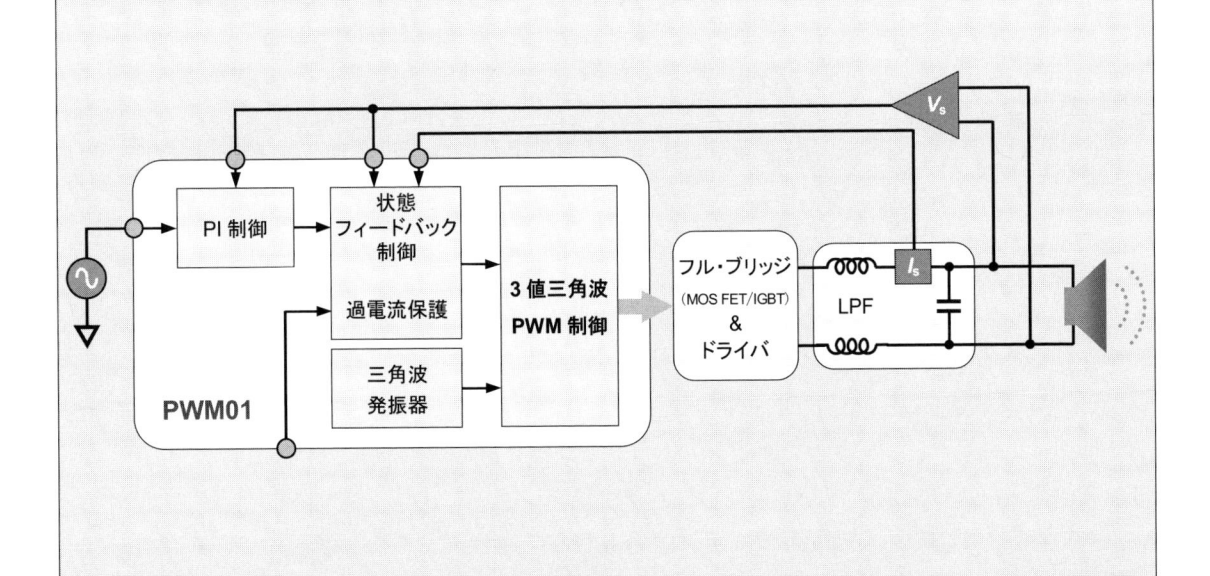

2.1 PWM01の仕様検討～回路設計までのフロー

PWM01は，フルCMOSによるアナログ方式PWM(Pulse Width Modulation…パルス幅変調)制御のフルブリッジ・インバータ/コンバータ用コントローラICです．アナログICの基本回路であるOPアンプ，コンパレータ，発振器，基準電圧源，レギュレータなどの回路ブロックから構成されます．このPWM01は，状態フィードバック制御とPI制御による高精度で安定な制御，3値(ダブル・キャリア)三角波PWM制御，定電流垂下特性による過電流保護機能などの特徴があり，工業用スイッチング・パワー・アンプ，AC/DC電源装置，UPS(Uninterruptible Power Supply)，バイポーラ電源，オーディオ用D級パワー・アンプなどへの応用が可能です．

それでは，実際にPWM01の開発を進めていきます．仕様検討～回路設計までのフローは，図2.1に示すようになります．

●はじめにリスクの抽出

はじめに製品開発を進めるうえでのリスクの事前抽出と，そのリスクにどう備えるかを関連部門が参集して検討します．検討した内容の一部を表2.1に示します．また，過去のトラブル事例やフィールド情報からのフィードバック，および原価試算，開発計画の検証なども行います．

新製品企画会議(写真2.1)は，商品企画部門が企画提案を行います．たとえば表2.2(79ページ)のような審議内容に対し，事業部長や関連部門の部課長が製品開発の可否判断を行います．開発が承認されれば表2.3(80ページ)に示すような開発計画書を作成し，設計・技術部門への製品開発のインプットとなります．

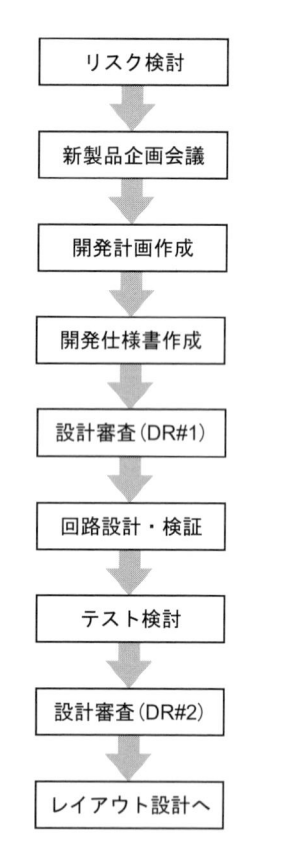

図2.1 アナログICの回路設計フロー
リスクの洗い出しからレイアウト設計前までのフローを示す．回路設計着手前とレイアウト設計着手前に設計審査が行われ，不具合や新たなリスクが発生すれば上流ステップへ手戻りすることもある．

●仕様書とスケジュールの作成

次に，開発仕様書や開発スケジュール(図2.2　81ページ)などの作成を行います．PWM01の開発仕様書については，本書の巻末に示します(276ページ)．設計審査：DR#1(写真2.3　80ページ)において問題点がなければ，次のステップである回路設計の着手となります．回路設計は，開発仕様書に基づき，まず機能や性能を実現させるための詳細ブロック図を作成します．PWM01は開発仕様書の等価回路図(279ページ)に示す回路ブロックによって構成されるので，各回路ブロックに対し，どのような回路構成で要求される機能を実現できるかを検討していきます．

また，回路シミュレータを用いて，回路構成や定数の最適化，および設計された回路が開発仕様

を満足するか否かなどの検証を行います．さらに，各素子のばらつき(絶対値のばらつき，相対値のばらつき)，温度変動，電源電圧変動などを考慮したシミュレーション検証や回路 TEG[(2.1)]での実験結果などを設計予実表にまとめます．すべての条件下で開発仕様と設計検証結果との整合性や妥当性を確認していくわけです．

写真 2.1 新製品企画会議

PWM01 の新製品企画会議風景．表 2.2 のような内容について審議され，製品開発が承認された．

表 2.1 PWM01 開発におけるリスクの洗い出し

分類	回答部門	項目	懸念事項など	判定
仕様	指定なし	要求仕様の完成度は？(未決定の項目は？)	客先確認済み	問題なし
	指定なし	ファンクションの完成度は？(未決定の項目は？)	問題なし	問題なし
	指定なし	動作範囲は？(温度，電圧)	問題なし	問題なし
	指定なし	電気的特性で注意すべき点は？(精度，ばらつきなど)	問題なし	問題なし
	指定なし	本 IC での仕様外，常識的動作で注意すべき点は？	問題なし	問題なし
	指定なし	typ 値だけの項目はないか？	なし	問題なし
	指定なし	将来，温度，電圧範囲等の拡大要求可能性はないか？	なし	問題なし
	指定なし	パッド，端子配置の完成度は？	問題なし	問題なし
	指定なし	使用パッケージは？	DMP-24	問題なし
	指定なし	測定回路，測定条件は明確か？	決定済み	問題なし
	商品企画	車載の可能性は？	なし	問題なし
	商品企画	特殊マーク有無は？	PWM01 としてマーキングを行う	問題なし
	指定なし	小型パッケージの文字数制限で表示文字の要求はあるか？	なし	問題なし
	商品企画	会社ロゴ指定に要求はあるか？	なし	問題なし
	指定なし	各種法令違反の危険性は？(PL 法，特許)	なし	問題なし
	商品企画	ターゲット・ユーザ以外への販売はあるか？(ターゲット・ユーザ以外にも売れるのか？)	ターゲットだけ，技術書の添付用製品	問題なし
	設計	出力電流の仕様でパッケージの熱抵抗は十分か？	十分	問題なし
	設計	テスト・モードは明確になっているか？	テスト・モードなし	問題なし
	設計	テスト・モードは明確になっているか？	テスト・モードなし	問題なし

(2.1) TEG(Test Element Group)には，回路 TEG，デバイス TEG，プロセス TEG がある．回路 TEG は回路性能の確認や定数の最適化などのために IC を構成する基本回路などの特性評価を行う．デバイス TEG は素子単体の特性評価やモデル・パラメータの抽出などを行う．プロセス TEG は材料・基本プロセスの評価や故障メカニズム解析などを行う．

表 2.1　PWM01 開発におけるリスクの洗い出し（続き）

分類	回答部門	項目	懸念事項など	判定
仕様	商品企画	温度範囲での保証項目はないか？	なし	問題なし
	設計	使用上の禁止事項，制限事項はないか？	なし	問題なし
	商品企画	バンプの有無（仕様）は？	なし	問題なし
	技術	パッケージや包装材の新規採用予定はないか？	なし	問題なし
	商品企画	アプリケーションは判明しているか？	技術書の添付用製品（教材）	問題なし
回路	設計	PDK（Process Design Kit）は整備されているか？	既存プロセス使用，整備済み	問題なし
	設計	新規回路はあるか？	OPアンプ部，TEGで確認済み	問題なし
	指定なし	ESDへの懸念は？	実績あり（NJU7600 など）	問題なし
	設計	ESDに関し開発部門の関与の必要性は？	なし	問題なし
	設計	類似品の試作実績は？	NJU7600 など	問題なし
	設計	チップ・サイズの精度は？	約 95%	問題なし
	設計	特許抵触の可能性は？	なし	問題なし
	設計	新規セルを使用？	TEGでの確認済み	問題なし
	設計	既存セルの新規組み合わせ？	TEGでの確認済み	問題なし
	設計	過去の失敗事例に当てはまる特性，回路はないか？	なし	問題なし
プロセス	指定なし	使用プロセスは？	1.6μm/12V 耐圧 CMOS オプション：VND, POM（2kΩ）, AL2, PID	問題なし
	指定なし	ばらつき大のパラメータは？	考慮済み，問題なし	問題なし
	プロセス	類似品の試作実績は？	NJU7600 ほか多数あり	問題なし
	プロセス	プロセス DR は？	済み	問題なし
	設計	オプション等追加素子はないか？	VND, POM（実績あり）	問題なし
	指定なし	新規外注先は使用しないか？	社内プロセス	問題なし
テスト	技術	トリミングはあるか？（レーザー，ZAP 有無）	あり（73 箇所）	問題なし
	技術	OTP（One Time Program）はあるか？（EEPROM）	なし	問題なし
	技術	新機能の確認：今までの製品にない新機能があるか？	なし，テスト打ち合わせで調整	問題なし
	技術	特殊仕様の確認：評価上特別に考慮することはあるか？	なし	問題なし
	技術	特殊仕様の確認：T 仕様，Z 仕様はあるか？	車載なし	問題なし
	全部門	バーン・イン試験を行う必要があるか？	なし	問題なし

2.1 PWM01の仕様検討〜回路設計までのフロー

表2.1 PWM01開発におけるリスクの洗い出し(続き)

分類	回答部門	項目	懸念事項など	判定
テスト	全部門	カスタム仕様の有無	なし	問題なし
	全部門	特殊外付け部品の確認:外付けアプリケーション回路に入手困難な部品があるか?	なし	問題なし
	技術	装置上の制約の確認:動作保証電圧範囲	なし	問題なし
	技術	装置上の制約の確認:動作保証電流範囲	出力部電流:typ=50mAの保証は要検討. min=20mAの保証は問題なし	問題なし
	技術	装置上の制約の確認:動作保証温度範囲	なし	問題なし
	技術	装置上の制約の確認:最高動作保証周波数	なし	問題なし
	技術	装置上の制約の確認:高精度保証項目の有無	入力バイアス電流:typ=0.1nAに対しテスタ分解能を要検討	問題なし
	技術	装置上の制約の確認:ピン数(パッド数)	なし	問題なし
	技術	装置上の制約の確認:パッド・サイズ(針当ての容易性)	なし	問題なし
	技術	装置上の制約の確認:パッド・ピッチ	なし	問題なし
	技術	装置上の制約の確認:パターン・メモリ容量の増設必要性	なし	問題なし
	指定なし	テスト仕様の確認:設計保証項目の有無(テスト測定不可項目含む)	OPアンプ:電圧利得,利得帯域幅積,およびディレイ・マッチングを設計と要検討	問題なし
	指定なし	テスト仕様の確認:削除可能項目の有無(省略可能項目)(設計保証,別テストで保証が可能か)	設計と要検討	問題なし
	指定なし	テスト仕様の確認:代替測定の有無	設計と要検討	問題なし
	指定なし	テスト仕様の確認:DC項目をDC的に測定できるよう考慮されているか	三角波のH/L側電圧の測定を要検討	問題なし
	指定なし	テスト回路の確認:テスト時間短縮を目的としたテスト回路の有無	設計と要検討	問題なし
	技術	パッケージに関しての確認:FT先,FTテスタについて	WT:TS1000 FT:DIC8034	問題なし
	技術	パッケージに関しての確認:ハンドラによる制約の有無(テスタ,測定回路)	なし	問題なし
	技術	パッケージに関しての確認:バーン・インの有無,装置仕様	不要	問題なし
	技術	パッケージに関しての確認:FFP,CSPか?(FTが特殊)	DMP-24	問題なし
	技術	パッケージに関しての確認:MCPか?	MCPでない	問題なし
パッケージ	技術	パッケージ認定は?(3品種以上の実績あるか?)	済み	問題なし
	設計	搭載チップ・サイズは?	2.12×2.20mm	問題なし
	技術	リード・フレームは新規か?	既存	問題なし
	技術	社内製か社外製か?	社内	問題なし
	技術	社外製パッケージの社内使用の実績はあるか?		問題なし
	技術	パッケージ DRは完了済みか?	済み	問題なし
	技術	評価用パッケージは特殊か?	一般仕様	問題なし

表 2.1 PWM01 開発におけるリスクの洗い出し（続き）

分類	回答部門	項目	懸念事項など	判定
パッケージ	技術	新規外注先は使用しないか？	なし	問題なし
	商品企画	実装条件の客先要求は？	なし	問題なし
	商品企画	パッケージ外形の公差要求は？	なし	問題なし
	商品企画	パッケージ外形の包装仕様は？	一般仕様	問題なし
信頼性	商品企画	特殊な信頼性条件は必要か？(客先によって異なる)	なし	問題なし
その他	設計	派生品の場合，コア品の開発状況は？	コア製品のため，派生品なし	問題なし
	指定なし	派生品の場合の審査項目は？		問題なし
	設計	汎用品かカスタム品か？	CQ出版(株)カスタム品	問題なし
	設計	アプリケーションでの確認は？	TEGチップで実機(D級アンプでの音質評価など)を評価し，客先了承済み	問題なし

　PWM01 の開発に伴うリスクの洗い出しを行った．ここでのリスクの洗い出し検討の精度が，開発期間(手戻り回数)に大きく左右する．どのようなリスクが予測されるのかを十分に検証し対応策の事前検討を行い，仕様検討や開発計画を立案する．PWM01 は，学習や教材を目的とした製品なので，実績のあるプロセス，パッケージを使用している．回路もなるべく標準的な回路構成とし，実績のある回路を多く使用している．したがって，大きなリスクはない結果となっている．ただし，状態フィードバック技術を用いた PWM アンプの応用としては実績がないため，TEG チップを作成し実機を評価(写真 2.2)している．

写真 2.2　オーディオ用 D 級アンプによる音質評価を実施

　TEG チップによる実機評価として，オーディオ用 D 級アンプでのアプリケーションで動作を確認した．PWM01 の特徴でもある状態フィードバックと PI 制御による制御動作，3値(ダブル・キャリア)三角波 PWM 制御動作，過負荷や負荷短絡時の定電流垂下特性による過電流保護動作，LC フィルタによるひずみの抑制効果などの機能確認，および諸特性の確認に加え PWM アンプの周波数特性(位相まわり)，三角波の線形性，PWM コンパレータの遅延，出力段のデッド・タイムなどによる音質への影響などを確認している．写真は，CQ 出版，インパルス，新日本無線との合同実機評価風景．

表2.2 新製品企画会議でのPWM01開発に関する審議内容

▶企画の狙いと戦略的位置づけ

CQ出版が企画する,CMOSアナログIC回路設計とPWM制御技術の書籍作成にあたり,CQ出版,インパルス,新日本無線の3社共同でPWM制御用ICを開発する.書籍に具体的なICの開発事例とPWMアンプのアプリケーション事例の提供,および回路設計者のための実務的な教材作成を行い,アナログ技術者の技術力向上に貢献する.

▶企画概要

- 状態フィードバック制御とPI制御による高精度PWM制御用IC
- 共同開発パートナ(CQ出版,インパルス)による電力制御への応用,出力信号の低ひずみ化,大電流保護回路などの技術確立とアプリケーション開発,および電子産業界への社会貢献を図る.

▶企画内容

- 定電流垂下特性による過電流保護
- 出力電流の最大値をプログラム可能
- 状態フィードバックとPI制御による高精度で安定な制御
- 3値(ダブル・キャリア)三角波PWM変調器を内蔵
- フォト・カプラを直接ドライブ可能

▶適応フィールド

工業用スイッチング・パワー・アンプ,AC/DC電源装置,UPS,バイポーラ電源,オーディオ用D級パワー・アンプなど

▶市場状況

新製品企画会議での審議内容.企画の狙いと戦略的位置づけ,企画概要,企画内容,適応フィールドのほかに,市場状況,競合製品(現在の競合,将来予想される競合),販売の可能性,製品ライフ,製品概要(機能,仕様,プロセス,パッケージなど),開発スケジュール,予想される問題・リスク,特許,開発費・原価,設備,新規投資などが審議される.また,市場や顧客要求の変化を先読みしているか,社会ニーズを重視しているか,共通の姿勢がとれているか,衆知思考したか‥‥なども審議の対象となる.

表 2.3　PWM01 の開発計画書

▶開発要旨
学生や若手エンジニアの育成を目的に CQ 出版，インパルスとのコラボレーションによる産業界への社会貢献．また，状態フィードバック制御を用いた PWM パワー・アンプの技術確立によって，工業用スイッチング・アンプ，UPS，バイポーラ電源，高音質 D 級アンプなどへの応用を図る．
▶製品概要 　イ．品名：　　PWM01　　　　　　　　ロ．用途：　　電源，D 級アンプなど 　ハ．外形：　　DMP-24　　　　　　　　　ニ．顧客：　　CQ 出版
▶製品仕様 　イ．機能：　　状態フィードバック制御と PI 制御による高精度 PWM 制御 　ロ．構造：　　CMOS（耐圧：12V，最小ゲート長：1.6μm）
▶開発スケジュール 　イ．着手：　　2006 年 9 月　　　　　　ロ．ES：　　2007 年 5 月 　ハ．CS：　　　2007 年 7 月　　　　　　ニ．生産：　　2007 年 8 月
▶予算

PWM01 の開発計画書．開発要旨，製品概要，製品仕様，開発スケジュールのほかに，予算，設備投資，原価試算，特許関連情報，販売見込みなどが盛り込まれる．

写真 2.3　PWM01 の設計審査（DR#1）

開発仕様書の内容や開発スケジュールなどを検証し，問題ないことが確認されたので，次のステップである回路設計に着手となる．

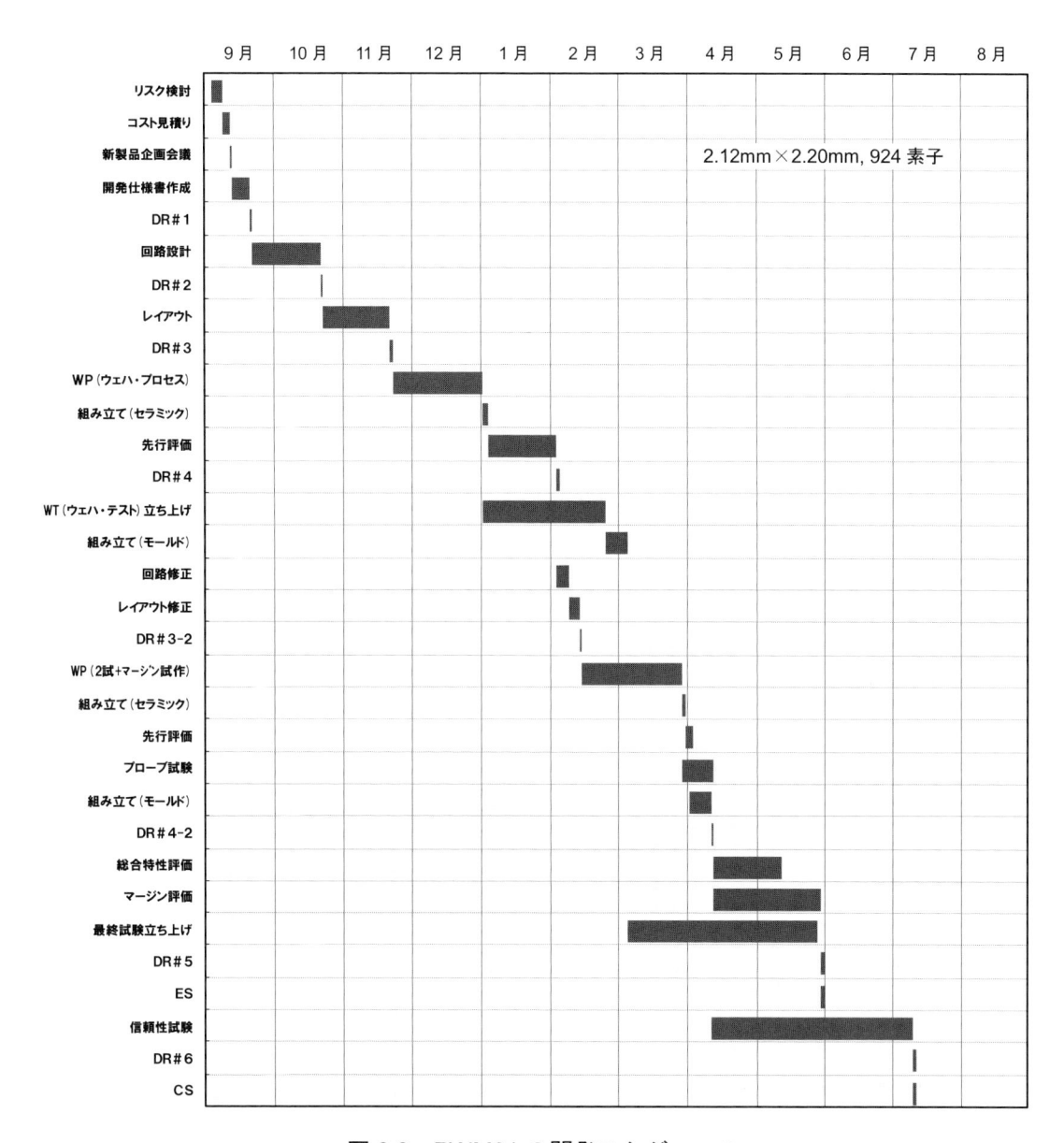

2.1 PWM01の仕様検討〜回路設計までのフロー   81

	9月	10月	11月	12月	1月	2月	3月	4月	5月	6月	7月	8月
リスク検討	▪											
コスト見積り	▪											
新製品企画会議	│				2.12mm×2.20mm, 924素子							
開発仕様書作成	▪											
DR#1	│											
回路設計		▬▬										
DR#2			│									
レイアウト			▬▬									
DR#3				│								
WP（ウェハ・プロセス）				▬▬▬								
組み立て（セラミック）					│							
先行評価					▬▬							
DR#4						│						
WT（ウェハ・テスト）立ち上げ					▬▬▬							
組み立て（モールド）							▪					
回路修正						▪						
レイアウト修正						▪						
DR#3-2						│						
WP（2試+マージン試作）						▬▬▬						
組み立て（セラミック）							▪					
先行評価							▪					
プローブ試験							▪					
組み立て（モールド）							▪					
DR#4-2							│					
総合特性評価								▬▬				
マージン評価								▬▬▬				
最終試験立ち上げ							▬▬▬▬					
DR#5									│			
ES									▪			
信頼性試験								▬▬▬▬▬				
DR#6											│	
CS											▪	

図2.2　PWM01の開発スケジュール

全体の製品開発のフローを把握し，関連部門との調整，開発工数の見積り，要員計画，開発スケジュールの立案を行う．PWM01は，チップ・サイズ：2.12mm×2.20mm，素子数：924素子で構成される．実績のあるプロセスを使用し既存回路を多数流用しているので，設計者1名で，回路設計期間：30日，レイアウト設計期間：30日と比較的短い期間での開発スケジュール（ES[(2.2)]：5月下旬，CS[(2.3)]：7月中旬）となっている．

(2.2)　ES（Engineering Sample）とは，総合特性評価や最終試験で，特性規格を満足したサンプルのこと．特性規格は満足するが信頼度・品質に関しては保証しないサンプルで顧客における試作評価用として位置付けられる．

(2.3)　CS（Commercial Sample）とは，特性規格を満足し，かつ信頼度や品質に関しても保証するサンプルのこと．顧客における製品適用に向けたサンプルとして位置付けられる．

2.2 PWM01に使用するCMOSプロセスとトランジスタの特性

●使用するプロセス

PWM01は，表2.4に示す12V耐圧で最小ゲート長が1.6μmのCMOSプロセスを用いて回路設計を行います．

表2.4 12V耐圧CMOSプロセス

最大動作電圧				12	V
ゲート酸化膜厚			t_{OX}	270	Å
最小ゲート長			NMOS	1.6	μm
			PMOS	1.6	μm
しきい値電圧	エンハンスメント型[2.4]		NMOS	V_{TNE} 0.80	V
			PMOS	V_{TPE} −0.85	V
	低V_T型[2.5]		NMOS	V_{TNL} 0.50	V
			PMOS	V_{TPL} −0.55	V
	イニシャル型[2.6]		NMOS	V_{TNI} 0.35	V
			PMOS	V_{TPI} −1.20	V
	ディプリーション型[2.7]		NMOS	V_{TND} −0.30	V
			PMOS	V_{TPD} 0.30	V
ポリシリコン低抵抗			RPL	25	Ω/□
ポリシリコン高抵抗			RPH	2.0	kΩ/□
n型拡散抵抗			RND	2.5	kΩ/□
p型拡散抵抗			RPD	5.5	kΩ/□
基板				P-SUB	

●MOSトランジスタのシンボル

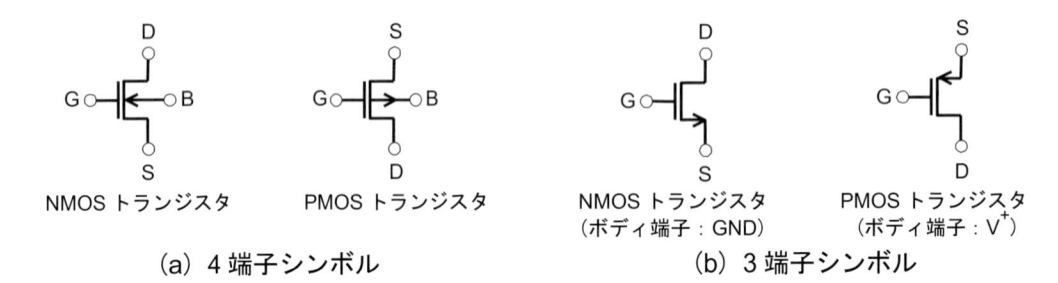

本書で用いるMOSトランジスタのシンボルを図2.3に示します．

MOSトランジスタは4端子ですが，NMOSトランジスタで基板（ボディ）端子が回路の最低電位（GND）に，また，PMOSトランジスタで基板（ボディ）端子が回路の最高電位（V⁺）に接続されている場合は，ボディ端子を省略した図2.3(b)のような3端子シンボルで表すことにします．

NMOSトランジスタ　　PMOSトランジスタ　　NMOSトランジスタ（ボディ端子：GND）　　PMOSトランジスタ（ボディ端子：V⁺）

(a) 4端子シンボル　　(b) 3端子シンボル

図2.3　MOSトランジスタのシンボル

本書では，NMOSはボディ端子が回路のGNDに，PMOSではボディ端子が回路のV⁺に接続されている場合，ボディ端子を省略した3端子シンボルを使用する．

(2.4) エンハンスメント（enhancement）型とは，ゲート電圧をしきい値電圧以上に加えたときにチャネルが形成されてドレイン電流が流れるトランジスタのこと．
(2.5) 低（low）V_T型のトランジスタとは，エンハンスメント（enhancement）型の一種で，しきい値電圧V_Tが低めに設定されたトランジスタのこと．動作点の厳しい箇所やエンハンスメント型との組み合わせでカスコード接続する場合などに使用される．
(2.6) イニシャル（initial）型のトランジスタとは，V_T調整用の基板表面へのイオン注入を行っていないトランジスタのこと．
(2.7) ディプリーション（depletion）型とは，ゲート電圧が0Vでもチャネルが形成されてドレイン電流が流れるトランジスタのこと．

また，PWM01に用いている半導体製造プロセスでは，表2.4に示すようにエンハンスメント型，低V_T型，イニシャル型，ディプリーション型と呼ぶしきい値電圧の異なる四種類のトランジスタを使用することができます．実際に所望する回路特性に合わせて，四種類のトランジスタを使い分けています．各トランジスタを図2.4のようなシンボルで表すことにします．

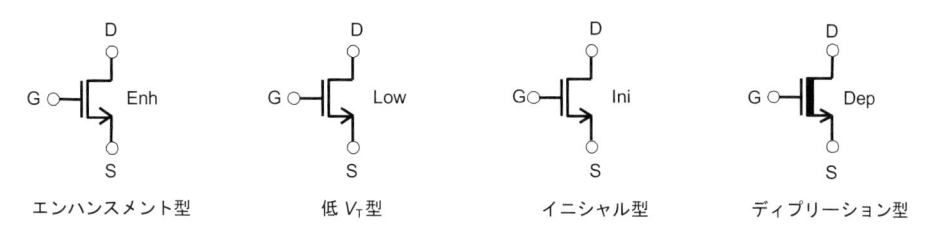

図2.4 MOSトランジスタの種類（NMOS 3端子シンボルの場合）

本書で使用するエンハンスメント型，低V_T型，イニシャル型，ディプリーション型トランジスタのシンボル．PMOSではソース(S)の向きが逆になる．

●MOSトランジスタの直流特性

MOSトランジスタは，ゲート-ソース間電圧$V_{GS}>V_T$のバイアス状態で，ドレイン-ソース間電圧V_{DS}の大きさによって，二つの動作領域に分けられています．

▶$V_{DS}<V_{GS}-V_T$のとき

この動作条件でのMOSトランジスタの動作領域を非飽和(線形)領域と呼びます．ドレイン電流I_Dは以下の式で表されます．

$$I_D = \mu \cdot C_{ox} \frac{W}{L} \left\{ (V_{GS} - V_T)V_{DS} - \frac{V_{DS}^2}{2} \right\} \quad \cdots\cdots\cdots (2.1)$$

μはキャリアの移動度で，NMOSのキャリア移動度をμ_n，PMOSのキャリア移動度をμ_pと表記します．代表的な値は，

$\mu_n = 450 \sim 650 \ (\text{cm}^2/\text{V}\cdot\text{s})$

$\mu_p = 150 \sim 200 \ (\text{cm}^2/\text{V}\cdot\text{s})$

です．これは，まったく同一のトランジスタ・サイズ，しきい値電圧，バイアス条件で，NMOSとPMOSでは電流能力が3倍ほど異なることを意味します．

また，C_{ox}は単位面積あたりのゲート容量であり，次式で与えられます．

$$C_{ox} = \frac{\varepsilon_0 \cdot \varepsilon_{ox}}{t_{ox}} \quad \cdots\cdots\cdots\cdots\cdots\cdots\cdots\cdots\cdots\cdots (2.2)$$

ここで，ε_0は真空の誘電率，ε_{ox}はゲート酸化膜の比誘電率，t_{ox}はゲート酸化膜の厚みを表します．

PWM01で使用するプロセスでは，

$\varepsilon_0 = 8.854 \times 10^{-14}$ (F/cm)
$\varepsilon_{ox} = 3.9$
$t_{ox} = 270$ (Å)

から，

$$C_{ox} = \frac{8.854 \times 10^{-14} \times 3.9}{270 \times 10^{-8}} = 1.279 \times 10^{-7} \text{ (F/cm}^2\text{)} \quad \cdots\cdots\cdots (2.3)$$

となります．したがって，イメージとしては100μm角で12.8pFとなるわけです．

▶ $V_{DS} \geq V_{GS} - V_T$ のとき

この条件での動作領域を飽和領域と呼びます．ドレイン電流 I_D は次式で表されます．

$$I_D = \frac{1}{2} \mu \cdot C_{ox} \frac{W}{L} (V_{GS} - V_T)^2 (1 + \lambda \cdot V_{DS}) \quad \cdots\cdots\cdots (2.4)$$

ここで，λ(ラムダ)をチャネル長変調[2.8]パラメータといい，値が大きいほどチャネル長変調が強いことを表します．一般的にMOSトランジスタのチャネル長 L を大きくすることで，チャネル長変調を抑える(λを小さくする)ことができます．

チャネル長変調を無視した場合は，

$$I_D = \frac{1}{2} \mu \cdot C_{ox} \frac{W}{L} (V_{GS} - V_T)^2 \quad \cdots\cdots\cdots\cdots\cdots (2.5)$$

となります．

図2.5にドレイン電流 I_D とドレイン-ソース間電圧 V_{DS} との関係を示します．非飽和領域と飽和領域の境界となるドレイン-ソース間電圧は $V_{DS(sat)} = V_{GS} - V_T$ となります．

CMOSアナログ回路の設計においては，MOSトランジスタをスイッチとして用いる場合を除いて，基本的にはドレイン-ソース間電圧 $V_{DS} \geq V_{DS(sat)}$ として，飽和領域で動作するように設計します．

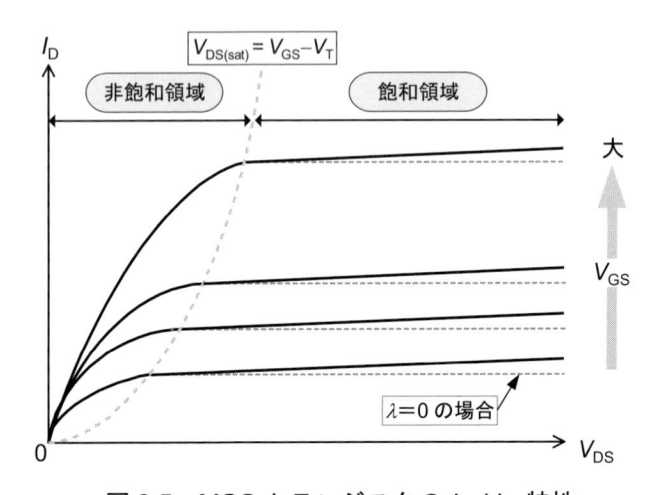

図2.5 MOSトランジスタの I_D-V_{DS} 特性

ドレイン電流 I_D とドレイン-ソース間電圧 V_{DS} の特性で，非飽和領域と飽和領域の境界となるドレイン-ソース間電圧は $V_{DS(sat)} = V_{GS} - V_T$ となる．

[2.8] チャネル長変調とは，MOSトランジスタのチャネル長 L が V_{DS} の増加とともにチャネル端とドレイン端の空乏層の幅ΔL が増加し，実効チャネル長($L - \Delta L$)が短くなってドレイン電流が増加する現象のこと．

2.2 PWM01に使用するCMOSプロセスとトランジスタの特性

● MOSトランジスタの小信号特性

アナログ回路の解析では，直流解析と交流小信号解析に分けて行います．ここでは，$V_{GS} > V_T$，かつ，飽和領域 $V_{DS} \geq V_{DS(sat)}$ におけるMOSトランジスタの小信号特性について，簡単に説明します．

▶ トランスコンダクタンス gm

MOSトランジスタの I_D-V_{GS} 特性を図2.6に示します．このときMOSトランジスタのトランスコンダクタンス gm は微小電圧の変化 ΔV_{GS} に対する微小電流の変化量 ΔI_D で定義され，

$$gm = \frac{\partial I_D}{\partial V_{GS}} = \mu \cdot C_{ox} \frac{W}{L}(V_{GS} - V_T)(1 + \lambda \cdot V_{DS}) \quad \cdots\cdots (2.6)$$

と表されます．チャネル長変調を無視できる場合は，

$$gm = \frac{\partial I_D}{\partial V_{GS}} = \mu \cdot C_{ox} \frac{W}{L}(V_{GS} - V_T) = \sqrt{2\mu \cdot C_{ox} \frac{W}{L} I_D} \quad \cdots (2.7)$$

となります．

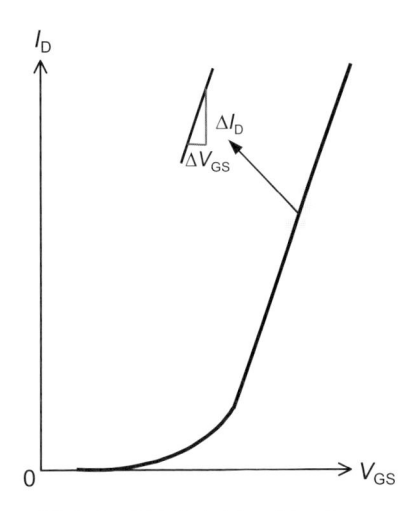

図2.6 MOSトランジスタの I_D-V_{GS} 特性

トランスコンダクタンス gm は，微小電圧の変化 ΔV_{GS} に対する微小電流の変化量 ΔI_D で定義される．

▶ ドレイン・コンダクタンス gd

MOSトランジスタの I_D-V_{DS} 特性を図2.7に示します．

このとき，MOSトランジスタのドレイン・コンダクタンス gd は，微小電圧の変化 ΔV_{DS} に対する微小電流の変化量 ΔI_D で定義され，

$$gd = \frac{\partial I_D}{\partial V_{DS}} = \frac{\lambda \cdot I_D}{1 + \lambda \cdot V_{DS}} \cong \lambda \cdot I_D \quad \cdots\cdots (2.8)$$

と表されます．ここで，ドレイン・コンダクタンスの逆数をMOSトランジスタの出力抵抗 r_o といい，

$$r_o = \frac{1}{gd} \quad \cdots\cdots\cdots\cdots\cdots\cdots\cdots\cdots (2.9)$$

で表します．

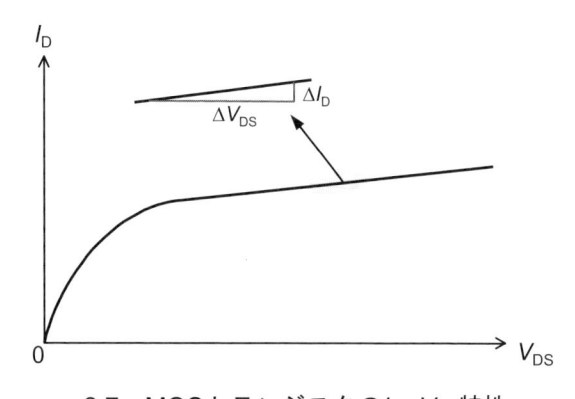

図2.7 MOSトランジスタの I_D-V_{DS} 特性

ドレイン・コンダクタンス gd は，微小電圧の変化 ΔV_{DS} に対する微小電流の変化量 ΔI_D で定義される．

第3章

(PWM01 の要素回路設計)

基準電圧源/電流源&レギュレータの設計

3.1　基準電圧源の回路設計

3.2　基準電流源の回路設計

3.3　電圧レギュレータ ($VB1$) の回路設計

3.4　電圧レギュレータ ($VB2$) の回路設計

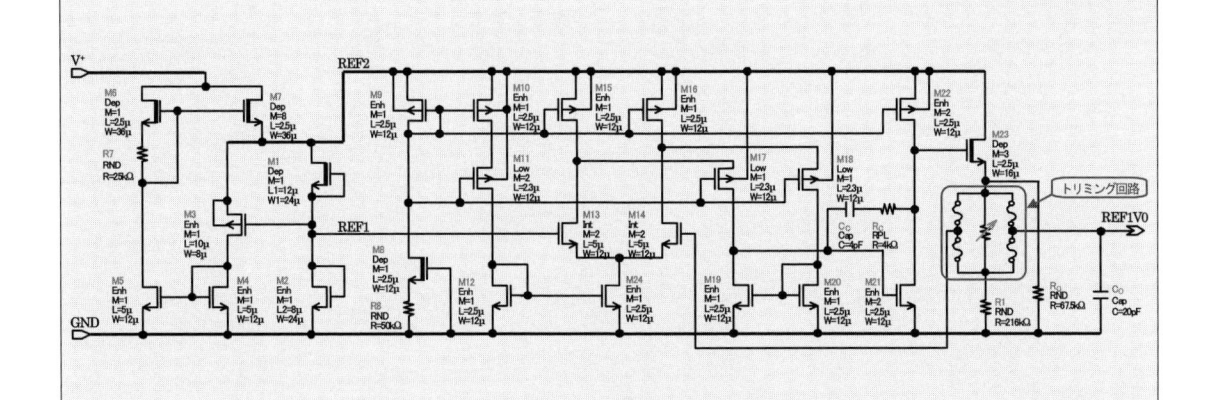

3.1 基準電圧源の回路設計

●基準電圧源の構成

　基準電圧源は，電源電圧変動や環境温度変化，製造プロセスのばらつきなどに対し，一定の出力電圧を供給する必要があります．PWM01では，この基準電圧 V_{REF1} を電圧レギュレータ（$VB1$，$VB2$）や発振器などの各ブロックへ供給しています．基準電圧は，寄生素子によるノイズ伝播を抑制するための低出力インピーダンス化や，出力電圧の高精度化調整（トリミング）を行うために，図3.1に示すようにOPアンプを介して V_{REF1V0}=1V として出力する回路構成とします．

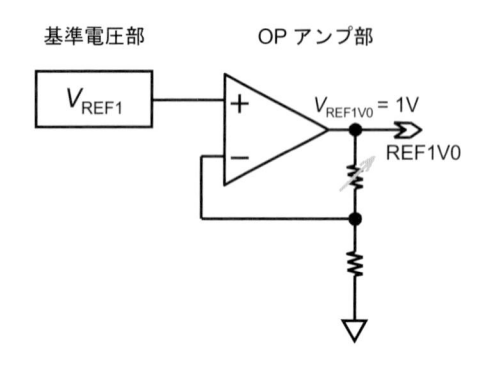

図3.1　基準電圧源のブロック図

基準電圧 V_{REF1} は，低出力インピーダンス化や出力電圧調整（トリミング）のため，OPアンプを介して出力する．

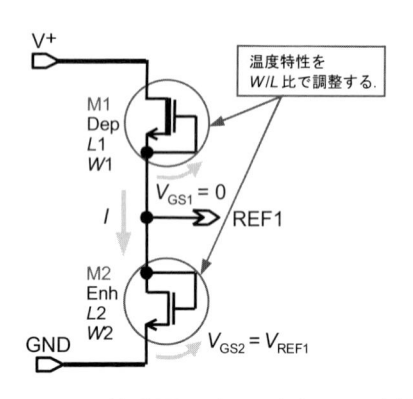

図3.2　基準電圧（V_{REF1}）部の回路構成

2種類のMOS…ディプリーション型とエンハンスメント型のしきい値電圧の差を利用した基準電圧発生回路．

●基準電圧生成のしくみ

　基準電圧部には，図3.2に示すようなディプリーション型のNMOS：M1を V_{GS1}=0 として発生した定電流 I を，ゲートとドレインを接続したエンハンスメント型のNMOS：M2に流し，ディプリーション型とエンハンスメント型のしきい値電圧の差を発生させ，一定の電圧 V_{REF1} を得る回路構成とします．なお，M1のしきい値電圧を V_{TND}，M2のしきい値電圧を V_{TNE} とします．

　この回路において M1 と M2 が飽和領域で動作しているとして，それらに流れる電流をそれぞれ I_1，I_2 とすると，

$$I_1 = \frac{1}{2}\mu_{nD} \cdot C_{ox} \frac{W_1}{L_1}(V_{GS1} - V_{TND})^2$$

$$I_2 = \frac{1}{2}\mu_{nE} \cdot C_{ox} \frac{W_2}{L_2}(V_{GS2} - V_{TNE})^2$$

μ_{nD}：ディプリーション型NMOSのキャリア移動度（cm²/V·s）
μ_{nE}：エンハンスメント型NMOSのキャリア移動度（cm²/V·s）
C_{ox}：単位面積あたりのゲート容量（F/cm²）

が成り立ちます．ここで $I_1 = I_2$，$V_{GS1}=0$，$V_{GS2}=V_{REF1}$ なので，

$$\frac{1}{2}\mu_{nD} \cdot C_{ox} \frac{W_1}{L_1} V_{TND}^2 = \frac{1}{2}\mu_{nE} \cdot C_{ox} \frac{W_2}{L_2}(V_{REF1} - V_{TNE})^2$$

となるので，V_{REF1} は次のように表せます．

$$V_{REF1} = V_{TNE} + |V_{TND}|\sqrt{\frac{\mu_{nD}(W_1/L_1)}{\mu_{nE}(W_2/L_2)}} \quad \cdots\cdots (3.1)$$

したがって式(3.1)から，M1 と M2 が飽和領域で動作していれば，基準電圧 V_{REF1} は入力電源 V^+ に依存せず一定の電圧になることがわかります．

● 基準電圧の温度特性

次に，温度特性について考えます．式(3.1)において，キャリア移動度 μ_{nE} と μ_{nD} の温度変化率が等しいと仮定すると，V_{REF1} の温度変化に関連するパラメータは V_{TNE} と $|V_{TND}|$ ですから，

$$\frac{\partial V_{REF1}}{\partial T} = \frac{\partial V_{REF1}}{\partial V_{TNE}} \cdot \frac{\partial V_{TNE}}{\partial T} + \frac{\partial V_{REF1}}{\partial |V_{TND}|} \cdot \frac{\partial |V_{TND}|}{\partial T}$$

$$\frac{\partial V_{REF1}}{\partial T} = \frac{\partial V_{TNE}}{\partial T} + \sqrt{\frac{\mu_{nD}(W_1/L_1)}{\mu_{nE}(W_2/L_2)}} \cdot \frac{\partial |V_{TND}|}{\partial T} \quad \cdots\cdots (3.2)$$

となります．

ここで V_{TNE} は負の温度特性をもつので，式(3.2)の右辺第 1 項は負となります．また，$|V_{TND}|$ は正の温度特性をもつので，右辺第 2 項は正となります．したがって，M1 と M2 のトランジスタ・サイズ W/L を調整することによって V_{REF1} の温度特性を変化させることができます．

この V_{REF1} の温度特性の合わせ込み設計は，シミュレーション精度の理由から正確な検証は難しいのが実情です．実際には M1 と M2 のゲート長 L のサイズを振った回路 TEG を作成し，トランジスタ・サイズの最適化を行っています．TEG での評価結果を図 3.3 に示します．

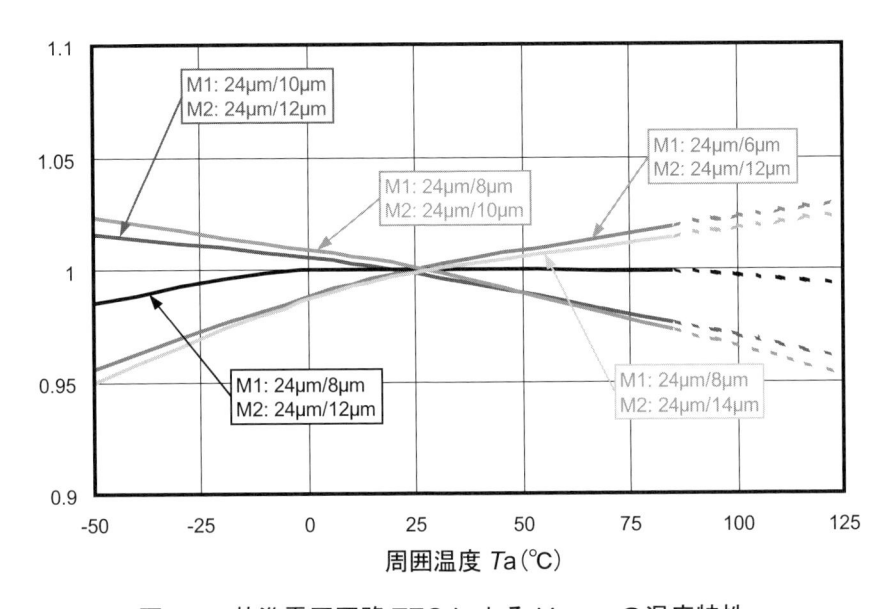

図 3.3 基準電圧回路 TEG による V_{REF1V0} の温度特性

図 3.2 の基準電圧発生回路で，M1 と M2 のゲート長 L のサイズを振った回路 TEG での温度特性評価結果から，$L_1 = 8\mu m$，$L_2 = 12\mu m$ とする．

回路 TEG での評価結果から，M1 と M2 のトランジスタ・サイズは $W_1/L_1 = 24\mu m / 8\mu m$，$W_2/L_2 = 24\mu m / 12\mu m$ とします．

90   第3章 基準電圧源/電流源&レギュレータの設計

　なお，PWM01では，p型の基板(P-SUB)を使用しているので，NMOSのボディは基板電位となります．したがって，M1の基板バイアス効果(3.1)の影響や，ディプリーション型とエンハンスメント型での移動度の差などによって，温度特性がフラット…基準電圧の温度変動が最小となるM1とM2のトランジスタ・サイズは異なっています．

● V_{REF1} の電圧変動の改善が必要

　図3.2に示したように，基準電圧(V_{REF1})部の入力電源を V^+ とする場合，実際には入力電源 V^+ の変動によるM1のチャネル長変調などの影響で，基準電圧(V_{REF1})が変動します．この電源変動による基準電圧変動のことを電源電圧変動除去比(PSRR：Power Supply Rejection Ratio)と呼んでいます．PSRRは，1kHzにおいて−45dB程度のシミュレーション結果となっており，基準電圧源としては不十分です．したがって，電源ラインから基準電圧部とアンプ部へのノイズの回り込みを低減するための工夫(PSRRの改善)が必要となってきます．

　そこで，基準電圧(V_{REF2})部に供給するための内部レギュレータを設け，PSRRの改善を図ることにしました．

　図3.4(a)に，基準電圧 V_{REF1} への電圧供給を安定化するプリレギュレータ回路を示します．この回路はM6(ディプリーション型)で発生する定電流 I_6 を，M3に流れる I_3 と等しくなるよう負帰還をかけることによって，プリレギュレータの出力として，$V_{REF2}=V_{REF1}+V_{SG3}$ (3.2) となる電圧を発生します．

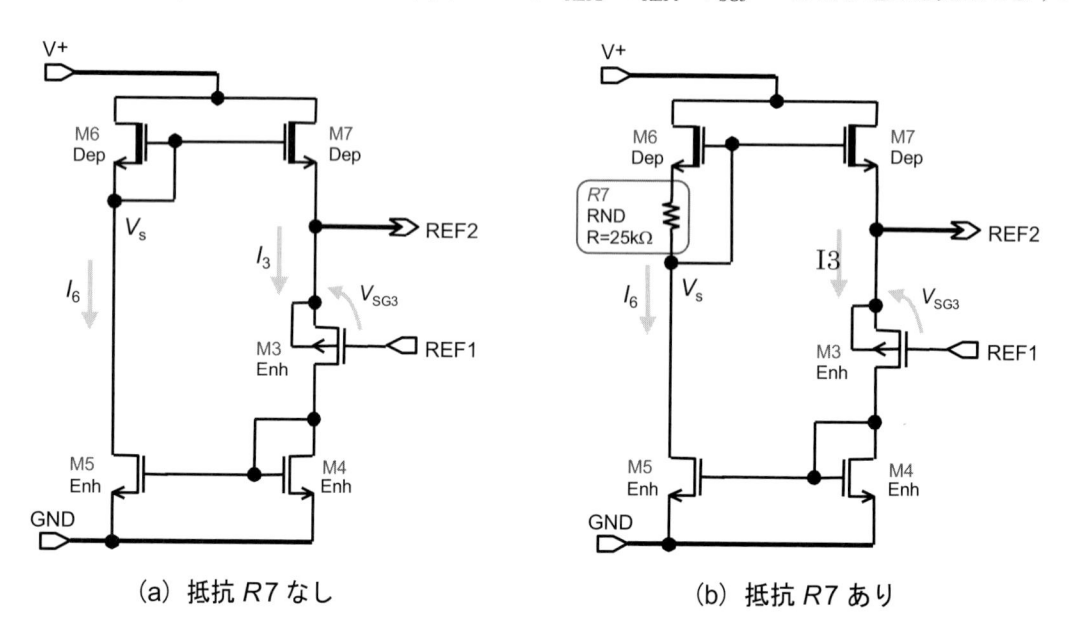

(a) 抵抗 $R7$ なし　　　　(b) 抵抗 $R7$ あり

図3.4　プリレギュレータ(V_{REF2})部の回路構成

抵抗R7の挿入で，しきい値電圧のばらつきが低減できる．また，R7が正の温度係数であれば，温度変動による電流 I_6 の変動量も低減できる．

(3.1) 基板バイアス効果(body effect)とは，基板(ボディ)とソース間に電圧 V_{SB} が加わることによって，チャネル下の空乏層の広がりとチャネルの厚みが変化し，しきい値電圧が変化する現象．
(3.2) V_{SG3} … V_{GS3} と同等．本書ではNchの場合は V_{GS}，Pchの場合は V_{SG} と表記している．

● プリレギュレータのしくみ

次に，図3.4(a)の回路動作を説明します．M6はゲートとソースを短絡しているので定電流動作となりますが，実際には基板バイアス効果の影響を受けます．そのためソース電位V_Sによって電流I_6が変動します．また，M3を流れる電流I_3は$V_{SG3}=V_{REF2}-V_{REF1}$であることから，$V_{REF1}$を一定とすると，$V_{REF2}$によって変動します．ここで，$V_S \cong V_{REF2}$とみなすと，$I_3$の$V_{REF2}$に対する特性は図3.5のように表せます．この回路は$I_6=I_3$となるように動作するので，I_6とI_3のグラフでの交点がV_{REF2}となります．

また，図3.4(b)のようにM6のゲート-ソース間に抵抗$R7$を接続することで，電流I_6はしきい値電圧V_Tのばらつきによる電流値変動が低減できます．さらに，$R7$に正の温度係数となる抵抗を使用することで，温度変化による電流値変動も低減することができます．図3.6に$R7$挿入による，電流I_6の特性改善のシミュレーション結果を示します．

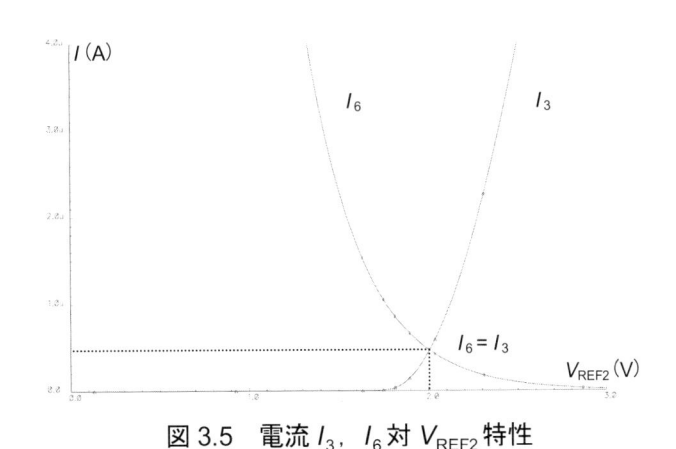

図 3.5　電流 I_3, I_6 対 V_{REF2} 特性

M6で発生する電流I_6とM3に流れるI_3が等しくなるように回路が動作し，そのときの電圧がV_{REF2}となる．

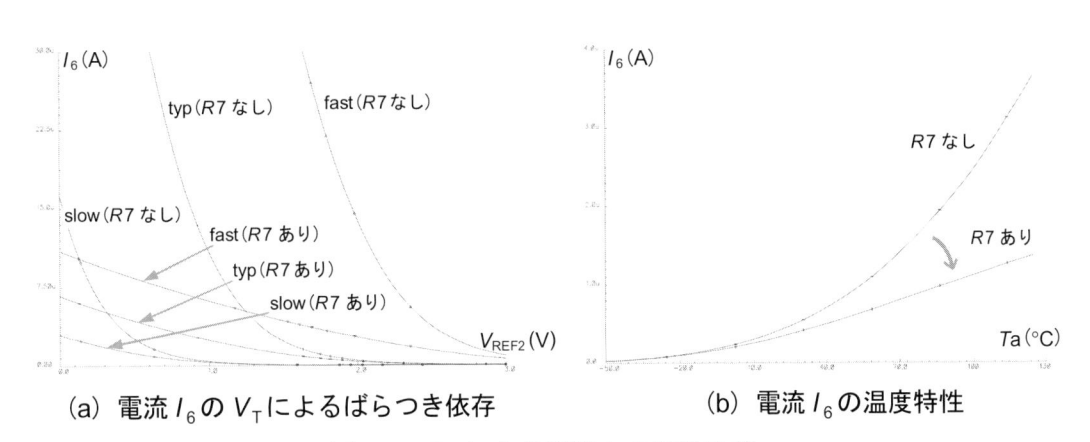

(a) 電流 I_6 の V_T によるばらつき依存　　　　(b) 電流 I_6 の温度特性

図 3.6　$R7$ による電流 I_6 の特性改善

$R7$の挿入で，しきい値電圧のばらつきや，温度変動による電流I_6の変動量が低減するシミュレーション結果となっている．また，"fast"はM6のしきい値電圧が低めのとき，"typ"はM6のしきい値電圧が標準のとき，"slow"はM6のしきい値電圧が高めのときを示す．

● 基準電圧(V_{REF1} と V_{REF2})部のトランジスタ・サイズ検討

まず V_{REF1} を生成するために,図3.4(b)における各トランジスタのサイズを検討します.

▶M6

M6のサイズは,回路 TEG の評価結果や既存類似製品の実績などから $W_6/L_6 = 36\mu m/2.5\mu m$ とします.$R7 = 25k\Omega$ とすれば,素子のばらつきや温度変動に対してワースト条件(最小値)でも電流 I_6 は 50nA 以上となり,動作に支障がないことがわかっています.

▶M3

プリレギュレータ出力 V_{REF2} は,$V_{REF2} = V_{REF1} + V_{SG3}$ で決まります.V_{REF2} は後段のアンプ部や基準電流源の電源となるため,最低でも $V_{REF2} \cong 1.8V$ 程度とする必要があります.ここで $V_{REF1} \cong 0.9V$,M3のトランジスタ・サイズを $W_3/L_3 = 8\mu m/10\mu m$ とすると,$V_{REF2} \cong 2V$ となります.

▶M7

V_{REF2} は,基準電圧源のアンプ部や基準電流源の電源となることから,M7には十分な電流能力が必要です.V_{REF2} に接続する回路の消費電流は,基準電圧源のアンプ部と基準電流源部に供給され,100μA 程度となるので,M7のゲート−ソース間電圧 $V_{GS7} = 0V$ のとき,100μA 以上の電流が流せるように,トランジスタ・サイズは $W_7/L_7 = (36\mu m/2.5\mu m) \times 8$ とします(×8 は回路図ではM=8と表記).

▶M4 と M5

カレント・ミラーを構成するM4とM5は,チャネル長変調の影響を少なくするため,ゲート長 L を大きめに設定します.結果としてトランジスタ・サイズは,$W_4/L_4 = W_5/L_5 = 12\mu m/5\mu m$ とします.

以上から,基準電圧(V_{REF1} と V_{REF2})部の回路は図3.7のようになります.基準電圧(V_{REF1})部の入力電源を V^+ およびプリレギュレータ V_{REF2} に接続した場合のPSRRのシミュレーション結果を図3.8に示します.V_{REF1} の PSRR 特性は,入力電源を V^+ に接続した場合に比べ,V_{REF2} に接続することで大幅に改善されていることがわかります.

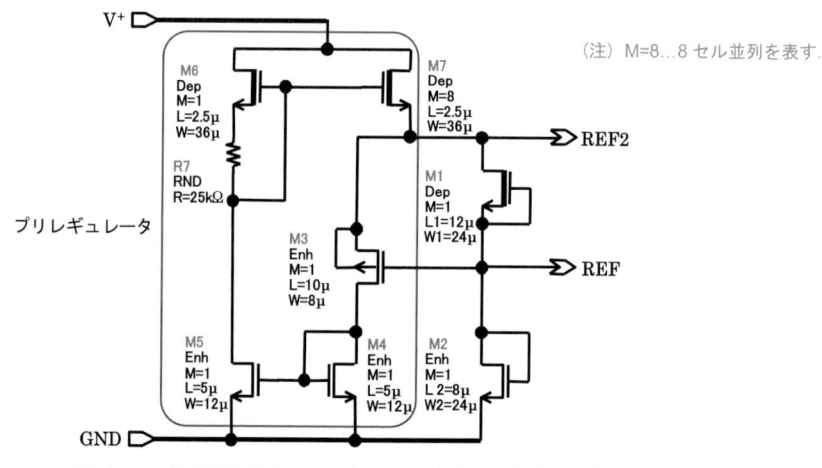

図3.7 基準電圧(V_{REF1} と V_{REF2})部の最終回路

ディプリーション型とエンハンスメント型のしきい値電圧の差を利用した基準電圧(V_{REF1})発生回路の入力電源を,V^+ でなく V_{REF2} から供給することで V_{REF1} のPSRR特性の改善を図っている.

3.1 基準電圧源の回路設計   93

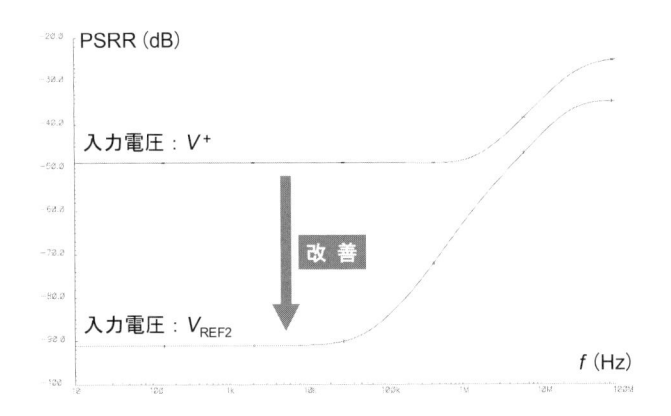

図3.8 V_{REF1} の PSRR 特性シミュレーション(入力電源:V^+/V_{REF2})

入力電源を V^+ でなく V_{REF2} に接続することで,V_{REF1} の PSRR を大幅に改善している.

● 2V で動作する基準電圧 V_{REF1V0} 用 OP アンプ

次に基準電圧 V_{REF1} のインピーダンス変換と電圧調整のための OP アンプを検討します.

PSRR 特性を考慮して,入力電源は V^+ ではなく V_{REF2} からの供給としますので,この OP アンプは $V_{REF2} \cong 2V$ で動作する必要があります.したがって,この回路は**図3.9**のような,低電圧動作に有利なフォールデッド・カスコード(folded cascode:折り返しカスコード)型と呼ばれる構成とします.

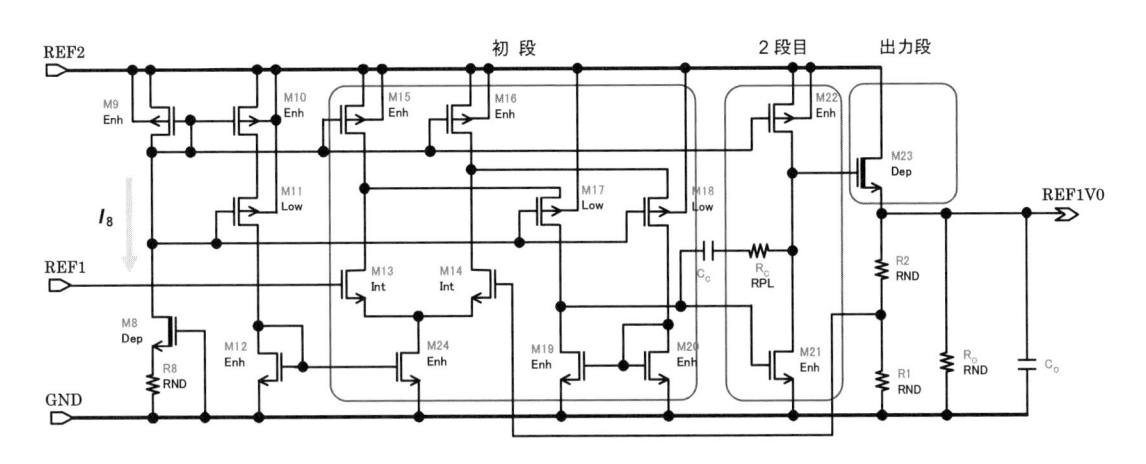

図3.9 基準電圧源用の OP アンプ

PSRR特性を考慮して入力電源を V_{REF2} からの供給としているので,このOPアンプは低電圧(2V程度)で動作する必要がある.フォールデッド・カスコード型の回路構成としている.

▶差動入力段:M13 と M14

入力となる基準電圧が $V_{REF1} = 0.8 \sim 0.9V$ なので,M24 のドレイン-ソース間電圧が小さくなります.M24 の動作点が非飽和領域にならないようにするため,差動の M13 と M14 にはしきい値電圧の低いイニシャル型($V_{TNI} = 0.35V$)を使用します.トランジスタ・サイズは $W_{13}/L_{13} = W_{14}/L_{14} = (12\mu m/5.0\mu m) \times 2$ とします.

▶出力段ソース・フォロワ：M23

　このOPアンプの入力電源が$V_{REF2} \cong 2V$であり，出力段ソース・フォロワM23のソース電位は約1Vになります．そのため，M23のゲート-ソース間電圧を十分に加え，出力電流能力を確保するために，M23にはディプリーション型を使用しました．トランジスタ・サイズは$W_{23}/L_{23} = (16\mu m/2.5\mu m) \times 3$とします．

▶電流源：I_8

　OPアンプからの出力V_{REF1V0}は，後述の電圧レギュレータ（$VB1$と$VB2$）や発振器などの基準電圧となるので，V_{REF1V0}はPWM01の他の回路ブロックが起動する前に完全に立ち上がっている必要があります．したがって，この基準電圧源部で使用する電流源は，入力電源V^+に対し立ち上がり（起動）特性が遅い基準電流源部からの供給では間に合いません．入力電源と同時に立ち上がるよう，図3.10(a)に示すM8のディプリーション型（$V_{TND} = -0.3V$）のNMOSトランジスタと，正の温度係数となる拡散抵抗$R8$による定電流回路とします．

　この回路は，図3.10(b)のグラフのようにM8に流れる電流と，R8に流れる電流が等しくなるようにM8のソース電位V_Sが調整され，電流I_8が決まります．ここでは，M8のトランジスタ・サイズを$W_8/L_8 = 12\mu m/2.5\mu m$，$R8 = 50k\Omega$として，$I_8 \cong 3\mu A$の電流を発生させています．

（a）電流源I_8の構成

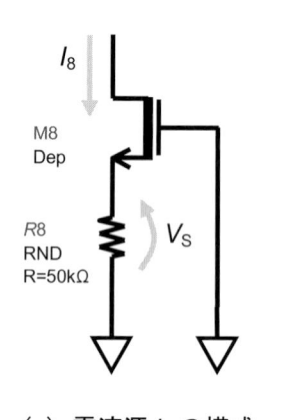

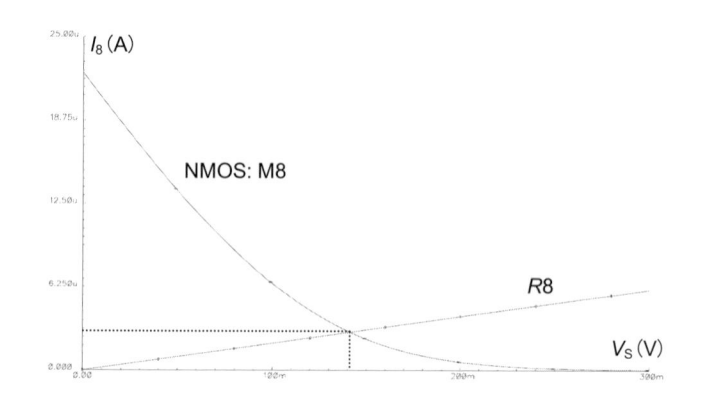

ディプリーション型NMOSと，正の温度係数をもつ抵抗で構成される電流源．

（b）電流源I_8の特性

$L_8 = 2.5\mu m$，$W_8 = 12\mu m$，$R8 = 50k\Omega$のとき，I_8は約3μAとなる．

図3.10　電流源I_8は起動特性が重要

▶電源電圧変動除去比（PSRR：Power Supply Rejection Ratio）

　基準電圧（V_{REF1}）部と同様に，OPアンプの入力電源をV^+ではなくV_{REF2}に接続します．これによって，図3.11(a)に示すようにPSRR特性を改善することができます．また図3.11(b)に示すように，（IC内部ですが）出力キャパシタ$C_O = 20pF$を接続することで，高域での特性も改善しています．

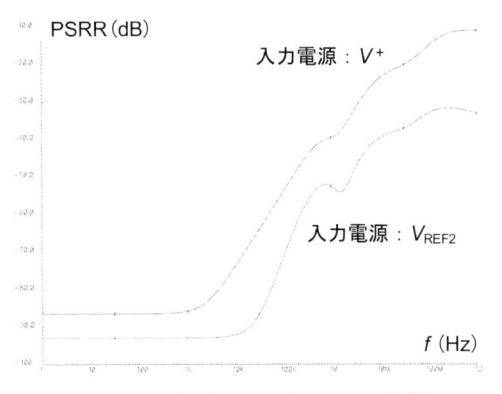

(a) 入力電源：V^+/V_{REF2} の特性

OPアンプの入力電源をV^+ではなくV_{REF2}に接続することで，PSRR特性を改善することができる．

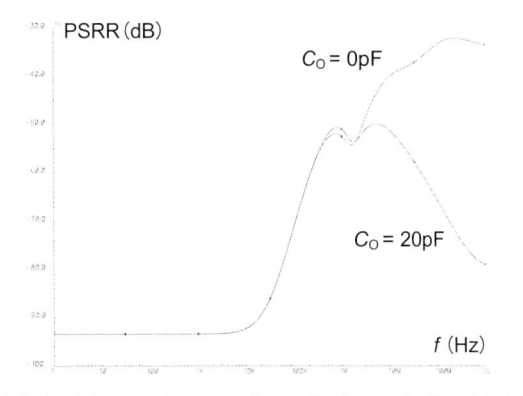

(b) 入力電源：V_{REF2}でキャパシタ C_O 有/無の特性

出力キャパシタC_Oを接続することで，高域のPSRR特性を改善することができる．

図 3.11　基準電圧用 OP アンプの PSRR 特性

▶位相補償

この OP アンプでは，M21 のゲート-ドレイン間にキャパシタ C_C と抵抗 R_C とを挿入して位相補償を行っています．しかし，PSRR を改善するために接続した出力キャパシタ C_O によって，出力端子 REF1V0 で発生するポール[3.3] $\omega_{OUT} \cong gm_{23}/C_O$ が低域に移動するため，位相余裕が小さくなってしまいます．そこで，M23 の gm_{23} を大きくして，ω_{OUT} をできるだけ高域に移動させています．ここで，

$$gm_{23} = \mu_{nD} \cdot C_{ox} \frac{W_{23}}{L_{23}} (V_{GS23} - V_{TND}) = \sqrt{2I_{23} \cdot \mu_{nD} \cdot C_{ox} \frac{W_{23}}{L_{23}}}$$

となるので，出力 REF1V0 に負荷抵抗 R_O を接続することで I_{23} を増やし，gm_{23} を上げて位相余裕を改善しています．なお，W_{23}/L_{23} を大きくすることでも gm_{23} を増加させることは可能です．しかし，M23 の寄生容量も増えてしまい，M23 のゲートのノードで発生するポールが低域に移動することになるので注意が必要です．ここでは $W_{23}/L_{23} = (16\mu m/2.5\mu m) \times 3$，$R_O = 67.5k\Omega$ とします．

▶基準電圧用 OP アンプの最終回路構成

以上から，基準電圧用 OP アンプは図 3.12 のようになります．図 3.13 が，図 3.7 と図 3.12 を組み合わせた回路において，$V^+=5V$，素子ばらつき：typ 条件とし，R_O の有無の条件でオープン・ループの周波数特性を検証したものです．R_O を接続することで，出力端子 REF1V0 でのポールは高域に移動し，位相余裕が増加するシミュレーション結果となっています．

[3.3] ポール (pole) とは，周波数特性において利得の折れ曲がる周波数 (有理関数の分母の多項式の値を 0 にする s の値) のこと．ポール角周波数 ω_p から，利得は$-20dB/dec$ の傾きで減少し，位相は ω_p で$-45°$となる．

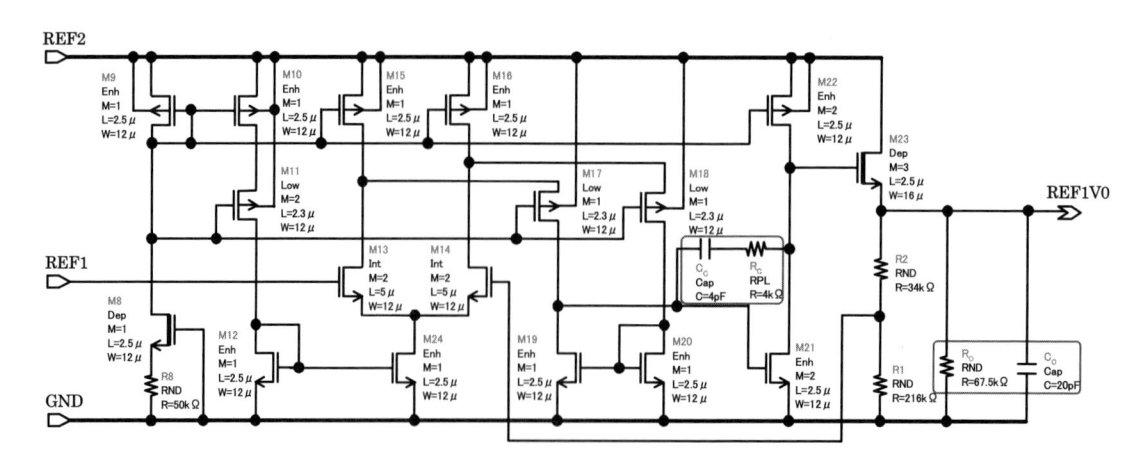

図 3.12　基準電圧用 OP アンプの最終回路

基準電圧 V_{REF1} から V_{REF1V0} を発生させる OP アンプの回路構成.

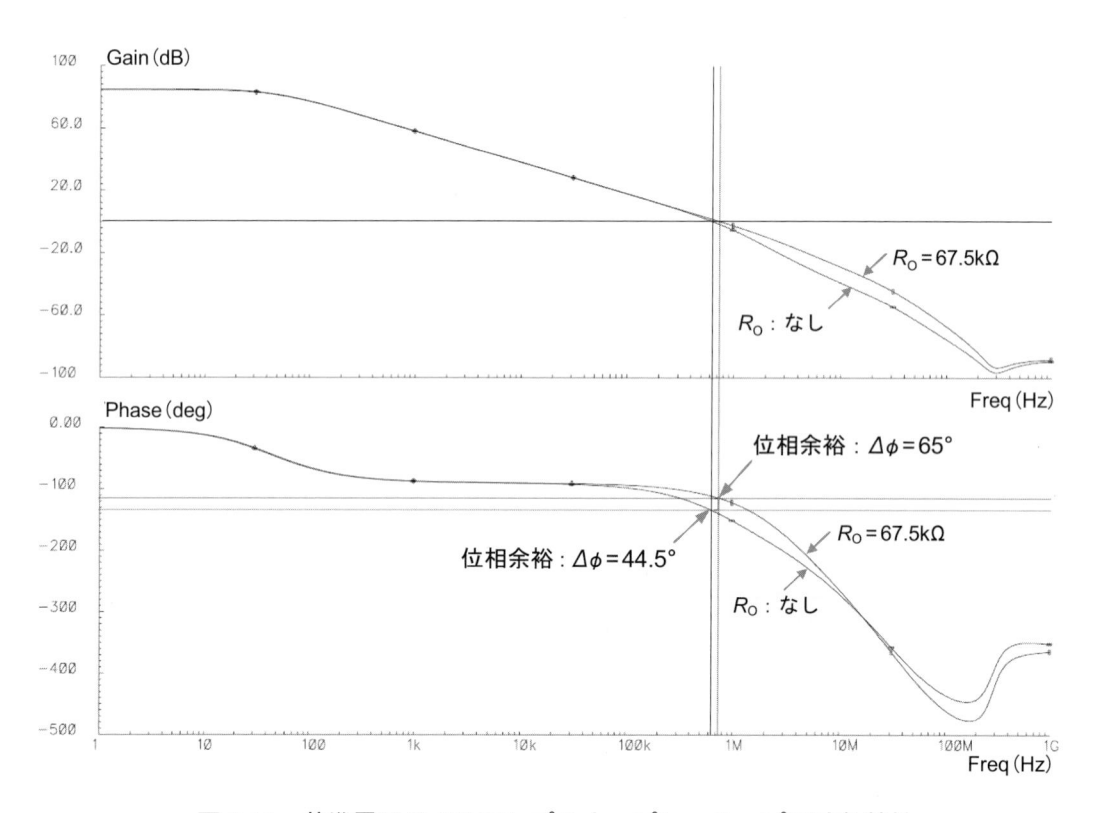

図 3.13　基準電圧用 OP アンプのオープン・ループ周波数特性

$V^+ = 5V$ および素子ばらつきを typ 条件としたときの, R_O の有無によるオープン・ループ周波数特性のシミュレーション結果. R_O を接続することで, 出力端子でのポールが高域に移動し, 位相余裕が増加している.

3.1 基準電圧源の回路設計

● 基準電圧のトリミング回路

V_{REF1V0} は，各回路ブロックで基準電圧源として使用されるので高精度が要求されます．しかし，V_{REF1V0} の元となる V_{REF1} は，しきい値電圧のばらつきや基準電圧用 OP アンプの入力オフセット電圧などの影響を受けるので，最終的には，オンチップでの電圧調整…トリミングが必要です．ここでは出力帰還抵抗 $R2$ にトリミング回路を追加し，基準電圧 V_{REF1V0} を調整できるようにします．

図 3.14 に示すのは OP アンプ回路において，帰還抵抗を可変することで出力電圧を可変するようにしたトリミング回路です．$V_{REF1V0} < 1V$ のときはヒューズの FUSE(a) と FUSE(c) を切断し，$V_{REF1V0} > 1V$ のときには FUSE(b) と FUSE(d) を切断することで，目標の電圧に対して上下に電圧を調整します．

なお，ヒューズを切断する方法はいろいろですが，近年ではレーザを使うのが一般的で，レーザ・トリミングと呼ばれています (レーザ・トリミングの実際については**コラム 3.1** を参照)．

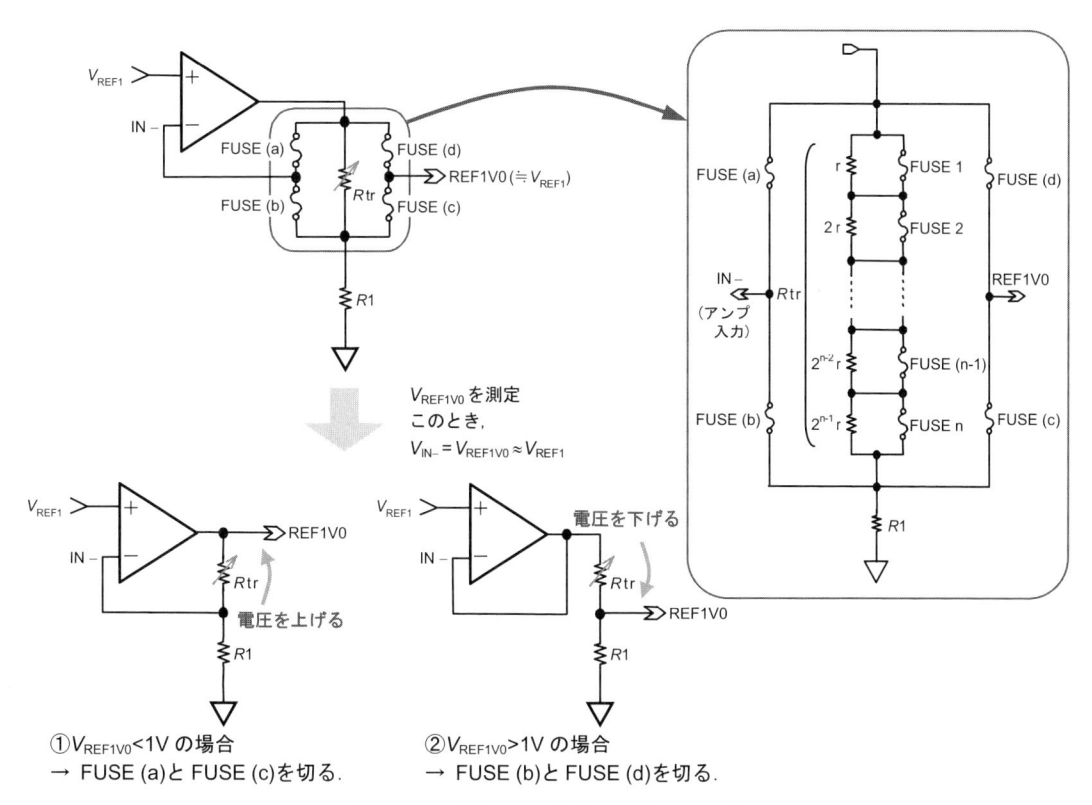

図 3.14 V_{REF1V0} のトリミング方法

$V_{REF1V0} < 1V$ のときはヒューズの FUSE(a) と FUSE(c) とを切断し，$V_{REF1V0} > 1V$ のときは FUSE(b) と FUSE(d) とを切断することで電圧値を調整することができる．

▶ トリミング精度

基準電圧 V_{REF1V0} の要求電圧精度は $1V \pm 1\%$ ($\pm 10mV$) です．しかし，PWM01 ではパッケージング (機械的ストレス) による変動量などを考慮し，ウェハ状態で $1V \pm 0.5\%$ ($\pm 5mV$) 以内に収まるよ

うに設計します．図3.14において，$R1 = 216\text{k}\Omega$（基本抵抗：$13.5\text{k}\Omega \times 16$）とすると，$V_{\text{REF1V0}}$ の電圧精度を$1\text{V} \pm 0.5\%$ 以内にするためには，最小ビット抵抗 r は $1\text{k}\Omega$ 以下にする必要があります．ここでは，相対精度を上げるために $R1$ と同一サイズの抵抗を基本素子としてレイアウトすることを考慮し，最小ビット抵抗を $r = 422\Omega \cdots (13.5\text{k}\Omega/32)$ とします．

▶トリミング調整範囲

基準電圧 V_{REF1V0} を目標値に調整するために必要なトリミング幅 n は，基準電圧 V_{REF1V0} のばらつき幅によって変わります．この基準電圧回路では，V_{REF1} にディプリーション型とエンハンスメント型のしきい値電圧の差を利用していますが，V_{REF1} のばらつきやOPアンプのオフセット電圧によって，基準電圧 V_{REF1V0} は $0.7 \sim 1.2\text{V}$ 程度の範囲でばらつきます．ここでは，トリミング前の初期状態において，①$V_{\text{REF1V0}} < 1\text{V}$ と②$V_{\text{REF1V0}} > 1\text{V}$ の二通りの場合に分けて，トリミングに必要な抵抗値からトリミング幅 n を求めます．

①$V_{\text{REF1V0}} < 1\text{V}$ の場合

ヒューズFUSE(a)とFUSE(c)とを切断し，V_{REF1V0} の電圧を上げる方向にトリミングします．

V_{REF1V0}（初期値）が最小値0.7Vの場合，$V_{\text{REF1V0}} = 1\text{V}$ にするために必要なトリミング抵抗 $R\text{tr}$ を求めておきます．

図3.14において，

$$\frac{R1 + R\text{tr}}{R1} \times V_{\text{IN}-} = 1$$

が成り立ちます．よって，$R1 = 216\text{k}\Omega$，$V_{\text{IN}-} = V_{\text{REF1V0}}$（初期値）$= 0.7\text{V}$ とすると，

$$\frac{216 \times 10^3 + R\text{tr}}{216 \times 10^3} \times 0.7 = 1$$

$$\therefore R\text{tr} = 92.57\text{k}\Omega$$

と求められます．したがって，$0.7\text{V} \leq V_{\text{REF1V0}} < 1\text{V}$ の範囲では，$R\text{tr} \geq 92.5\text{k}\Omega$ であれば，$V_{\text{REF1V0}} = 1\text{V}$ に調整することができます．

②$V_{\text{REF1V0}} > 1\text{V}$ の場合

ヒューズFUSE(b)とFUSE(d)とを切断し，V_{REF1V0} の電圧を下げる方向にトリミングします．V_{REF1V0}（初期値）が最大値1.2Vの場合に，$V_{\text{REF1V0}} = 1\text{V}$ にするために必要なトリミング抵抗 $R\text{tr}$ を求めておきます．

図3.14において，

$$\frac{R1}{R1 + R\text{tr}} \times V_{\text{IN}-} = 1$$

が成り立ちます．よって $R1 = 216\text{k}\Omega$，$V_{\text{IN}-} = V_{\text{REF1V0}}$（初期値）$= 1.2\text{V}$ とすると，

$$\frac{216 \times 10^3}{216 \times 10^3 + R\text{tr}} \times 1.2 = 1$$

$$\therefore R\text{tr} = 43.2\text{k}\Omega$$

と求められます.したがって,$1V \leq V_{REF1V0} < 1.2V$ の範囲では,$Rtr \geq 43.2k\Omega$ であれば,$V_{REF1V0} = 1V$ に調整することができます.

▶トリミング回路の設計

以上から,①,②のいずれの場合においても,ヒューズ素子をすべて切ったときの最大トリミング抵抗の値が $Rtr \geq 92.57k\Omega$ であれば,$V_{REF1V0} = 1V$ に調整することができます.

最小ビット抵抗 $r = 422\Omega$ とすると,トリミング抵抗 Rtr は,

$$Rtr = (r + 2r + 2^2r + 2^3r + \cdots + 2^{n-1}r) = 422 \times (2^n - 1)$$

から,

$n = 7$ のとき, $Rtr = 53.59k\Omega < 92.57k\Omega$

$n = 8$ のとき, $Rtr = 107.6k\Omega > 92.57k\Omega$

となるので,トリミング幅を $n = 8$ とします.

したがって,トリミング回路とトリミング・テーブルは図 3.15 および図 3.16 のようになり,プローブ試験の前に行われるプリ・ウェハ・テストにおいて測定された初期特性に応じ,回路素子に接続された調整用ヒューズ素子をレーザで切断(レーザ・トリミング)することによって,基準電圧 V_{REF1V0} を 1V±0.5%(±5mV)に調整することが可能となります.

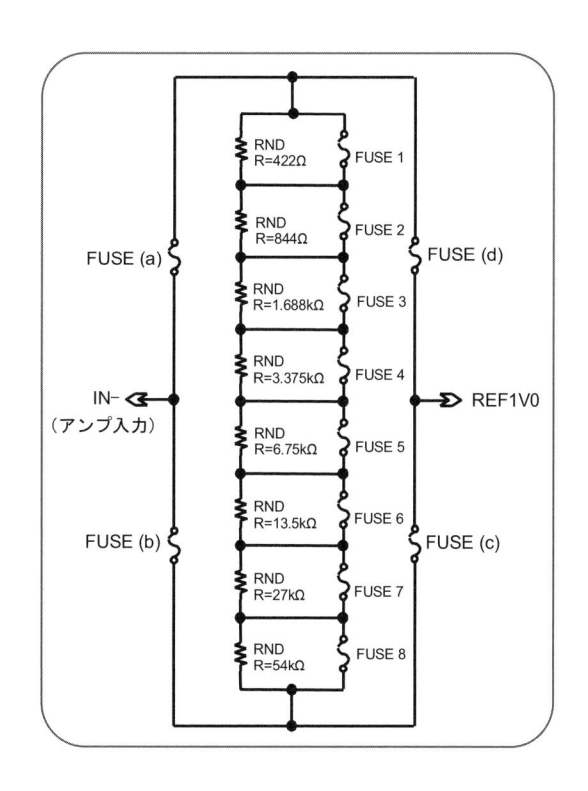

図 3.15　V_{REF1V0} のトリミング回路

1V±0.5%の電圧精度を実現するためのトリミング回路.

V_{REF1V0} 設定（目標値：1V）

①V_{REF1}<1V のとき 測定値 (V)			FUSE 1	FUSE 2	FUSE 3	FUSE 4	FUSE 5	FUSE 6	FUSE 7	FUSE 8	②V_{REF1}>1V のとき 測定値 (V)		
0.9948	~											~	1.0049
0.9928	~	0.9948	X								1.0049	~	1.0066
0.9909	~	0.9928		X							1.0066	~	1.0084
0.9890	~	0.9909	X	X							1.0084	~	1.0103
0.9871	~	0.9890			X						1.0103	~	1.0122
0.9852	~	0.9871	X		X						1.0122	~	1.0139
0.9833	~	0.9852		X	X						1.0139	~	1.0157
0.9817	~	0.9833	X	X	X						1.0157	~	1.0178
0.9801	~	0.9817				X					1.0178	~	1.0200
0.9782	~	0.9801	X			X					1.0200	~	1.0217
0.9763	~	0.9782		X		X					1.0217	~	1.0234
0.9745	~	0.9763	X	X		X					1.0234	~	1.0254
0.9726	~	0.9745			X	X					1.0254	~	1.0273
0.9708	~	0.9726	X		X	X					1.0273	~	1.0290
0.9689	~	0.9708		X	X	X					1.0290	~	1.0307
0.9671	~	0.9689	X	X	X	X					1.0307	~	1.0332
0.9653	~	0.9671					X				1.0332	~	1.0356
0.9635	~	0.9653	X				X				1.0356	~	1.0374
0.9616	~	0.9635		X			X				1.0374	~	1.0391
0.9599	~	0.9616	X	X			X				1.0391	~	1.0410
0.6831	~	0.6840			X	X		X	X	X	1.4612	~	1.4632
0.6821	~	0.6831	X		X	X		X	X	X	1.4632	~	1.4649
0.6812	~	0.6821		X	X	X		X	X	X	1.4649	~	1.4666
0.6803	~	0.6812	X	X	X	X		X	X	X	1.4666	~	1.4690
0.6795	~	0.6803					X	X	X	X	1.4690	~	1.4715
0.6785	~	0.6795	X				X	X	X	X	1.4715	~	1.4732
0.6776	~	0.6785		X			X	X	X	X	1.4732	~	1.4749
0.6767	~	0.6776	X	X			X	X	X	X	1.4749	~	1.4768
0.6759	~	0.6767			X		X	X	X	X	1.4768	~	1.4788
0.6750	~	0.6759	X		X		X	X	X	X	1.4788	~	1.4805
0.6741	~	0.6750		X	X		X	X	X	X	1.4805	~	1.4822
0.6733	~	0.6741	X	X	X		X	X	X	X	1.4822	~	1.4844
0.6726	~	0.6733				X	X	X	X	X	1.4844	~	1.4866
0.6717	~	0.6726	X			X	X	X	X	X	1.4866	~	1.4883
0.6708	~	0.6717		X		X	X	X	X	X	1.4883	~	1.4900
0.6699	~	0.6708	X	X		X	X	X	X	X	1.4900	~	1.4919
0.6690	~	0.6699			X	X	X	X	X	X	1.4919	~	1.4939
0.6682	~	0.6690	X		X	X	X	X	X	X	1.4939	~	1.4956
0.6673	~	0.6682		X	X	X	X	X	X	X	1.4956	~	1.4973
	~	0.6673	X	X	X	X	X	X	X	X	1.4973	~	

X：FUSE カット

図 3.16　基準電圧 V_{REF1V0} を実現するためのトリミング・テーブル

V_{REF1V0} の初期値に対し，どのヒューズ素子を切断すれば1V±0.5%に調整できるかを示すトリミング・テーブル．

●基準電圧源の全体回路

最後に，最終的な回路図を図 3.17 に示します．また，この回路図において，電源印加時の基準電圧の応答特性をシミュレーションで確認します．ここでは，電源電圧の立ち上がり時間や温度，トランジスタのばらつきなどを考慮した条件において，基準電圧の立ち上がり時間や発振耐性などを確認します．

図 3.18 は，シミュレーションの一例として，立ち上がり時間 10μs で電源電圧 $V^+ = 5V$ を印加したときの V_{REF2} と V_{REF1V0} の立ち上がり特性です．ばらつき条件の typ，ss（NMOS，PMOS 共にしきい値高め），ff（NMOS，PMOS 共にしきい値低め）で，問題なく基準電圧が立ち上がっていることがわかります．

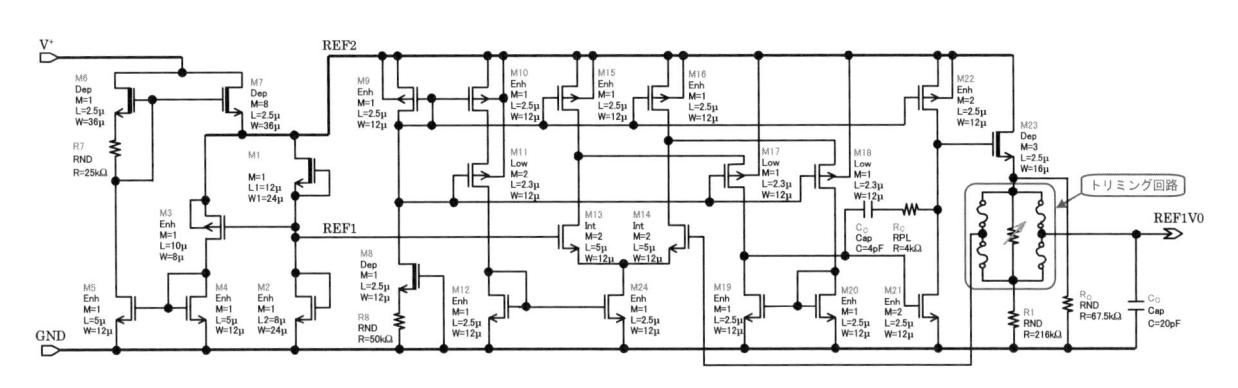

図 3.17 基準電圧源の全回路図

PWM01 で使用する高 PSRR，出力電圧精度が 1V±1% の基準電圧源回路．

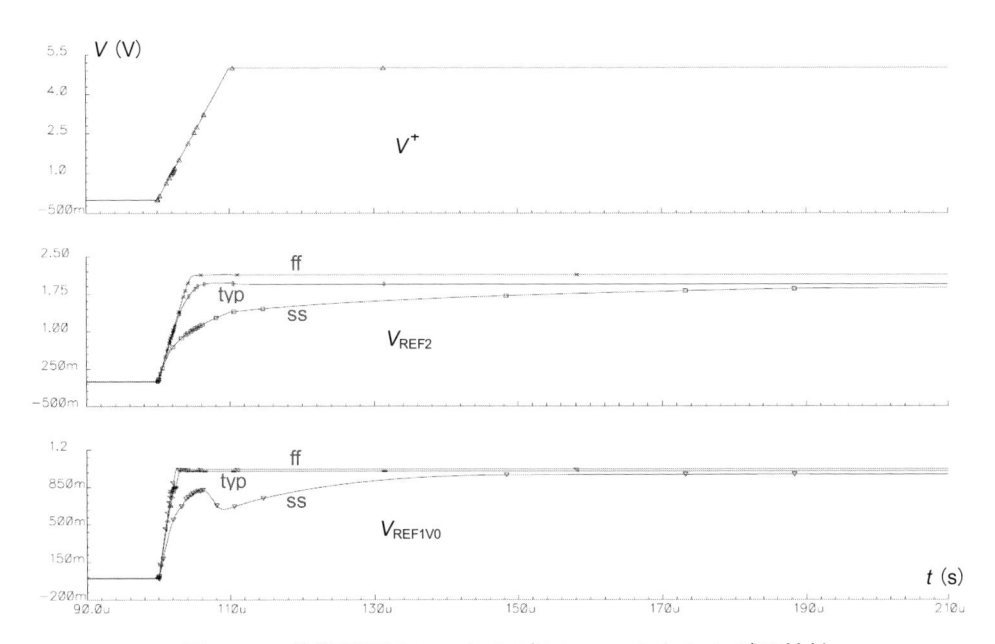

図 3.18 基準電圧 V_{REF2} および V_{REF1V0} の立ち上がり特性

立ち上がり時間 10μs で電源電圧 $V^+ = 5V$ を印加したときの，基準電圧 V_{REF2} および V_{REF1V0} の過渡応答特性のシミュレーション結果．

◆コラム3.1　オンチップ・レーザ・トリミングの実際

　PWM01では精度を確保するために，回路の主要部で抵抗値をレーザ・トリミングにて調整しています．

　トリミング手法には，電気的に調整する方法とレーザ光を使用する方法とがあり，前者はツェナー・ザップがその代表です．並列接続した抵抗とツェナー・ダイオードのペアを直列に複数個接続して抵抗をつくり，ツェナー電圧を超える電圧を印加することで短絡状態にして抵抗値を調整します．しかし，この手法は抵抗とツェナー・ダイオードのペアの数だけ電圧印加用のパッドが必要で，精密な調整には広いチップ面積が必要となります．このため，現在ではレーザ光によるトリミングが主流です．レーザ光を使用するトリミングでは，ポリシリコンや薄膜にレーザ光を照射して切断することで抵抗値を離散的に調整する方法（ヒューズ・タイプ）と，薄膜抵抗体にレーザ光を照射し，抵抗値を連続的に調整する方法（カット・タイプ）があります．

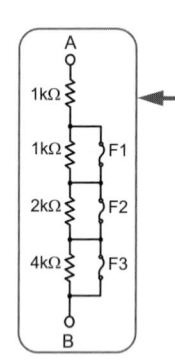

抵抗やキャパシタなどの回路素子にヒューズ素子を並列に接続し，ヒューズを選択的にレーザで焼き切ることで，全体の素子定数を離散的に調整する手法．ヒューズ素子の抵抗分をゼロと仮定すると，左図の回路図では切断するヒューズ素子によって，A-B間の抵抗値を1k～8kΩに調整することができる．一般的なトリミング手法の種類を図3.Bに示す．

F1	F2	F3	抵抗値
			1 kΩ
×			2 kΩ
	×		3 kΩ
×	×		4 kΩ
		×	5 kΩ
×		×	6 kΩ
	×	×	7 kΩ
×	×	×	8 kΩ

×：FUSEカット

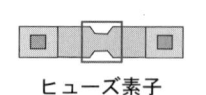

ヒューズ素子

図3.A　レーザ・トリミングとは

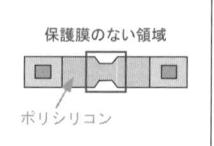

レーザ・トリミング	ヒューズ・タイプ	ポリシリコンや薄膜などのヒューズ素子を抵抗に並列接続し，ヒューズ素子を選択的にレーザで切断することで，全体の抵抗値を離散的に調整する手法．同じ調整範囲であればツェナー・ザップよりレイアウト占有面積が狭くて済むため，現在ではツェナー・ザップに代わり広く使われている．本書で紹介しているIC…PWM01では右図のようなゲート電極（ポリシリコン）でヒューズ素子を形成している．なお，レーザ照射部の保護膜は，切断を容易にするため開口している．	保護膜のない領域／ポリシリコン
	カット・タイプ	抵抗をレーザで切断することで，抵抗値を調整する手法．特性をモニタしながら連続的にトリミングを行うので，高精度な抵抗調整が可能．抵抗体としては一般にニクロムやシリコン・クロムなどの薄膜抵抗が使用される．ポリシリコンはレーザ照射によって物理的に破壊して切断するためこの用途には向かない．薄膜抵抗はレーザ照射によって高温状態にすることで照射部を絶縁体に変化させて切断するため連続的な抵抗調整（アナログ・トリミング）に適している．	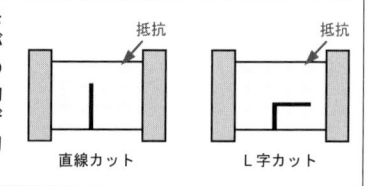 直線カット／L字カット
ツェナー・ザップ・トリミング		バイポーラ・トランジスタのベース-エミッタ接合などのPN接合を利用したツェナー・ザップ・ダイオードを抵抗に並列接続している．そして，選択的にツェナー・ザップ・ダイオードにその耐圧よりも高い電圧を加えることで，ベース-エミッタ間に電流を流し，接合部を破壊し短絡状態とする．ヒューズ・タイプと同様に全体の抵抗値を離散的に調整する手法だが，ツェナー・ザップ・ダイオードのほかに電圧印加のためのトリミング用パッドが必要になる．	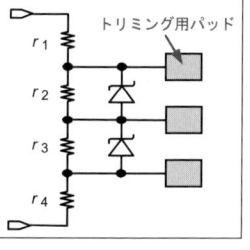 トリミング用パッド

図3.B　ICチップにおける抵抗トリミング手法の種類

3.2 基準電流源の回路設計

●基準電流源の構成

　基準電圧源と同様に，基準電流源は電源電圧変動や環境温度変化，製造プロセスのばらつきなどに対し，一定のバイアス電流を供給し続ける必要があります．PWM01では，図3.19に示すようなディプリーション型のNMOS（M1，M2）の$\Delta V_{GS} = V_{GS2} - V_{GS1}$と抵抗$R_X$から，基準電流$I_{REF}$を発生する回路構成とします．また，電源ラインからのノイズ伝播の影響を低減するために，入力電源はV^+ではなくプリレギュレータV_{REF2}からの供給とします．

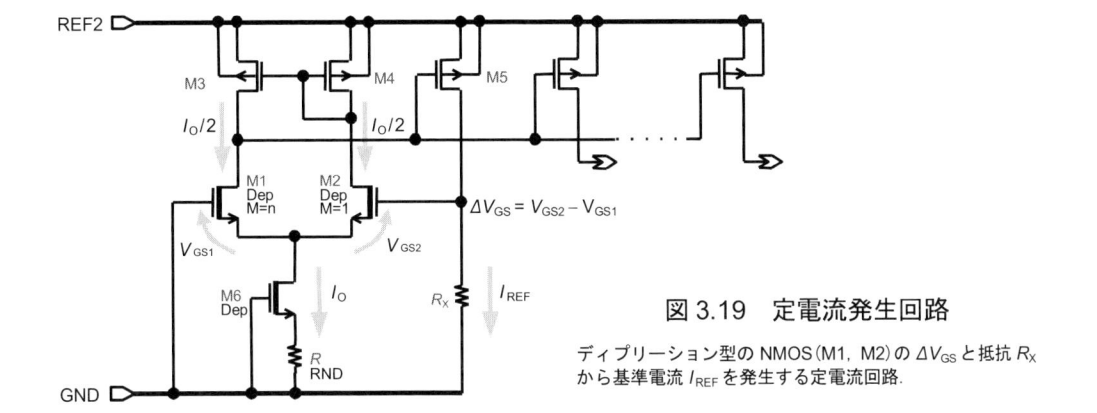

図3.19　定電流発生回路

ディプリーション型のNMOS（M1，M2）のΔV_{GS}と抵抗R_Xから基準電流I_{REF}を発生する定電流回路．

●基準電流生成のしくみ

　まず，抵抗R_Xに流れる基準電流I_{REF}を検討します．M6に流れる電流をI_Oとすると，M3とM4がカレント・ミラーを構成しているので，M1とM2のドレイン電流が等しい状態で安定します．このときM1とM2のしきい値電圧をV_{TND}とすると，M1とM2について，

$$\frac{I_O}{2} = n \cdot \frac{1}{2} \mu_{nD} \cdot C_{ox} \frac{W}{L} (V_{GS1} - V_{TND})^2 \quad \cdots\cdots\cdots(3.3)$$

n：M1とM2のトランジスタ・サイズ

$$\frac{I_O}{2} = \frac{1}{2} \mu_{nD} \cdot C_{ox} \frac{W}{L} (V_{GS2} - V_{TND})^2 \quad \cdots\cdots\cdots(3.4)$$

が成り立ちます．また，

$$I_{REF} = \frac{V_{GS2} - V_{GS1}}{R_X} = \frac{\Delta V_{GS}}{R_X} \quad \cdots\cdots\cdots(3.5)$$

と表せますから，

$$\frac{1}{2} \mu_{nD} \cdot C_{ox} \frac{W}{L} = K$$

とおくと，式(3.3)，(3.4)，(3.5)から次のように表すことができます．

$$I_{REF} = \frac{\Delta V_{GS}}{R_X} = \frac{1}{R_X}\left(1 - \frac{1}{\sqrt{n}}\right)\sqrt{\frac{I_O}{2K}} \quad \cdots\cdots\cdots(3.6)$$

M1とM2のトランジスタ・サイズ比のずれによるΔV_{GS}のばらつき量を低減するためには，ΔV_{GS}を大きく設定する必要があります．式(3.6)において，n（M1とM2のトランジスタ・サイズ比）の値を大きくすれば，ΔV_{GS}も大きくなり電流I_{REF}の精度が上がりますが，レイアウト設計で素子配置に大きなエリアが必要となります．ここでは，既存の類似品の実績などから$n=4$，$W/L=24\mu m/5\mu m$とし，抵抗$R_X=30k\Omega$とすることで，電流$I_{REF}=2\mu A$に設定します．

図3.20に基準電流源の回路図を示します．$V_{REF2}\cong 2V$ですので，M1とM2が飽和領域で動作するように，M3とM4にはしきい値電圧を低めに調整した低V_T型（$V_{TPL}=-0.55V$）のトランジスタを使用します．また，この回路は負帰還がかかって動作しているので，M3のゲート-ドレイン間にキャパシタを挿入して位相補償を行います．

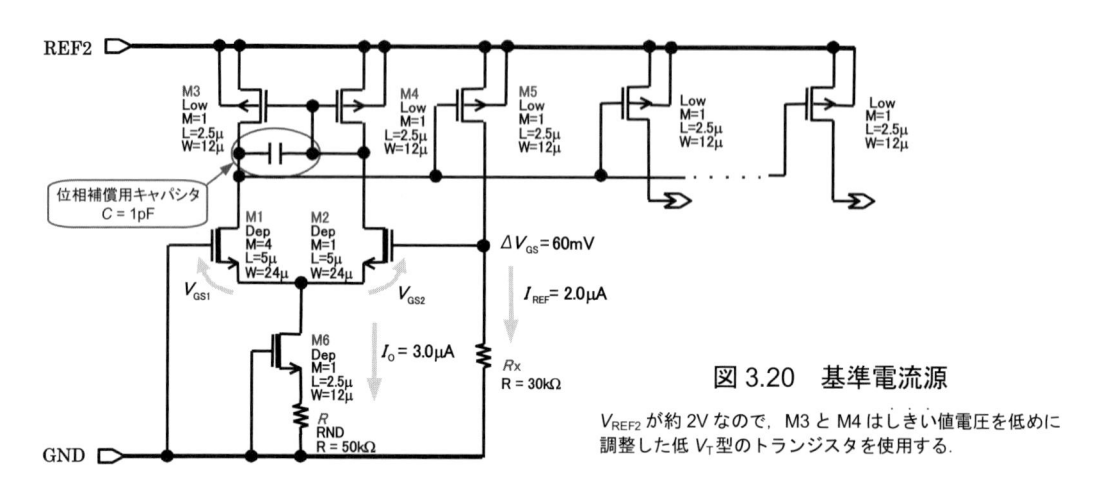

図3.20 基準電流源

V_{REF2}が約2Vなので，M3とM4はしきい値電圧を低めに調整した低V_T型のトランジスタを使用する．

また，式(3.6)においてΔV_{GS}は正の温度係数となるので，ΔV_{GS}の温度係数に近い特性の抵抗R_Xことによって，温度特性の良好な電流源を実現することができます．図3.21は，図3.20の回路TEGを作成し，温度特性を評価したものです．抵抗R_Xは，約+3500ppm/℃の拡散抵抗（RND）を使用しており，良好な温度特性結果となっています．

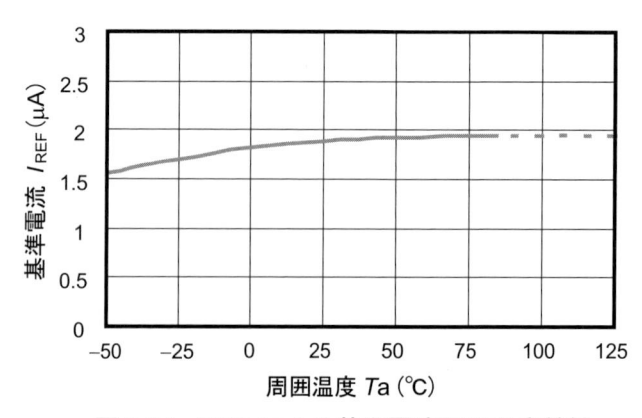

図3.21 TEGによる基準電流源の温度特性

ΔV_{GS}の温度係数に近い特性の抵抗を用いることによって，温度特性の良好な電流源が実現できる．

●基準電流のトリミング回路

ΔV_{GS} は $60\text{mV} \pm 20\text{mV}$，抵抗 R_X は $\pm 25\%$ の範囲でばらつきますので，電流 I_{REF} は約 $\pm 60\%$ の変動幅となります．したがって，電流 I_{REF} をトリミング回路で調整する必要があります．ここでは図 3.22 に示すように，R_X を可変(トリミング)することで電流値を調整します．

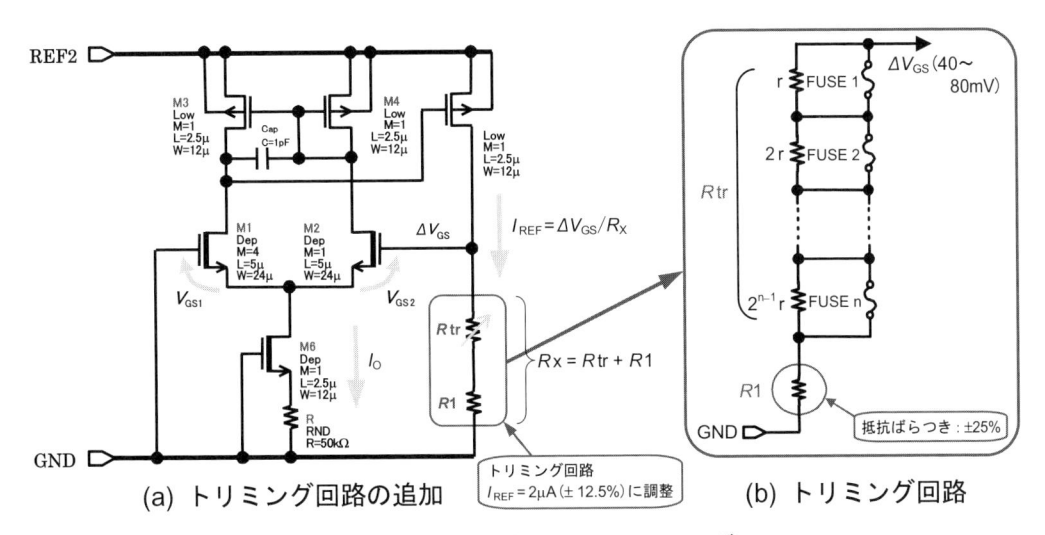

図 3.22 電流 I_{REF} のトリミング

R_X をトリミングすることで電流値を調整する．

▶ トリミングの精度

PWM01 では，基準電流 I_{REF} の精度を $I_{REF} = 2\mu\text{A} \pm 25\%$ とします．パッケージングによる変動量などを考慮し，ウェハ状態で電流精度が $I_{REF} = 2\mu\text{A} \pm 12.5\%$ 以内に収まるようなトリミング回路とします．

まず，抵抗 R_X の最小値となる $R1$ の値を決定します．この回路はトリミングにより，電流値を増加させることはできませんので，初期状態(ヒューズ素子を切断する前の状態)において，ΔV_{GS} と $R1$ がばらついても $I_{REF} \geq 2\mu\text{A}$ となるように $R1$ の値を決定します．ばらつきを考慮して，ΔV_{GS} の最小値を 40mV，$R1$ の最大値を $1.25 R1 (+25\%)$ とすると，

$$\frac{\Delta V_{GS}}{1.25 R1} \geq 2\mu\text{A}$$

$$\frac{40 \times 10^{-3}}{1.25 R1} \geq 2 \times 10^{-6}$$

$$\therefore R1 \leq 16\text{k}\Omega$$

となります．レイアウト設計において，基準電流源の回路ブロックは，基準電圧源の回路ブロックと隣接して配置します．ここではレイアウト設計のことを考慮して基準電圧源の基本抵抗と同じ抵抗値の $13.5\text{k}\Omega$ とします．したがって，最小ビット抵抗 r は基準となる抵抗 $R1 = 13.5\text{k}\Omega$ に対して，電流 I_{REF} の精度が $\pm 12.5\%$ となるように，$r = 1.688\text{k}\Omega$ とします．

▶トリミングの調整範囲

ΔV_{GS} が最大値 80mV，R_X が最小値 $0.75 R_X (-25\%)$ となり，電流が最大にばらついた場合に，$I_{REF} = 2\mu A$ にするために必要な抵抗 R_X は，

$$\frac{\Delta V_{GS}}{0.75 R_X} = 2\mu A$$

$$\frac{80 \times 10^{-3}}{0.75 R_X} = 2 \times 10^{-6}$$

$$\therefore R_X = 53.4 k\Omega$$

となります．$R_X = R\,tr + R1$ から抵抗 $R\,tr$ は，

$$R_X = 53.4 k\Omega$$
$$R1 + R\,tr = 53.4 \times 10^3$$
$$13.5 \times 10^3 + R\,tr = 53.4 \times 10^3$$
$$\therefore R\,tr = 39.9 k\Omega$$

と求められます．つまり $R\,tr \geq 39.9 k\Omega$ であれば，電流 I_{REF} が最大にばらついても $I_{REF} = 2\mu A \pm 12.5\%$ 以内に調整できます．

最小ビット抵抗 $r = 1.688 k\Omega$ からトリミング抵抗 $R\,tr$ は，

$$R\,tr = (r + 2r + 2^2 r + 2^3 r + \cdots + 2^{n-1} r) = 1.688 \times 10^3 (2^n - 1)$$

から，

$n = 4$ のとき，$R\,tr = 25.32 k\Omega < 39.9 k\Omega$

$n = 5$ のとき，$R\,tr = 52.33 k\Omega > 39.9 k\Omega$

となるので，トリミング幅を $n = 5$ とします．

したがって，トリミング回路とトリミング・テーブルは**図 3.23** と**図 3.24** のようになり，$I_{REF} = 2\mu A \pm 12.5\%$ に調整することが可能となります．

I_{REF} 設定（目標値：2μA）

測定値 (μA)			FUSE 1	FUSE 2	FUSE 3	FUSE 4	FUSE 5
~		2.1161					
2.1161	~	2.3484	X				
2.3484	~	2.5807		X			
2.5807	~	2.8211	X	X			
2.8211	~	3.0616			X		
3.0616	~	3.2938	X		X		
3.2938	~	3.5261		X	X		
3.5261	~	3.7749	X	X	X		
3.7749	~	4.0236				X	
4.0236	~	4.2559	X			X	
4.2559	~	4.4882		X		X	
4.4882	~	4.7286	X	X		X	
4.7286	~	4.9690			X	X	
4.9690	~	5.2013	X		X	X	
5.2013	~	5.4336		X	X	X	
5.4336	~	5.6908	X	X	X	X	
5.6908	~	5.9480					X
5.9480	~	6.1803	X				X
6.1803	~	6.4126		X			X
6.4126	~	6.6530	X	X			X
6.6530	~	6.8934			X		X
6.8934	~	7.1257	X		X		X
7.1257	~	7.3580		X	X		X
7.3580	~	7.6067	X	X	X		X
7.6067	~	7.8554				X	X
7.8554	~	8.0877	X			X	X
8.0877	~	8.3200		X		X	X
8.3200	~	8.5604	X	X		X	X
8.5604	~	8.8009			X	X	X
8.8009	~	9.0332	X		X	X	X
9.0332	~	9.2654		X	X	X	X
9.2654	~		X	X	X	X	X

X：FUSE カット

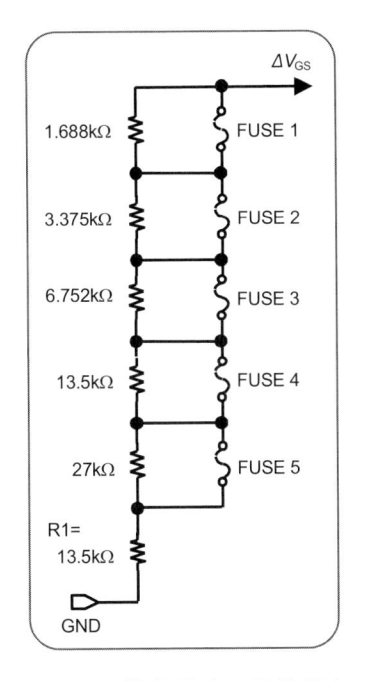

図 3.23　基準電流の具体的なトリミング方法

2μA ± 12.5% の電流精度を実現する．

図 3.24　トリミング・テーブル

初期値に対し，どのヒューズ素子を切断すれば 2μA ± 12.5% に調整できるかを示す．

●具体的なトリミング方法

　基準電流値のトリミングを行うためには，基準電流源の初期値を測定する必要があります．初期値の測定方法として考えられるのは図3.25に示すようにOPアンプU1の出力シンク電流I_{OM-}をV_O端子で測定し，その結果からトリミングを行う方法です．しかし，この方法ではカレント・ミラーの折り返し…構成数が多く，基準電流源の初期値を精度よく測定することはできません．トリミング回路を設計する場合には，理論上問題がなくても，実際に精度よくトリミングが行えない場合がありますので注意する必要があります．

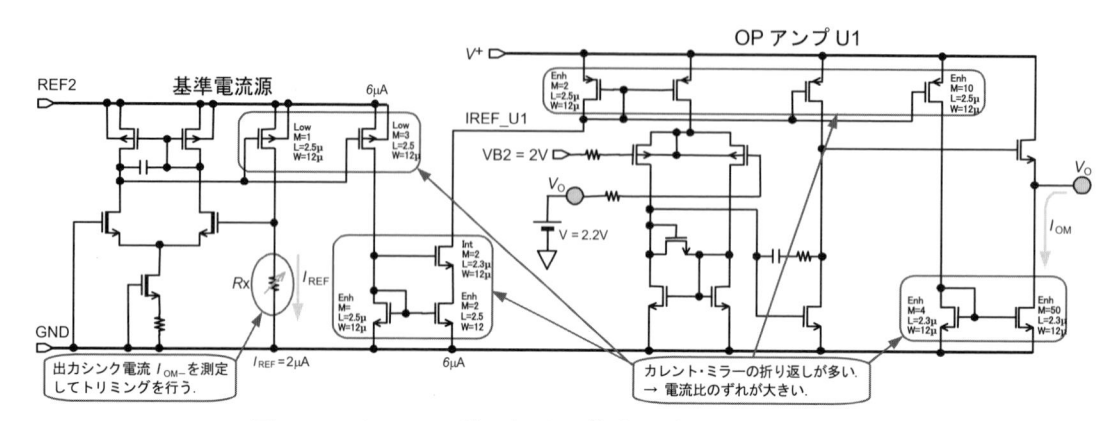

図3.25　トリミングのための基準電流I_{REF}の測定（1）

OPアンプU1の出力シンク電流I_{OM-}を測定する方法では，基準電流源の初期値を精度よく測定できない．

　PWM01では，図3.26に示すようなリミッタ・アンプのIL端子を利用したトリミング方法とします．この方法では，カレント・ミラーの折り返しを少なくでき，初期値測定用のボンディング・パッドを新たに追加することなくトリミングが行えます．IL端子は，高インピーダンス（トランジスタのゲートしか接続されていない）端子なので，電流I_{REF}を精度よく測定することができます．また，トリミング後に配線をヒューズ素子（FUSE）によって切断することで，リミッタ・アンプ部U6の特性に影響を与えることはありません．

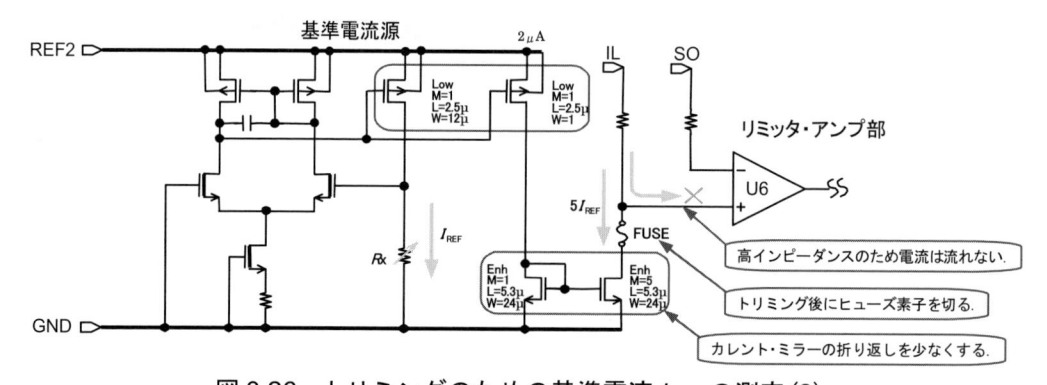

図3.26　トリミングのための基準電流I_{REF}の測定（2）

IL端子を利用して電流値を測定することで，初期値測定用のボンディング・パッドを新たに追加することなく，基準電流源の初期値を精度よく測定することができる．

●基準電流源の全体回路

基準電流源の全回路を**図3.27**に示します．各バイアス電流の接続先の回路構成によっては，ドレイン電圧が変動しチャネル長変調の影響でバイアス電流値が変化します．そこでM9などのように，しきい値電圧の低いイニシャル型（$V_{TNI} = 0.35V$）のトランジスタをカスコード接続し，出力インピーダンスを上げています．

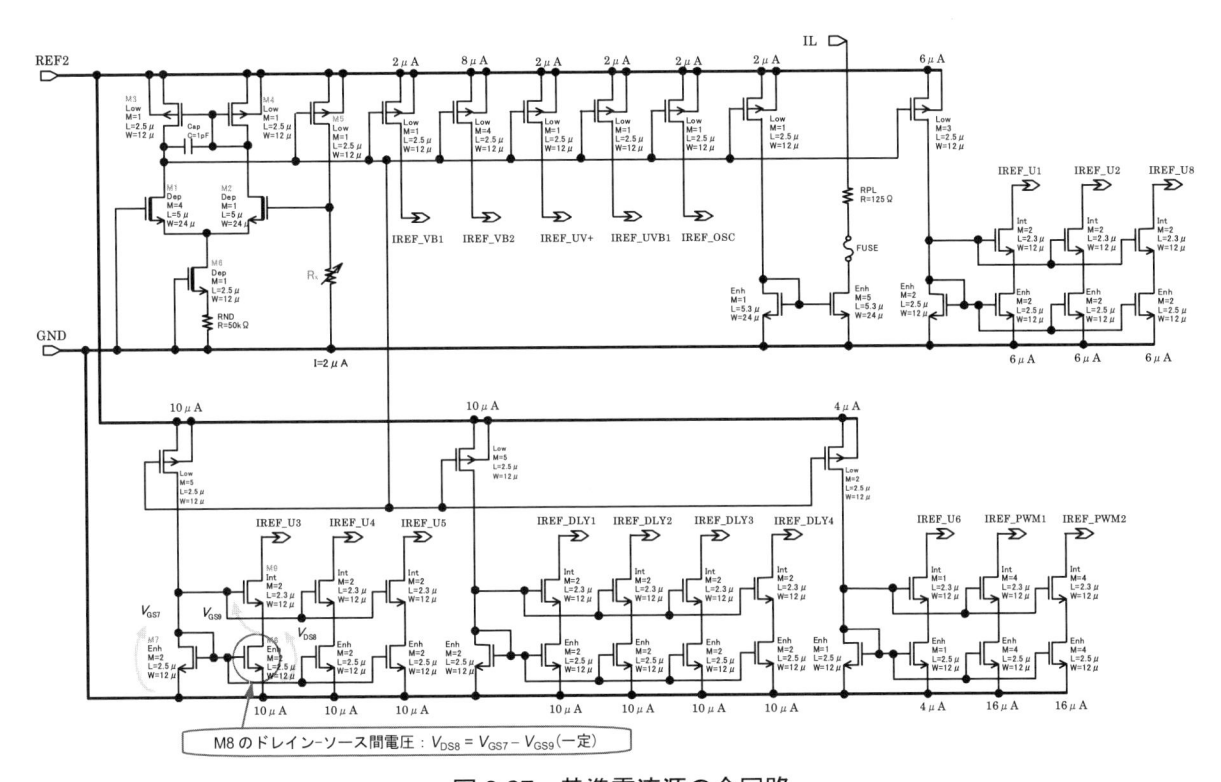

図 3.27 基準電流源の全回路

PWM01で使用する 2μA ± 25% 精度の基準電流源回路．

3.3 電圧レギュレータ（VB1）の回路設計

●基準電圧源および発振器のための4V・1mAレギュレータ

図3.28は，負荷電流能力 $I_{REG1} \geq 1\text{mA}$ の定電圧（$VB1 = 4\text{V}$）レギュレータです．ICの内部では，発振器などへの電源供給や基準電圧源として使用します．入力電圧 $V^+ = 5\text{V}$ で，出力電圧 $VB1 = 4\text{V}$，出力電流 $I_{REG1} \geq 1\text{mA}$ の特性が要求されるので，PMOS（M6）のソース接地回路を出力に用いた低損失型レギュレータ（LDO：Low Drop-Out Regulator）の回路構成とします．

この電圧レギュレータの入力となる基準電圧は，基準電圧源で発生した $V_{REF1V0} = 1\text{V}$ を使用します．また，レギュレータ出力段には過負荷や負荷短絡時にICを保護するための出力電流を制限する過電流保護回路を内蔵します．

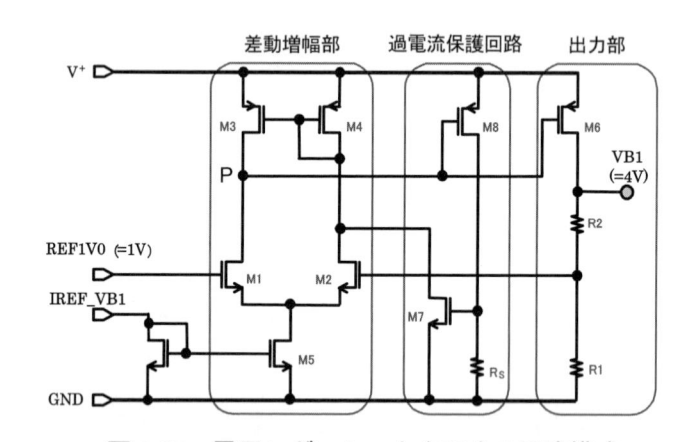

図3.28 電圧レギュレータ（VB1）の回路構成
出力電圧4Vで過電流保護回路を内蔵した低損失型レギュレータ．

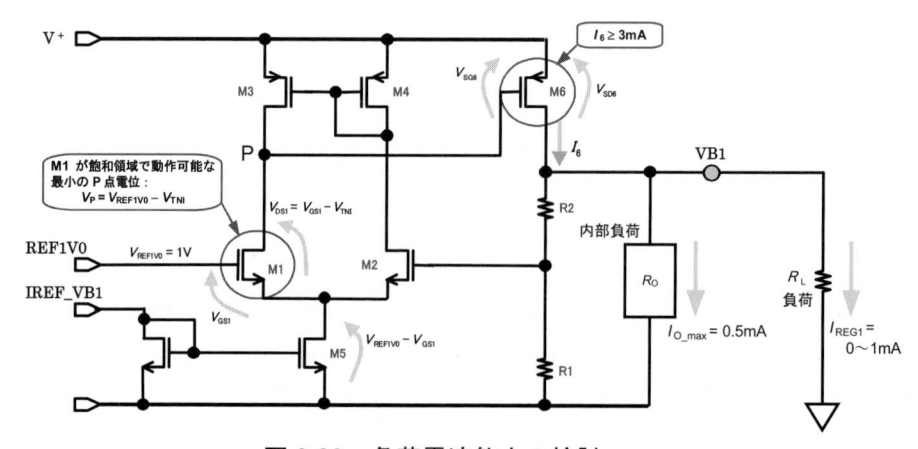

図3.29 負荷電流能力の検討

負荷電流能力 $I_6 \geq 3\text{mA}$ となるM6のトランジスタ・サイズを検討する．また，$V_{GS1} \leq 0.85\text{V}$ なので，M1とM2にはしきい値電圧の低いイニシャル V_T 型のトランジスタを使用する．

●出力部：M6 の検討

電圧レギュレータ($VB1$)の負荷電流能力は，$V^+ = 5\text{V}$ において $I_\text{REG1} \geq 1\text{mA}$ の仕様になっています．この仕様は外部負荷に電源供給することを前提にした電流値です．外部負荷以外に IC 内部の負荷として，電圧レギュレータ($VB1$)を電源供給源とする発振器や電圧レギュレータ($VB2$)の回路ブロックがあります．これらに供給する電流（最大で 0.5mA 程度）も考慮すると，出力部の PMOS トランジスタ M6 には，外部負荷電流と内部負荷電流から，$I_6 \geq 1.5\text{mA}$ の電流能力が必要になります．ここでは，素子ばらつきや温度変動なども考慮し，M6 には $I_6 \geq 3.0\text{mA}$ となるトランジスタ・サイズ W_6/L_6 を検討します．

まず，入力段 M1 と M2 に使用する素子の種類について考えます．

図 3.29 において，M5 が飽和領域で動作するためには，$V_\text{DS5} \geq V_\text{DSsat}$ ですから，$V_\text{REF1V0} - V_\text{GS1} \geq V_\text{DSsat}$ から $V_\text{REF1V0} = 1\text{V}$，$V_\text{DSsat} = 0.15\text{V}$ とすると $V_\text{GS1} \leq 0.85\text{V}$ となります．このことから，M1 と M2 にはしきい値電圧の低い素子が必要となるので，イニシャル V_T 型（$V_\text{TNI} = 0.35\text{V}$）のトランジスタを使用します．

次に，P 点電位 V_P について考えます．V_P は，$V_\text{P} = V_\text{REF1V0} - V_\text{GS1} + V_\text{DS1}$ と表せます．よって，M1 が飽和領域で動作できる最小のドレイン-ソース間電圧を $V_\text{DS1} = V_\text{GS1} - V_\text{TNI}$ とすると，

$$V_\text{P} = V_\text{REF1V0} - V_\text{GS1} + V_\text{DS1} = V_\text{REF1V0} - V_\text{GS1} + V_\text{GS1} - V_\text{TNI}$$
$$= 1 - V_\text{TNI}$$

と表すことができます．

これらを踏まえて，M6 の動作点について考えます．M6 のソース-ゲート間に加えることのできる最大の V_SG6 は，$V^+ = 4.7\text{V}$ において，NMOS：しきい値低め $V_\text{TNI-L} = 0.2\text{V}$，PMOS：しきい値高め $|V_\text{TPE-H}| = 1\text{V}$ としたワースト条件において，

$$V_\text{SG6} = V^+ - V_\text{P} = V^+ - (1 - V_\text{TNI-L})$$
$$= 4.7 - 1 + 0.2 = 3.9\text{V}$$

となります．また，ソース-ドレイン間電圧 V_SD6 は，

$$V_\text{SD6} = V^+ - VB1 = 4.7 - 4 = 0.7\text{V}$$

なので，

$$V_\text{SG6} - |V_\text{TPE-H}| = 3.9 - 1 = 2.9\text{V} > V_\text{SD6} = 0.7\text{V}$$

となり，M6 は非飽和領域で動作しています．したがって，

$$I_6 = \mu_\text{pE} \cdot C_\text{ox} \frac{W_6}{L_6} \left\{ (V_\text{SG6} - |V_\text{TPE}|)V_\text{SD6} - \frac{V_\text{SD6}^2}{2} \right\}$$

の関係式が成り立つので，$I_6 \geq 3\text{mA}$ から，

$$I_6 = \mu_\text{pE} \cdot C_\text{ox} \frac{W_6}{L_6} \left\{ (V_\text{SG6} - |V_\text{TPE}|)V_\text{SD6} - \frac{V_\text{SD6}^2}{2} \right\} \geq 3 \times 10^{-3}$$

$$\therefore \frac{W_6}{L_6} \geq \frac{3 \times 10^{-3}}{\mu_\text{pE} \cdot C_\text{ox} \left\{ (V_\text{SG6} - |V_\text{TPE}|)V_\text{SD6} - \frac{V_\text{SD6}^2}{2} \right\}} \quad \cdots\cdots(3.7)$$

が導かれます．$I_6 \geq 3\mathrm{mA}$ とするためには，M6のトランジスタ・サイズが条件式(3.7)を満たす必要があります．

● ロード・レギュレーションとは

負荷電流の変化に対する出力電圧の変動幅のことです．PWM01では負荷電流 I_{REG1} が0mA～1mAの範囲で変化したときの出力電圧 $VB1$ の変動幅と規定しています．

レギュレータの出力インピーダンス＝(出力電圧の変動量/出力電流の変動量)はゼロが理想なので，ロード・レギュレーションが小さければ小さいほどレギュレータとしての性能が良いことになります．

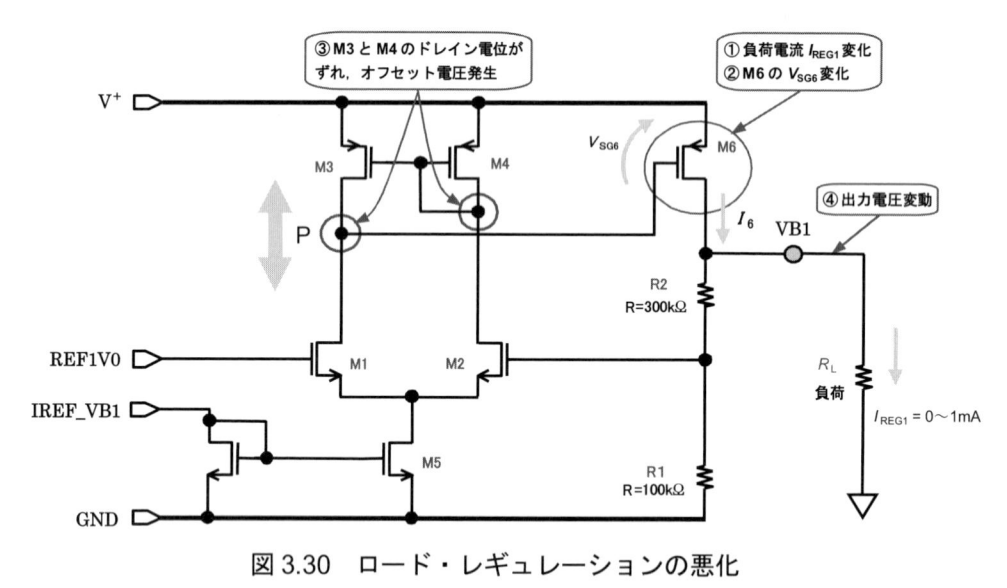

図3.30 ロード・レギュレーションの悪化

負荷電流 I_{REG1} を可変すると M3 の V_{SD} が変動し，チャネル長変調の影響で M3 と M4 の電流比がずれ，オフセット電圧が生じる．その結果，ロード・レギュレーションが悪化する．

3.3 電圧レギュレータ（VB1）の回路設計

● ロード・レギュレーションを改善する

図3.30において，負荷電流I_{REG1}が変化したときの動作を考えます．I_{REG1}が変化するとM6のソース-ゲート間電圧V_{SG6}が変わるので，P点の電位が負荷電流によって変化することになります．P点の電圧変動はカレント・ミラーを構成しているM3のソース-ドレイン間電圧V_{SD3}の変動となり，チャネル長変調の影響でM3とM4の電流比がずれます．その結果，オフセット電圧が生じ出力電圧が変動するため，ロード・レギュレーションが悪化します．そこで，ロード・レギュレーションの改善のために，以下の対策を行います（図3.31）．

▶ カレント・ミラーM3とM4のゲート長Lを大きくする

カレント・ミラーを構成しているM3とM4のゲート長Lを大きくすることで，チャネル長変調の影響を小さくします．ただし，ゲート長Lを大きくするとM3の出力抵抗は高くなり，P点におけるポールが低域に移動しAC特性が悪化するので注意が必要です．

ここでは，M3とM4のトランジスタ・サイズを$W_3/L_3 = W_4/L_4 = (12\mu m/5\mu m) \times 2$とします．

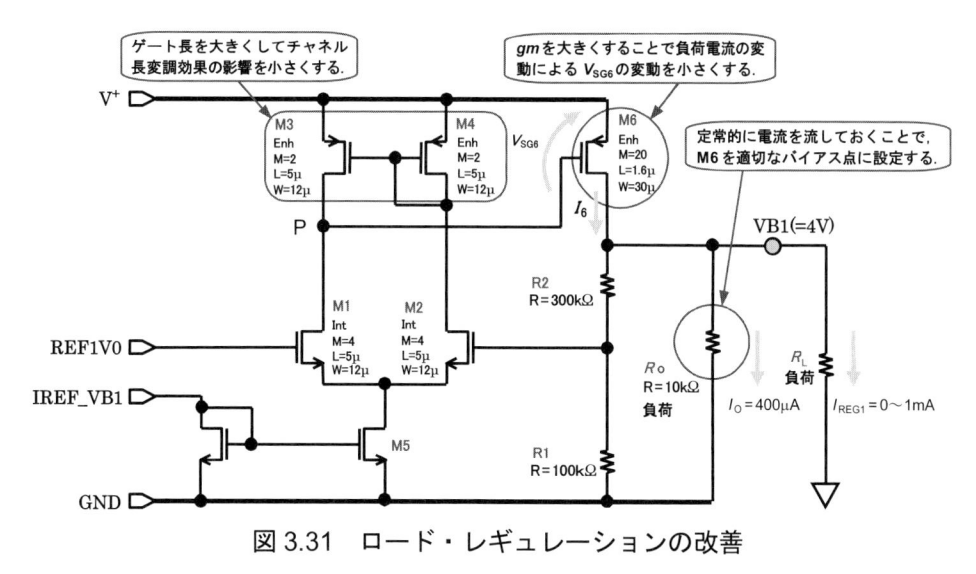

図3.31　ロード・レギュレーションの改善

M3とM4のゲート長LおよびM6のゲート幅Wを大きく．また，M6に定常的にアイドリング電流を流すことでロード・レギュレーションを改善する．

▶ 出力部M6のV_{SG6}の変動幅を小さくする

V_{SG6}の変動を小さくするために，M6のバイアス電流とトランジスタ・サイズを最適化します．

出力が無負荷のとき，M6のドレイン電流は出力帰還抵抗に流れる10μAだけです．負荷電流I_{REG1}が0～1mA変化すると，I_6は10μAから1mAの変化となり，図3.32（a）のように，V_{SG6}の変化分が大きくなります．

そこで，M6に定常的にアイドリング電流を流すことによって，M6の動作点を$gm_6 (= \Delta I_6/\Delta V_{SG6})$の大きなポイントに移動し，負荷電流$I_{REG1}$の変動による$V_{SG6}$の変動を小さくします．ここでは，出力とGND間に抵抗$R_O = 10k\Omega$を接続し，定常的に400μAのアイドリング電流をM6に流しておきます．

また，図3.32(b)のように，M6のトランジスタ・サイズW_6/L_6を大きくすることでgm_6を大きくし，出力電流I_6の変化によるV_{SG6}の変化量を小さく，P点の電位変動を小さくします．ここではM6のトランジスタ・サイズの条件式(3.7)も考慮し，$W_6/L_6 = (30\mu m/1.6\mu m) \times 20$とします．

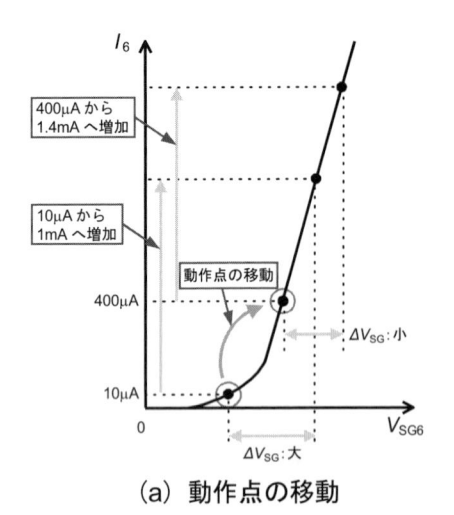

(a) 動作点の移動

M6に定常的にアイドリング電流を流し，動作点をgm_6の大きなポイントに移動しV_{SG6}の変動を小さくする．

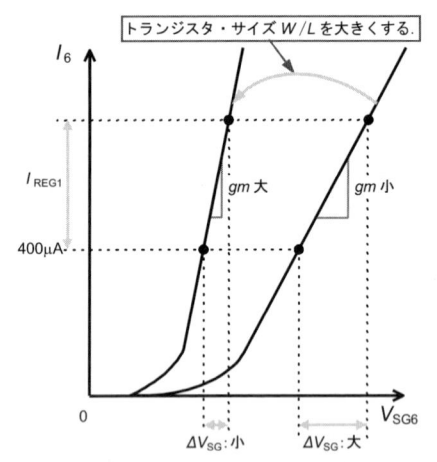

(b) トランジスタ・サイズの調整

M6のトランジスタ・サイズを大きくすることでgm_6を大きくし，V_{SG6}の変動を小さくする．

図3.32 出力トランジスタM6のサイズ検討

● 負荷容量を意識した位相補償

　一般的に電圧レギュレータ回路は，瞬間的な負荷変動に対してレギュレータ回路の性能だけではレスポンスよく応答できません．外付けの負荷容量C_Lの助けを必要とします．そのためレギュレータとしての位相補償は，負荷容量C_Lの助けとそのESR（等価直列抵抗）を含む回路全体で考えます．ここでは，外付けの負荷容量の条件を$C_L = 1\mu F$とします．

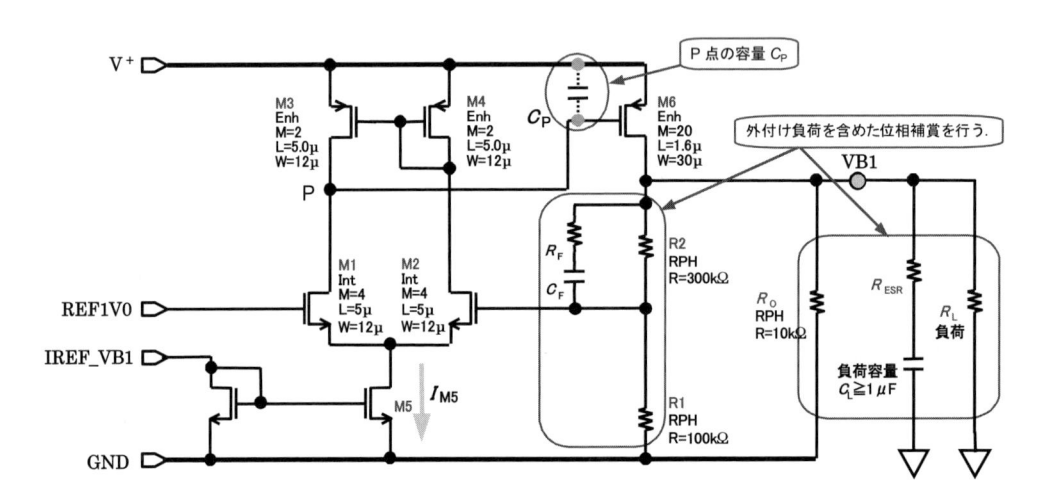

図3.33 電圧レギュレータ（VB1）の位相補償

位相補償は負荷容量C_LとそのESRで発生するポールとゼロを含む回路全体で考える必要がある．

3.3 電圧レギュレータ（VB1）の回路設計

図 3.33 の回路における主なポール[(3.4)]とゼロ[(3.5)]は，簡単に表すと以下のようになります．

P点ポール： $\left|\omega_{P\_P}\right| = \dfrac{1}{C_P(r_{O1}//r_{O3})}$

出力端子ポール： $\left|\omega_{P\_VB1}\right| = \dfrac{1}{C_L(R_L//R_O)}$

位相補償回路ポール： $\left|\omega_{P\_F}\right| = \dfrac{1}{C_F(R1//R2)}$

位相補償回路ゼロ： $\left|\omega_{Z\_F}\right| = \dfrac{1}{C_F \cdot R2}$

出力端子ゼロ： $\left|\omega_{Z\_ESR}\right| = \dfrac{1}{C_L \cdot R_{ESR}}$

* $C_P \approx C_{GS6} + \{1+gm_6(R_L//R_O)\}C_{GD6}$
* r_{O1}, r_{O3}：M1とM3の出力抵抗

これらのポールとゼロの配置を調整して，安定な特性が得られるように定数を決定します．定数の最適化を行った回路図を図 3.34 に示します．この回路のオープン・ループ・ゲインの周波数特性から，発振に対する余裕度を調べるために，図 3.34 に示すように帰還回路の一部を R 点で切断し，VB1 と同電位の DC バイアス電圧と AC 信号源を接続して，この端子から AC 信号を入力します．その際の出力電圧 VB1 のループ利得と位相の周波数特性のシミュレーション結果を図 3.35 に示します．R 点で回路の一部を切断することによって，M6 のドレイン電流が若干変化します．そのため，代わりに抵抗 R_{D1} と R_{D2} を接続しています．検証条件は，電源電圧 $V^+ = 5V$，出力端子の外付け負荷容量 $C_L = 1\mu F$，$R_{ESR} = 10m\Omega \sim 10\Omega$，および負荷電流 $I_{REG1} = 0 \sim 1mA$ としています．

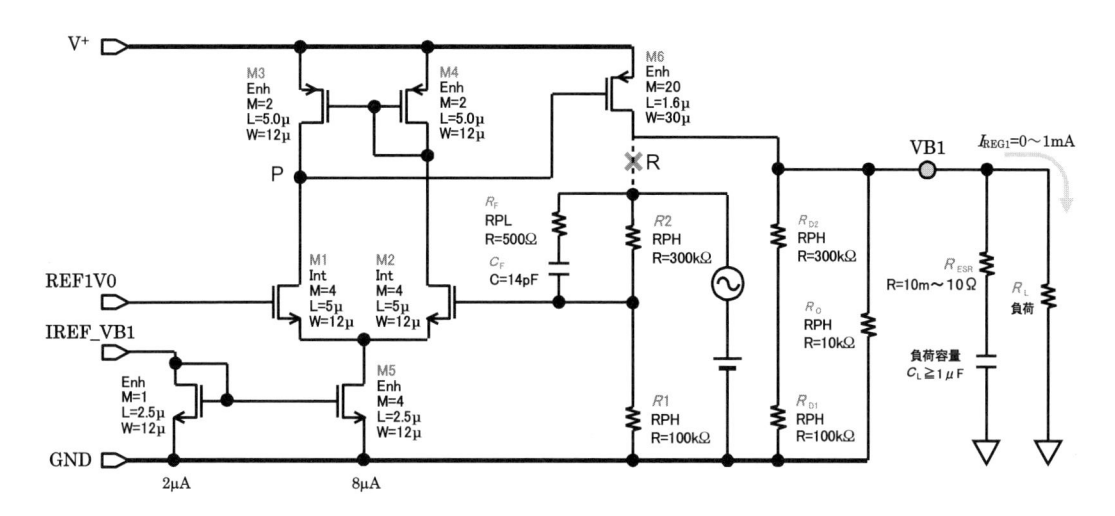

図 3.34　電圧レギュレータ（VB1）の回路

ポールとゼロの配置を最適化した電圧レギュレータの回路．帰還回路の一部を R 点で切断して AC 信号源を接続することによって，オープン・ループ周波数特性のシミュレーションを行う．

(3.4) ポール（pole）とは，周波数特性において利得の折れ曲がる周波数（有理関数の分母の多項式の値を 0 にする s の値）のことで，ポール角周波数 ω_P から利得は -20dB/dec の傾きで減少し，位相は ω_P で -45°となる．

(3.5) ゼロ（zero）とは，周波数特性において利得の折れ曲がる周波数（有理関数の分子の多項式の値を 0 にする s の値）のことで，ゼロ角周波数 ω_Z から利得は -20dB/dec の傾きで増加し，位相は $\omega_Z > 0$ のとき ω_Z で -45°，$\omega_Z < 0$ のとき ω_Z で +45°となる．

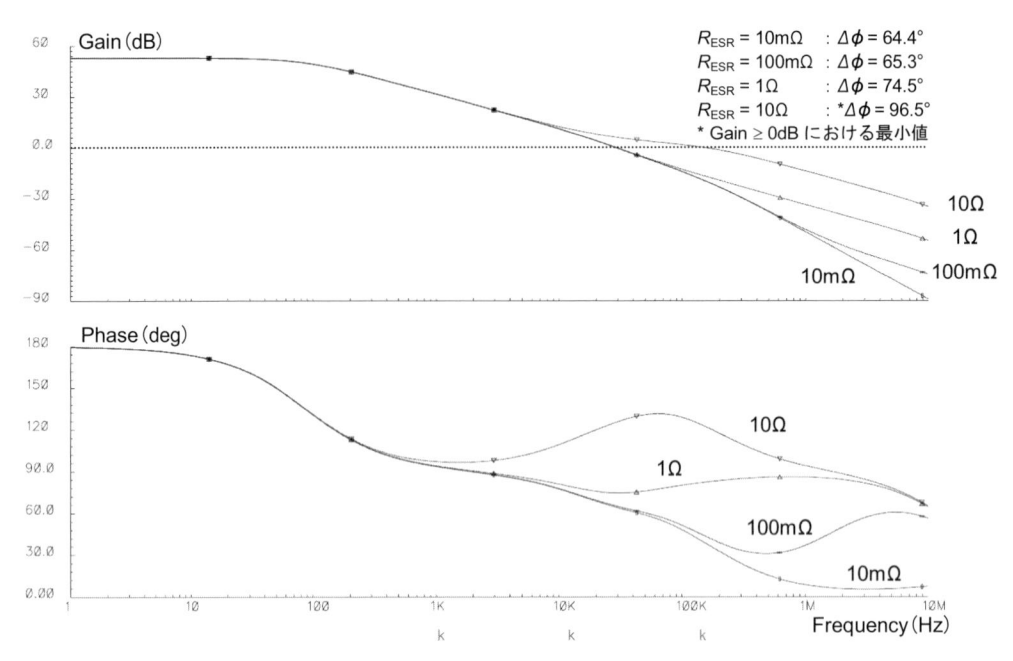

(a) 負荷容量のESR可変（I_{REG1} = 1mA）

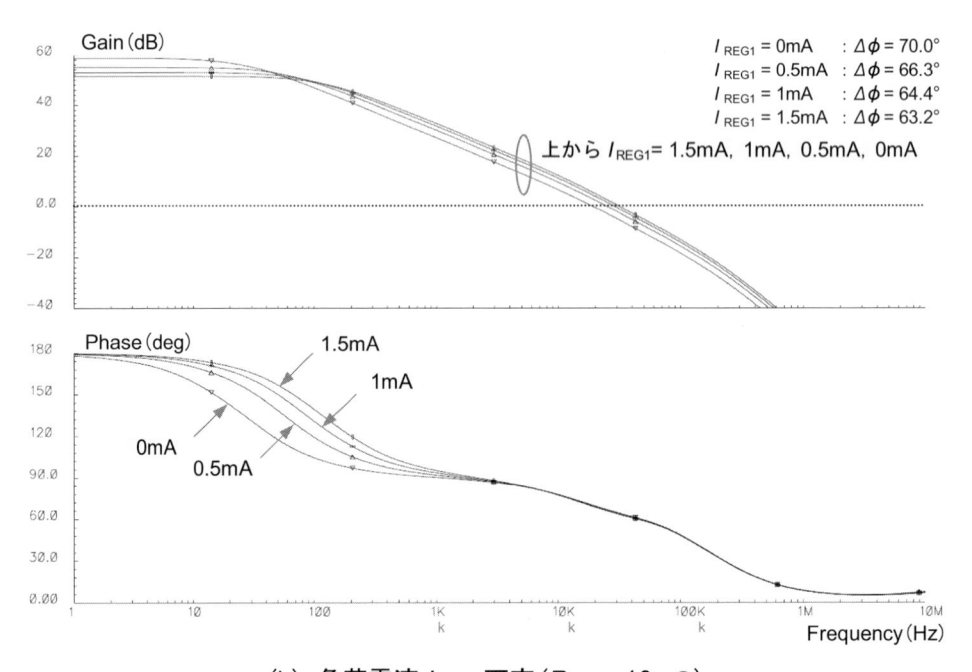

R_{ESR} = 10mΩ ： $Δφ$ = 64.4°
R_{ESR} = 100mΩ ： $Δφ$ = 65.3°
R_{ESR} = 1Ω ： $Δφ$ = 74.5°
R_{ESR} = 10Ω ： *$Δφ$ = 96.5°
* Gain ≥ 0dB における最小値

(b) 負荷電流 I_{REF1} 可変（R_{ESR} = 10mΩ）

I_{REG1} = 0mA ： $Δφ$ = 70.0°
I_{REG1} = 0.5mA ： $Δφ$ = 66.3°
I_{REG1} = 1mA ： $Δφ$ = 64.4°
I_{REG1} = 1.5mA ： $Δφ$ = 63.2°

上から I_{REG1} = 1.5mA, 1mA, 0.5mA, 0mA

図 3.35　電圧レギュレータ回路のオープン・ループ周波数特性

V^+ = 5V, C_L = 1μF, R_{ESR} = 10m〜10Ω, I_{REG1} = 0〜1mA 時のオープン・ループ周波数特性のシミュレーション結果．

3.3 電圧レギュレータ(VB1)の回路設計

●出力電圧のトリミング

出力電圧$VB1$は，$VB1=4V±2\%(±80mV)$の出力電圧精度が要求されます．アンプ部の入力オフセット電圧や出力帰還抵抗の相対精度誤差が原因となって出力電圧$VB1$がばらつきますので，精度を維持するにはトリミング回路が必要になります．PWM01のトリミング回路は，調整の容易さや精度を考慮し，図3.36に示すような出力帰還抵抗の抵抗値を調整する回路を採用します．

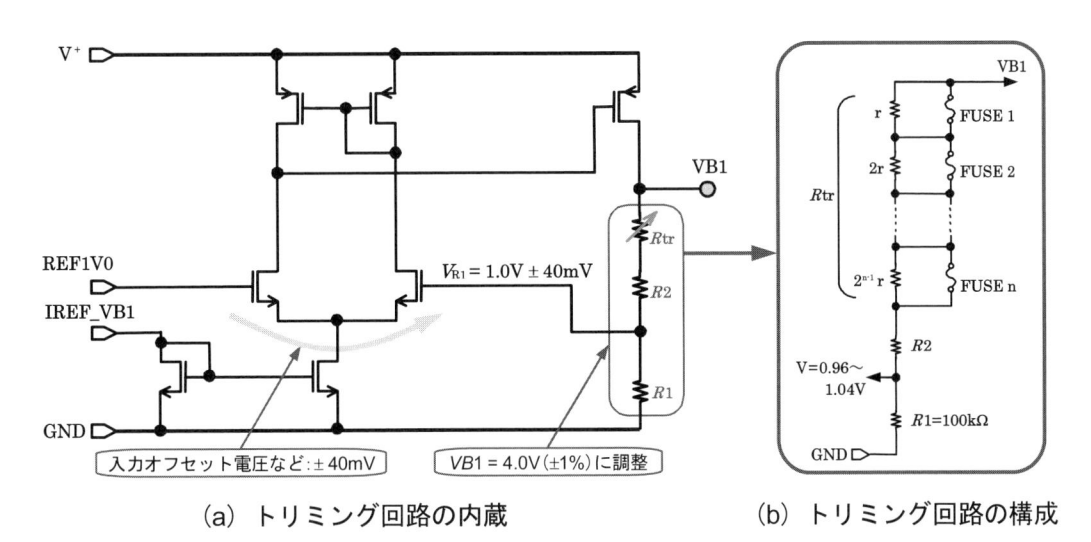

(a) トリミング回路の内蔵 (b) トリミング回路の構成

図3.36 出力電圧 VB1 のトリミング

PWM01では，トリミングの容易さや精度を考慮し，出力帰還抵抗の抵抗値を調整するトリミング方法とする．

▶トリミング精度

出力電圧$VB1$は$4V±2\%(±80mV)$の出力電圧精度が必要となります．したがって，PWM01ではパッケージングによる変動量などを考慮し，ウェハ状態で$4V±1\%(±40mV)$以内に収まるようにします．

ここで$V_{R1}=1V$なので，$R1=100k\Omega(=20k\Omega×5)$とすると，最小ビット抵抗$r$は$4k\Omega$以下にする必要があります．相対精度を上げるために同一値の抵抗でレイアウト設計をすることを考慮し，最小ビット抵抗を$r=2.5k\Omega(=20k\Omega/8)$とします．

▶トリミング調整範囲

出力電圧のばらつき幅によって，必要なトリミング幅が変わります．ここでは出力電圧誤差が最大で$±40mV$として，トリミング幅を考えます．

まず，ヒューズ素子を切る前の初期状態を考えます．このトリミング回路は電圧を上げる調整しかできませんので，初期状態において$VB1$が4Vを超えてはいけません．したがって，V_{REF1V0}に対して$+40mV$の出力電圧誤差があったときに，初期状態で$VB1≤4V$となる抵抗$R2$を設定します．図3.36(b)において，

$$\frac{R1+R2+R\text{tr}}{R1}×V_{R1}≤4$$

が成り立ちます．ここで $R1=100\text{k}\Omega$，初期状態のトリミング抵抗 $R\text{tr}\approx 0$，$V_{R1}=1+0.04=1.04\text{V}$ から，

$$\frac{100\times 10^3 + R2}{100\times 10^3}\times 1.04 \leq 4$$

$$R2 \leq 284\text{k}\Omega$$

となります．さらに，抵抗の相対誤差が±2%と考えると $R2 \leq 278\text{k}\Omega$ となるので，基本抵抗を $20\text{k}\Omega$ とし，$R2 = 270\text{k}\Omega(=20\text{k}\Omega\times 13 + 20\text{k}\Omega/2)$ に設定します．

　ここまではヒューズ素子を切る前の状態を考えましたが，今度は逆にヒューズ素子をすべて切った状態を考えます．この場合は，最大の $R\text{tr}$ において $VB1$ は 4V に達する必要があるので，V_{REF1V0} に対して -40mV の出力電圧誤差があったときに，ヒューズ素子をすべて切って，$VB1 \geq 4\text{V}$ となる抵抗 $R\text{tr}$ を設定します．

　図 3.36(b) において，

$$\frac{R1+R2+R\text{tr}}{R1}\times V_{R1} \geq 4$$

が成り立ちますので $R1=100\text{k}\Omega$，トリミング抵抗 $R2=270\text{k}\Omega$，$V_{R1}=1-0.04=0.96\text{V}$ から，

$$\frac{100\times 10^3 + 270\times 10^3 + R\text{tr}}{100\times 10^3}\times 0.96 \geq 4$$

$$R\text{tr} \geq 47\text{k}\Omega$$

となります．したがって，ヒューズ素子をすべて切ったときの最大の抵抗 $R\text{tr}$ は，前ページで求めた最小ビット抵抗 $r=2.5\text{k}\Omega(=20\text{k}\Omega/8)$ から，ビット数を5ビットとすると，

$$R\text{tr} = (r+2r+2^2 r+2^3 r+2^4 r) = 77.5\text{k}\Omega$$

となります．これは $R\text{tr} \geq 47\text{k}\Omega$ の条件を満足するので，トリミング調整範囲を5ビットとします．以上の検討から，トリミング回路は図 3.37，トリミング・テーブルは図 3.38 のようになり，$VB1 = 4\text{V} \pm 12.5\text{mV}(\pm 0.31\%)$ に調整することが可能となります．

3.3 電圧レギュレータ（VB1）の回路設計　119

VB1 設定（目標値：4V）

測定値 (V)			FUSE 1	FUSE 2	FUSE 3	FUSE 4	FUSE 5
3.987	~						
3.961	~	3.987	X				
3.936	~	3.961		X			
3.910	~	3.936	X	X			
3.884	~	3.910			X		
3.859	~	3.884	X		X		
3.835	~	3.859		X	X		
3.810	~	3.835	X	X	X		
3.785	~	3.810				X	
3.761	~	3.785	X			X	
3.738	~	3.761		X		X	
3.715	~	3.738	X	X		X	
3.692	~	3.715			X	X	
3.669	~	3.692	X		X	X	
3.647	~	3.669		X	X	X	
3.624	~	3.647	X	X	X		X
3.601	~	3.624					X
3.580	~	3.601	X				X
3.559	~	3.580		X			X
3.538	~	3.559	X	X			X
3.517	~	3.538			X		X
3.496	~	3.517	X		X		X
3.476	~	3.496		X	X		X
3.456	~	3.476	X	X	X		X
3.435	~	3.456				X	X
3.416	~	3.435	X			X	X
3.397	~	3.416		X		X	X
3.377	~	3.397	X	X		X	X
3.358	~	3.377			X	X	X
3.340	~	3.358	X		X	X	X
3.321	~	3.340		X	X	X	X
	~	3.321	X	X	X	X	X

X：FUSE カット

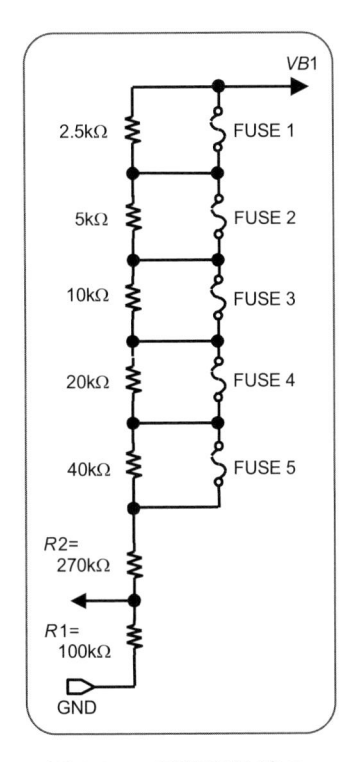

図 3.37 帰還抵抗値の
トリミング回路
4V±1%の電圧精度を実現する．

図 3.38 トリミング・テーブル
VB1 の初期値に対し，どのヒューズ素子を切断すれば 4V±1%に調整できるかを示す．

● 過電流保護も欠かせない

出力短絡や過負荷により出力トランジスタM6に過大電流が流れると，ICや外部回路を破壊する可能性があります．そのためPWM01のレギュレータ回路では，図3.39に示すような過電流保護回路を内蔵して，出力電流を制限することにします．

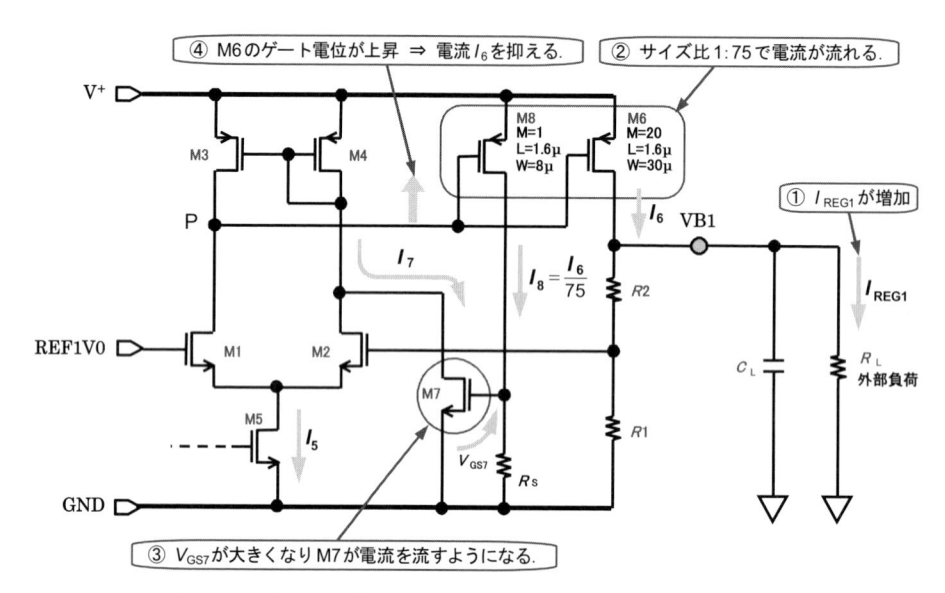

図3.39 電圧レギュレータにおける過電流保護回路

PWM01では，出力短絡や過負荷時に過大電流が流れないように過電流保護回路を内蔵する．

まず，過電流保護回路の動作原理を説明します．負荷電流 I_{REG1} が増えると，出力段M6の電流 I_6 も増加します．このとき，M6とカレント・ミラーを構成しているM8(W_8/L_8=8μm/1.6μm)にも，$I_8=I_6/75$ の電流が流れるので，I_8 が大きくなるとM7がONします．するとM4およびM3の電流が増えるので，P点の電位が上昇し，出力電流 I_6 を抑える方向に帰還がかかります．最終的にはM3の電流が I_5 と等しくなるようにP点の電位に帰還がかかります．その結果M6の V_{SG6} が一定電位に保たれ，出力電流 I_6 が制限されます．

次に，最大出力(過電流保護)電流 I_{LMT} について考えます．M7に流れる電流 I_7 はカレント・ミラーM4を介してM3に流れます．そして，その値が I_5 と等しくなったときのM7のゲート-ソース間電圧を V_{ON} とすると，M7について，

$$I_5 = I_7 = \frac{1}{2} \mu_{nE} \cdot C_{ox} \frac{W_7}{L_7} (V_{ON} - V_{TNE})^2$$

が成り立つので，

$$V_{ON} = V_{TNE} + \sqrt{\frac{2 I_5}{\mu_{nE} \cdot C_{ox} \frac{W_7}{L_7}}}$$

となります．

ここで，M7 をエンハンスメント型でトランジスタ・サイズを $W_7/L_7 = 12\mu\text{m}/6\mu\text{m}$ とすると $V_{\text{ON}} \approx 1\text{V}$ となります．

ところで，PWM01 で使用するパッケージ（DMP-24）の常温（周囲温度 25℃）での最大許容損失は，絶対最大定格で消費電力 $P_D = 700\text{mW}$ として規定されています．周囲温度が 25℃ を超える場合には，周囲温度の上昇に従って消費できる電力を制限する必要があり，この熱設計をディレーティングと呼んでいます．

図 3.40 に，PWM01 のディレーティング・カーブ（消費電力 P_D 対周囲温度 T_a 特性曲線）を示します．周囲温度が 25℃ を超えると，–7mW/℃ でディレーティングする必要があるので，最大動作温度 $T_{\text{opr}} = 85℃$ での消費電力 $P_D(T_a = 85℃)$ は，280mW となります．

また，最大動作電圧は $V^+ = 9\text{V}$ ですから，IC 全体が流すことのできる最大の出力ソース電流 $I_{\max}$ は，

$$I_{\max} = \frac{P_D(T_a = 85℃)}{V^+} = \frac{280 \times 10^{-3}}{9} \approx 31.1\text{mA}$$

となります．

つまり，レギュレータ部の出力電流 I_6 は，$I_6 \leq 31\text{mA}$ の範囲に収まらなくてはいけません．ここで，負荷電流 $I_{\text{REG1}} \geq 3\text{mA}$ であれば仕様を満足するので，十分な余裕を見て，$I_{\text{LMT}} = 15\text{mA}$ で過電流保護が働くように設定します．この値は $I_{\max}$ に対しても十分な余裕があります．また，

$V_{\text{ON}} = I_8 \cdot R_S$，$I_8 = I_6/75$ なので，$I_6 = I_{\text{LMT}}$ とすると，

$$R_S = \frac{75 V_{\text{ON}}}{I_{\text{LMT}}} = \frac{75 \times 1}{15 \times 10^{-3}} = 5\text{k}\Omega$$

となります．

ここで，$V^+ = 7.5\text{V}$，$R_S = 5\text{k}\Omega$ としたときのシミュレーション結果を図 3.41 に示します．過電流保護回路がない場合は P 点の電位 V_P が 0V 付近まで下がり，M6 のソース-ゲート間電圧が $V_{\text{SG6}} \approx V^+$ となることで，M6 の電流能力に依存して最大出力電流 I_{LMT} が決まる結果となっています．対して，過電流保護回路がある場合には，M6 の V_{SG6} が一定に保たれ，負荷電流 I_{REG1} が制限されるのがわかります．

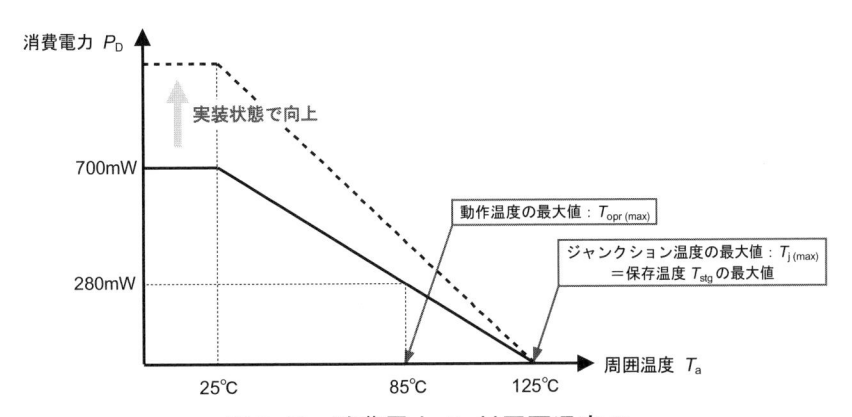

図 3.40　消費電力 P_D 対周囲温度 T_a

PWM01 のディレーティング・カーブ．

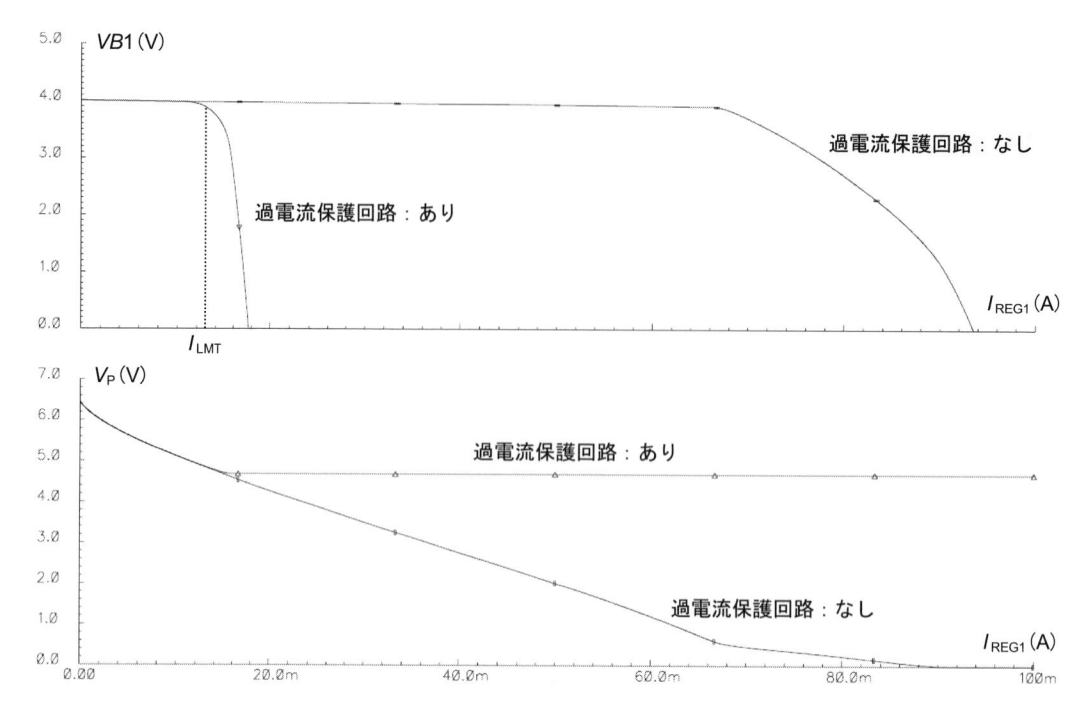

図 3.41 過電流保護回路のシミュレーション結果

V^+=7.5V, R_S=5kΩ 時のシミュレーション結果で，過電流保護回路ありの場合は M6 の V_{SG6} が一定に保たれ負荷電流 I_{REG1} が制限されている．

● 電圧レギュレータの全体回路

電圧レギュレータ($VB1$)の回路図を図 3.42 に示します．

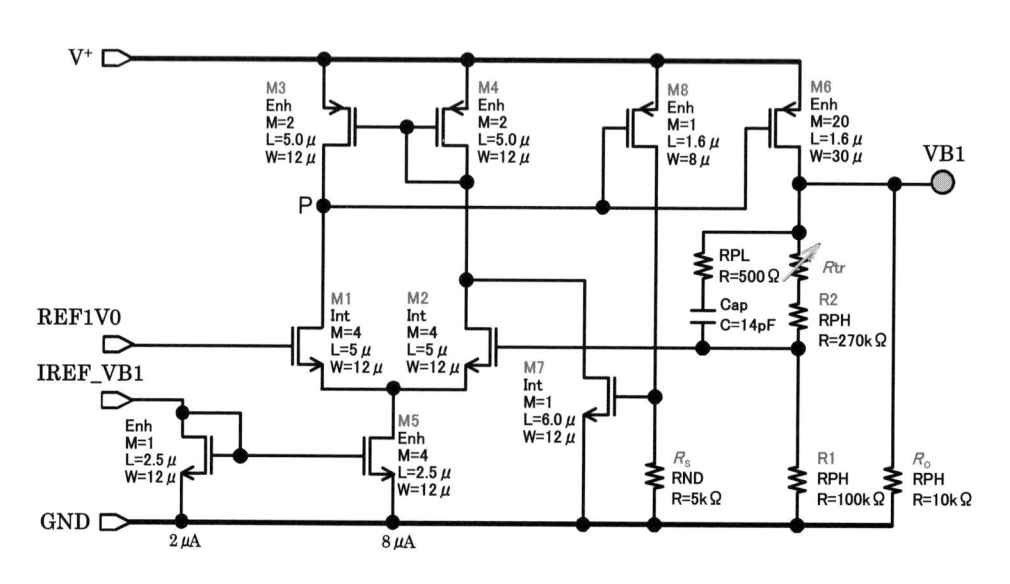

図 3.42 電圧レギュレータ($VB1$)の回路図

PWM01 で使用する負荷電流能力 1mA で，出力電圧精度が 4V±2%の電圧レギュレータ回路．

3.4 電圧レギュレータ(VB2)の回路設計

●2V・5mAのレギュレータ

図3.43は，負荷電流能力$I_{REG2} \geq 5mA$の定電圧($VB2 = 2V$)レギュレータです．入力電圧$V^+ = 5V$で，出力電圧$VB2 = 2V$，出力電流$I_{REG2} \geq 5mA$の特性が要求されます．ICの内部回路では各OPアンプへのバイアス電圧などに使用します．

回路構成としては，先の電圧レギュレータ($VB1$)と同様に，基準電圧は基準電圧源で発生した$V_{REF1V0} = 1V$を使用し，過負荷や負荷短絡時にICを保護するための過電流保護回路を内蔵します．また，入力段の差動増幅部は電源を$VB1$からの供給とすることで，PSRR…電源電圧変動除去特性の改善を図ります．

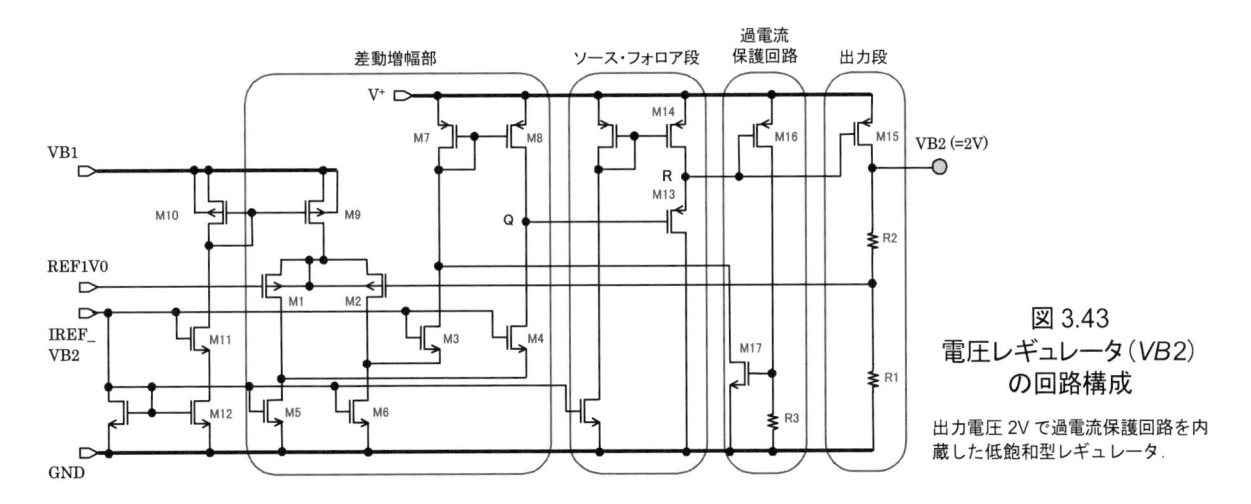

図3.43 電圧レギュレータ($VB2$)の回路構成

出力電圧2Vで過電流保護回路を内蔵した低飽和型レギュレータ．

●出力部：M15の検討

電圧レギュレータ($VB2$)の負荷電流能力は，$V^+ = 5V$において$I_{REG2} \geq 5mA$の仕様です．ここでは，素子ばらつきや温度変動なども考慮し，$I_{15} \geq 10mA$として，M15のトランジスタ・サイズW_{15}/L_{15}を決定するうえで必要な条件を検討します．

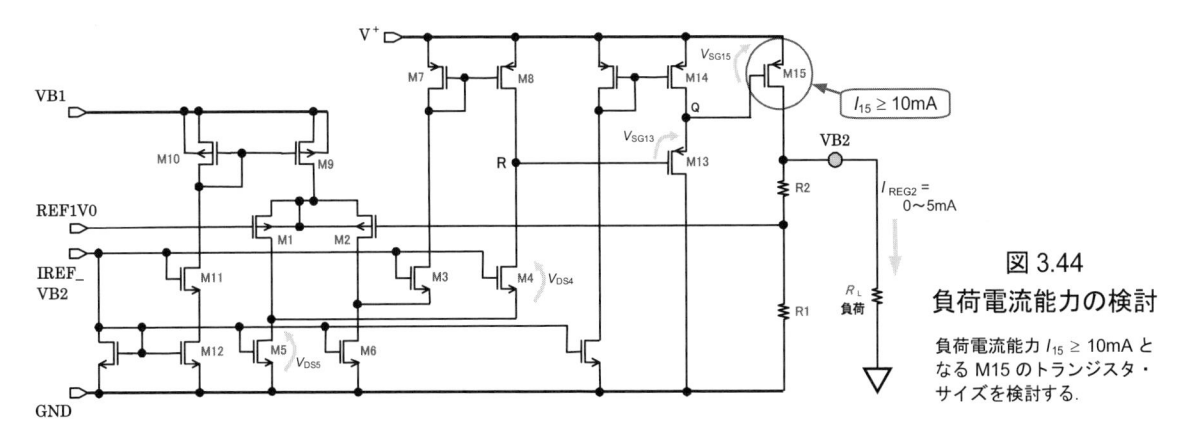

図3.44 負荷電流能力の検討

負荷電流能力$I_{15} \geq 10mA$となるM15のトランジスタ・サイズを検討する．

図 3.44 において，M15 が取り得る最大のソース-ゲート間電圧 V_{SG15} は，

$$V_{SG15} = V^+ - (V_{SG13} + V_{DS4} + V_{DS5})$$

と表せるので，$V_{DS4} = V_{DS5} = V_{DS(sat)} = 0.15V$ とすると，

$$V_{SG15} = V^+ - (V_{SG13} + 0.3)$$

となります．この式から，より大きな V_{SG15} を得るためには，V_{SG13} の値をできるだけ小さくしたいので，M13 にはしきい値電圧を低めに調整した低 V_T 型($V_{TPL} = -0.55V$)のトランジスタを使用します．

ここで，$V^+ = 4.7V$ で，PMOS：しきい値高め $|V_{TPE-H}| = 1.0V$，$|V_{TPL-H}| = 0.7V$ としたワースト条件において，$V_{SG13} = |V_{TPL-H}| + V_{SD13(sat)}$ とすると，

$$\begin{aligned}
V_{SG15} &= V^+ - (V_{SG13} + 0.3) \\
&= 4.7 - (|V_{TPL-H}| + V_{SD13(sat)} + 0.3) \\
&= 4.7 - (0.7 + 0.15 + 0.3) \\
&= 3.55V
\end{aligned}$$

となります．

また，M15 のソース-ドレイン間電圧 V_{SD15} は，$V_{SD15} = V^+ - VB2 = 4.7 - 2 = 2.7V$ なので，

$$V_{SG15} - |V_{TPE-H}| = 3.55 - 1 = 2.55 \leq V_{SD15} = 2.7V$$

となり，M15 は飽和領域で動作することになります．したがって，

$$I_{15} = \frac{1}{2} \mu_{pE} \cdot C_{ox} \frac{W_{15}}{L_{15}} (V_{SG15} - |V_{TPE}|)^2$$

の関係式が成り立つので，$I_{15} \geq 10mA$ から，

$$I_{15} = \frac{1}{2} \mu_{pE} \cdot C_{ox} \frac{W_{15}}{L_{15}} (V_{SG15} - |V_{TPE}|)^2 \geq 10 \times 10^{-3}$$

$$\therefore \frac{W_{15}}{L_{15}} \geq \frac{2 \times 10 \times 10^{-3}}{\mu_{pE} \cdot C_{ox} (V_{SG15} - |V_{TPE}|)^2} \quad \cdots\cdots\cdots (3.8)$$

が導かれます．式(3.8)が M15 に必要な条件となります．

3.4 電圧レギュレータ(VB2)の回路設計

● ロード・レギュレーションを良くするには

電圧レギュレータ($VB2$)のロード・レギュレーションは，負荷電流 I_{REG2} を 0～5mA の範囲で可変したときの M15 の V_{SG15} の変動幅となります．レギュレータ($VB1$)回路と同様にロード・レギュレーション向上のため，以下の対策を行います(図 3.45)．

出力と GND 間に $R_O = 10\mathrm{k}\Omega$ の負荷抵抗を接続し，定常的に出力トランジスタ M15 に 200μA のアイドリング電流を流すことで，M15 の動作点を $gm_{15}(= \Delta I_{15}/\Delta V_{SG15})$ の大きなポイントに移動します．

また，M15 のトランジスタ・サイズ W_{15}/L_{15} を大きくして gm_{15} を大きくします．ここでは条件式(3.8)も考慮し，$W_{15}/L_{15} = (30\mathrm{\mu m}/1.6\mathrm{\mu m}) \times 20$ とします．

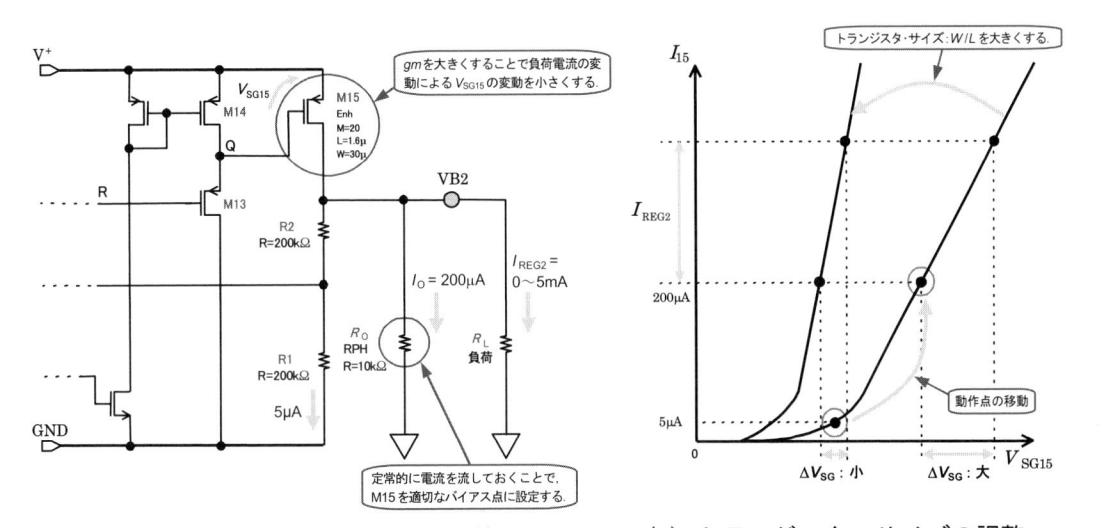

(a) ロード・レギュレーションの改善

M15 のゲート幅 W を大きく，また M15 に定常的にアイドリング電流を流すことでロード・レギュレーションを改善する．

(b) トランジスタ・サイズの調整

M15 のトランジスタ・サイズを大きくすることで gm_{15} を大きくし，V_{SG15} の変動を小さくする．

図 3.45　VB2 のロード・レギュレーション改善法

●外付け負荷容量を意識した位相補償

電圧レギュレータ($VB1$)と同様に，出力端子には外付け負荷容量$C_L \geq 1\mu F$が接続されるので，位相補償は，負荷容量C_LとそのESRを含めた全体回路で考えます．

図3.46のように，フォールデッド・カスコード型OPアンプで出力段のM15を直接駆動する回路で検討します．この回路において，1stポールは出力端子$VB2$で発生し，2ndポールがR点で発生します．M15のトランジスタ・サイズが大きいため，R点の寄生容量C_Rも大きくなるので，2ndポールが1stポールに近いところで発生し，十分な位相余裕が確保できなくなります．したがって，電圧レギュレータ($VB2$)では，図3.47のように差動段と出力段の間にソース・フォロワM13を入れる回路構成としました．これによってR点でのインピーダンスが下がり，2ndポールを高域に移すことができます．また，回路を一段追加したことでQ点でもポールが発生しますが，Q点の寄生容量は小さいので，このポールは位相余裕に影響しない高域に配置されます．

図3.48はオープン・ループ周波数特性です．差動増幅部と出力部の間にソース・フォロワを入れることで，十分な位相余裕が得られる結果となっています．

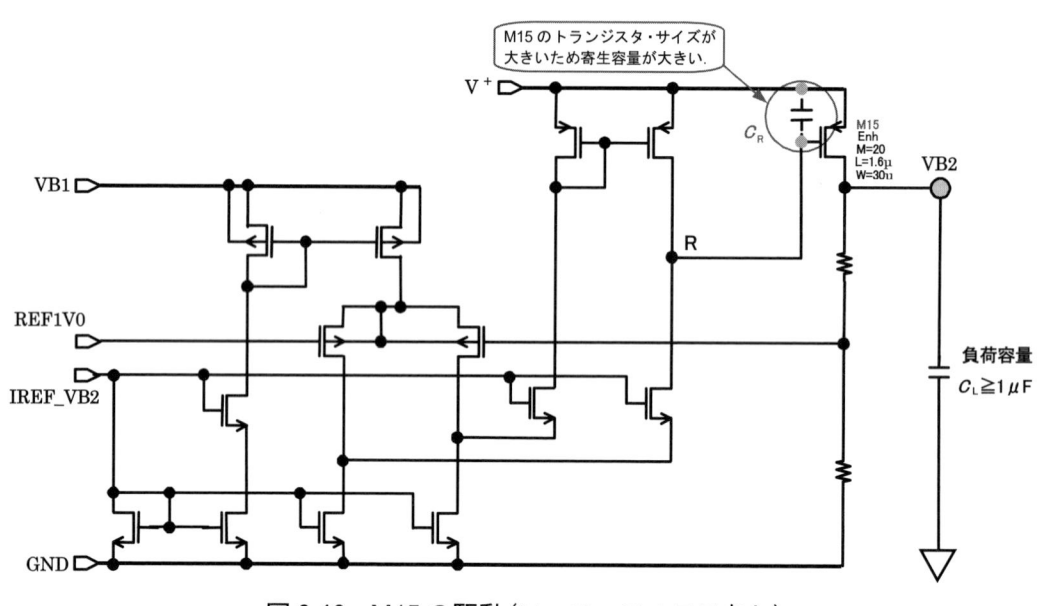

図3.46 M15の駆動（ソース・フォロワなし）

2ndポールが1stポールに近いところで発生し，十分な位相余裕が確保できない．

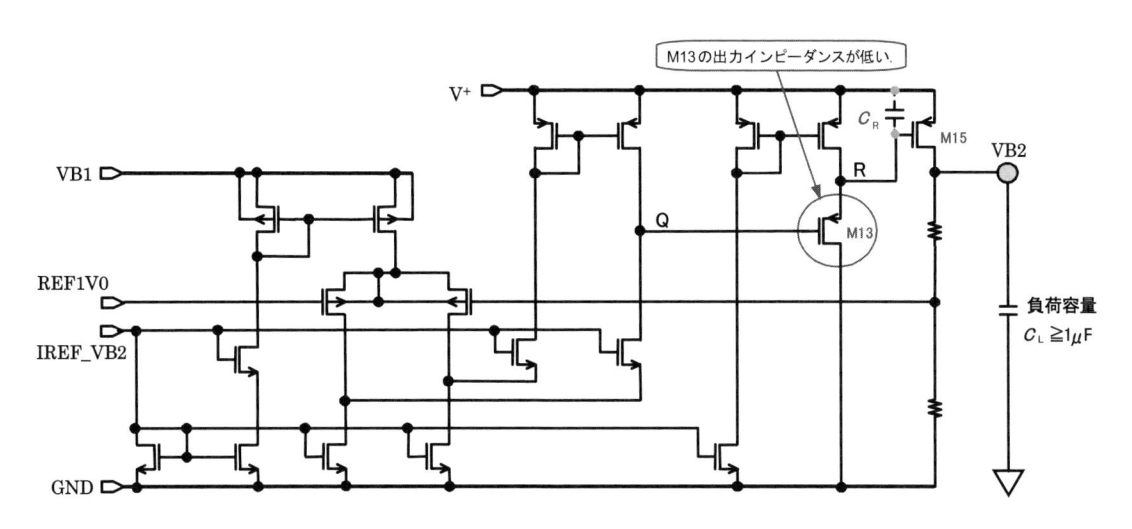

3.4 電圧レギュレータ（VB2）の回路設計　127

図 3.47　電圧レギュレータ（VB2）における M15 の駆動（ソース・フォロワあり）
2nd ポールを高域に移動させ，位相余裕を確保する．

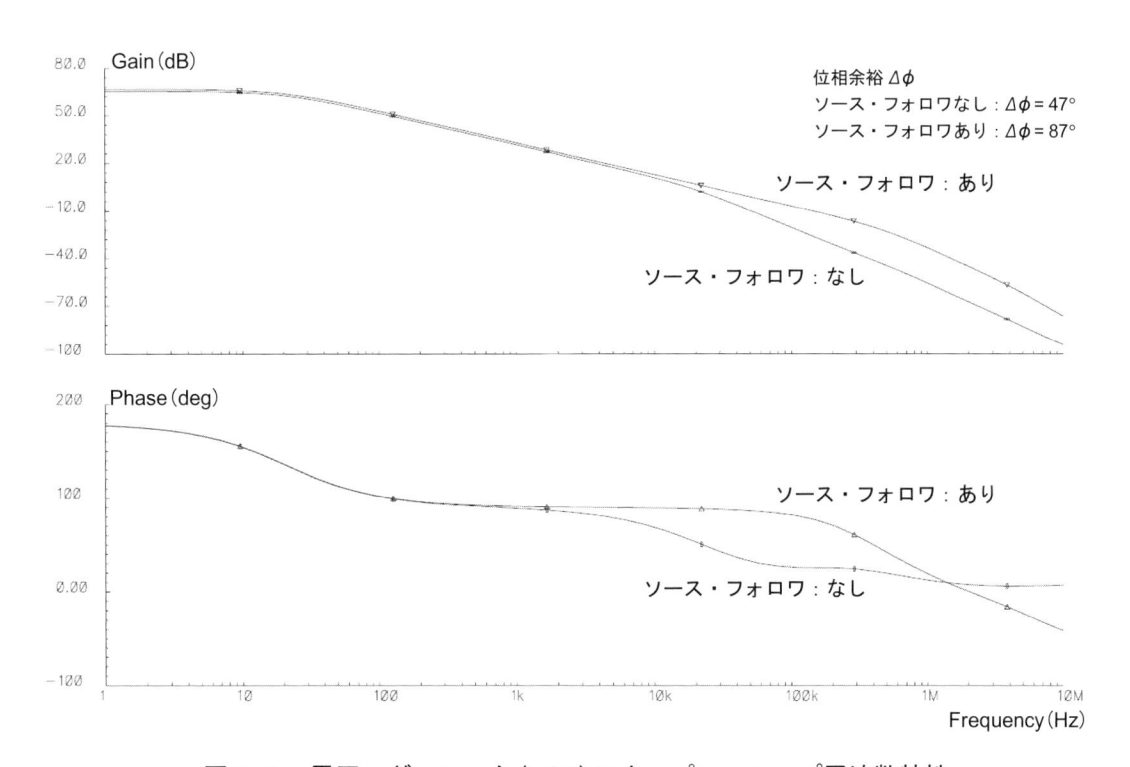

位相余裕 $\Delta\phi$
ソース・フォロワなし：$\Delta\phi = 47°$
ソース・フォロワあり：$\Delta\phi = 87°$

図 3.48　電圧レギュレータ（VB2）のオープン・ループ周波数特性
差動増幅部と出力部の間にソース・フォロワを入れることで，十分な位相余裕が得られるオープン・ループ周波数特性結果となっている．

● 電源電圧変動除去比（PSRR）を良くするには

電源電圧変動除去比（PSRR : Power Supply Rejection Ratio）について検討します．

図 3.43 に示した回路のように，電圧レギュレータ（$VB2$）の差動増幅部を $VB1$ に接続した場合と，電源 V^+ に接続した場合での PSRR のシミュレーション結果を図 3.49 に示します．シミュレーション条件は，出力端子 $VB1$ および $VB2$ の外付け負荷容量 $C_{L1} = C_{L2} = 1\mu F$，負荷電流 $I_{REG1} = I_{REG2} = 1mA$，$R_{ESR} = 10m\Omega$ です．差動増幅部の電源を，V^+ ではなく $VB1$ から供給することで，PSRR 特性が大きく向上していることがわかります．

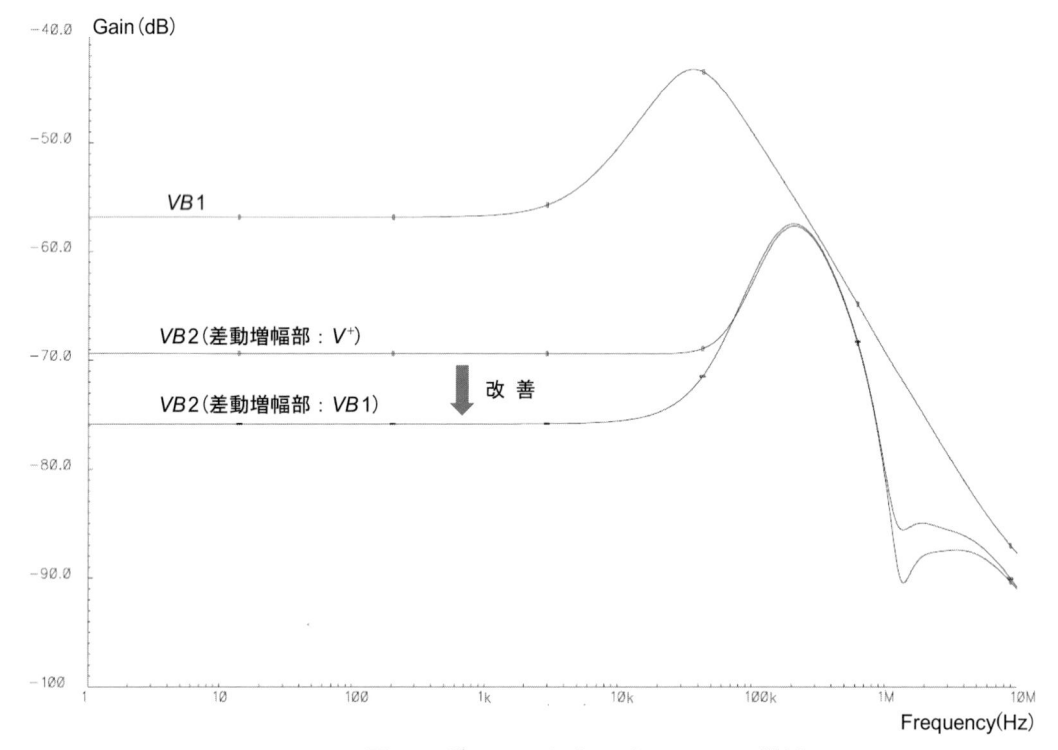

図 3.49 電圧レギュレータ（$VB2$）の PSRR 特性

入力を $VB1$ から供給することで，PSRR が改善されるシミュレーション結果となっている．

3.4 電圧レギュレータ（VB2）の回路設計　129

●出力電圧のトリミング

出力電圧$VB2$は，$VB2 = 2V \pm 2\%$の出力電圧精度が必要になります．$VB1$と同様に，入力オフセット電圧や出力帰還抵抗の相対精度誤差が原因となり出力電圧$VB2$がばらつくので，図 3.50のように出力帰還抵抗を調整するトリミング回路を追加します．

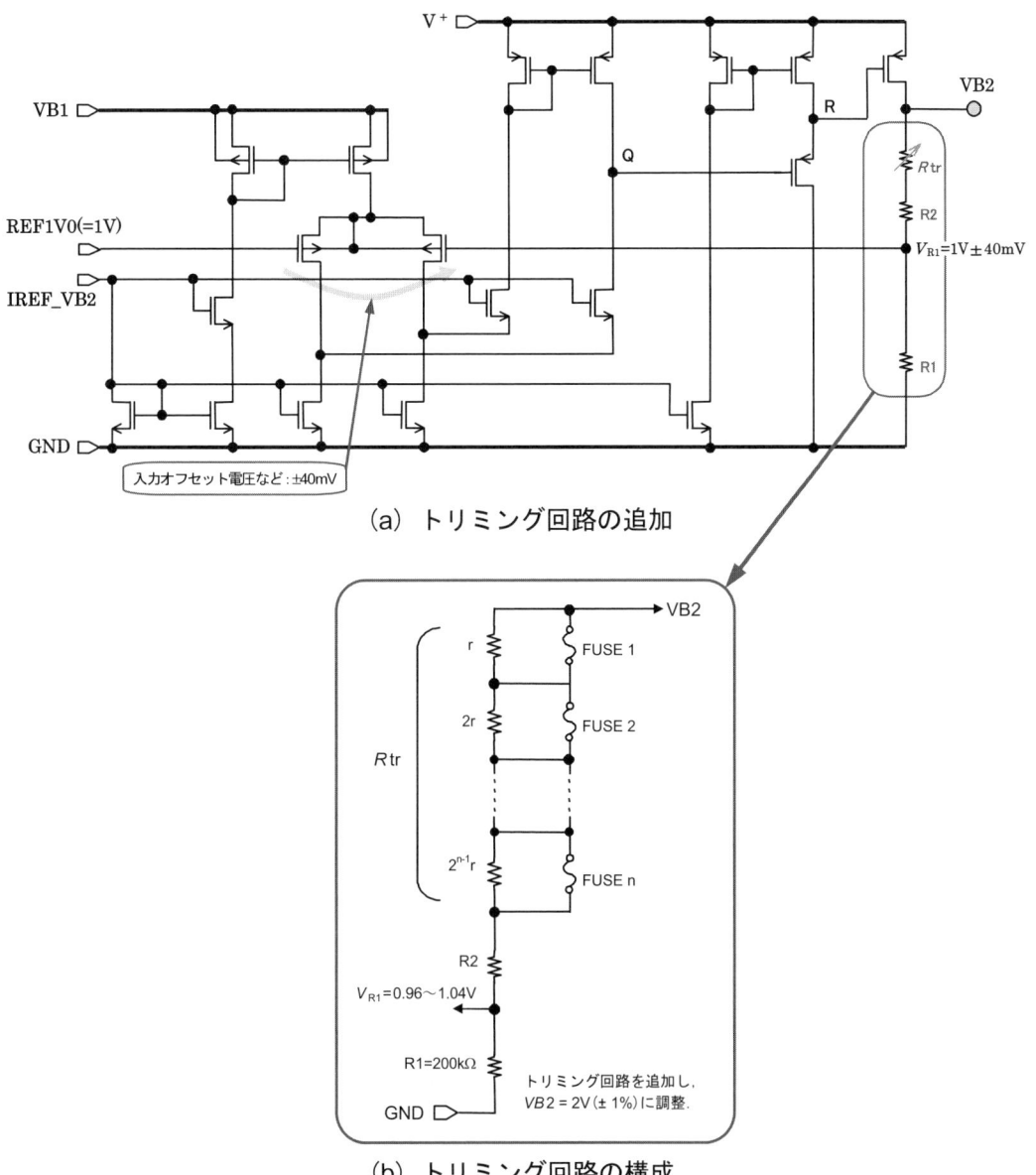

(a) トリミング回路の追加

(b) トリミング回路の構成

図 3.50　出力電圧 VB2 のトリミング

VB1と同様に，トリミングの容易さや精度を考慮し，出力帰還抵抗の抵抗値を調整するトリミング方法とする．

▶トリミング精度

電圧レギュレータ($VB2$)は，2V±2%(±40mV)の出力電圧精度が必要なので，回路上で2V±1%(±20mV)に収まるようにします．図3.50において，$R1 = 200kΩ$ とすると$V_{R1} = 1V$なので，最小ビット抵抗rは4kΩ以下にする必要があります．ここでは，最小ビット抵抗$r = 2.5kΩ$とします．

▶トリミング調整範囲

出力電圧誤差が最大で±40mVとして，トリミング幅を検討します．レギュレータ($VB1$)回路と同様の方法で考えると$R2 = 180kΩ$，トリミング調整幅は4ビットとなります．したがって，トリミング回路は図3.51のようになり，$VB2 = 2V±12.5mV(±0.625\%)$に調整することが可能となります．

図3.52にトリミング・テーブルを示します．

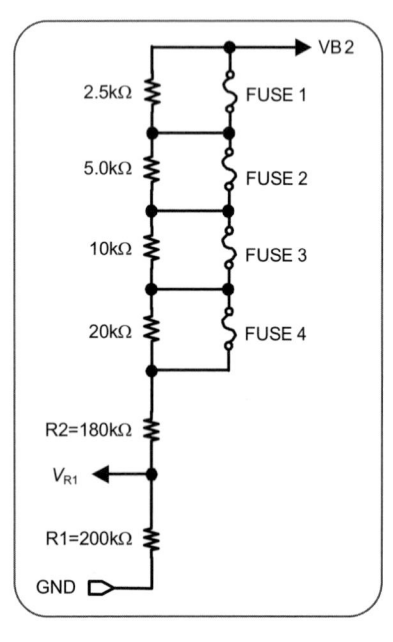

図3.51 出力電圧 VB2 のトリミング回路
2V±1%の電圧精度を実現する．

VB2 設定（目標値：2V）

測定値 (V)		FUSE 1	FUSE 2	FUSE 3	FUSE 4
~	1.994				
1.994 ~	1.981	X			
1.981 ~	1.969		X		
1.969 ~	1.956	X	X		
1.956 ~	1.943			X	
1.943 ~	1.931	X		X	
1.931 ~	1.920		X	X	
1.920 ~	1.907	X	X	X	
1.907 ~	1.895				X
1.895 ~	1.884	X			X
1.884 ~	1.872		X		X
1.872 ~	1.861	X	X		X
1.861 ~	1.850			X	X
1.850 ~	1.839	X		X	X
1.839 ~	1.828		X	X	X
1.828 ~		X	X	X	X

X：FUSE カット

図3.52 トリミング・テーブル
VB2 の初期値に対し，どのヒューズ素子を切断すれば 2V±1%に調整できるかを示す．

3.4 電圧レギュレータ(VB2)の回路設計

●過電流保護の追加
▶新たな位相補償

図3.53のような過電流保護回路を考えます.動作原理は,電圧レギュレータ($VB1$)と同様です.出力電流I_{REG2}をM16で監視して,$I_{16} = I_{REG2}/75$を抵抗R_SでM17のゲート-ソース間電圧V_{GS17}に変換し,M17が流す電流I_{17}とI_5が等しくなるようにQ点の電位を調整して,最大出力電流I_{LMT}を規定します.

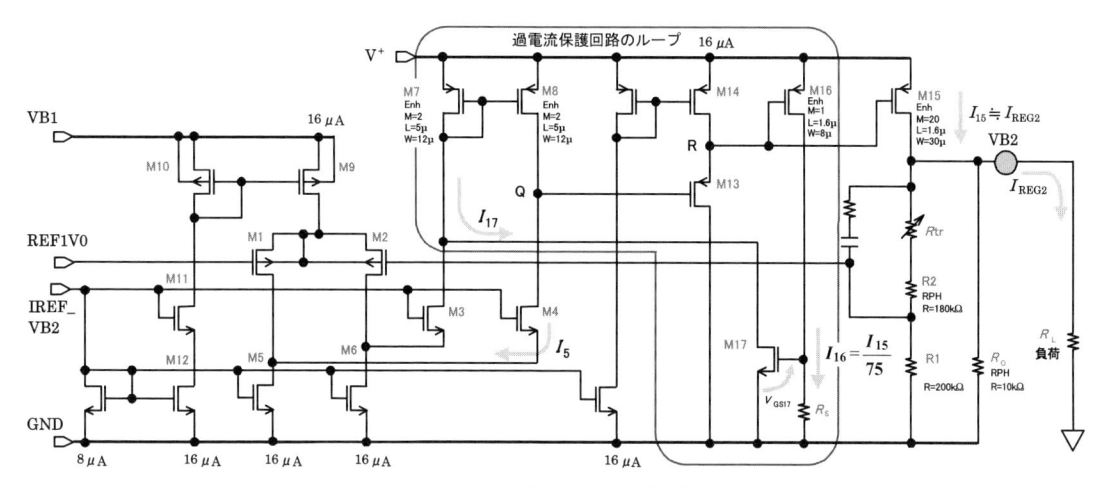

図3.53 過電流保護回路

電圧レギュレータ($VB1$)と同様に,出力短絡や過負荷時に過大電流が流れないように過電流保護回路を内蔵する.

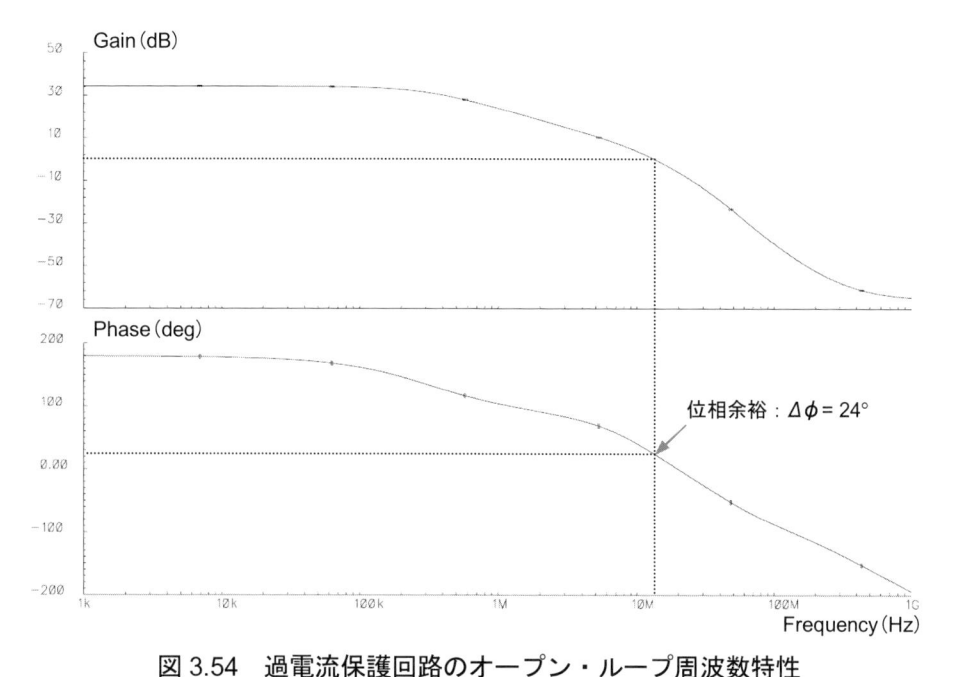

図3.54 過電流保護回路のオープン・ループ周波数特性

位相余裕が不十分なシミュレーション結果.素子特性のばらつきによっては発振する可能性もある.

ところが電圧レギュレータ($VB2$)は，電圧レギュレータ($VB1$)とは異なり，Q点とR点との間にソース・フォロワ回路があります．そのためR点のインピーダンスが下がり，R点のポールが高域に配置されます．つまり，過電流保護回路が出力電流を制御しているときには，図 3.54 に示すように，位相余裕が不十分となるのです．素子特性のばらつきによっては発振する可能性があります．そこで，電圧レギュレータ($VB2$)では図 3.55 に示すように過電流保護回路に位相補償回路を挿入し，十分な位相余裕を確保します(図 3.56)．

なお，他の位相補償の方法として，R_Sと並列にキャパシタC_Sを接続する方法も考えられます．しかしI_{LMT}を決定するR_Sの値はあまり大きくできないため，C_Sを大きくしなければなりません．PWM01ではチップ面積を考慮し，図 3.55 に示す方法で位相補償を行います．

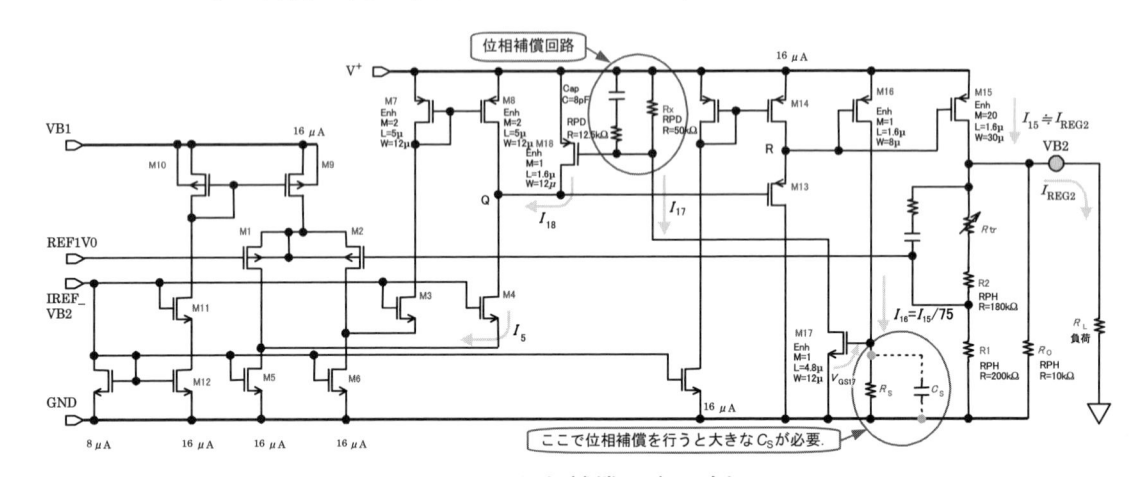

図 3.55 位相補償回路の追加

位相余裕を改善するために位相補償回路を挿入している．

図 3.56 過電流保護回路のオープン・ループ周波数特性（位相補償回路挿入後）

位相補償回路の挿入後のシミュレーション結果．十分な位相余裕が確保されている．

▶検出電流：I_{LMT}

負荷電流 I_{REG2} は $I_{REG2} \geq 5\text{mA}$ です．したがって PWM01 では，M15 に $I_{LMT} = 20\text{mA}$ が流れたときに，過電流保護回路が動作するような回路定数に設定します．

図 3.55 において，すべてのトランジスタが飽和領域で動作し，$I_{18} = I_5$ となったときの M17 のゲート-ソース間電圧：$V_{GS17} = V_{ON}$ とすると，

$$I_{17} = \frac{1}{2} \mu_{nE} \cdot C_{ox} \frac{W_{17}}{L_{17}} (V_{ON} - V_{TNE})^2$$

$$I_{18} = \frac{1}{2} \mu_{pE} \cdot C_{ox} \frac{W_{18}}{L_{18}} (V_{GS18} - |V_{TPE}|)^2$$

$$V_{GS18} = R_X \cdot I_{17}$$

から，

$$V_{ON} = V_{TNE} + \sqrt{\frac{2}{R_X \cdot \beta_{17}} \left(\sqrt{\frac{2I_{18}}{\beta_{18}}} + |V_{TPE}| \right)}$$

と表せます．なお，

$$\beta_{17} = \mu_{nE} \cdot C_{ox} \frac{W_{17}}{L_{17}}$$

$$\beta_{18} = \mu_{pE} \cdot C_{ox} \frac{W_{18}}{L_{18}}$$

となります．

ここで，$W_{17}/L_{17}=12\mu\text{m}/4.8\mu\text{m}$，$W_{18}/L_{18}=12\mu\text{m}/1.6\mu\text{m}$，$R_X = 50\text{k}\Omega$ とすると，$V_{ON} \approx 1.3\text{V}$ となります．また，

$$V_{ON} = I_{16} \cdot R_S$$

$$I_{16} = \frac{I_{15}}{75}$$

から，$I_{15} = I_{LMT}$ とすると，

$$I_{LMT} = \frac{75 V_{ON}}{R_S}$$

と表せるので，

$$R_S = \frac{75\ V_{ON}}{I_{15\_max}} = \frac{75 \times 1.3}{20 \times 10^{-3}} = 4.75\text{k}\Omega$$

となります．ここでは，$R_S = 5\text{k}\Omega$ に設定します．

図 3.57 に $R_S = 5\text{k}\Omega$ としたときのシミュレーション結果を示します．負荷電流：$I_{REG2}=20\text{mA}$ 付近で過電流保護回路が動作している結果となっています．

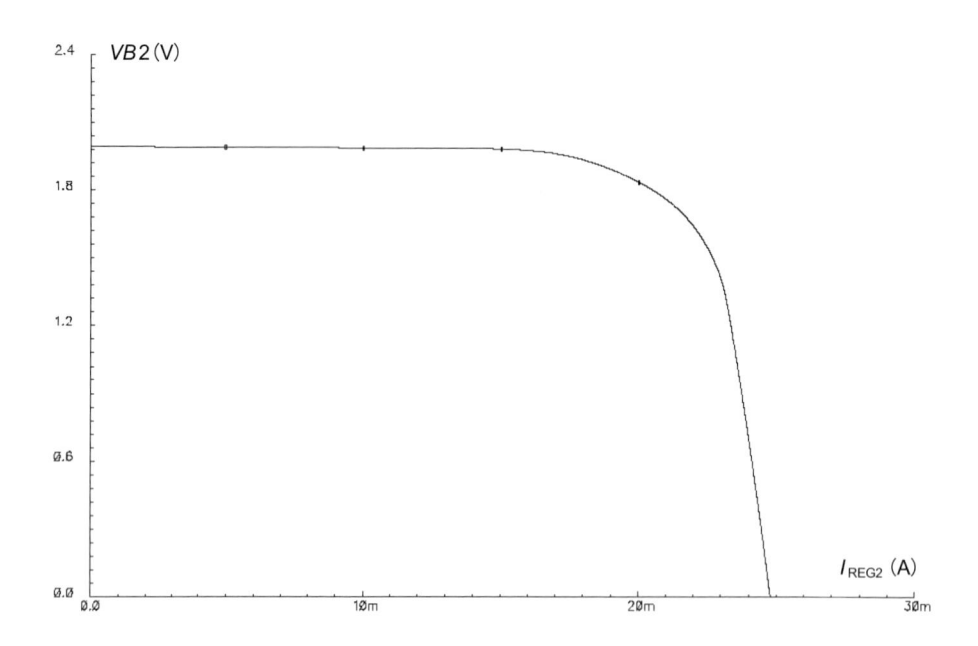

図 3.57 過電流保護回路のシミュレーション結果

R_S=5kΩ 時のシミュレーション結果．負荷電流が 20mA 付近で制限されている．

● 全体回路

電圧レギュレータ（$VB2$）の回路図を図 3.58 に示します．

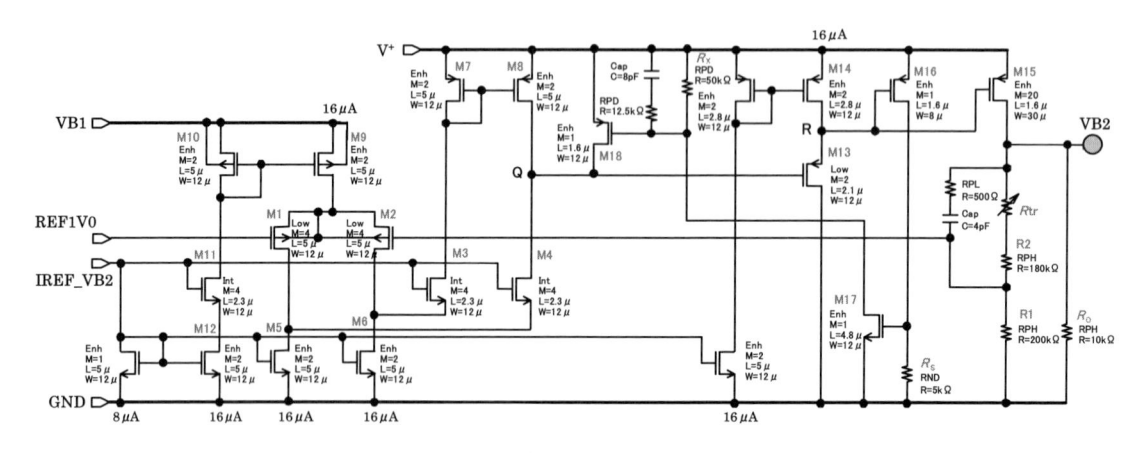

図 3.58 電圧レギュレータ（$VB2$）の回路図

PWM01 で使用する負荷電流能力 5mA で，出力電圧精度が 2V±1％の電圧レギュレータ回路．

第4章

(PWM01 の要素回路設計)

OP アンプの設計

4.1   *GB*=5MHz の OP アンプ設計

4.2   *GB*=1MHz の OP アンプ設計

4.3   加算＋リミッタ・アンプの設計

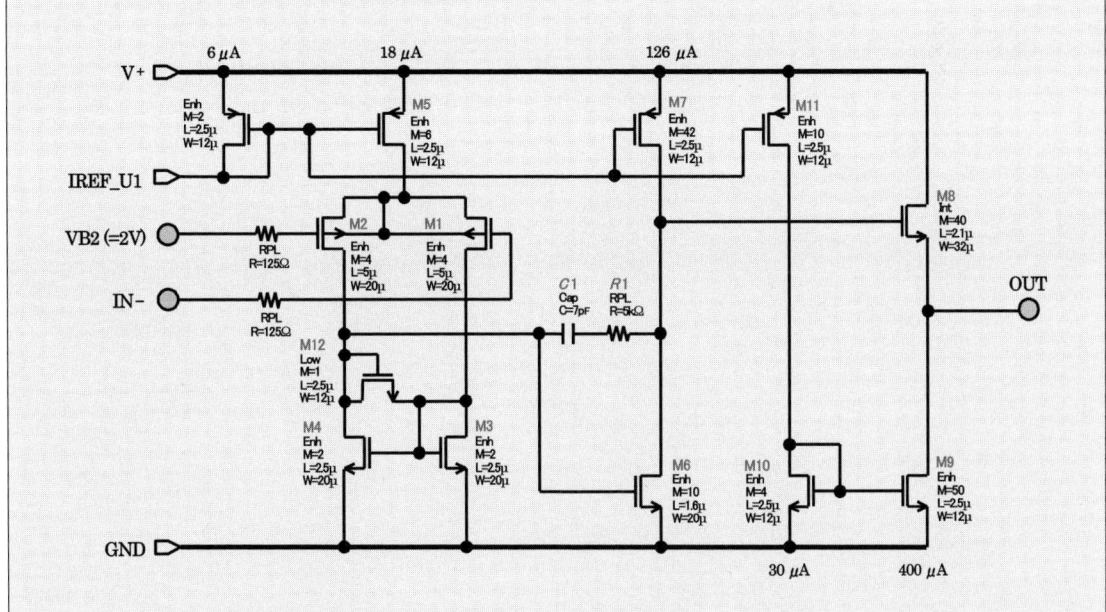

4.1 GB=5MHz の OP アンプ設計

●GB = 5MHz, A_V = 75dB の OP アンプ

電流フィードバック・ループのエラー・アンプに使用する利得帯域幅積 GB = 5MHz，電圧利得 A_V = 75dB，出力ソース電流能力 $I_{OM+} \geq 1mA$ の OP アンプです．電源電圧 V^+ = 5V で入力電圧範囲 $0.5V \leq V_{ICM} \leq 3.5V$，最大出力電圧 $V_{OM} \geq 3.5V$ の特性が要求されるので，PMOS 入力の差動増幅器，NMOS ソース接地の利得段，NMOS ソース・フォロワの出力バッファによる**図 4.1** に示すような回路構成とします．

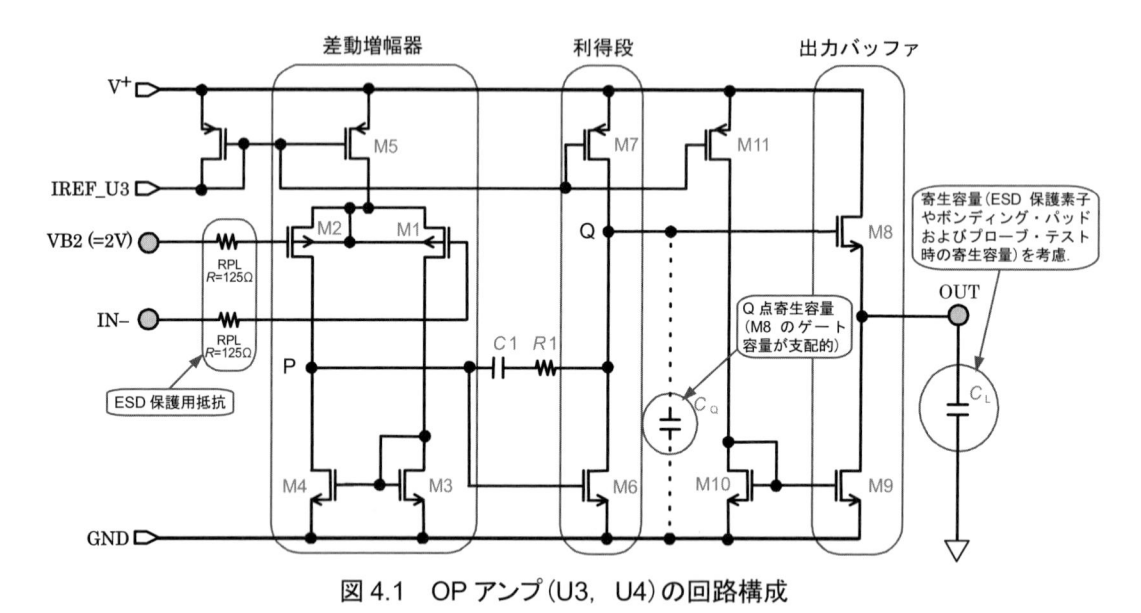

図 4.1　OP アンプ（U3，U4）の回路構成

GB=5MHz，A_V=75dB，$I_{OM+} \geq 1mA$ の OP アンプで，PMOS 入力の差動増幅器，NMOS ソース接地の利得段，NMOS ソース・フォロワの出力バッファで構成される．

図 4.1 に示す OP アンプの諸特性は，簡単に表すと以下のようになります．

DC 電圧利得：$A_0 = \dfrac{\Delta V_{OUT}}{\Delta V_{IN}} \approx gm_{1,2}(r_{O2}//r_{O4})gm_6(r_{O6}//r_{O7})$

（注）// は並列の意

P 点ポール：$|\omega_P| \approx \dfrac{1}{C1 \cdot gm_6(r_{O6}//r_{O7})(r_{O2}//r_{O4})}$

Q 点ポール：$|\omega_Q| \approx \dfrac{gm_6}{C_Q}$

出力端子ポール：$\omega_{OUT} \approx \dfrac{gm_8}{C_L}$

ゼロ：$\omega_Z \approx \dfrac{1}{C1(1/gm_6 - R1)}$

以上のことを考慮して，各素子の定数を検討します．

●出力バッファのソース・フォロワ：M8 の設計

ソース・フォロワ（M8）のトランジスタ・サイズは，

① 出力ソース電流 I_{OM+}
② 出力端子におけるポール ω_{OUT}

の2点を考慮して決定します．

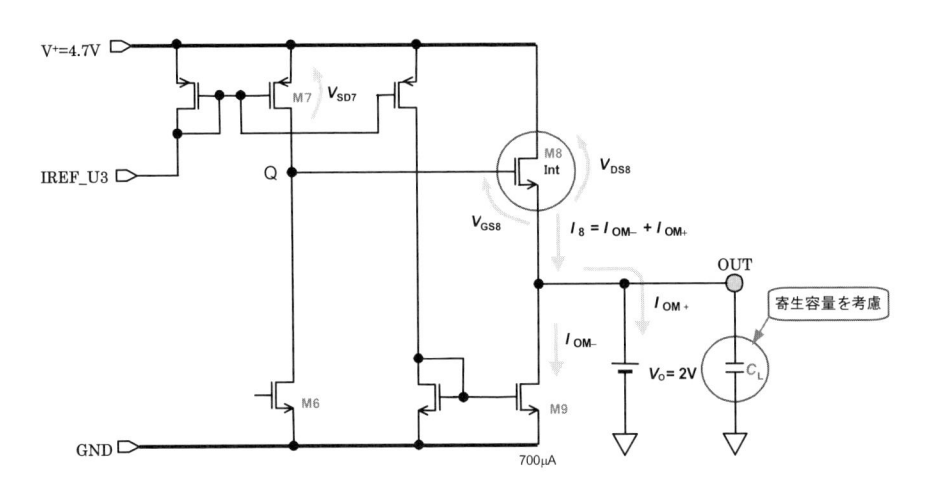

図 4.2 出力ソース・フォロワ

負荷電流能力 $I_8 \geq 5\text{mA}$ を満足する M8 のトランジスタ・サイズを検討する．

▶出力ソース電流：I_{OM+} の検討

出力ソース電流能力 I_{OM+} は，反転入力電圧 $V_{IN-} = 1.8\text{V}$，出力端子電圧 $V_O = 2\text{V}$ の条件で $I_{OM+} \geq 1\text{mA}$ の仕様です．M9 に定常的に流れる電流 $I_{OM-} = 700\mu\text{A}$ も考慮し，M8 に必要な電流能力は $I_8 \geq 1.7\text{mA}$ となります．ここでは $I_8 \geq 5\text{mA}$ を満足するように，M8 のトランジスタ・サイズを検討します．

まず，M8 に使用する素子の種類を検討します．図 4.2 において，最大出力電圧 V_{OM+} は前段の M7 が飽和領域で動作できる最小の V_{SD7} で制限されます．そのため $V_{SD7} \geq V_{SD(sat)}$ の条件で，$V_{OM+} \geq 3.5\text{V}$ を満足できる V_{GS8} を考えます．

$$V_{SD7} = V^+ - V_{OM+} - V_{GS8}$$

ですから，$V^+ = 4.7\text{V}$（最小電源電圧），$V_{OM+} = 3.5\text{V}$，$V_{SD(sat)} = 0.15\text{V}$ とすると，

$$V^+ - V_{OM+} - V_{GS8} \geq V_{SD(sat)}$$

$$4.7 - 3.5 - V_{GS8} \geq 0.15$$

$$\therefore V_{GS8} \leq 1.05\text{V}$$

となります．

このことから，M8 には通常のエンハンスメント型トランジスタでは動作電圧範囲が厳しいため，しきい値電圧の低いイニシャル型（$V_{TNI} = 0.35\text{V}$）のトランジスタを使用します．

次に，**図 4.2** における M8 の動作点からトランジスタ・サイズを検討します．出力端子電圧 $V_O = 2V$ ですから，M8 の動作点は，

$$V_{DS8} = V^+ - V_O = 4.7 - 2 = 2.7V$$

$$V_{GS8} = V^+ - V_{SD(sat)} - V_O = 4.7 - 0.15 - 2 = 2.55V$$

となります．NMOS：しきい値高め，$V_{TNI-H} = 0.5V$ としたワースト条件において，

$$V_{GS8} - V_{TNI-H} = 2.55 - 0.5 = 2.05V < V_{DS8} = 2.7V$$

となり，M8 の動作点は飽和領域となります．ここで，M8 に流れる電流 I_8 は基板バイアス効果の影響を無視すると，

$$I_8 = \frac{1}{2}\mu_{nI} \cdot C_{ox} \frac{W_8}{L_8}(V_{GS8} - V_{TNI})^2$$

と表せるので，$I_8 \geq 5mA$ から，

$$I_8 = \frac{1}{2}\mu_{nI} \cdot C_{ox} \frac{W_8}{L_8}(V_{GS8} - V_{TNI})^2 \geq 5mA$$

$$\therefore \frac{W_8}{L_8} \geq \frac{2 \times 5 \times 10^{-3}}{\mu_{nI} \cdot C_{ox}(V_{GS8} - V_{TNI})^2} \quad \cdots\cdots\cdots\cdots\cdots\cdots (4.1)$$

の条件式が導かれ，M8 のトランジスタ・サイズはこの条件を満足する必要があります．

▶出力端子におけるポール：ω_{OUT} の検討

出力端子に接続される ESD 保護素子やボンディング・パッド，およびプローブ・テスト時などの寄生容量 C_L を考慮すると，出力端子におけるポールの角周波数 ω_{OUT} は，

$$\omega_{OUT} \approx \frac{gm_8}{C_L} = \frac{\sqrt{2I_8 \cdot \mu_{nI} \cdot C_{ox}(W_8/L_8)}}{C_L} \quad \cdots\cdots (4.2)$$

と表せます．

アンプが安定動作するためには，ω_{OUT} がユニティ・ゲイン周波数 ω_{unity} （=利得帯域幅積 GB ）よりも大きい必要があります．このことから式(4.2)を用いると，

$$\omega_{OUT} > \omega_{unity}$$

$$\therefore \frac{W_8}{L_8} > \frac{(C_L \cdot \omega_{unity})^2}{2I_8 \cdot \mu_{nI} \cdot C_{ox}} \quad \cdots\cdots\cdots\cdots\cdots\cdots (4.3)$$

の条件式が導かれます．

以上から，式(4.1)，式(4.3)を満足するように M8 のトランジスタ・サイズを決定します．ここでは，十分な余裕度をもたせてトランジスタ・サイズを $W_8/L_8 = 1280\mu m / 2.1\mu m$ とします．

4.1 GB=5MHzのOPアンプ設計

● 出力バッファのシンク電流：M9の設計

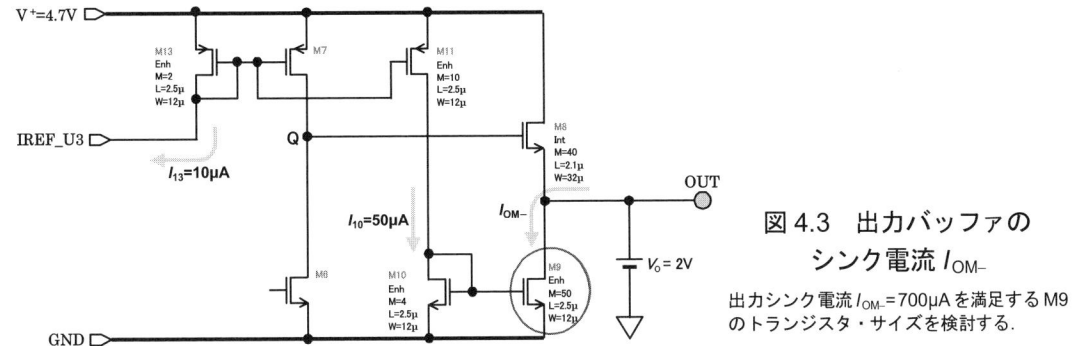

図4.3 出力バッファのシンク電流 I_{OM-}

出力シンク電流 I_{OM-} = 700μA を満足する M9 のトランジスタ・サイズを検討する.

図4.3 の回路において，基準電流源からの電流 $I_{REF\_U3} = I_{13} = 10\mu A$ を M13 と M11 からなるカレント・ミラーと，M10 と M9 からなるカレント・ミラーで，電流値 $I_{OM-} = 700\mu A$ になるように M9 のトランジスタ・サイズを決定します.

ここで，M10 の電流を $I_{10} = 50\mu A$，トランジスタ・サイズを $W_{10}/L_{10} = (12\mu m/2.5\mu m) \times 4$ とすると，$I_{OM-} = 700\mu A$ とするために必要な M10 と M9 のカレント・ミラー電流比は，次のようになります.

$$\frac{(W_9 \times n)/L_9}{(W_{10} \times 4)/L_{10}} = \frac{I_9}{I_{10}} = 700\mu A/50\mu A = 14$$

ただし，チャネル長変調によって電流比が大きくなる方向にずれるので，既存類似製品の実績なども考慮し，M9 のトランジスタ・サイズは次のようにします.

$$W_9/L_9 = (12\mu m/2.5\mu m) \times 50$$

$$\frac{(W_9/L_9) \times 50}{(W_{10}/L_{10}) \times 4} = 12.5$$

● 差動増幅器のバイアス電流：I_5 の設計

図4.4 差動増幅器のバイアス電流 I_5

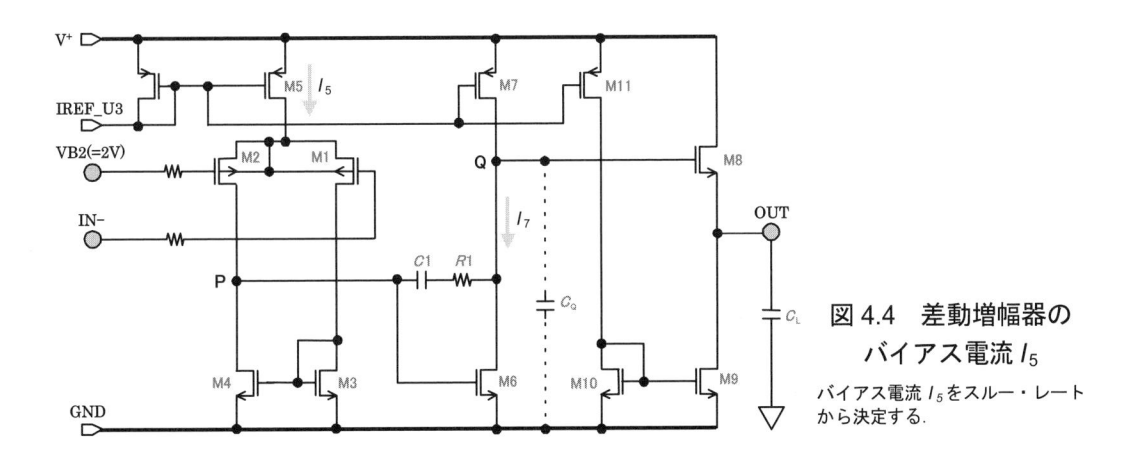

バイアス電流 I_5 をスルー・レートから決定する.

差動増幅器のバイアス電流I_5をどれだけ流すかは，所望のスルー・レートから決定します．OPアンプのスルー・レートSRとは，単位時間における出力電圧の最大変化量のことで，OPアンプ内部，または外部キャパシタを充放電するのに要する時間で決まります．PWM01では，振幅$A=1.5\mathrm{V}$，周波数$f=500\mathrm{kHz}$の正弦波をひずみなく出力するために必要なスルー・レートとします．したがって所望のスルー・レートSRは，$SR = 2\pi A \cdot f \ [\mathrm{V/s}]$で表されるので，

$$\begin{aligned} SR &= 2\pi A \cdot f \\ &= 2\pi \times 1.5 \times 500 \times 10^3 \\ &= 4.71 \ [\mathrm{V/\mu s}] \end{aligned}$$

となります．

一方，図4.4のOPアンプ内部のスルー・レートは位相補償用キャパシタ$C1$，入力段のバイアス電流I_5から，$SR = I_5/C1$で制限されるので，

$$SR = \frac{I_5}{C1} \geq 4.71 \ [\mathrm{V/\mu s}]$$
$$\therefore I_5 \geq 4.71 \times 10^6 \times C1$$

を満足するように電流I_5を決定します．

●位相補償容量：C1の設計

利得帯域幅積GBが，利得が1倍（0dB）になるユニティ・ゲイン角周波数と等しいとすると，図4.5に示すような周波数特性において，ω_Pから$\omega_\mathrm{unity}(=2\pi GB)$までの傾きは$-20\mathrm{dB/dec}$となり，その直線上での利得と角周波数の積は一定なので，ω_unityは，

$$\begin{aligned} \omega_\mathrm{unity} &= A_0 \cdot |\omega_\mathrm{P}| \\ &= \frac{gm_{1,2}(r_{O2}//r_{O4})gm_6(r_{O6}//r_{O7})}{C1 \cdot gm_6(r_{O2}//r_{O4})(r_{O6}//r_{O7})} \\ &= \frac{gm_{1,2}}{C1} \end{aligned}$$

（注）//は並列の意

と表せます．この式から位相補償容量$C1$は，

$$gm_{1,2} = \sqrt{I_5 \cdot \mu_\mathrm{pE} \cdot C_\mathrm{ox}(W_1/L_1)} \quad \text{から，}$$

$$C1 = \frac{gm_{1,2}}{\omega_\mathrm{unity}} = \frac{\sqrt{I_5 \cdot \mu_\mathrm{pE} \cdot C_\mathrm{ox}(W_1/L_1)}}{2\pi \times 5 \times 10^6}$$

となります．

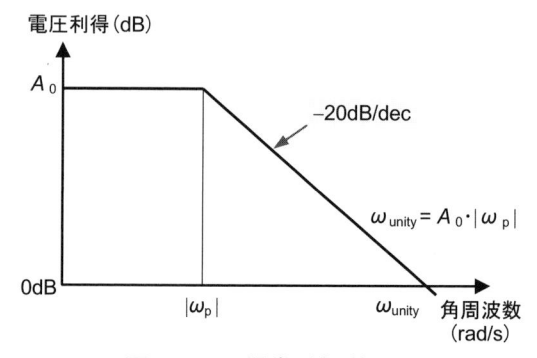

図4.5 利得帯域幅積 GB

ポール角周波数ω_Pから，利得は$-20\mathrm{dB/dec}$の傾きで減少し，その直線上では利得と角周波数の積は一定となる．

4.1 GB=5MHz の OP アンプ設計

●差動増幅器の入力段：M1 と M2 の設計

入力段の差動対 M1 と M2 の対称性がずれるとオフセット電圧の原因になるので注意が必要です．レイアウト設計時にコモン・セントロイド配置にすることを考慮して，トランジスタ・サイズは $W_1 = W_2 = 20\mu m \times 4$，$L_1 = L_2 = 5\mu m$ とします．

●差動増幅器のアクティブ負荷：M3 と M4 の設計

M3 と M4 のトランジスタ・サイズについては，最小入力電圧 $V_{IN(min)} = 0.5V$ を印加したときに，M1 が飽和領域で動作できる条件から検討します．

図 4.6 において IN− 端子に $V_{IN(min)}$ を印加したとき，M5 からの電流 I_5 がすべて M1 に流れているとすると，M1 の V_{SD1} は，

$$V_{SD1} = V_{IN(min)} + V_{SG1} - V_{GS3}$$

と表せます．ここで，M1 が飽和領域で動作するためには $V_{SD1} \geq V_{SD(sat)}$ でなければならないので，$V_{IN(min)} - V_{GS3} + V_{SG1} \geq V_{SD(sat)}$ の関係式が成り立ちます．このことから，

$$V_{SD(sat)} = V_{SG1} - |V_{TPE}|$$

$$V_{GS3} = \sqrt{\frac{2I_5}{\mu_{nE} \cdot C_{ox}(W_3/L_3)}} + V_{TNE}$$

とすると，

$$V_{IN(min)} - \left\{\sqrt{\frac{2I_5}{\mu_{nE} \cdot C_{ox}(W_3/L_3)}} + V_{TNE}\right\} + V_{SG1} \geq V_{SG1} - |V_{TPE}|$$

$$\therefore \frac{W_3}{L_3} \geq \frac{2I_5}{\mu_{nE} \cdot C_{ox}(V_{IN(min)} + |V_{TPE}| - V_{TNE})^2}$$

の条件式が導かれます．この条件式を満足するように，M3 と M4 のトランジスタ・サイズを決定します．

●利得段のソース接地回路設計

NMOS ソース接地の利得段を構成する M6 のトランジスタ・サイズと電流 I_7 を検討します．

Q 点（図 4.4）で発生するポール ω_Q は，

$$|\omega_Q| = \frac{gm_6}{C_Q}$$

と表せます．ここで，アンプが安定動作するためには，$\omega_Q > \omega_{unity}$ である必要があります．よって，

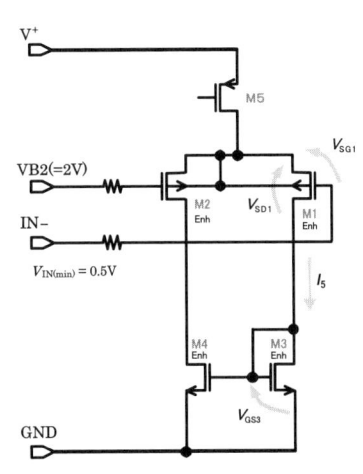

図 4.6 M3 と M4 の決定

M3 と M4 のトランジスタ・サイズは，最小入力電圧（0.5V）のときに M1 が飽和領域で動作できるサイズとする．

$$\frac{gm_6}{C_Q} > \omega_{\text{unity}}$$

$$\frac{\sqrt{2\mu_{\text{nE}} \cdot C_{\text{ox}} (W_6/L_6) I_7}}{C_Q} > \omega_{\text{unity}} \quad \cdots\cdots (4.4)$$

となります．また，差動入力段の各電圧が等しいときに，M1とM2のドレイン電圧や電流のバランスが崩れて生じる回路的な非対称によるシステマチック・オフセット電圧を最小限にするため，M3とM4のドレイン電圧が等しくなるように設定します．そのために必要な条件は，

$$\frac{W_6}{L_6} = \frac{2I_7}{I_5} \cdot \frac{W_4}{L_4} \quad \cdots\cdots\cdots\cdots (4.5)$$

です．したがって，式(4.4)と式(4.5)の条件から，M6のトランジスタ・サイズ(W_6/L_6)と電流I_7を決定します．

● 位相補償抵抗：R1の設計

このOPアンプのゼロ[4.1]は，

$$\omega_Z = \frac{1}{C1(1/gm_6 - R1)}$$

と表せます．このゼロは，$\omega_Z > 0$の場合，ポールと同じように位相を遅らせる働きをするので，低域に位置すると回路が不安定になってしまいます．そこで，$R1 = 1/gm_6$とすれば，$\omega_Z \to \infty$となり，この回路におけるゼロの影響をなくすことができます．しかし実際には素子ばらつきや温度特性などの影響で$R1$やgm_6の値が変動するので，$\omega_Z \leq 0$となるように設定します．

$$\omega_Z \leq 0$$

$$\frac{1}{C1(1/gm_6 - R1)} \leq 0$$

$$\therefore R1 \geq 1/gm_6$$

ここでは，$R1$の値を上記条件式を満足するように設定します．ゼロは，$R1$によって位相余裕が増加する方向に位相特性を変化させます．

図4.7は，以上の検証結果を考慮し，回路定数を最適化した回路です．

図4.8は，$V^+ = 5V$時に各素子をtyp条件で，出力端子の寄生負荷容量C_Lを0～300pFまで変化させたときのシミュレーション検証結果です．typ条件で電圧利得$A_V = 80dB$，利得帯域幅積$GB = 5MHz$となり，仕様を満足するオープン・ループ周波数特性となっていることがわかります．

[4.1] ゼロについては115ページ脚注を参照．

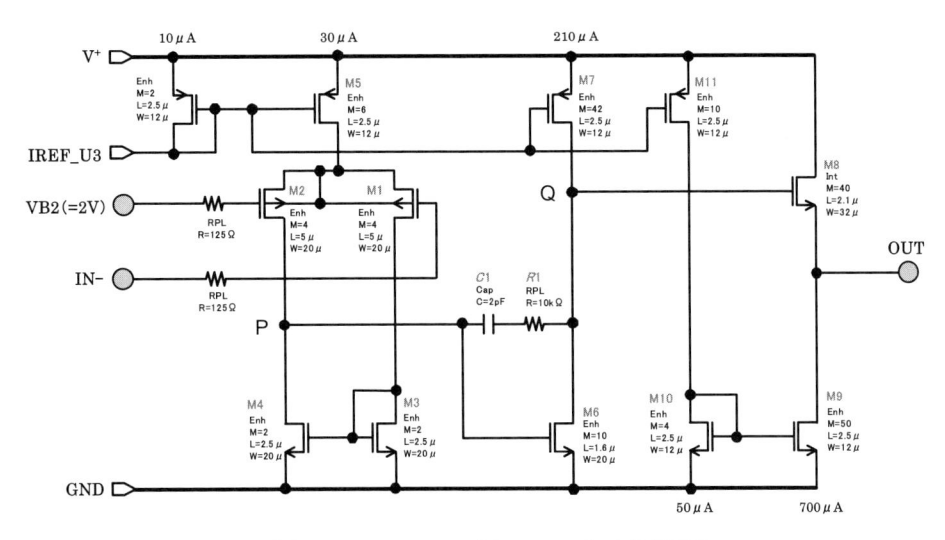

4.1 GB=5MHz の OP アンプ設計

図 4.7 OP アンプ（U3，U4）の回路図

ここまでの検討結果，および素子ばらつきや温度変動などを考慮し，回路定数の最適化を図った回路．

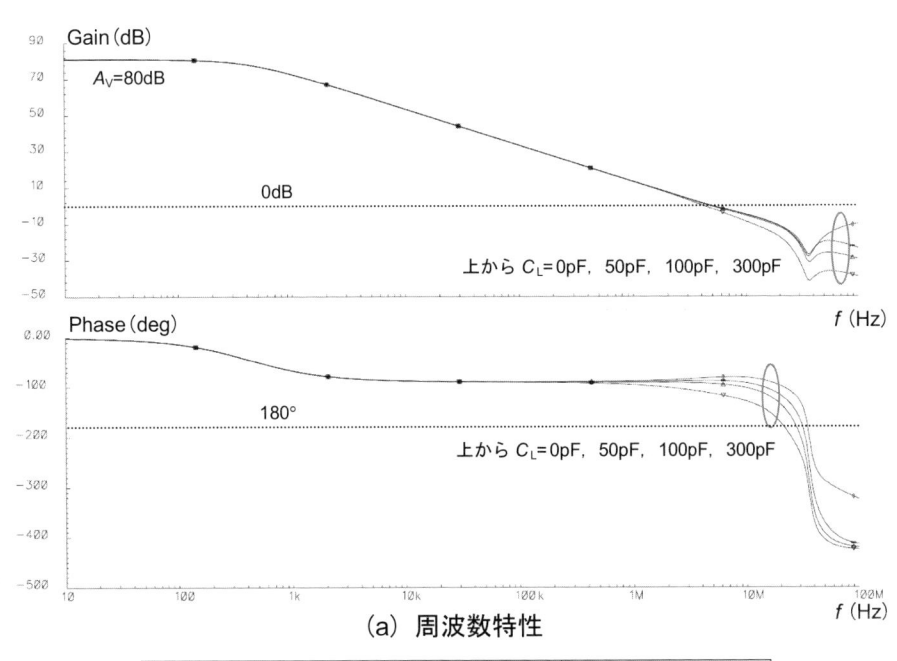

(a) 周波数特性

負荷容量(pF)	GB 積(MHz)	位相余裕(度)
0	4.94	98.2
50	4.88	92.1
100	4.76	86.4
300	4.17	69.2

(b) 負荷容量と位相余裕

図 4.8 オープン・ループ周波数特性

V^+ = 5V，C_L = 0〜300pF としたときのオープン・ループ周波数特性のシミュレーション結果．十分な位相余裕が確保されている．

● 大信号入力時の過渡応答特性

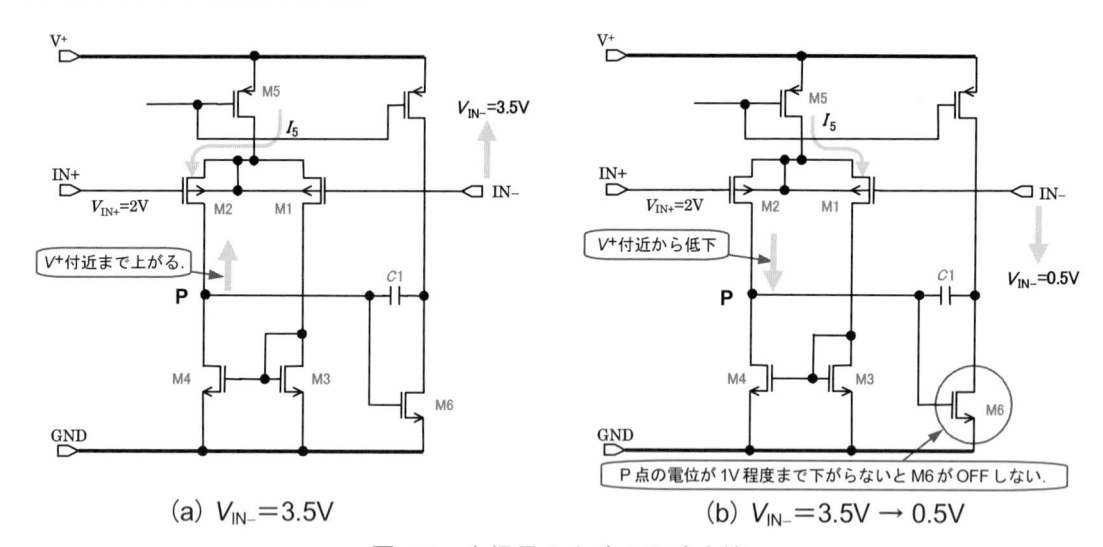

(a) $V_{IN-}=3.5V$

(b) $V_{IN-}=3.5V \rightarrow 0.5V$

図中の注釈:
- V^+ 付近まで上がる.
- V^+ 付近から低下
- P点の電位が1V程度まで下がらないとM6がOFFしない.

図 4.9 大信号入力時の過渡応答

入力電圧 V_{IN-} を 3.5V から 0.5V まで急峻に変化させたときの過渡応答動作を考える.

入力電圧 V_{IN-} を 3.5V から 0.5V まで急峻に変化させたときの動作を考えます．図 4.9(a) に示すように入力電圧が 3.5V のとき，電流 I_5 は M1 にほとんど流れずに，その大部分が M2 に流れ込み，P 点の電位は V^+ 付近まで上昇します．次に，入力電圧を 0.5V まで下げると，I_5 は M1 を介して M3 に流れるため，M4 が電流を流し始めます．その結果，P 点の電位が低下します．このときの P 点の電圧変化率は M5 の電流 I_5 と位相補償キャパシタ C_1 で決まるスルー・レートで制限されます．

ここで出力を反転させることを考えると，P 点の電位を 1V 程度まで下げて，M6 を OFF させなけば出力は反転しません．そのため，電源電圧 V^+ が高くなればなるほど，M6 が反転するまでの時間がかかることになります．そこで，図 4.10 に示すような M6 が応答するまでの時間を短縮する回路を考えます．

この回路では，M4 のゲート-ドレイン間に M12 を挿入することで P 点の電圧 V_P をクランプします．つまり $V_{IN-} > 2V$ のときに，P 点の電位を $V_P = V_{GS12} + V_{GS3}$ に制限します．

図 4.11 は，大信号時の入出力過渡応答特性のシミュレーション結果です．M12 を挿入したことで P 点の電圧 V_P が $V_{GS12} + V_{GS3}$ 以下に制限され，M6 が応答するまでの時間が短縮されていることがわかります．

図中の注釈: P 点の電位は，$V_{GS12} + V_{GS3}$ 以下に制限される.

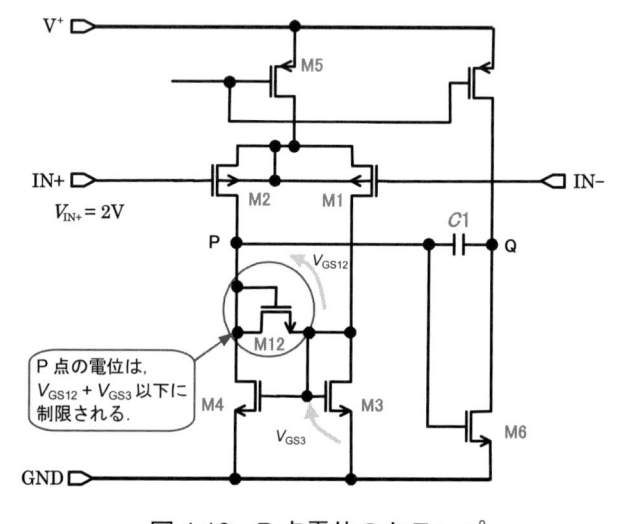

図 4.10 P 点電位のクランプ

M12 を挿入することで，大振幅入力時の過渡応答特性の改善を図る.

4.1 *GB* = 5MHz の OP アンプ設計　145

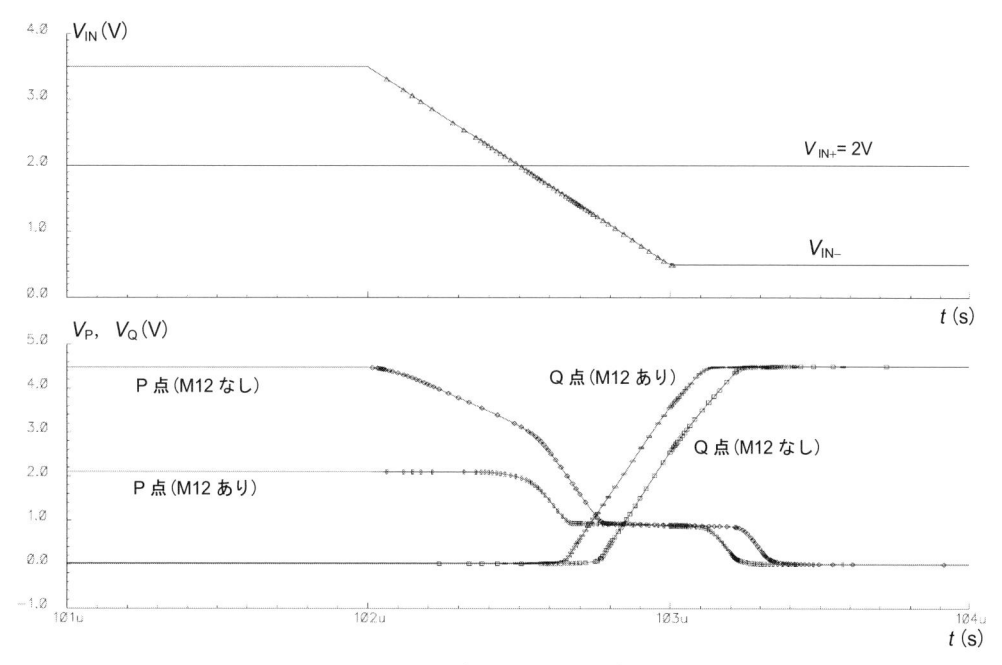

図 4.11 大信号時の入出力過渡応答特性

M12 を挿入することで V_P がクランプされ，V_Q が応答するまでの時間が短縮される．

● **全体回路**

最終的な OP アンプ (U3, U4) の回路図を**図 4.12** に示します．

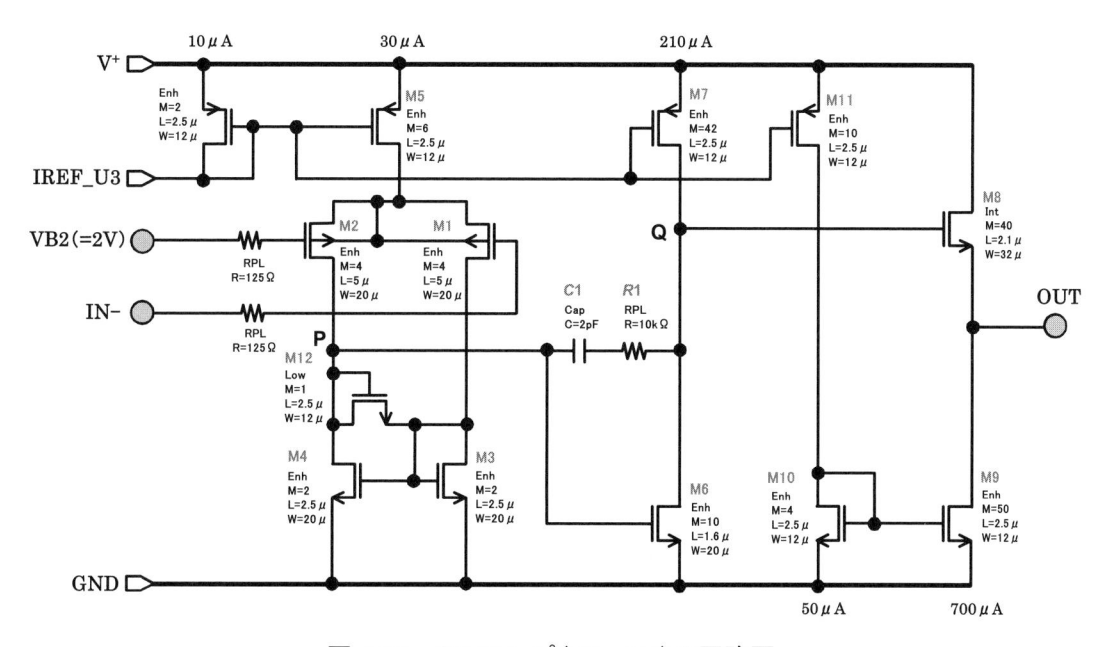

図 4.12 OP アンプ (U3, U4) の回路図

PWM01 に使用する GB = 5MHz，$I_{OM+} \geq$ 1mA，I_{OM-} = 700μA の OP アンプ回路．

4.2 GB = 1MHz の OP アンプ設計

●U3, U4 とほとんど同じ回路構成でよい

利得帯域幅積 GB = 1MHz，出力シンク電流 I_{OM-} ≥ 400μA 以外は，先に設計した OP アンプ（U3，U4）とほとんど同じ仕様です．したがって**図 4.13** に示すように OP アンプ（U3，U4）と同様な PMOS 入力の差動増幅器，NMOS ソース接地の利得段，NMOS ソース・フォロワの出力バッファによる回路構成とし，バイアス電流値（IREF_U1）と位相補償回路 $C1$，$R1$ の定数変更だけで特性の合わせ込みを行います．

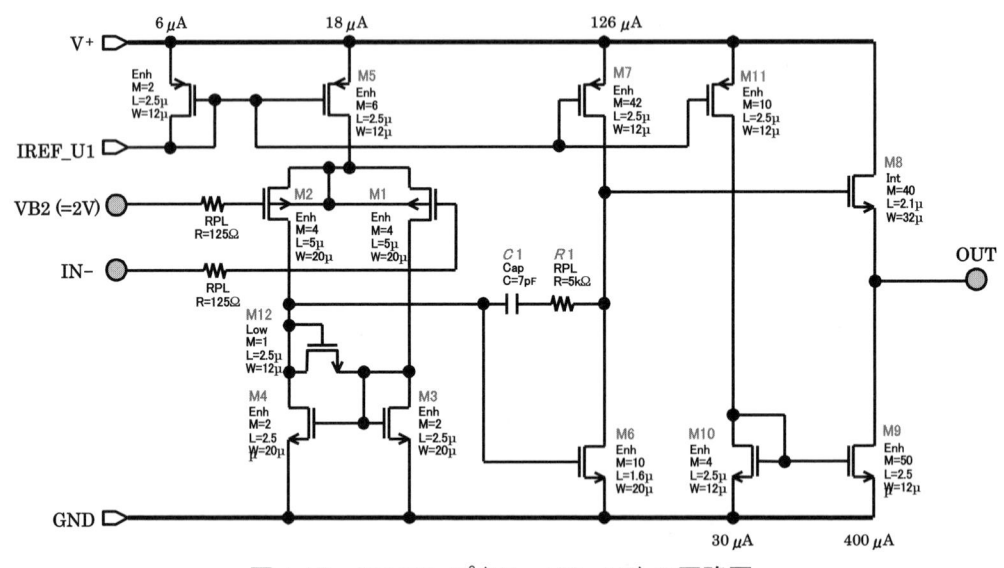

図 4.13 OP アンプ（U1，U2，U8）の回路図

利得帯域幅積 GB = 5MHz の OP アンプ（U3，U4）と同様な回路構成で，各段のバイアス電流値と位相補償回路の定数だけが異なる．

●シミュレーションによる特性の検証

図 4.14 は，V^+ = 5V 時に各素子を typ 条件で，出力端子の負荷容量 C_L を 0～300pF まで変化させたときのシミュレーション検証結果です．typ 条件で電圧利得 A_V = 80dB，利得帯域幅積 GB = 1MHz となり，仕様を満足するオープン・ループ周波数特性となっていることがわかります．

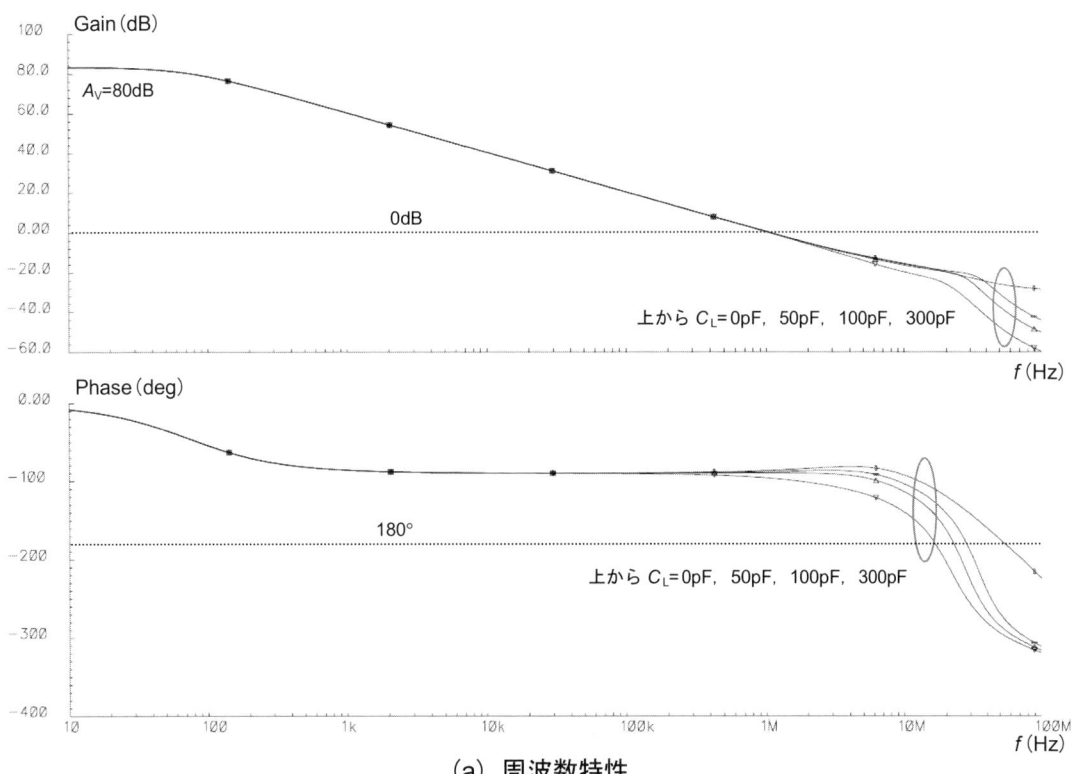

(a) 周波数特性

負荷容量 (pF)	GB 積 (MHz)	位相余裕 (度)
0	1.07	93.5
50	1.07	91.8
100	1.06	90.1
300	1.05	83.6

(b) 負荷容量と位相余裕

図 4.14　オープン・ループ周波数特性

V^+ = 5V, C_L = 0〜300pF としたときのオープン・ループ周波数特性のシミュレーション結果. 十分な位相余裕が確保されている.

4.3 加算＋リミッタ・アンプの設計

●電圧リミッタ付き加算アンプの構成

この回路は図4.15に示すように，出力信号をモニタし，出力振幅を制限する電圧リミッタ機能を有する加算アンプです．電圧クランプされたアンプの出力信号を電流フィードバックの基準信号とすることで，フィードバックのかかった過電流制限機能を実現しています．加算アンプU5に要求される諸特性は，4.1節で設計したOPアンプ（U3，U4）と同じです．

図4.15の回路動作について説明します．加算アンプU5の出力（SO端子）がIH端子電圧V_{IH}を超えると，リミッタ・アンプU7が動作し，U5の出力電圧がV_{IH}となるように負帰還がかかります．また，U5の出力（SO端子）がIL端子電圧V_{IL}より小さくなるとリミッタ・アンプU6が動作し，U5の出力電圧がV_{IL}となるように負帰還がかかります．したがって，SI端子にバイアス電圧2V，振幅0.75Vの正弦波を入力し，それ以外の端子は$VB2$（2V）に電位を固定すると，加算アンプU5の出力は図4.16に示すような，$V_{IH}=3V$と$V_{IL}=1V$でクランプされた波形となります．

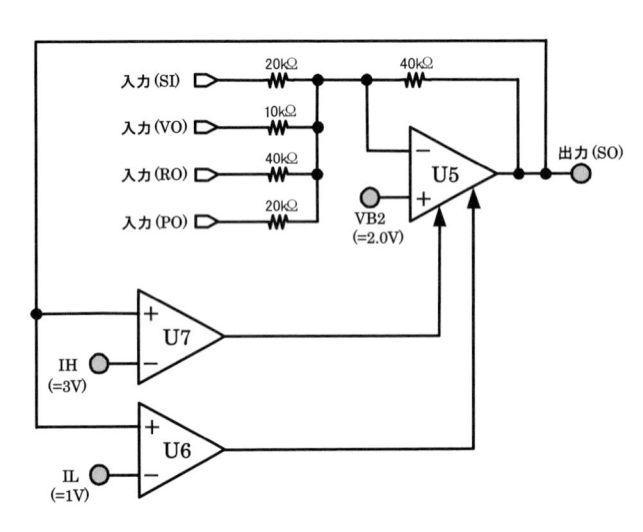

図4.15 加算＋リミッタ・アンプのブロック図
出力信号をモニタし，出力振幅を制限する電圧リミッタ機能付き加算アンプ．

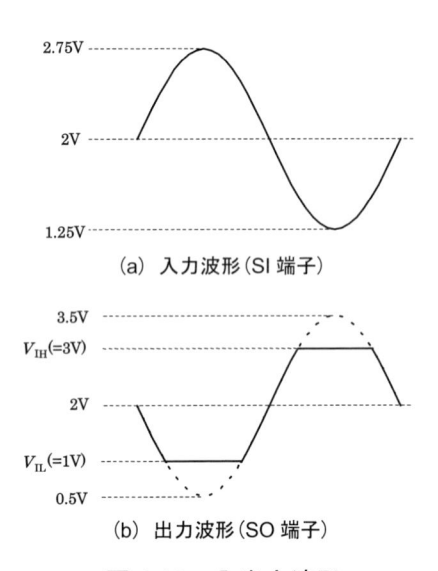

図4.16 入出力波形
バイアス電圧2V，振幅0.75Vの正弦波を入力したときの出力波形．

実際の回路は，図 4.17 に示すように，加算アンプ U5 の利得段（M6 のゲート）にリミッタ・アンプ U6，U7 の出力を接続した構成となります．

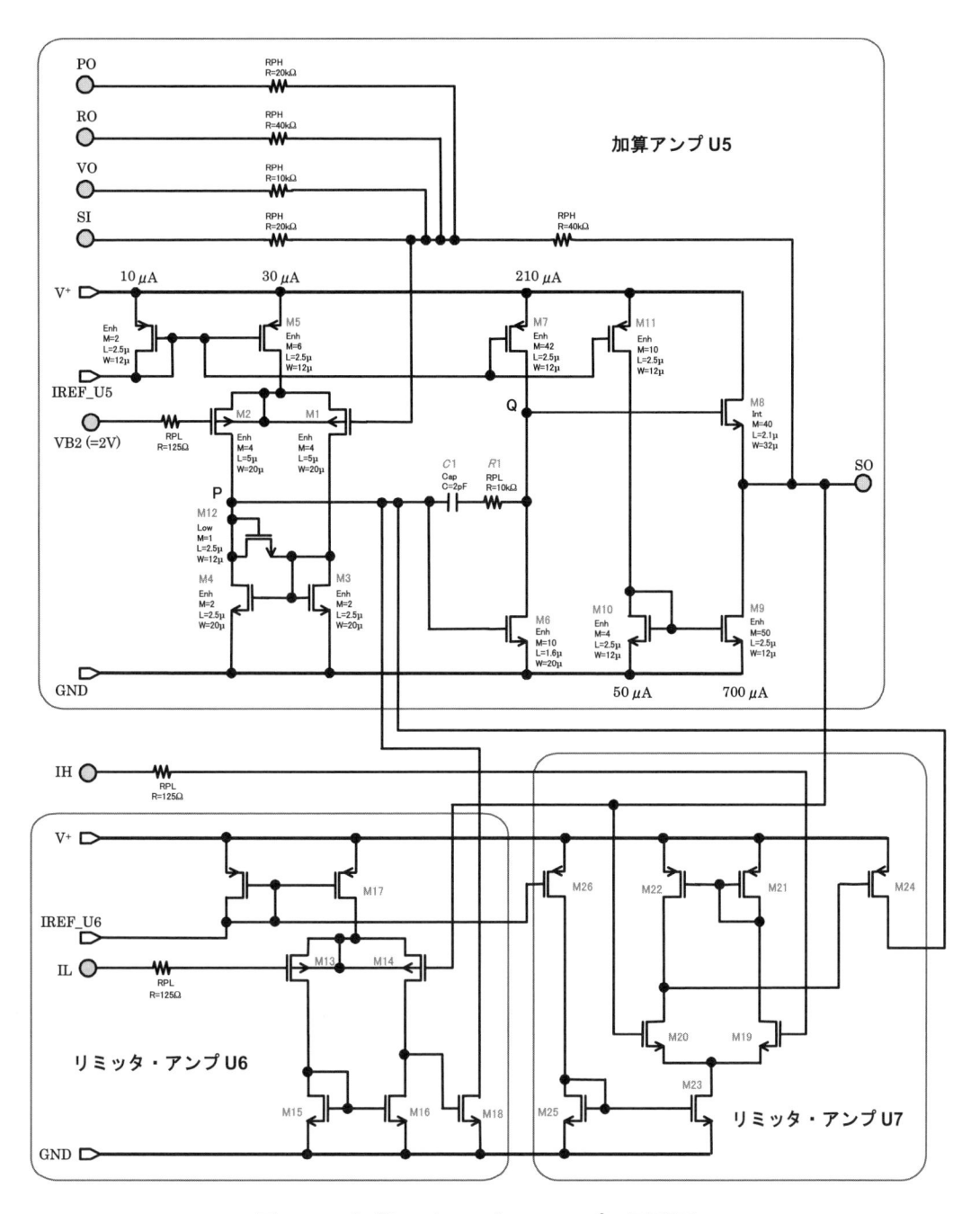

図 4.17　加算＋リミッタ・アンプの回路図

加算アンプ U5 の利得段（M6 のゲート）に出力信号をモニタしているアンプ（U6，U7）出力を接続した構成となる．

150　第4章　OPアンプの設計

●リミッタがかかっているときの位相補償を考慮する

　図4.17において，$V_{IL} \leq V_{SO} \leq V_{IH}$の範囲では，アンプU6とU7はアンプU5の動作に影響を与えません．そのため，4.1節で設計したOPアンプ（U3，U4）と同様に，U5の利得段入出力間に$C1$と$R1$を挿入し，位相補償を行います．しかし，$V_{SO} \leq V_{IL}$の範囲では出力SOをアンプU6で受け，U5の利得段を介して出力SOに至るループになるので，利得段が1段増えたことになり，加算アンプU5における$C1$と$R1$だけでは十分な位相補償が実現できません．したがって，新たに位相補償回路を検討する必要があります．これは$V_{SO} \geq V_{IH}$の範囲におけるアンプU7のループに関しても，同様のことが言えます．

　ここで，位相補償回路を挿入する箇所として最初に考えられるのは，リミッタ・アンプU6の利得段M18のゲート-ドレイン間です．しかし，ここに挿入すると$V_{IL} \leq V_{SO} \leq V_{IH}$の範囲での動作時に，アンプU5の特性に影響を与えてしまいます．そこでPWM01では，図4.18のようにリミッタ・アンプU6の差動増幅回路に$C3$と$R3$を挿入して位相補償を行うことにしました．

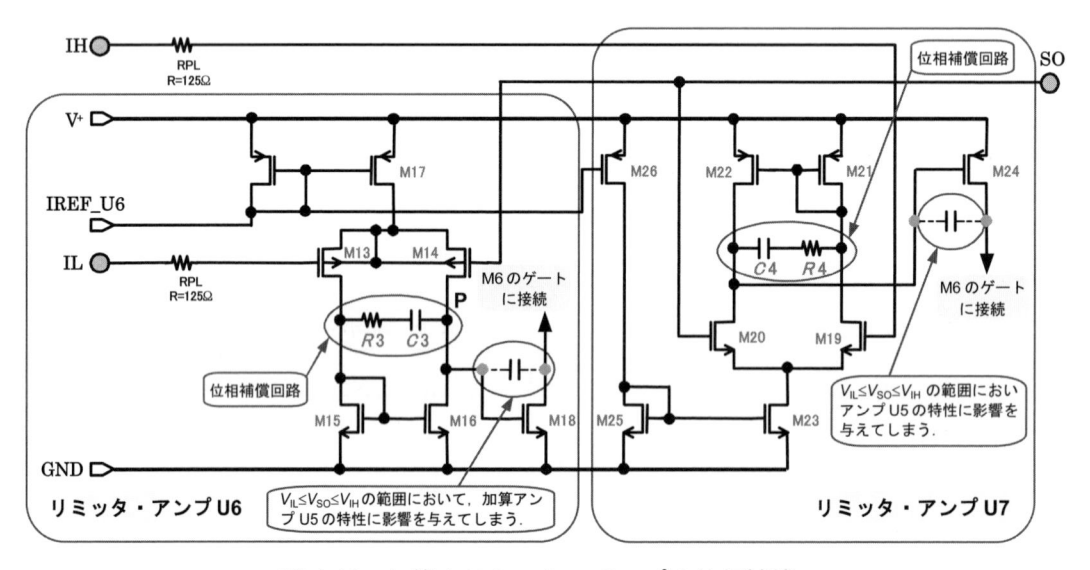

図4.18　加算＋リミッタ・アンプの位相補償

リミッタ・アンプの安定動作化のために$C3$，$R3$と$C4$，$R4$を挿入して位相補償を行う．

この位相補償回路によって，$V_{IL} \geq V_{SO}$の範囲におけるP点のポールは，

$$\omega_P \approx \frac{1}{C3\left(r_{O14}//r_{O16}\right)}$$

となるので，$C3$を調整してポールを低域に移動させます．ここではチップ面積を考慮し，$C3 = 4\text{pF}$としました．また，リミッタ・アンプU7についても同様な位相補償（$C4$，$R4$）を行います．

図4.19は，加算＋リミッタ・アンプの全体回路図です．また図4.20は，リミッタ・アンプU6がクランプ動作する条件（$V_{IL}=1\text{V}$，$V_{IH}=3\text{V}$，$V^+=5\text{V}$，PO = RO = VO = $VB2$，SI = 2.75V）にした場合の，U6からU5までの系でのオープン・ループ周波数特性です．$C3$と$R3$によって位相余裕が改善されるシミュレーション結果となっています．

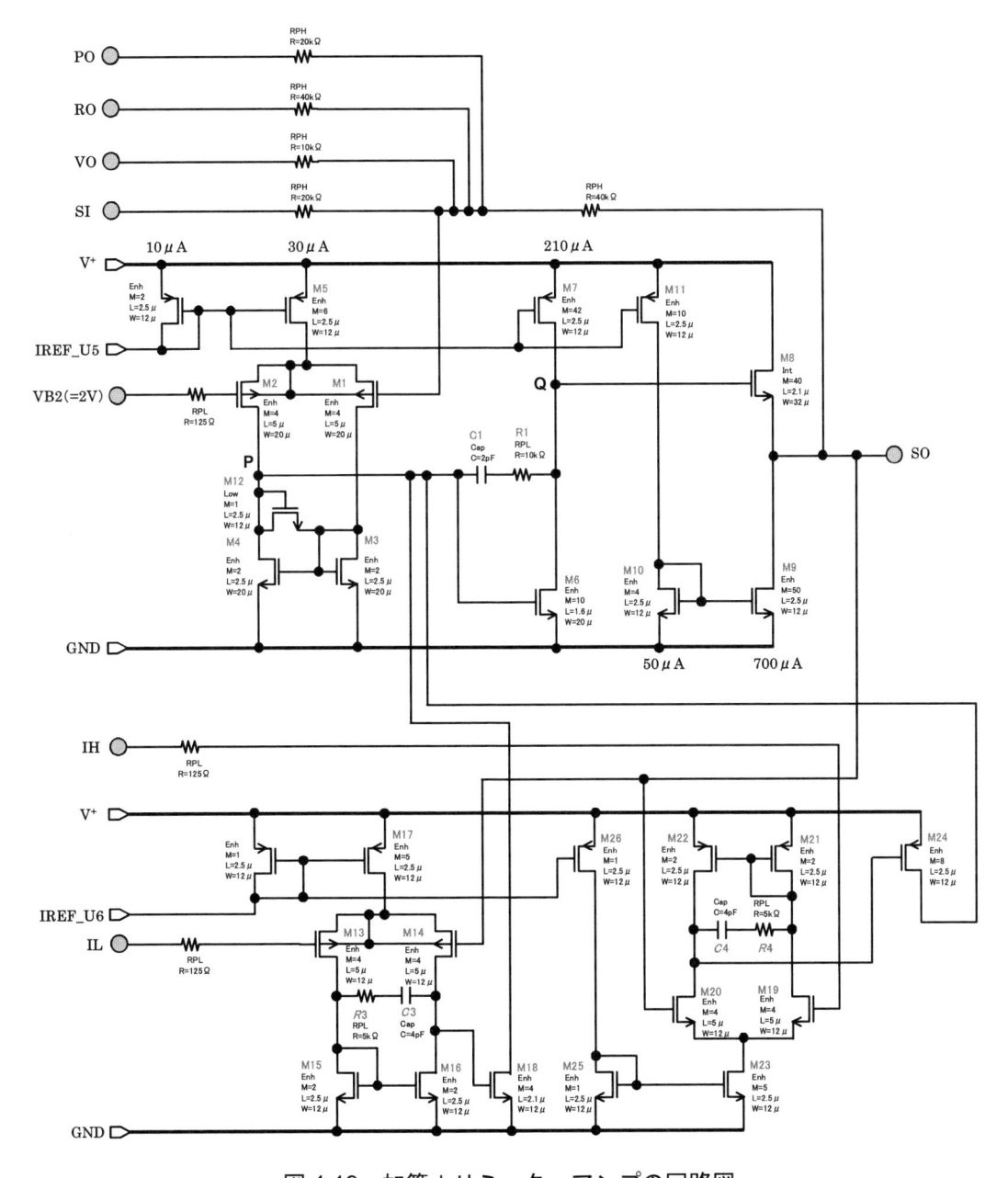

図4.19 加算＋リミッタ・アンプの回路図

PWM01で使用する加算＋リミッタ・アンプ．IH端子とIL端子への印加電圧で出力振幅を制限する．

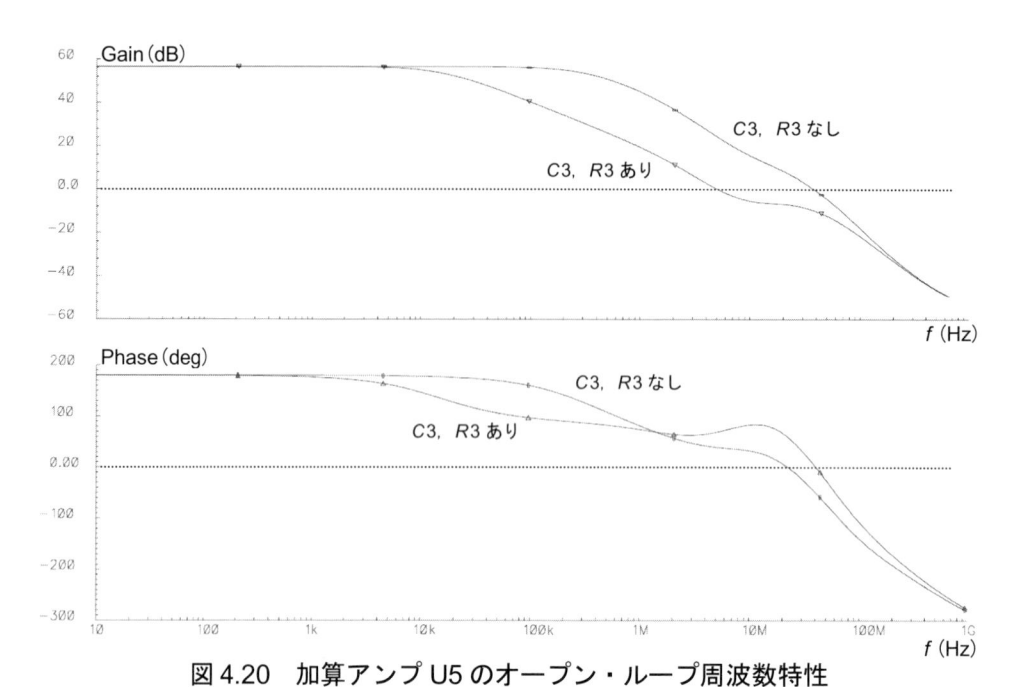

図 4.20　加算アンプ U5 のオープン・ループ周波数特性

V^+ = 5V，V_{IL} = 1V，V_{IH} = 3V，V_{SO} = 2V でのオープン・ループ周波数特性のシミュレーション結果．

●クランプ入力電圧範囲

　ここで，リミッタにおけるクランプ入力電圧範囲について検証しておきます．図 4.21 において，IH 端子，および IL 端子の入力電圧範囲を検討します．入力電圧範囲はすべてのトランジスタが飽和領域で動作する電圧範囲です．ここでは，すべてのトランジスタにおいて $V_{DS(sat)}$ = 0.15V，$V_{GS} = V_T + V_{DS(sat)}$ とします．

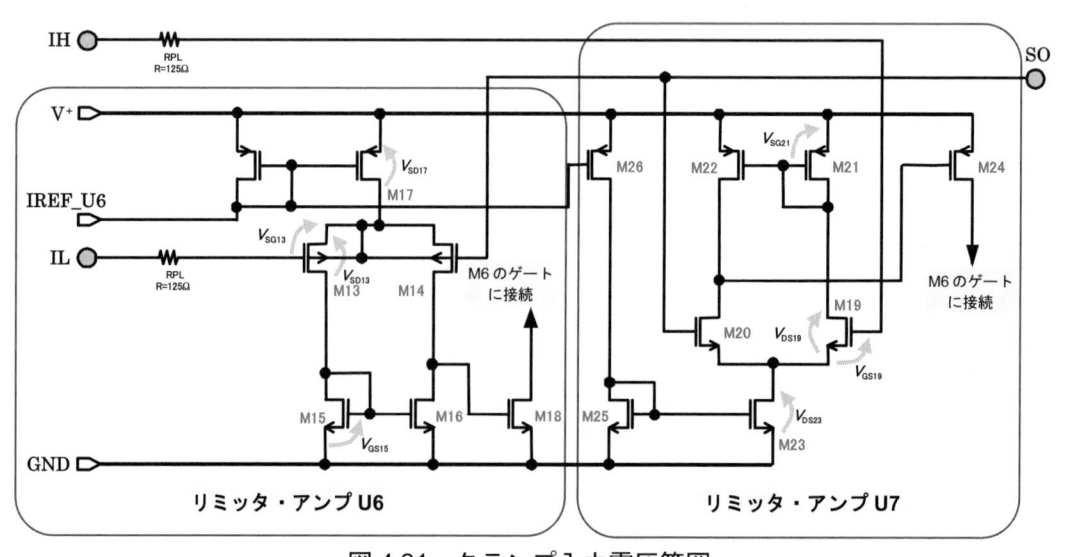

図 4.21　クランプ入力電圧範囲

IH 端子と IL 端子の入力電圧範囲を検討する．

▶IH 端子：$V_{\text{I-IH}}$

①**最大入力電圧**：$V_{\text{I-IH(max)}}$

最大入力電圧 $V_{\text{I-IH(max)}}$ は，M19 が飽和領域で動作できることを考慮すると，

$$V_{\text{I-IH(max)}} = V^+ - V_{\text{GS21}} - V_{\text{DS19(sat)}} + V_{\text{GS19}}$$

となります．

ここで，NMOS：しきい値低め $V_{\text{TNE-L}} = 0.65\text{V}$，PMOS：しきい値高め $|V_{\text{TPE-H}}| = 1\text{V}$ とし，$V^+ = 5\text{V}$ とすると，

$$\begin{aligned}
V_{\text{I-IH(max)}} &= V^+ - V_{\text{SG21}} - V_{\text{DS19(sat)}} + V_{\text{GS19}} \\
&= V^+ - \left(|V_{\text{TPE-H}}| + V_{\text{SD21(sat)}}\right) - V_{\text{DS19(sat)}} + V_{\text{TNE-L}} + V_{\text{DS19(sat)}} \\
&= V^+ - |V_{\text{TPE-H}}| - V_{\text{SD21(sat)}} + V_{\text{TNE-L}} \\
&= 5 - 1 - 0.15 + 0.65 \\
&= 4.5\text{V}
\end{aligned}$$

となります．

②**最小入力電圧**：$V_{\text{I-IH(min)}}$

最小入力電圧 $V_{\text{I-IH(min)}}$ は，M23 が飽和領域で動作できることを考慮すると，

$$V_{\text{I-IH(min)}} = V_{\text{DS23}} + V_{\text{GS19}}$$

となります．ここで，NMOS：しきい値高め $V_{\text{TNE-H}} = 0.95\text{V}$ とすると，

$$\begin{aligned}
V_{\text{I-IH(min)}} &= V_{\text{DS23}} + V_{\text{GS19}} \\
&= V_{\text{DS23(sat)}} + \left(V_{\text{TNE-H}} + V_{\text{DS19(sat)}}\right) \\
&= 0.15 + (0.95 + 0.15) \\
&= 1.25\text{V}
\end{aligned}$$

となります．

したがって，IH 端子のクランプ入力電圧範囲は 1.25〜4.5V となり，仕様の 1.5〜3.5V を満足します．

▶IL 端子：$V_{\text{I-IL}}$

①**最大入力電圧**：$V_{\text{I-IL(max)}}$

最大の入力電圧 $V_{\text{I-IL(max)}}$ は，M17 が飽和領域で動作できることを考慮すると，

$$V_{\text{I-IL(max)}} = V^+ - V_{\text{SD17(sat)}} - V_{\text{SG13}}$$

となります．ここで，PMOS：しきい値高め $|V_{\text{TPE-H}}| = 1\text{V}$ とすると，

$$\begin{aligned}
V_{\text{I-IL(max)}} &= V^+ - V_{\text{SD17(sat)}} - V_{\text{SG13}} \\
&= V^+ - V_{\text{SD17(sat)}} - \left(|V_{\text{TPE-H}}| + V_{\text{SD13(sat)}}\right) \\
&= 5 - 0.15 - (1 + 0.15) \\
&= 3.7\text{V}
\end{aligned}$$

となります．

②最小入力電圧：$V_{I-IL(min)}$

最小入力電圧$V_{I-IL(max)}$は，M13が飽和領域で動作できることを考慮すると，

$$V_{I-IL(min)} = V_{GS15} - V_{SD13(sat)} - V_{SG13}$$

となります．ここで，NMOS：しきい値高め$V_{TNE-H} = 0.95$V，PMOS：しきい値低め$|V_{TPE-L}| = 0.7$V とすると，

$$\begin{aligned}
V_{I-IL(min)} &= V_{GS15} + V_{SD13(sat)} - V_{SG13} \\
&= V_{TNE-H} + V_{DS15(sat)} + V_{SD13(sat)} - \left(|V_{TPE-L}| + V_{SD13(sat)}\right) \\
&= V_{TNE-H} + V_{DS15(sat)} - |V_{TPE-L}| \\
&= 0.95 + 0.15 - 0.7 \\
&= 0.4\text{V}
\end{aligned}$$

となります．

したがって，IL端子のクランプ入力電圧範囲は0.4～3.7Vとなり，0.5～3.5Vの仕様を満足します．

●加算＋リミッタ・アンプとしての入出力過渡応答

図4.22は，図4.19に示した回路で，$V_{IL} = 1$V，$V_{IH} = 3$V，PO = RO = VO = $VB2$として，入力端子SIに周波数10kHz，バイアス電圧2.0V，振幅0.75Vの正弦波を入力したときの入出力過渡応答特性のシミュレーション結果です．出力端子SOの信号が$V_{IH} = 3$Vと$V_{IL} = 1$Vでクランプされ，問題なく動作していることがわかります．

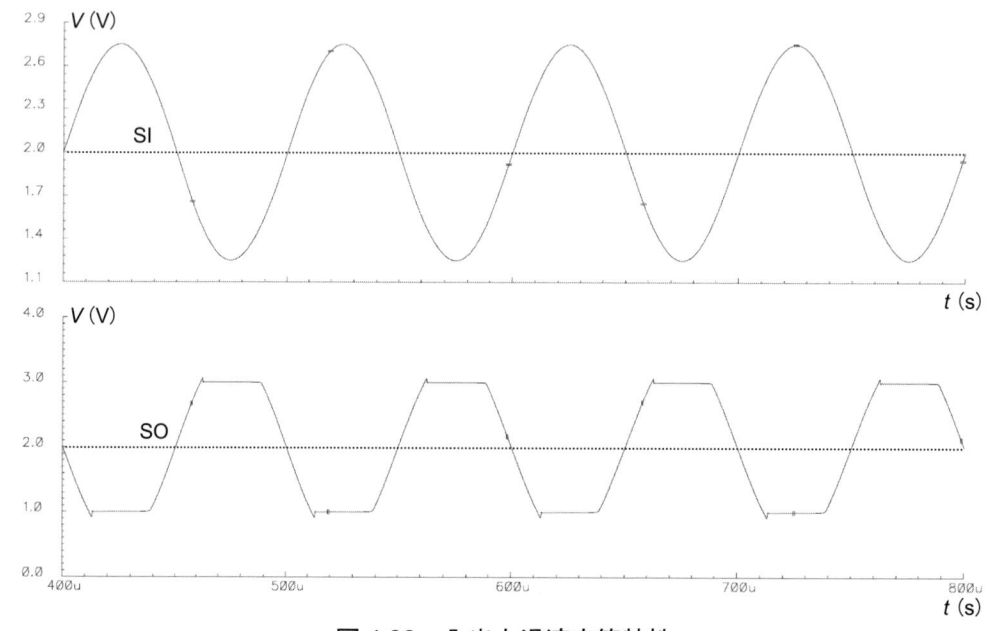

図4.22 入出力過渡応答特性

周波数10kHz，バイアス電圧2V，振幅0.75Vの正弦波を入力したときの入出力過渡応答特性のシミュレーション結果．

◆コラム4.1　ダイオードを使ったリミッタ・アンプの構成

PWM01では，OPアンプを効率的に使ってリミッタ・アンプを構成しましたが，一般には印加電圧によって内部抵抗が変わるダイオード素子を用いたリミッタも使用されています．

ダイオードの電圧-電流特性は**図4.A**に示すような特性となり，ダイオードの両端に印加される電圧によって内部抵抗が変化します．この特性を利用してリミッタを構成した回路が**図4.B**です．OPアンプで構成された反転増幅回路の帰還抵抗R_Fと並列にダイオードD1，D2を接続した回路です．

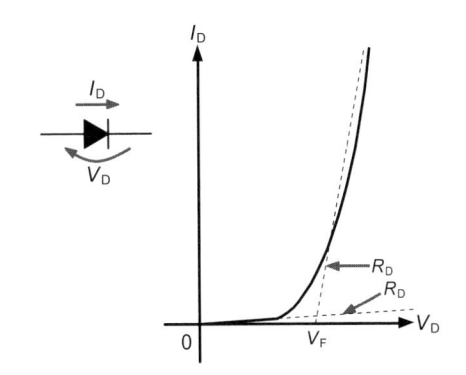

出力電圧が$-V_F < V_O < +V_F$では普通の反転増幅動作で，

$$V_O = -\frac{R_F}{R_S} V_I$$

$V_O \geq +V_F$では，D1がONすることによって$V_O = V_F$となり，
$V_O \leq -V_F$では，D2がONすることによって$V_O = -V_F$となります．

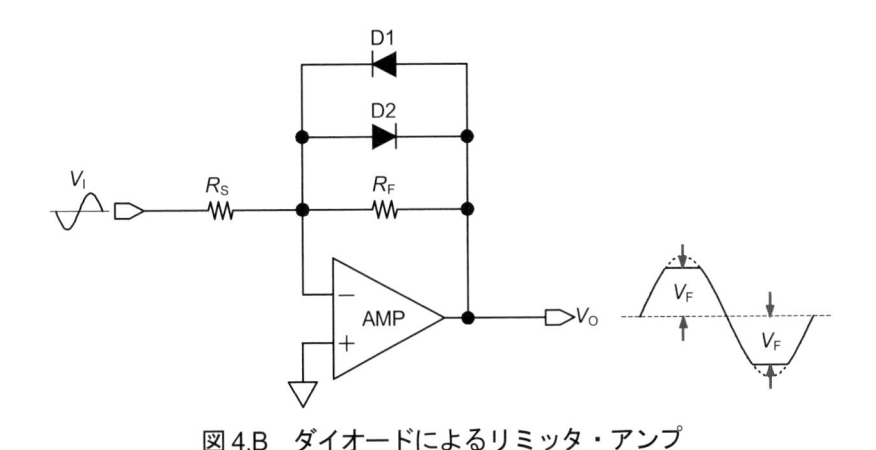

図4.A　ダイオードの電圧-電流特性
ダイオードの両端に印加する電圧で内部抵抗が変化する．

図4.B　ダイオードによるリミッタ・アンプ
シンプルな回路構成だが，クランプ電圧を任意に設定できず温度特性も悪い．

この回路構成はPWM01のリミッタ・アンプに比べてとてもシンプルな回路ですが，クランプ電圧は使用するダイオードの順方向電圧V_Fで決まるため，クランプ電圧を任意に設定できないことや，ダイオードのV_Fが温度特性(約$-2\mathrm{mV}/℃$)をもつため，クランプ電圧の温度特性が悪いなどの短所があります．

第5章

（PWM01の要素回路設計）

三角波発振/PWMコンパレータ　その他の設計

5.1　三角波発振回路の設計

5.2　PWMコンパレータの設計

5.3　低電圧誤動作防止回路の設計

5.4　オープン・ドレイン出力段の設計

Appendix B　PWM01全体回路の検証

Appendix C　PWM01の設計予実表

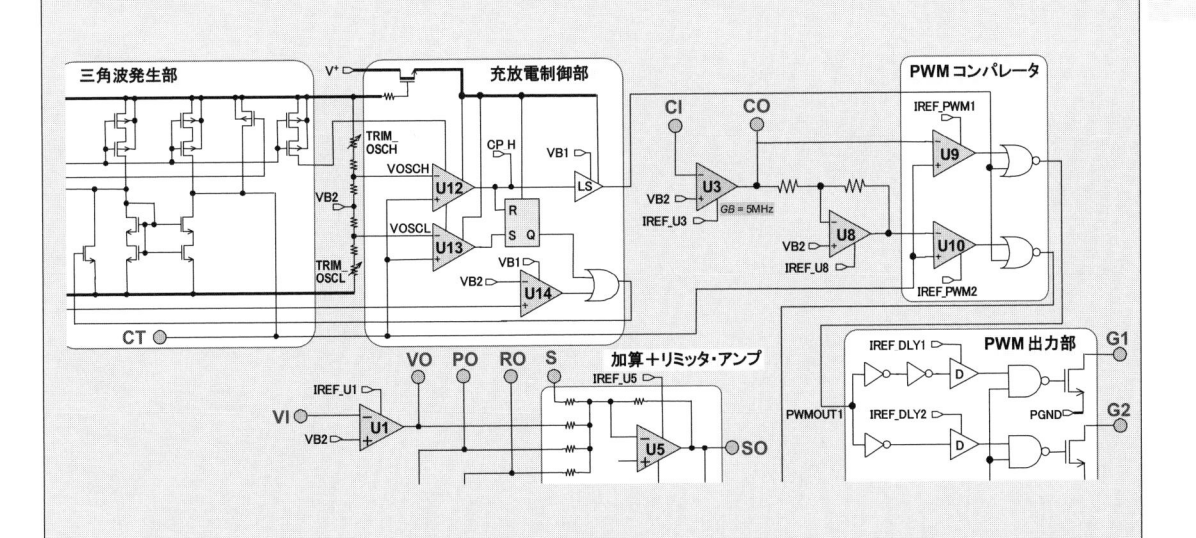

5.1 三角波発振回路の設計

●発振回路のあらまし

パルス幅変調…PWM を行うための基本信号となる三角波発振回路です．外付けキャパシタ C_T と外付け抵抗 R_T の組み合わせで，発振周波数を変化させることができます．図 5.1 に示すように，電流発生部，三角波発生部，充放電制御部，発振停止部で構成され，RT 端子に接続する抵抗 R_T で決定した電流 $I_{RT} = I_{CT}$ によって，CT 端子に接続するキャパシタ C_T を充放電することで三角波を発生します．

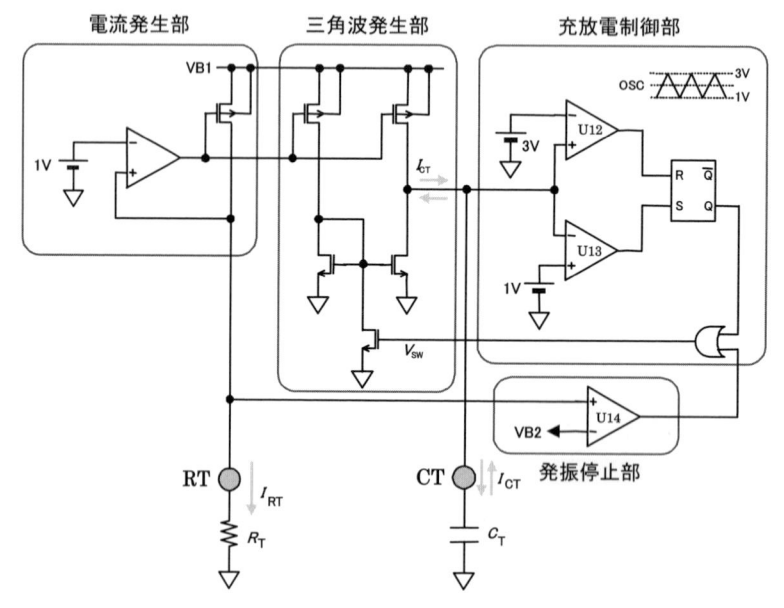

図 5.1　三角波発振回路のブロック図

外付けキャパシタ C_T と外付け抵抗 R_T の組み合わせで発振周波数を変化させることができる三角波発振器．電流発生部，三角波発生部，充放電制御部，発振停止部で構成される．

●電流発生部の構成

図 5.2 は電流発生部のブロック図です．基準電圧 $V_{REF1V0} = 1V$ と外付け抵抗 R_T によって，発振器の充放電電流 I_{CT} を発生します．OP アンプで M1 の V_{SG1} を制御して，RT 端子に流れる電流 I_{RT} からキャパシタ C_T の充放電電流 I_{CT} を発生させます．充放電電流 I_{CT} は，RT 端子電圧 V_{RT} と RT 端子の外付け抵抗 R_T から，

$$I_{CT} = I_{RT} = \frac{V_{RT}}{R_T}$$

となり，$V_{RT} = 1V$ から，

$$I_{CT} = \frac{1}{R_T} \quad \cdots\cdots (5.1)$$

となります．

図 5.2　電流発生部のブロック図

OP アンプで M1 の V_{SG1} を制御し，基準電圧 V_{REF1V0} と外付け抵抗 R_T で電流 I_{CT} を発生する．M1 は Pch．

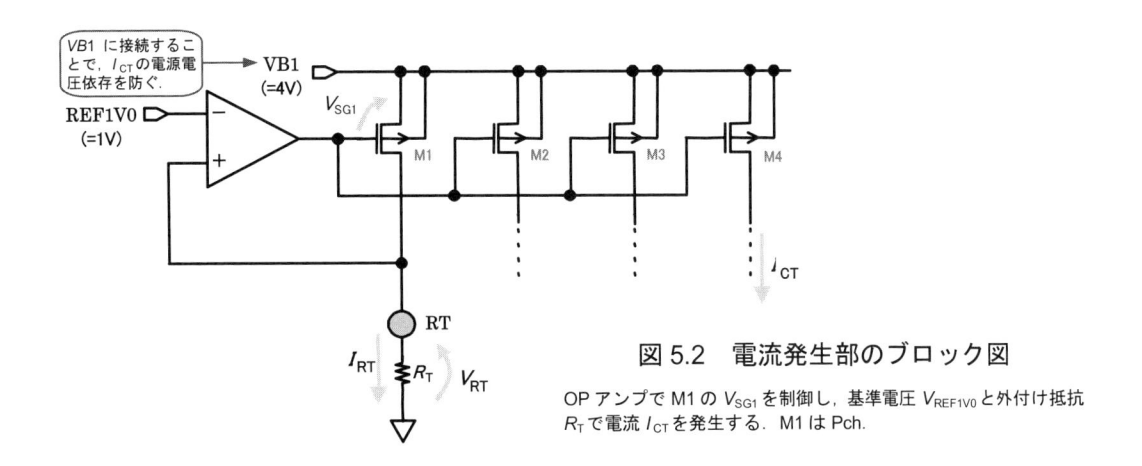

VB1 に接続することで，I_{CT} の電源電圧依存を防ぐ．

また，M1～M4 のチャネル長変調による電流 I_{CT} の変動を抑制するために，電流発生部の電源は V^+ ではなく $VB1$ からの供給とします．図 5.3 に，V^+ からの供給と $VB1$ からの供給とを比べた I_{CT} の電源電圧依存特性を示します．

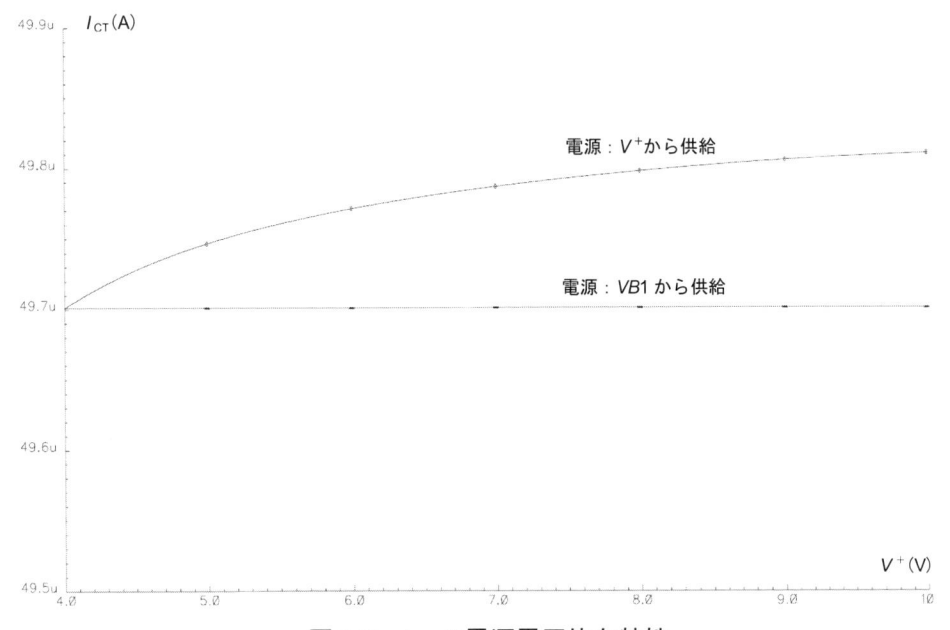

図 5.3　I_{CT} の電源電圧依存特性

電源を V^+ でなく $VB1$ とすることで，M1～M4 のチャネル長変調による電流 I_{CT} の変動を抑制する．

● 電流発生部の回路構成

電流発生部は，図 5.4 のような回路構成とします．M1 のソース-ゲート間電圧 V_{SG1} の電圧範囲は，すべてのトランジスタを飽和領域で動作させることを考慮すると，次のようになります．

$$VB1 - (V_{REF1V0} + V_{SG} - V_{SD(sat)}) \leq V_{SG1} \leq VB1 - V_{DS(sat)}$$

ここで $V_{SG} = V_{SD(sat)} + |V_{TPE}|$, $V_{DS(sat)} = 0.15\text{V}$, PMOS：しきい値高め $|V_{TPE\text{-}H}| = 1\text{V}$, $VB1 = 4\text{V}$, $V_{REF1V0} = 1\text{V}$ とすると,

$$VB1 - (V_{REF1V0} + |V_{TPE}|) \leq V_{SG1} \leq VB1 - V_{DS(sat)}$$

$$2\text{V} \leq V_{SG1} \leq 3.85\text{V}$$

であり，V_{SG1} の動作電圧範囲が狭くなってしまいます．よって，図 5.5 のように初段のアクティブ負荷を折り返す回路構成とします．こうすると M1 のソース-ゲート間電圧 V_{SG1} の電圧範囲は，

$$V_{SD(sat)} \leq V_{SG1} \leq VB1 - V_{DS(sat)}$$

となるので，$V_{SD(sat)} = V_{DS(sat)} = 0.15\text{V}$ とすると，

$$0.15\text{V} \leq V_{SG1} \leq 3.85\text{V}$$

となり，図 5.4 の回路構成に比べて，V_{SG1} の電圧範囲が広くなります．

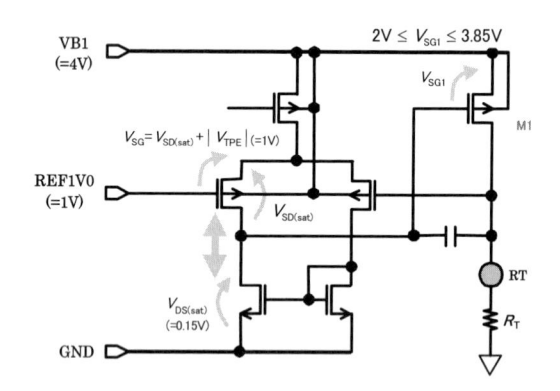

図 5.4　電流発生部の回路構成

V_{SG1} の動作電圧範囲が狭い．

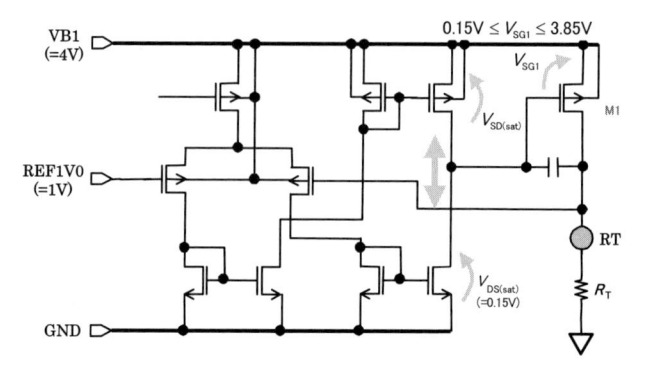

図 5.5　改善した電流発生部の回路構成

初段のアクティブ負荷を折り返して，V_{SG1} の動作電圧範囲を広くする．

● 出力段 PMOS：M1 サイズの検討

RT 端子電流 I_{RT} は電圧 V_{REF1V0} と抵抗 R_T で決まり，M1 のゲート電圧で制御します．抵抗 R_T が小さくなると M1 のゲート電圧を下げて電流を増加させます．M1 のトランジスタ・サイズ（許容電流）は，$R_T = 10kΩ$ の仕様に対しマージンを考慮し，$R_T = 6.5kΩ$ でも M10 が飽和領域となるサイズとします．また，M1～M4 のドレイン-ソース間電圧の違いによって電流値が変動すると，三角波の周波数ずれやひずみの原因となります．よって図 5.6 のようにカスコード接続（M1＋M1B の直列構成）にして，チャネル長変調の影響を低減させています．カスコード・トランジスタ M1B ～ M4B には，エンハンスメント型の M1～M4 よりも，しきい値電圧を低めに調整した低 V_T 型（$V_{TPL} = -0.55V$）のトランジスタを使用します．

以上のことを考慮して，M1～M4：$W/L = (24μm/2.8μm) × 2$，M1B～M4B：$W/L = (24μm/2.1μm) × 2$ とします．

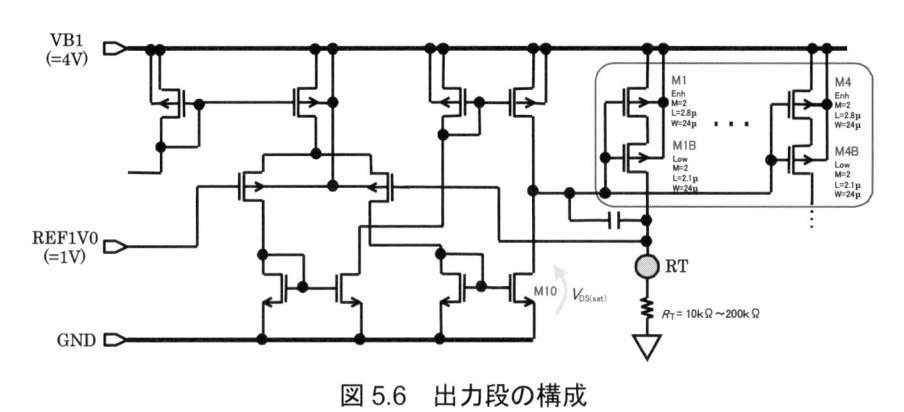

図 5.6 出力段の構成

低 V_T 型のトランジスタを使用したカスコード接続によって，チャネル長変調の影響を低減させる．

● 電流発生部の全体回路

電流発生部の回路図を図 5.7 に示します．また図 5.8 は，$V^+ = 5V$ のとき RT 端子の抵抗を $R_T = 7.5k～240kΩ$ の範囲で変化させたときのオープン・ループ周波数特性のシミュレーション結果です．

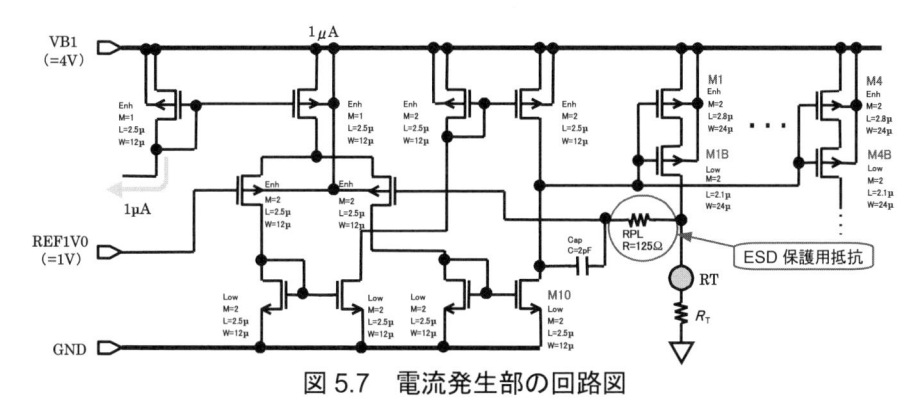

図 5.7 電流発生部の回路図

三角波を発生させるための，充放電電流 I_{CT} を発生する回路．

```
            Gain(dB)
        70                  上から R_T = 240kΩ, 100kΩ, 20kΩ, 7.5kΩ           R_T = 7.5kΩ   : Δφ = 84.6°
                                                                              R_T = 20kΩ    : Δφ = 81.8°
        50                                                                    R_T = 100kΩ   : Δφ = 76.0°
                                                                              R_T = 240kΩ   : Δφ = 69.8°
        30

        10

       -10
                                                                                                   f (Hz)
       -30

            Phase(deg)
        200

        100


        0.00

                              上から R_T = 7.5kΩ, 20kΩ, 100kΩ, 240kΩ
       -100
                                                                                                   f (Hz)
       -200
            10      100      1k       10k      100k     1M       10M     100M
```

図 5.8 電流発生部のオープン・ループ周波数特性

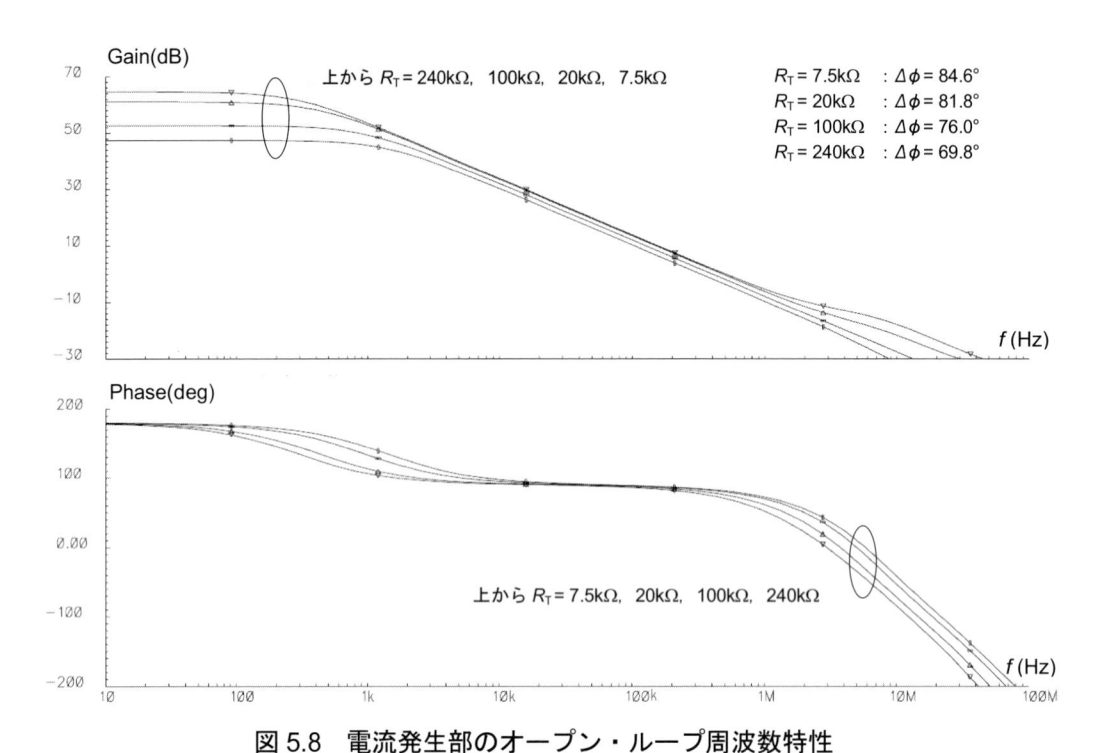

V^+ = 5V,R_T = 7.5k〜240kΩ としたときのオープン・ループ周波数特性のシミュレーション結果.

●三角波発生部の構成

三角波は**図 5.9**に示すように,充放電制御部の信号V_{SW}でキャパシタC_Tへの充放電電流I_{CT}を制御して発生させます.まずキャパシタC_Tを充放電する動作について考えてみます.

①V_{SW} = H レベルのとき

M7 が ON するので,M3 からの電流I_{CT}は M7 にすべて流れ,M5 と M6 のゲート-ソース間電圧は,ほぼ 0V となります.したがって,M6 には電流が流れないので,M4 の電流はすべて CT 端子からキャパシタC_Tへ流れ出し,電流I_{CT}でC_Tを充電します.

②V_{SW} = L レベルのとき

M7 が OFF するので,M3 からの電流は M5 に流れます.M5 と M6 はサイズ比が 1 対 2 のカレント・ミラーを構成しており,M6 にはI_{CT}の 2 倍の電流が流れます.そのため,M4 から電流I_{CT}が M6 に流れ,残りの電流I_{CT}がキャパシタC_Tから流れ込み,電流I_{CT}によってC_Tを放電します.

上記①,②からキャパシタ M4 の状態は,
- V_{SW} = H レベルのとき電流I_{CT}で充電
- V_{SW} = L レベルのとき電流I_{CT}で放電

となります.

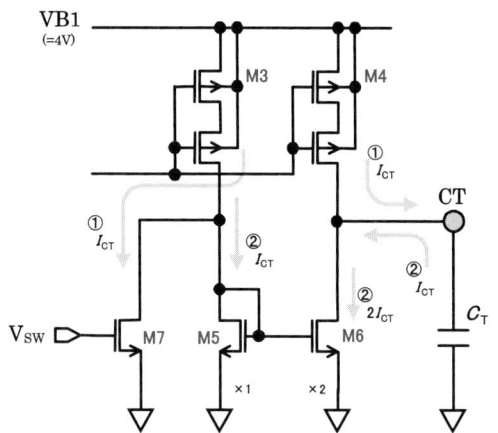

図 5.9　キャパシタ C_T への充放電

信号 V_{SW} によって，キャパシタ C_T の充放電を制御する．

図 5.10　三角波タイミング・チャート

CT 端子電圧が 1V まで下がったら充電し，3V まで上がったら放電するタイミングの信号 V_{SW} によって三角波を発生する．

PWM01 では図 5.10 に示すように，H 側電圧 3V，L 側電圧 1V の三角波を発生します．したがって，CT 端子の電圧が 1V まで下がったら充電を開始し，3V まで上がったら放電するタイミングの信号 V_{SW} を生成しています．

図 5.11 は，三角波発生部の回路図です．M1〜M4 と同様に，M5 と M6 で構成するカレント・ミラーも CT 端子電圧の変動による放電電流の誤差を低減するために，しきい値電圧の低いイニシャル型（$V_{TNI} = 0.35V$）トランジスタ M5B と M6B でカスコード接続し，チャネル長変調の影響を低減させます．

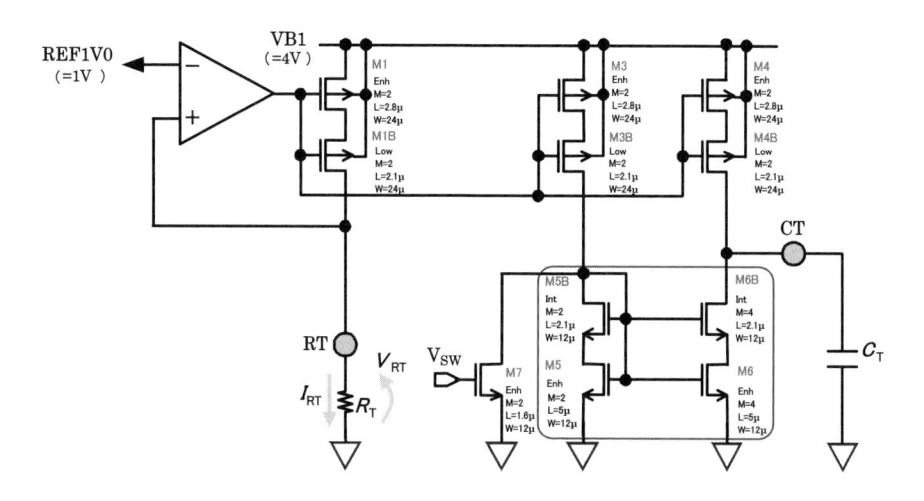

図 5.11　三角波発生部の回路図

M5 と M6 で構成するカレント・ミラーもカスコード接続にして，チャネル長変調の影響を受けにくい回路構成とする．

164　第5章　三角波発振/PWMコンパレータ　その他の設計

● 充放電制御部の構成

三角波を発生させるには，三角波発生回路の充放電を制御する図5.10に示す信号V_{SW}が必要となります．ここでは1Vと3Vをしきい値とする二つの電圧コンパレータCMP1とCMP2，およびSRラッチによる図5.12のような充放電制御回路とします．CT端子の電圧をH側電圧3Vのコンパレータ（U12）とL側電圧1Vのコンパレータ（U13）で監視して，それぞれの出力をSRラッチに入力することで図5.13に示す信号V_{SW}を発生させます．図5.14が充放電制御部の回路図です．

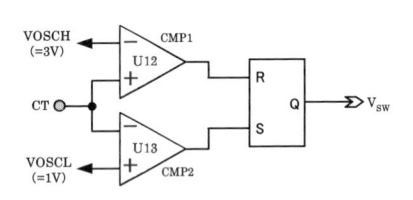

図5.12　充放電制御部のブロック図

CT端子電圧をH側検出とL側検出の各コンパレータで監視して，それぞれの出力をSRラッチに入力し信号V_{SW}を発生する．

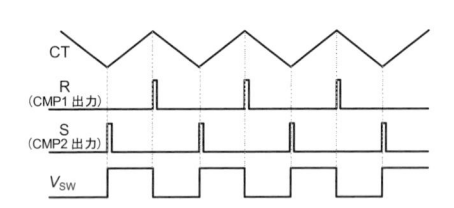

図5.13　充放電制御部のタイミング・チャート

制御信号V_{SW}のタイミング・チャート．Hレベル時にキャパシタC_Tを充電する．

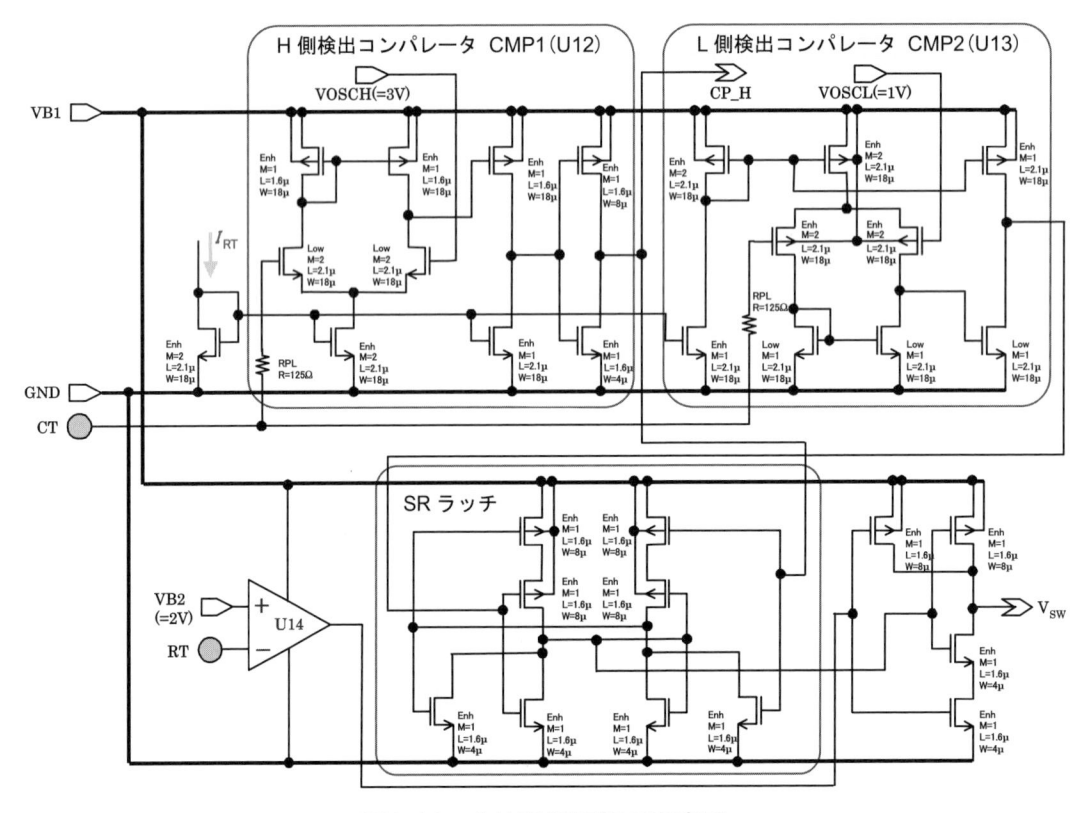

図5.14　充放電制御部の回路図

H側検出コンパレータ，L側検出コンパレータ，SRラッチで構成される充放電制御回路．

●発振停止部の構成

図 5.15 は，RT 端子電圧 $V_{RT} \geq 2V$ で三角波発生回路を停止させ，CT 端子を高インピーダンス状態にする回路です．通常動作時には動作せず必要のない機能ですが，三角波を外部入力して特性評価や機能確認などを行いたい場合に使用します．

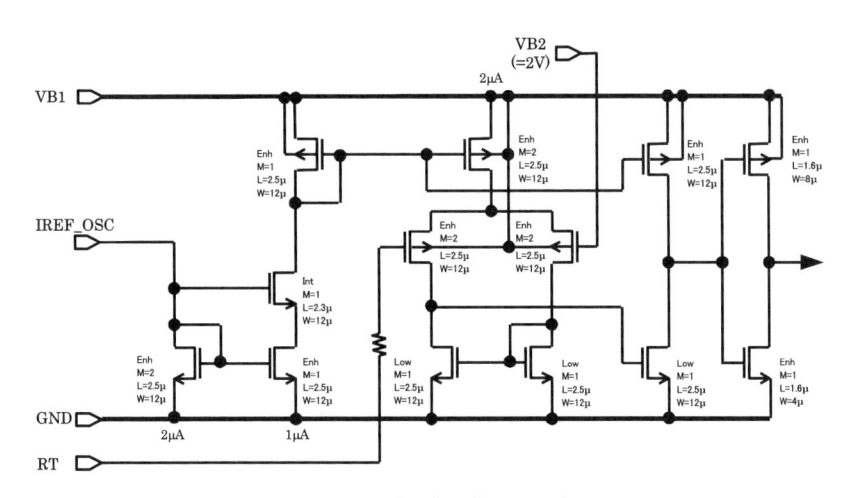

図 5.15 発振停止部の回路図

三角波を外部入力したいときに三角波発振を停止させ，CT 端子を高インピーダンス状態にする．

● 発振周波数 f_{CT} はどうなるか

ここで，三角波の発振周波数について考えてみます．

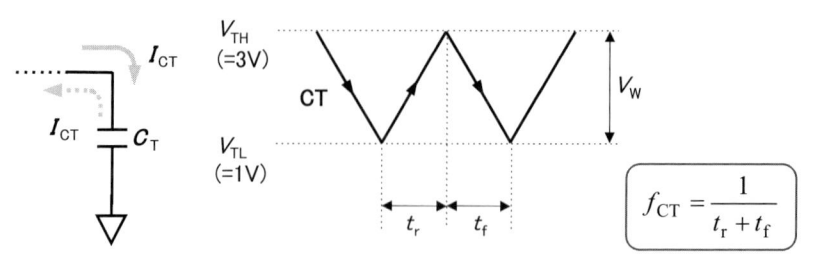

図5.16 三角波発振周波数

C_T = 120pF，R_T = 100kΩ で発振周波数は 20.8kHz となる．

図5.16に示すように，三角波の振幅（peak-to-peak）電圧を V_W，CT端子の外付けキャパシタ C_T の充電時間を t_r とすると，

$$\int_0^{t_r} I_{CT} dt = C_T \cdot V_W$$

から充電時間 t_r は，

$$t_r = \frac{C_T \cdot V_W}{I_{CT}} \quad \cdots\cdots\cdots (5.2)$$

となります．また，充電電流＝放電電流から，充電時間 t_r と放電時間 t_f は等しく発振周波数 f_{CT} は，

$$f_{CT} = \frac{1}{t_r + t_f} = \frac{1}{2t_r}$$

と表せるので，式(5.1)(158ページ)と式(5.2)から発振周波数 f_{CT} は，

$$f_{CT} = \frac{1}{2C_T \cdot R_T \cdot V_W} \quad \cdots\cdots (5.3)$$

となります．

ここで式(5.3)から，外付けキャパシタ C_T = 120pF，R_T = 100kΩ，$V_W = V_{TH} - V_{TL}$ = 2V とすると発振周波数 f_{CT} は，

$$f_{CT} = \frac{1}{2 \times 120 \times 10^{-12} \times 100 \times 10^3 \times 2} = 20.8 \text{kHz}$$

となります．

● 三角波 H 側電圧/L 側電圧の振幅レベル

PWM01では，H側電圧 V_{TH} = 3V と L側電圧 V_{TL} = 1V は，仕様から共に±20mV以内の精度が必要となります．図5.17(a)に示すように，トリミングなしで $VB1$ (= 4V) から H側/L側電圧を生成すると，$VB1$ の電圧精度は4V±80mVなので V_{TH} = 3V±60mV，V_{TL} = 1V±20mV となってしまい仕様から外れてしまいます．したがって，トリミング回路を内蔵して電圧を調整する必要があります．

ここでは，図 5.17(b) と図 5.18 に示すようなトリミング回路を内蔵しました．

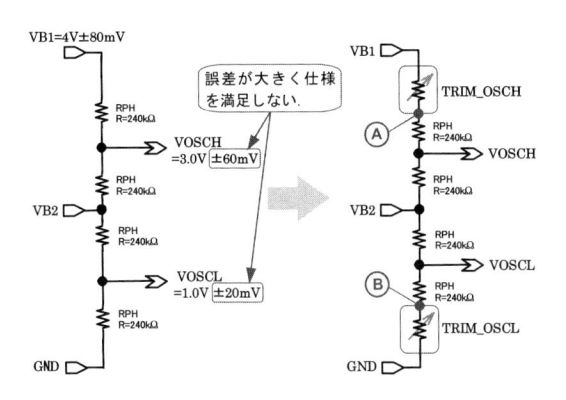

図 5.17 三角波 H 側/L 側電圧トリミング
(a) トリミングなし　(b) トリミング回路内蔵

$VB1$ の電圧精度が 4V±80mV となるため，V_{TH} と V_{TL} の生成にはトリミング回路が必要となる．

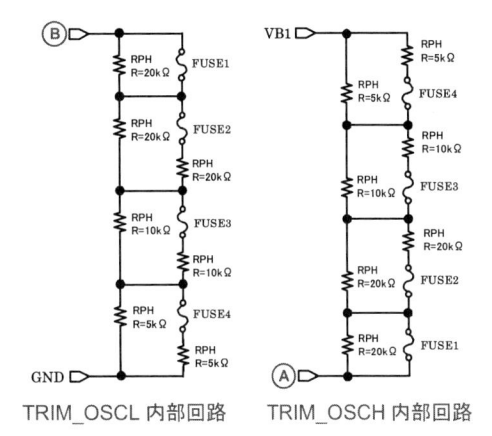

図 5.18 トリミング内部回路
TRIM_OSCL 内部回路　　TRIM_OSCH 内部回路

V_{TH} と V_{TL} の調整のために各 4 ビットのトリミング回路を内蔵する．

● **$VB1$ へのノイズ回り込み対策**

充放電制御回路の各（H 側 / L 側）コンパレータの動作時には，電流が急峻に変化します．そのため，図 5.19(a) に示すように $VB1$ にノイズが発生しやすくなります．$VB1$ にノイズが伝播すると，$VB1$ を電源や基準電圧源として使用しているすべての回路ブロックに影響を与えることになるので，$VB1$ へのノイズ伝播対策を施しておくほうが賢明です．

そこで充放電回路への電源供給を $VB1$ ではなく，図 5.19(b) のように $VB1$ をディプリーション型（$V_{TND} = -0.3V$）のトランジスタで構成したソース・フォロワ回路を介して供給することによって，$VB1$ へのノイズ伝播対策を図ることにしました．

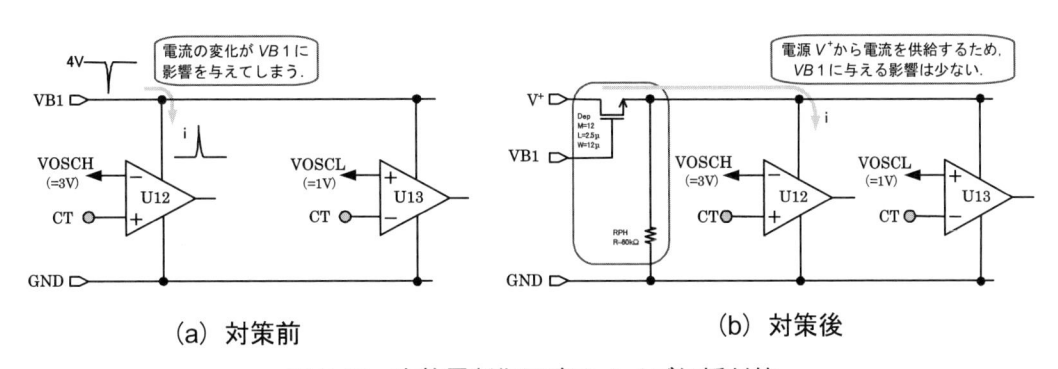

(a) 対策前　　(b) 対策後

図 5.19 充放電制御回路のノイズ伝播対策

コンパレータ動作時の急峻な電流変化が $VB1$ へ伝播する可能性があるため対策が必要となる．

● 三角波発振器の全体回路

以上をまとめた三角波発振器の回路図を図 5.20 に示します．図 5.21 は $V^+ = 5V$，$C_T = 120pF$，$R_T = 100k\Omega$ でのシミュレーション検証結果で，問題なく動作しています．

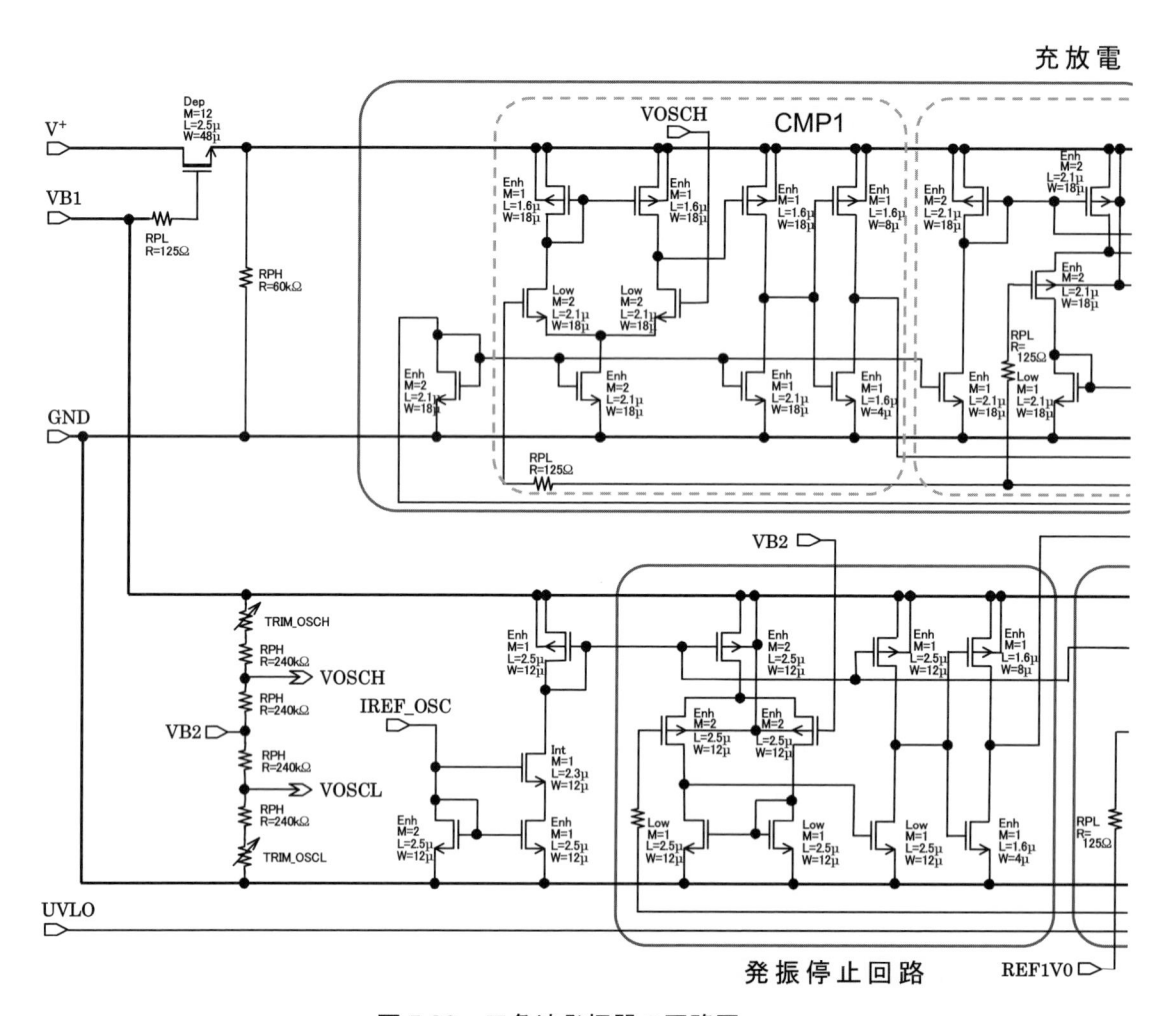

図 5.20 三角波発振器の回路図

PWM01 で使用する三角波発振器の回路図．電流発生回路，三角波発生回路，充放電制御回路および発振停止回路で構成され，外付けの C_T と R_T とで発振周波数を設定する．

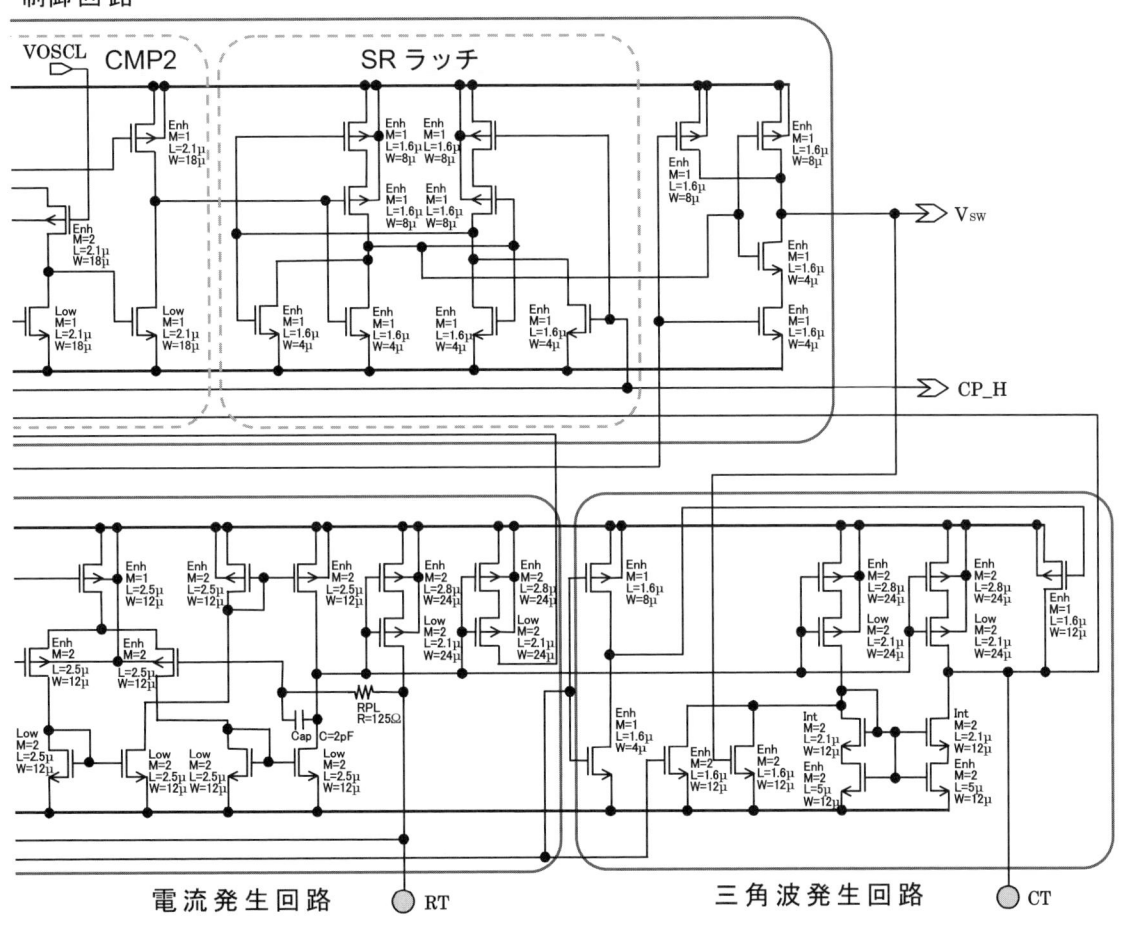

5.1 三角波発振回路の設計

図 5.21　三角波発振器のシミュレーション結果

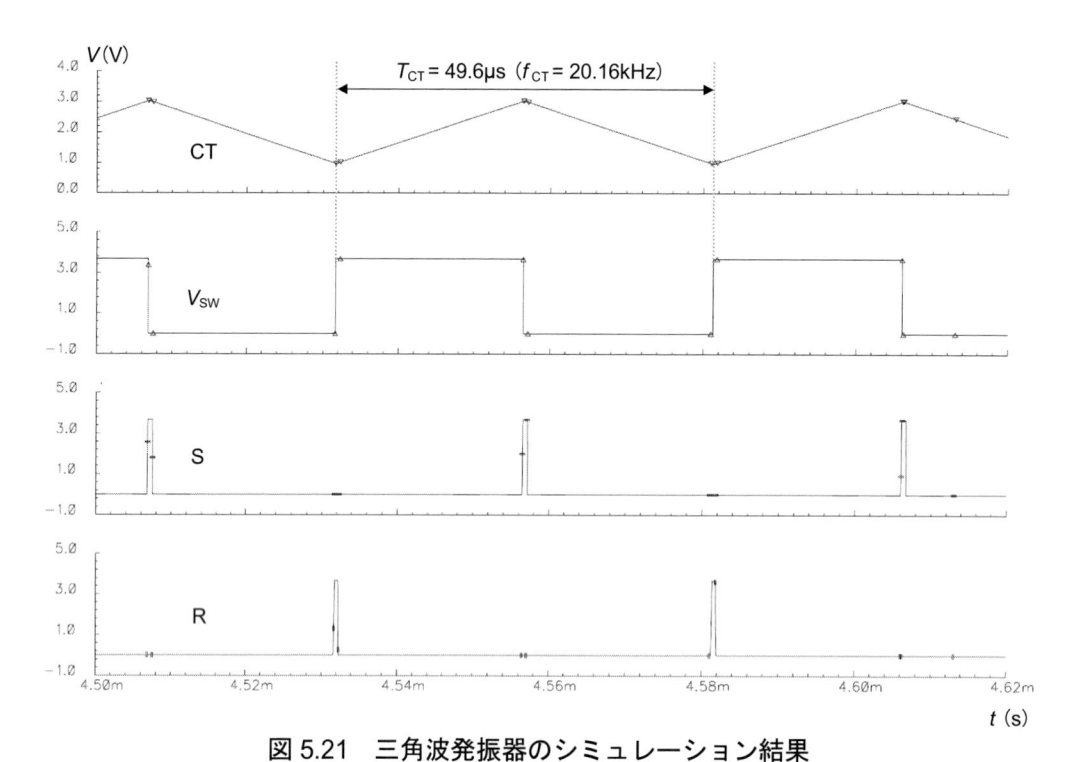

V^+ = 5V，C_T = 120pF，R_T = 100kΩ 時のシミュレーション結果．ほぼ計算どおりの三角波特性が得られている．

5.2 PWM コンパレータの設計

●PWM 信号発生器のあらまし

図5.22は一般的なPWM信号発生器の回路構成です．

OP アンプ U3，U8 の出力信号と三角波発振回路の波形…三角波とを比較することによって，その出力信号(CO, $\overline{CO}$)の電位に応じたデューティ比のパルスに変換する PWM (Pulse Width Modulation)信号を出力します．

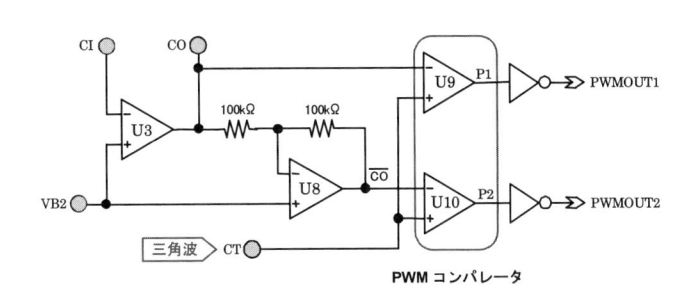

図 5.22 PWM 信号発生部のブロック図

OP アンプ U3，U8 の出力信号と三角波とを比較し3値の PWM 信号を出力する．

●PWM コンパレータの構成

図5.23が，OP アンプ U3，U8 の出力信号 CO，$\overline{CO}$ と三角波とを比較するコンパレータ U9，U10 の回路構成です．この回路において M3, M8 と M23, M28, は，チャネル長変調によるカレント・ミラー回路の電流比誤差を低減するために，動作電圧 V_{DS} を合わせる働きをしています．M3（M23）は V^+ 側電流源の電流比精度向上，M8（M28）は GND 側電流源の電流比精度向上を図り，入力差動回路部の上側と下側電流源の電流比誤差を抑制しています．

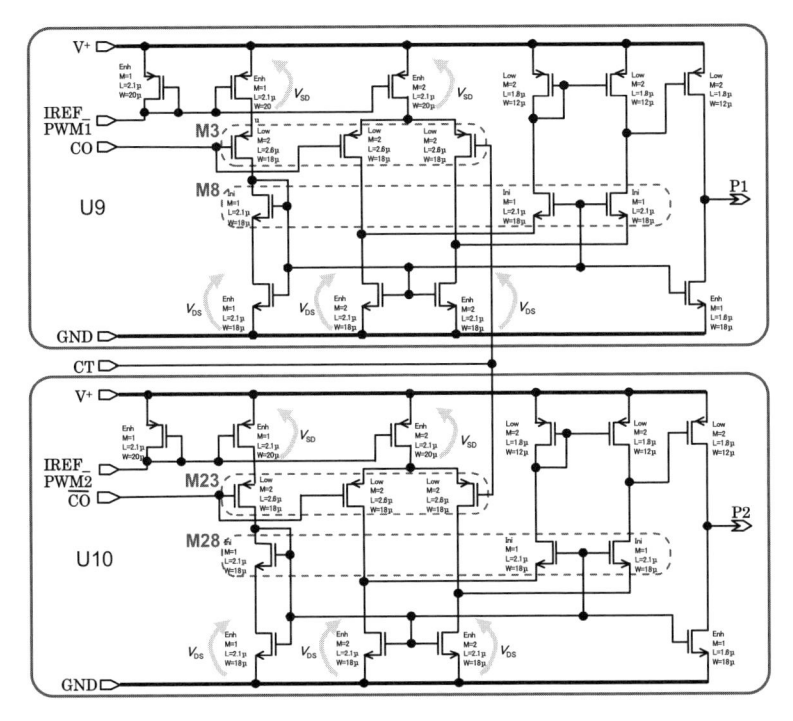

図 5.23 PWM コンパレータの回路図

OP アンプ U3，U8 の出力信号と三角波とを比較するコンパレータ回路．M3, M8 と M23, M28 はカレント・ミラーの動作電圧 V_{DS} を合わせ電流比誤差の低減を図っている．

●ハイ・サイド駆動のためのブートストラップ回路

ところでPWM01では，PWM出力として図5.24に示すようにゲート・ドライバICを制御し，パワーMOSFETを駆動し，大きな出力を得るようになっています．そのためハイ・サイドMOSFETを駆動するための，ハイ・サイド・ゲート駆動回路として電源電圧V^+よりも高い電圧が必要になります．出力端子OUTを基準としたフローティング電源H_Bをブートストラップ回路で構成し，ハイ・サイド・ゲート駆動回路に電源を供給します．

ブートストラップの動作は以下のとおりです．まず，ロー・サイドMOSFETがONしている間に，V^+からダイオードD1を介し，ブートストラップ用キャパシタC1を充電します．次に，ロー・サイドMOSFETがOFFし，ハイ・サイドMOSFETがONすると，C1に充電された電圧がブーストされ，ハイ・サイド・ゲート駆動回路に供給されます．

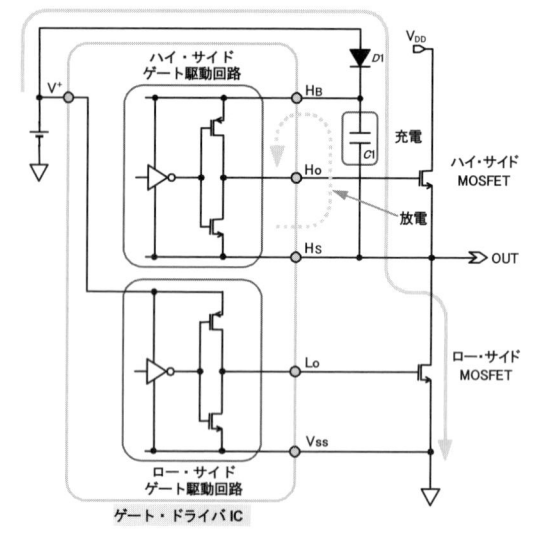

図5.24 ブートストラップ回路

ハイ・サイドMOSFETを駆動するためには，ハイ・サイド・ゲート駆動回路に電源電圧V^+よりも高い電圧を発生させるブートストラップ回路が必要になる．

●最大/最小デューティ・サイクル

こうして，出力端子OUTのスイッチングに合わせてキャパシタC1を充電しブーストすることで，ハイ・サイド駆動回路用の電圧を発生させています．よって，デューティ・サイクルが100%になりロー・サイドMOSFETがOFFし続けると，ハイ・サイド・ゲート駆動回路の消費電流やリーク電流によって充電されたC1の電圧が低下し，ハイ・サイドMOSFETの駆動を継続・維持することができなくなります．図5.22に示した構成では，PWMコンパレータの出力をそのまま出力部に伝達しているため，図5.25のようにデューティ・サイクルが100%になってしまう場合があり得ます．

そこでこのPWM01では，C1への電荷の充電が発振回路のサイクルごとに実行されるように，最大デューティ・サイクルを98%に制限する回路を追加することにしました．回路構成としては図5.26(a)に示すように，三角波H側検出コンパレータの出力信号CP_Hを利用し，CP_HとPWMコンパレータ出力で論理演算を行い，98%程度の最大デューティ・サイクルの設定を行います．

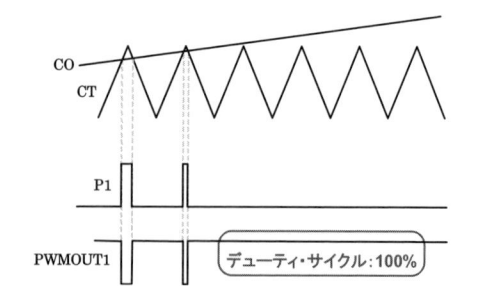

図5.25 PWMコンパレータ（図5.22）の動作

図5.22の回路では，PWMコンパレータの出力をそのまま出力部に伝達し，デューティ・サイクルが100%になる場合がある．

図 5.27 に示すように，この信号のパルス幅はコンパレータの遅延時間で決まります．図 5.23 の回路定数で発振周波数 20kHz（$C_T = 120\text{pF}$，$R_T = 100\text{k}\Omega$）の場合，コンパレータの遅延時間は 1μs 程度となります．また，PWM01 の出力部は，図 5.28 のような回路構成となるので，出力端子 G2/G4 は G1/G3 の反転信号となり，G1/G3 が最大デューティ・サイクル 98% のとき，G2/G4 は最小デューティ・サイクル 2% となります．

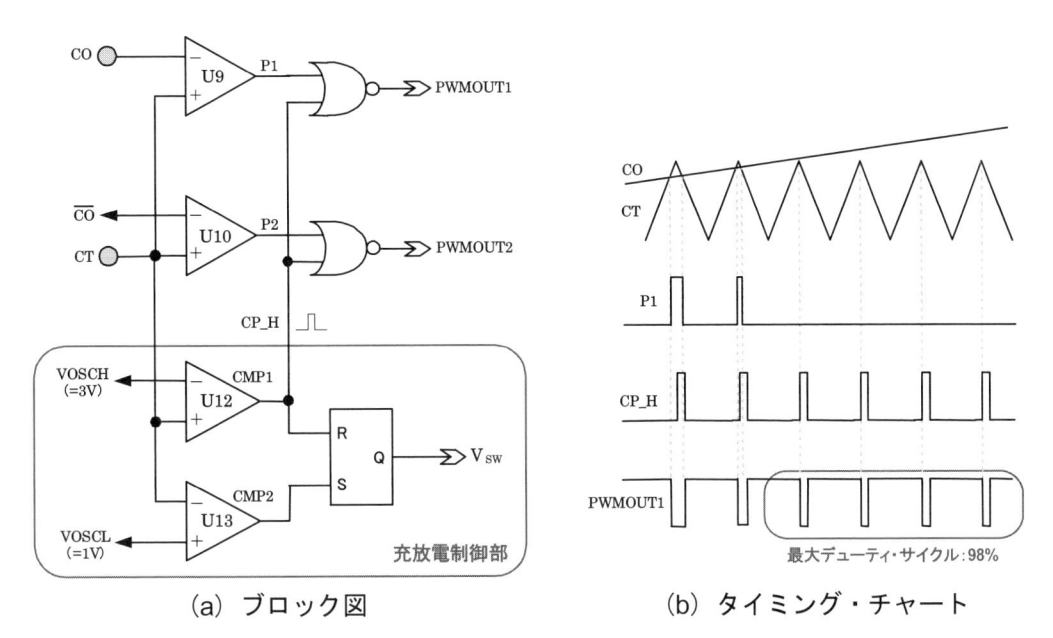

(a) ブロック図　　(b) タイミング・チャート

図 5.26　最大デューティ・サイクルの設定

信号 CP_H と PWM コンパレータ出力の論理演算を行うことで，98% 程度の最大デューティ・サイクルの設定を行う．

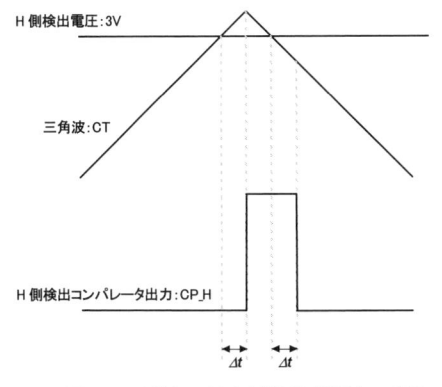

図 5.27　三角波 H 側検出コンパレータ出力信号の遅延時間

三角波 H 側検出コンパレータの出力信号 CP_H は，コンパレータの遅延時間で決まる．

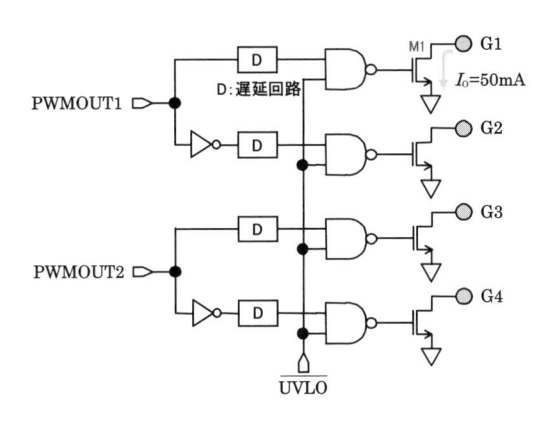

Δt：入力電圧 = 3.0V を検出してから出力信号が反転するまでの時間

図 5.28　出力部のブロック図

G1/G3 は最大デューティ・サイクルが 98%，G2/G4 は最小デューティ・サイクルが 2% となる．

●レベル・シフタの構成

最大/最小デューティ・サイクルを設定する信号CP_Hは，図5.26の充放電制御部で発生しますが，充放電制御部の電源電圧は，ゲート電圧を$VB1(=4V)$としたディプリーション型のトランジスタを用いたソース・フォロワから供給しており，約4Vとなっています．また，PWMコンパレータ出力信号のHレベルは，電源電圧範囲の4.7～9Vとなります．したがって，信号CP_HをPWMコンパレータに信号伝達するために，Hレベル電圧を4Vから電源電圧V^+へ変換するためのレベル・シフタが必要となります．

図5.29にレベル・シフタ(LS)を追加した回路構成図と図5.30にレベル・シフタの回路図を示します．

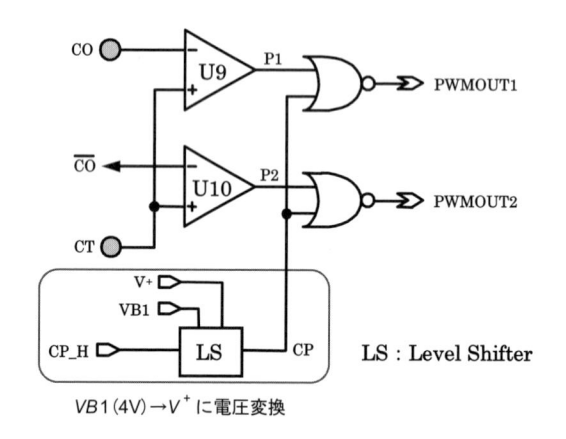

図5.29 レベル・シフタを追加した回路構成図

信号CP_HをPWMコンパレータに信号伝達するために，Hレベル電圧を4Vから電源電圧V^+へ電圧変換する必要がある．

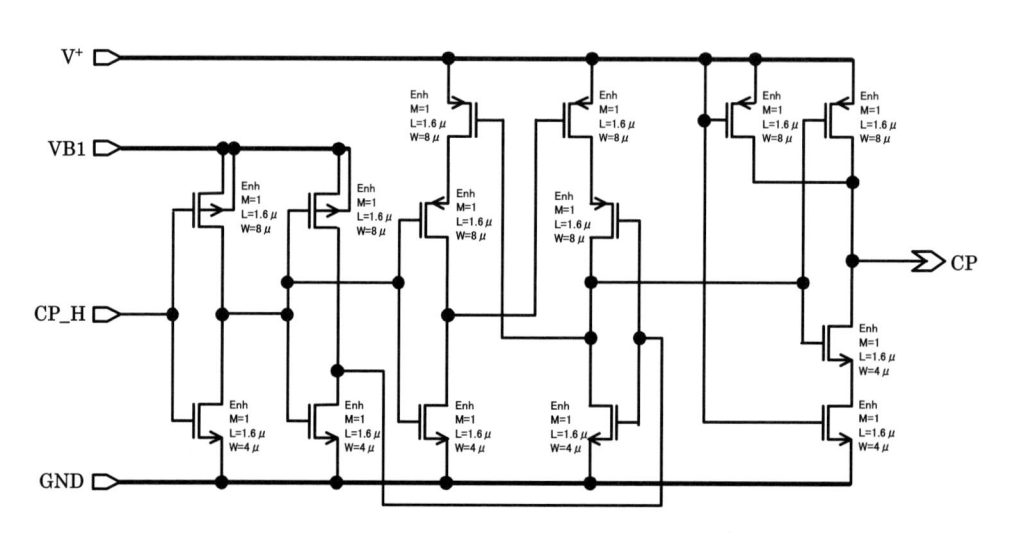

図5.30 レベル・シフト回路

$VB1$ラインの信号(振幅)をV^+ラインの信号(振幅)に電圧変換するためのレベル・シフタ．

●PWMコンパレータの全体回路

PWMコンパレータの回路図を図5.31に示します．また，$V^+ = 5\text{V}$，$f = 20\text{kHz}$（$C_T = 120\text{pF}$，$R_T = 100\text{k}\Omega$）でのシミュレーション結果を図5.32に示します．PWMコンパレータの出力P1/P2がGND（Lレベル）電圧になっても，三角波H側コンパレータの出力CP_Hをレベル・シフトした信号CPによって，出力PWMOUT1/PWMOUT2の最大はデューティ・サイクルが100%にならず，98%が出力されていることがわかります．

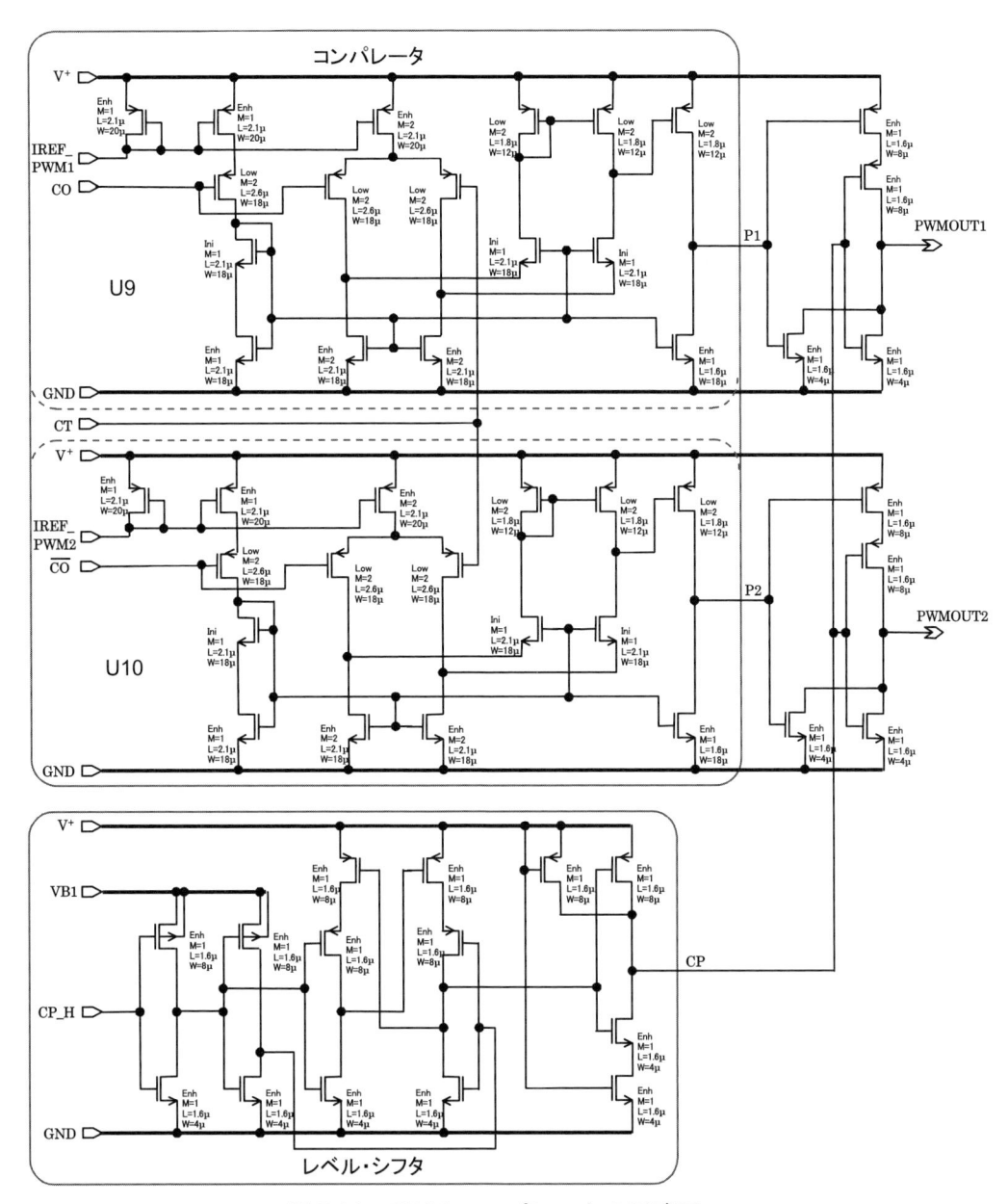

図5.31 PWMコンパレータの回路図

PWM01で使用するPWMコンパレータ．二つの電圧コンパレータ回路とレベル・シフタで構成される．

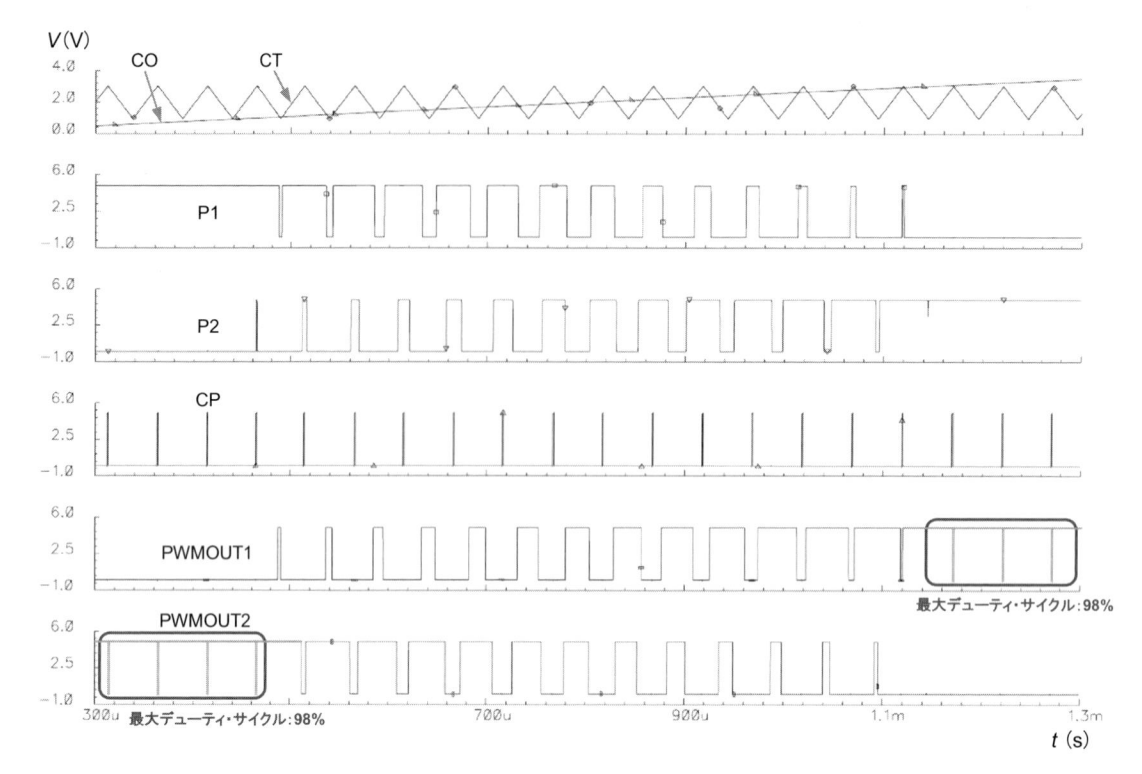

図 5.32　PWM コンパレータのシミュレーション結果

V^+ = 5V，f = 20kHz（C_T = 120pF，R_T = 100kΩ）でのシミュレーション結果．最大デューティ・サイクルが 98%となっている．

5.3 低電圧誤動作防止回路の設計

●低電圧誤動作防止回路とは

PWM01は複数の要素回路で構成されています．それらの各回路が動作可能な電源電圧以下のときに動作が異常とならないように，低電圧誤動作防止(UVLO : Under Voltage Lock Out)回路を内蔵することにしました．電源電圧 V^+ を監視し，$V^+ \leq 4.2V$ で発振器および出力信号(G1～G4)を停止させ，動作をロック・アウトします．また，$V^+ \geq 4.4V$ で UVLO を解除して正常動作を開始させます．PWM01 では，外付けキャパシタが接続され電圧の立ち上がりが遅い $VB1(=4V)$ を電源として動作する回路ブロックもあるので，電源電圧 V^+ と共に，$VB1$ でも監視を行う UVLO 回路とします．

図5.33に UVLO 回路のブロック図を示します．回路構成は電源電圧 V^+ と $VB1$ とを監視する二つの電圧コンパレータから構成され，それぞれの出力論理和をとって，制御信号 UVLO を出力します．

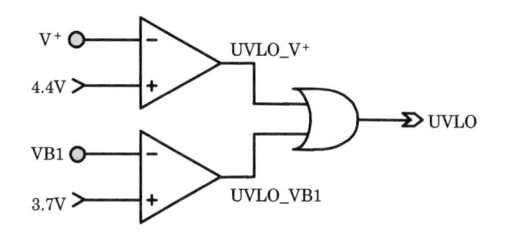

図 5.33　UVLO 回路のブロック図

V^+ と $VB1$ を監視する二つのコンパレータから構成され，それぞれの出力論理和をとって，制御信号 UVLO を出力する．

●コンパレータにはヒステリシスを

図5.33において一般的な電圧コンパレータを用いると，図5.34(a)に示すように切り替わりの電圧付近でノイズなどによって出力が不安定な動作を起こすことがあります．このようなノイズによる誤動作対策として，コンパレータにはヒステリシス(動作履歴)特性をもたせます．

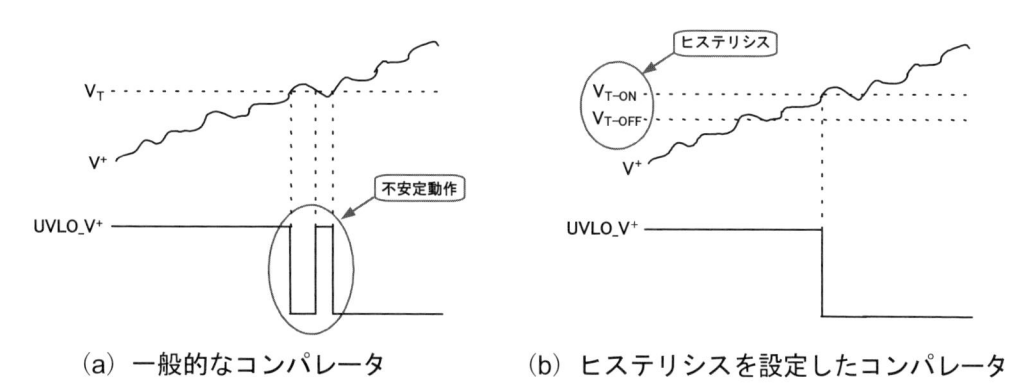

(a) 一般的なコンパレータ　　(b) ヒステリシスを設定したコンパレータ

図 5.34　ノイズによる影響

不安定動作対策としてコンパレータにヒステリシス特性をもたせる．

(a) ブロック図 (b) 入出力特性

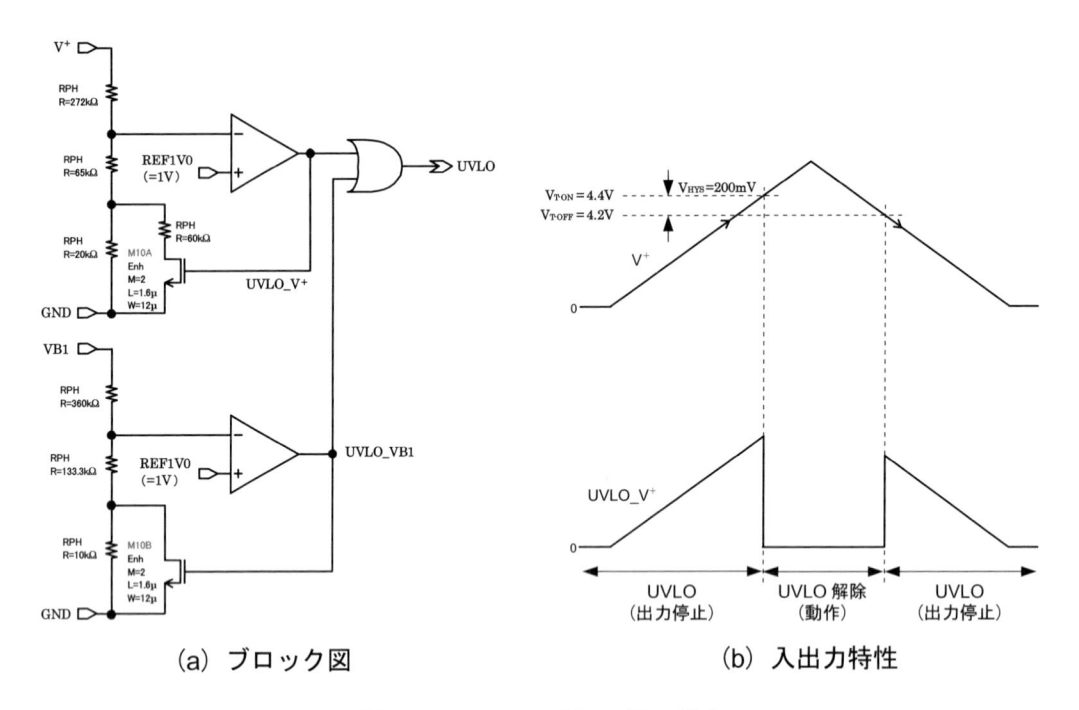

図 5.35　ヒステリシス幅の設定

電圧検出する分圧抵抗の比を，M10A と M10B のトランジスタで変えることによってヒステリシス特性をもたせる．

　図 5.35 は，コンパレータの出力信号によって，電源電圧 V^+ を検出する抵抗の比を変えることで，ヒステリシス特性を実現するための回路です．コンパレータの検出電圧は，電源電圧 V^+ が L→H のときに ON スレッショルド電圧 V_{T_ON} = 4.4V，H→L のときに OFF スレッショルド電圧 V_{T_OFF} = 4.2V，およびヒステリシス幅 V_{HYS} = 200mV とします．同様に VB1 側の検出電圧は V_{T_ON} = 3.7V，V_{T_OFF} = 3.5V，ヒステリシス幅 V_{HYS_VB1} = 200mV とします．

　不安定動作防止のためにヒステリシス幅 200mV を設けましたが，UVLO が解除され正常動作となったときに急峻な負荷変動やノイズの影響などによって，瞬間的に V^+ や VB1 がヒステリシス幅以上の電圧降下が生じると，UVLO 回路が誤動作して出力が停止する可能性があります．そこで，V^+ や VB1 の瞬時的な低下で UVLO 回路が動作しないように，コンパレータが電圧降下を検出してから出力が反転するまでの間に 1μs 程度の遅延時間を設けることにしました．

　この遅延機能を追加したコンパレータ回路（V^+ 検出側）を図 5.36 に示します．この回路では，図 5.37 に示すように，コンパレータの入力が切り替わった際に，P 点と GND 間に接続したキャパシタ C_P を電流 I_S で充放電することで，P 点の電位変化を緩やかにします．また，P 点の電圧を受ける後段インバータの PMOS ソース側と V^+ との間に，抵抗 $R4A$ を挿入しています．これは PMOS 側の電流を制限して，インバータの貫通電流を抑えると共に，スレッショルド電圧を $V^+/2$ よりも低めに設定し，スパイク・ノイズなどで誤動作しないようにするためのものです．また，VB1 検出側のコンパレータも同様な回路構成となります．

5.3 低電圧誤動作防止回路の設計

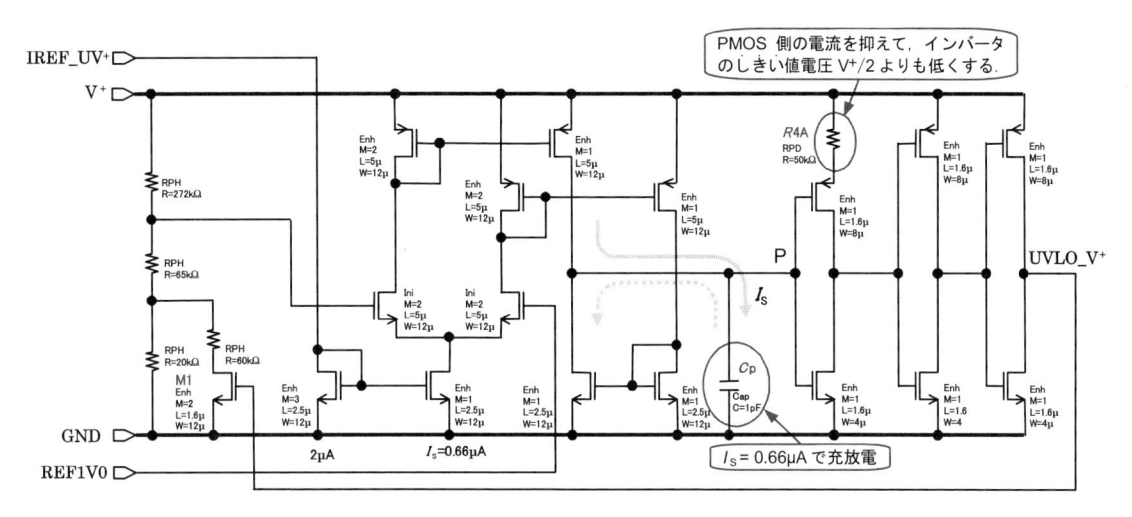

図5.36 コンパレータ回路

図中注釈:
- PMOS側の電流を抑えて，インバータのしきい値電圧 $V^+/2$ よりも低くする．
- $I_S = 0.66\mu A$ で充放電

V^+ や $VB1$ の瞬時的な低下で UVLO 回路が動作しないように C_P を接続し，コンパレータが検出してから出力が反転するまでの間に 1μs 程度の遅延時間を設ける．

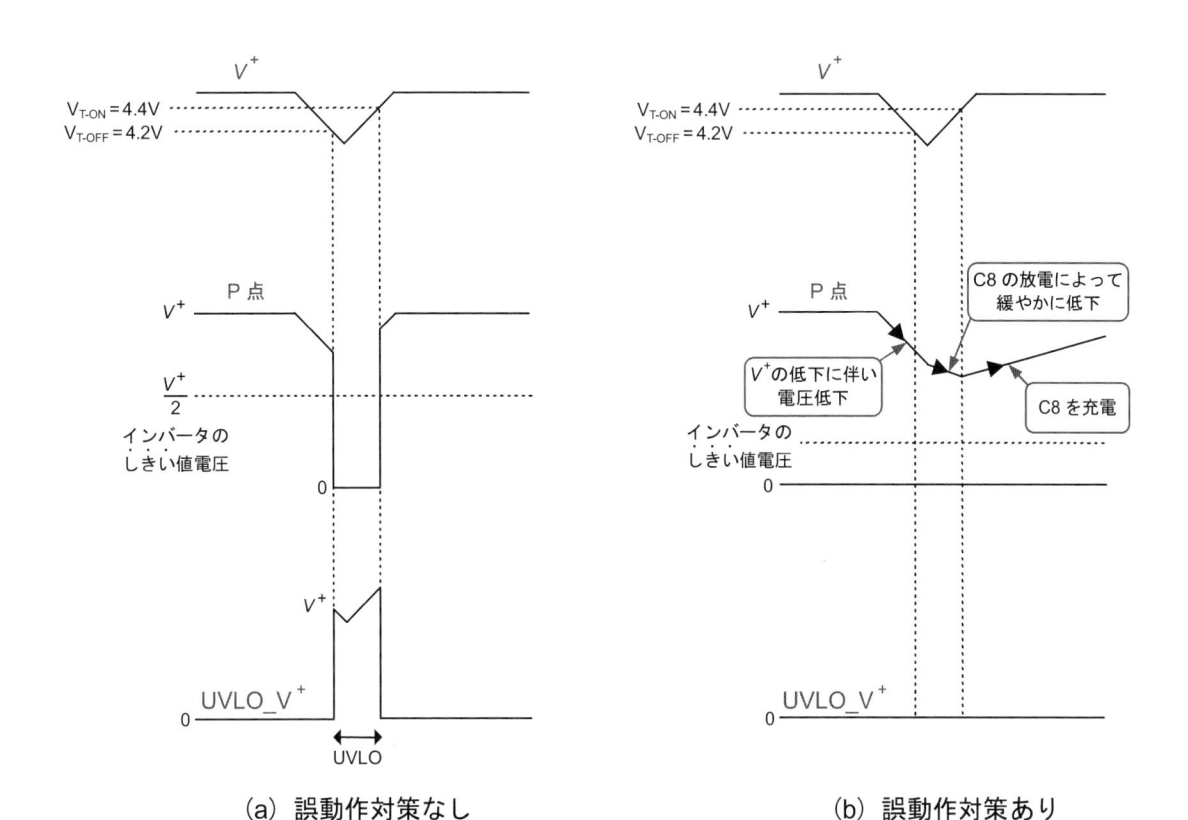

(a) 誤動作対策なし (b) 誤動作対策あり

図5.37 電源電圧 V^+ の瞬時的な低下

図中ラベル:
- $V_{T-ON} = 4.4V$
- $V_{T-OFF} = 4.2V$
- P点
- $V^+/2$ インバータのしきい値電圧
- UVLO_V^+
- V^+ の低下に伴い電圧低下
- C8 の放電によって緩やかに低下
- C8 を充電

C_P の接続で P 点の電圧変化を緩やかにし，$R4A$ の挿入でインバータのしきい値電圧を低くしてノイズなどによる誤動作対策を行う．

●低電圧誤動作防止部の全体回路

低電圧誤動作防止(UVLO)部の回路図を図5.38に示します．図5.39は電源電圧V^+と$VB1$の電圧を監視して，制御信号UVLOの動作を確認したシミュレーション結果です．

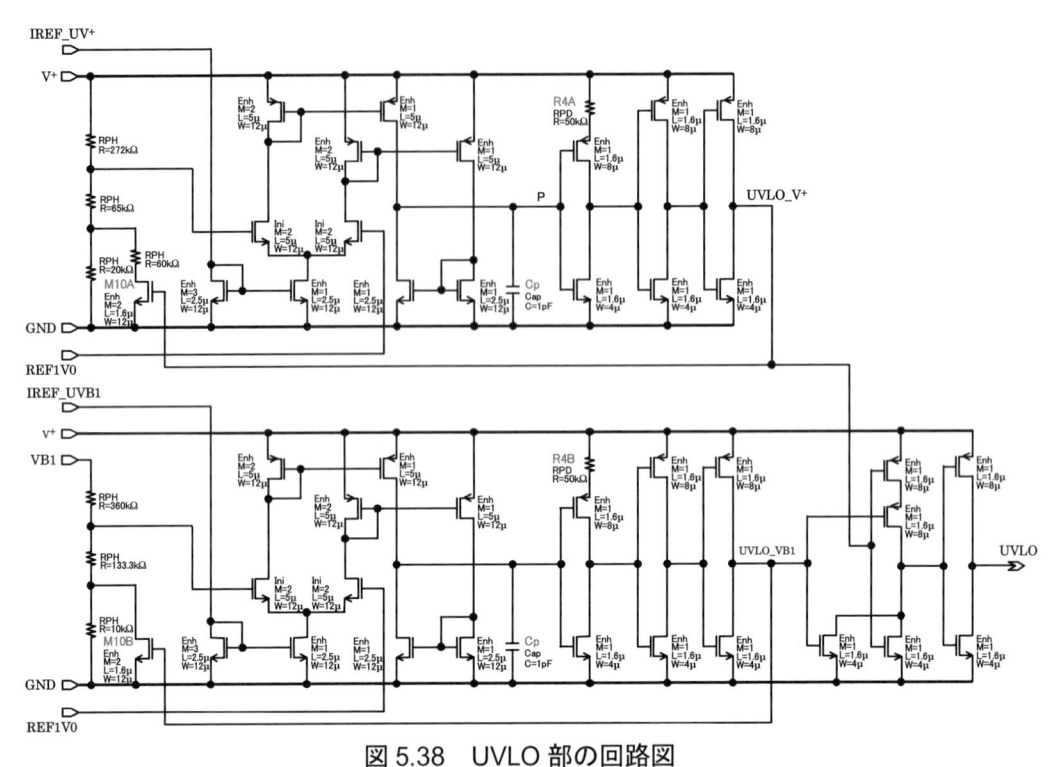

図5.38　UVLO部の回路図

PWM01で使用するUVLO回路．V^+と$VB1$の電圧を監視する．

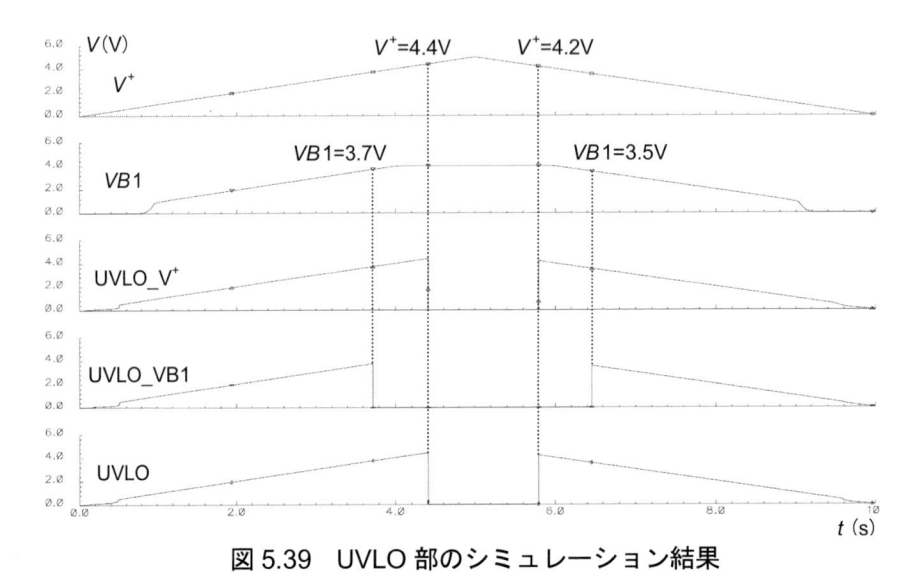

図5.39　UVLO部のシミュレーション結果

UVLO部のシミュレーション結果．V^+と$VB1$の電圧を監視し，$V^+ \leq 4.2V$または$VB1 \leq 3.5V$でUVLO信号を出力する．

5.4 オープン・ドレイン出力段の設計

●出力段の構成

出力段は，オープン・ドレイン出力の NMOS トランジスタで構成されます．PWM コンパレータからの信号を受けて，パワーMOSFET 用ゲート・ドライバ IC（図 5.40）やフォトカプラ（図 5.41）を駆動します．また，デッド・タイムを発生する遅延回路や UVLO 回路からの信号を受けて，出力 G1～G4 を L レベルとする回路を盛り込みます（図 5.42）．

図 5.40 ゲート・ドライバ IC の駆動
PWM01 によるゲート・ドライバ IC の駆動例．

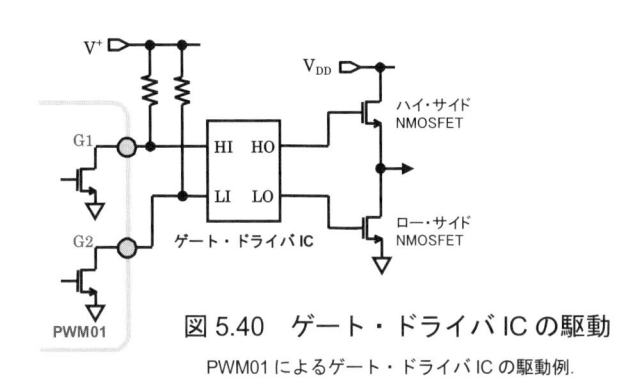

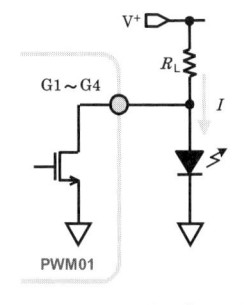

図 5.41 フォトカプラの駆動
PWM01 によるフォトカプラの駆動例．

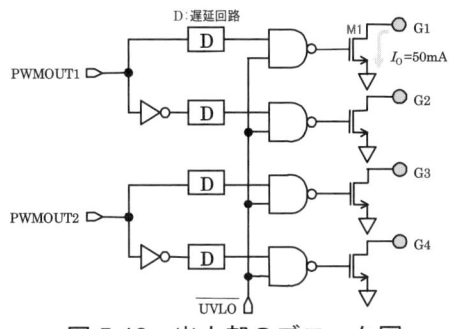

図 5.42 出力部のブロック図
G1 端子と G2 端子（G3 端子と G4 端子）の出力パルスが同時に H レベルとならないよう，信号立ち上がり時に遅延回路 D を挿入し，デッド・タイムを設定する．

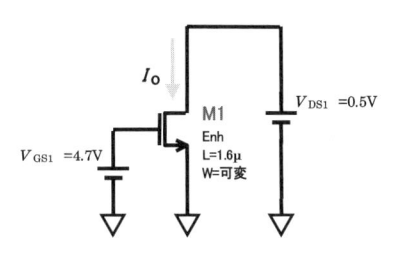

図 5.43 M1 のトランジスタ・サイズ
$V_{DS1} = 0.5V$ 時のソース電流が $I_O \geq 50mA$ を満足するトランジスタ・サイズを検討する．

●出力トランジスタの設計

出力のシンク電流能力は，出力段 M1～M4 のトランジスタ・サイズで決まります．ワースト条件は $V^+ = V_{GS1\sim4} = 4.7V$，NMOS：しきい値高め，$V_{TNE-H} = 0.95V$ としたときの組み合わせです．この条件において，出力端子電圧 $V_{DS1\sim4} = 0.5V$ 時のシンク電流が $I_O = 50mA$ の仕様を満足するように，トランジスタ・サイズを検討します．

図 5.43 においてトランジスタ M1 は，

$$V_{GS1} - V_{TNE-H} = 4.7 - 0.95 = 3.75V > V_{DS1} = 0.5V$$

から，非飽和領域で動作しているので出力電流 I_O は，

$$I_O = \mu_{nE} \cdot C_{ox} \frac{W_1}{L_1} \left\{ (V_{GS1} - V_{TNE})V_{DS1} - \frac{V_{DS1}^2}{2} \right\}$$

が成り立ちます．ここで，$I_O = 50mA$ から，

$$I_\mathrm{O} = \mu_\mathrm{nE} \cdot C_\mathrm{ox} \frac{W_1}{L_1} \left\{ (V_\mathrm{GS1} - V_\mathrm{TNE}) V_\mathrm{DS1} - \frac{V_\mathrm{DS1}^2}{2} \right\} \geq 50\mathrm{mA}$$

$$\therefore \frac{W_1}{L_1} \geq \frac{50 \times 10^{-3}}{\mu_\mathrm{nE} \cdot C_\mathrm{ox} \left\{ (V_\mathrm{GS1} - V_\mathrm{TNE}) V_\mathrm{DS1} - \frac{V_\mathrm{DS1}^2}{2} \right\}}$$

となるので，この条件を満足するM1のトランジスタ・サイズW_1/L_1を決定します．ここでは，$W_{1\sim4}/L_{1\sim4} = 960\mathrm{\mu m}/1.6\mathrm{\mu m}$とします．

●デッド・タイム（ディレイ・マッチング）回路の設計

図5.40の回路において，ハイ・サイドMOSFETとロー・サイドMOSFETが同時にONするタイミングがあると，V^+からGNDへ大きな貫通電流（シュート・スルー電流）が流れます．貫通電流の大きさによってはパワーMOSFETが破壊に至ることがあるので，G1端子とG2端子，およびG3端子とG4端子の出力パルスが同時にHレベルとならないように出力パルスのタイミングをずらす必要があります．ハイ・サイドMOSFETとロー・サイドMOSFETがどちらもOFFする期間を発生させるわけです．この期間をデッド・タイムやディレイ・マッチングなどと呼びます．このPWM01では，図5.44に示すように遅延回路によって出力パルスの立ち上がり時に遅延を発生させ，デッド・タイムを設けることで貫通電流の低減を図ります．

▶遅延回路の構成

遅延回路は図5.45に示すようなキャパシタC_Dと定電流源を利用して遅延時間を発生させる構成を考えます．この構成では，入力INがHレベルからLレベルになったときに，定電流I_DでキャパシタC_Dの充電を開始し，キャパシタの端子電圧が次段コンパレータのしきい値電圧V_THDになるまでの時間を遅延時間t_Dとして利用します．

PWM01には，G1〜G4端子の四つの出力があるので，遅延回路（図5.45）も四つ必要となり，回路規模が大きくなってしまいます．また，この回路構成のままだと基準電圧V_THDも必要となります．そこで，できるだけ小さいレイアウト・エリアとなるよう回路を工夫しました．つまりPWM01では，コンパレータ部にしきい値電圧が電源電圧に依存しない電流源付きのインバータ回路を使用し，図5.46のようなシンプルな回路構成で検討します．

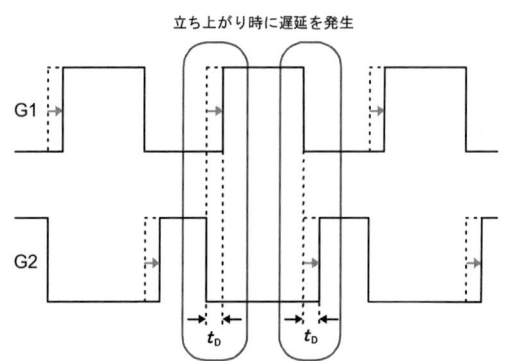

図5.44 出力パルス

遅延回路によって出力パルスの立ち上がり時に遅延を発生させ，デッド・タイムを設けることで貫通電流の低減を図る．

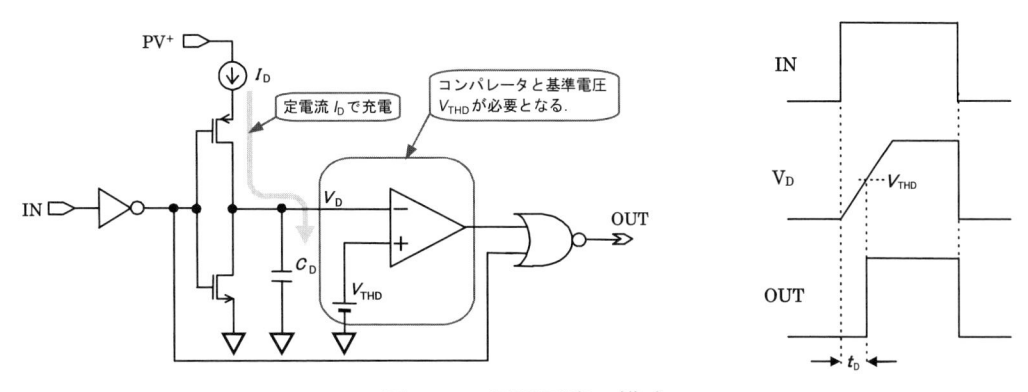

図 5.45　遅延回路の構成

キャパシタ C_D と定電流源 I_D を利用して遅延時間を発生させる.

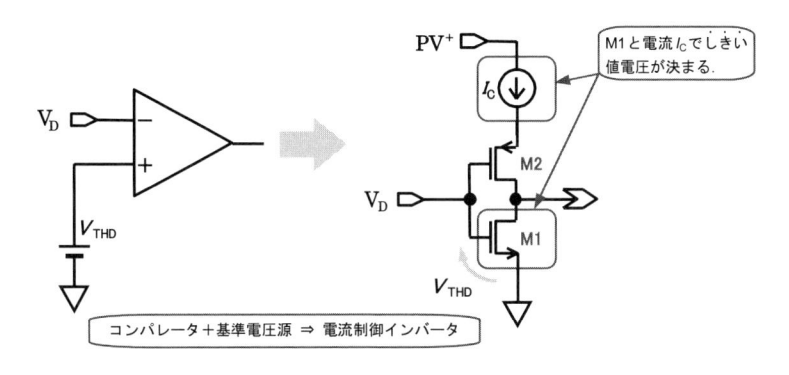

図 5.46　電流源付きインバータ回路

電流源付きのインバータをコンパレータ＋基準電圧源として代用する.

①しきい値電圧：V_{THD}

図 5.46 に示すこの電流源付きインバータのしきい値電圧 V_{THD} について考えます．しきい値電圧 V_{THD} は，M1 に流れる電流と電流 I_C が等しくなったときの M1 の V_{GS} であることから，

$$I_C = \frac{1}{2}\mu_{nE} \cdot C_{ox} \frac{W_1}{L_1}(V_{THD} - V_{TNE})^2$$

これから，

$$V_{THD} = V_{TNE} + \sqrt{\frac{2 I_C \cdot L_1}{\mu_{nE} \cdot C_{ox} \cdot W_1}} \quad \cdots\cdots(5.4)$$

と表されます．

このことからインバータのしきい値電圧 V_{THD} は電源電圧に依存せず，M1 のトランジスタ・サイズと電流 I_C で決まる一定の値になることがわかります．また，このインバータの PMOS（M2）は M1 が ON しているときに電流 I_C をしゃ断するスイッチとして働き，しきい値電圧には影響を与えません．

②遅延時間：t_D

コンパレータをインバータに置き換えた遅延回路を**図 5.47** に示します．まず，この回路の遅延時間 t_D を考えます．

キャパシタ C_D に流れ込む電流 I_D と次段の電流源付きインバータのしきい値電圧 V_{THD} の関係から，遅延時間 t_D は，

$$\int_0^{t_D} I(t)dt = C_D \cdot V_{THD}$$

$$I_D \cdot t_D = C_D \cdot V_{THD}$$

$$\therefore t_D = \frac{C_D \cdot V_{THD}}{I_D} \quad \cdots\cdots (5.5)$$

と表されます．したがって，式(5.4)と式(5.5)から，

$$t_D = \frac{C_D}{I_D}\left(V_{TNE} + \sqrt{\frac{2I_C \cdot L_1}{\mu_{nE} \cdot C_{ox} \cdot W_1}}\right)$$

と求められます．

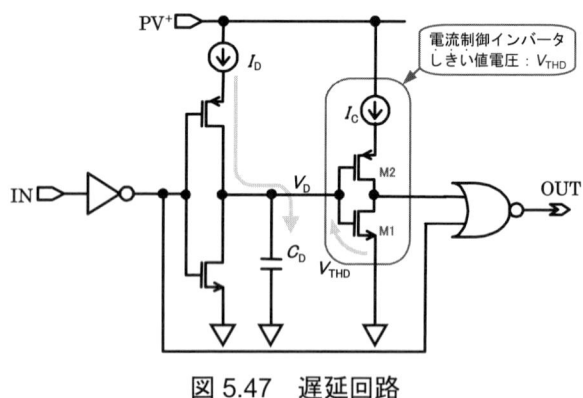

図 5.47　遅延回路

インバータを利用したシンプルな遅延回路だが，回路定数の最適化で温度依存の少ない遅延回路が実現できる．

▶遅延時間の温度変動

次に，遅延時間 t_D の温度依存性を考えます．式(5.5)から，遅延時間の温度変化に関するパラメータが電流源付きインバータのしきい値電圧 V_{THD} と電流 I_D なので，遅延時間 t_D の温度係数 TC は，

$$TC = \frac{1}{t_D}\frac{\partial t_D}{\partial T}$$

$$= \frac{1}{t_D}\left(\frac{\partial t_D}{\partial V_{THD}}\frac{\partial V_{THD}}{\partial T} + \frac{\partial t_D}{\partial I_D}\frac{\partial I_D}{\partial T}\right)$$

$$= \frac{1}{t_D}\left(\frac{C_D}{I_D}\frac{\partial V_{THD}}{\partial T} - \frac{C_D \cdot V_{THD}}{I_D^2}\frac{\partial I_D}{\partial T}\right)$$

$$\therefore TC = \frac{1}{V_{THD}}\frac{\partial V_{THD}}{\partial T} - \frac{1}{I_D}\frac{\partial I_D}{\partial T} \quad \cdots\cdots (5.6)$$

と表されます．

ここで式(5.6)において，第1項はしきい値電圧 V_{THD} の温度係数です．トランジスタ・サイズとトランジスタに流れる電流 I_C の温度特性で決まり，第2項の温度係数はキャパシタ C_D に流れ込む電流 I_D の温度特性で決まります．

また，しきい値電圧 V_{THD} は式(5.4)から M1 のトランジスタ・サイズの関数なので，W_1/L_1 のサイズ設定によって遅延時間 t_D の温度係数を調整することができます．しかし，このあたりの定数設定は，シミュレーションだけでは実際のところ正確な検証が難しくなってきます．PWM01 では W_1/L_1 による温度係数の合わせ込みのために，トランジスタ・サイズ W_1/L_1 を数パターン振った回路 TEG を作成し，その結果を基に W_1/L_1 を決定することにしました．

図 5.48 が，回路 TEG による遅延時間の温度特性結果です．この結果から，M1 のトランジスタ・サイズを $W_1/L_1 = 12\mu m/2.5\mu m$ としています．

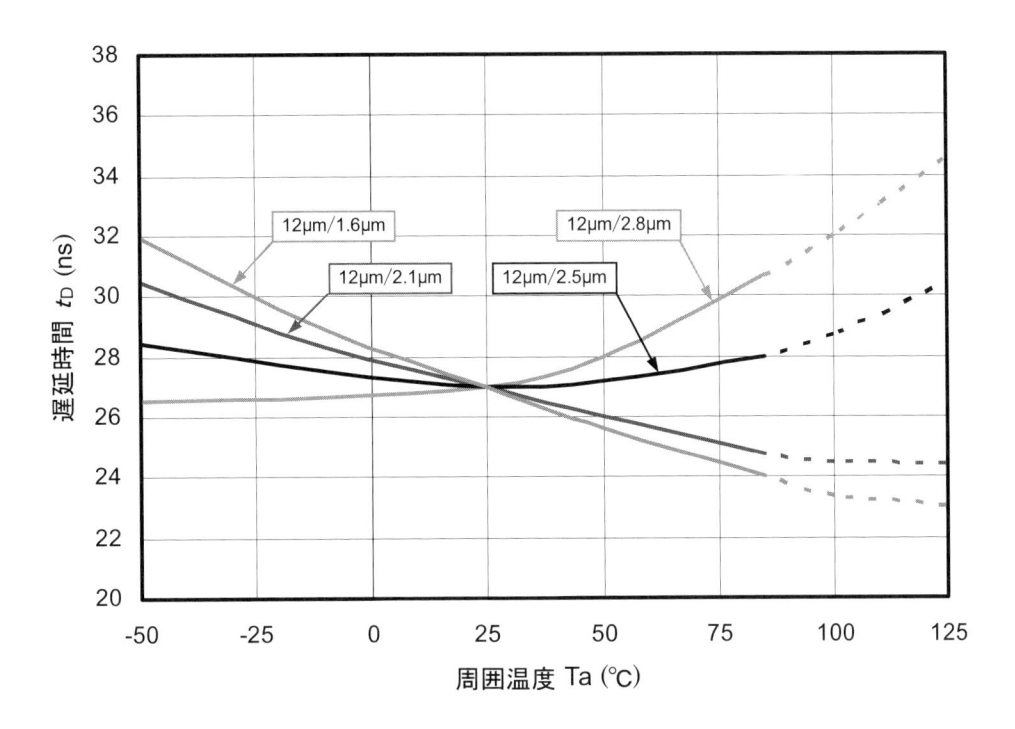

図 5.48　回路 TEG による遅延時間の温度特性

図 5.47 の遅延回路で M1 のゲート長 L を振った回路 TEG での評価結果から，$L = 2.5\mu m$ とする．

▶デッド・タイム（ディレイ・マッチング）の設定

遅延回路を利用してディレイ・マッチング t_{DM1} の設定を行います．t_{DM1} は外付けプルアップ抵抗 $R_{PULL\_UP} = 330\Omega$ のとき，$t_{DM1} = 25\text{ns}$ の仕様です．図 5.47 の回路において，$I_C = 10\mu\text{A}$ とすると $V_{THD} \cong 2.0\text{V}$ となるので，ここでは式(5.5)において，$C_D = 0.5\text{pF}$，$I_D = 40\mu\text{A}$ として，$t_{DM1} \cong 25\text{ns}$ に設定します．

図 5.49 は，そのシミュレーション検証結果です．計算値と多少誤差のある結果となっていますが，数 ns オーダの遅延回路の定数設定は，遅延回路以外のインバータなどの回路遅延もあり，シミュレーション検証だけでは合わせ込みが難しく，実際には類似既存製品の実績や回路 TEG などによる実験データを考慮して決定します．

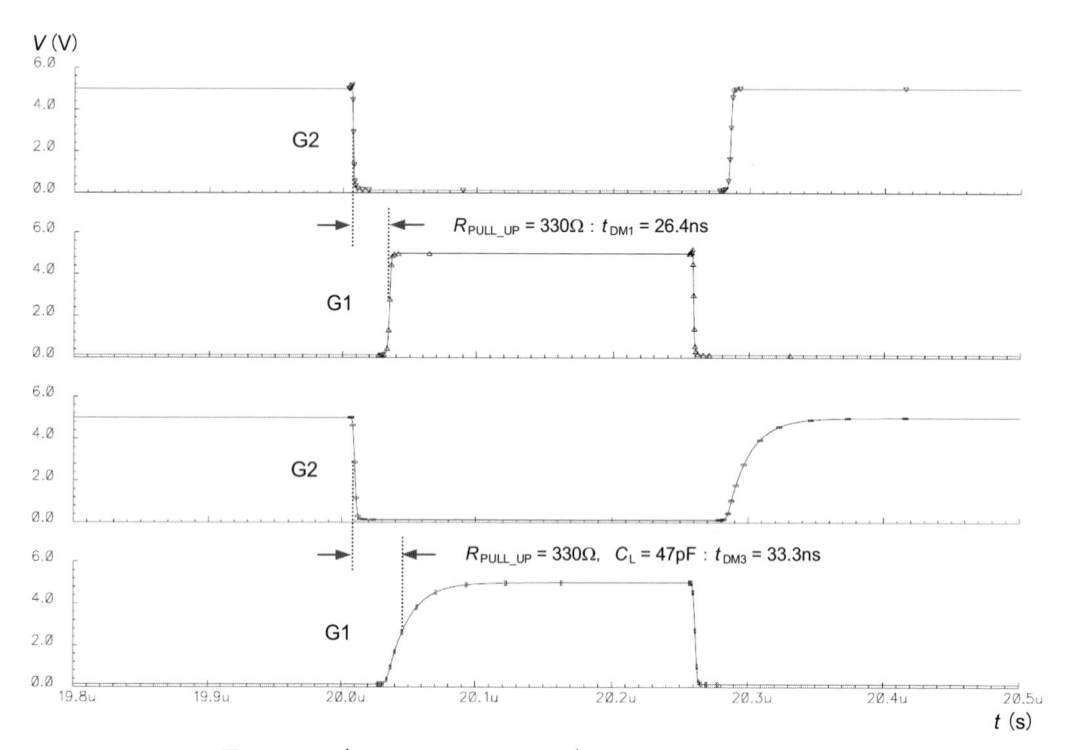

図 5.49　ディレイ・マッチングのシミュレーション結果

シミュレーション検証だけの合わせ込みは難しい．実際には過去の実績や回路 TEG などによる実験データを考慮して決定する．

● オープン・ドレイン出力段の全体回路

出力段の回路図を図 5.50 に示します.

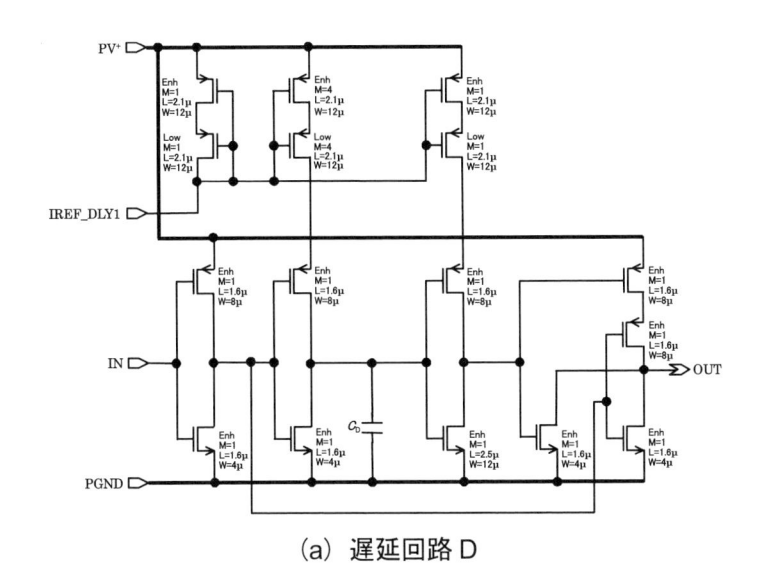

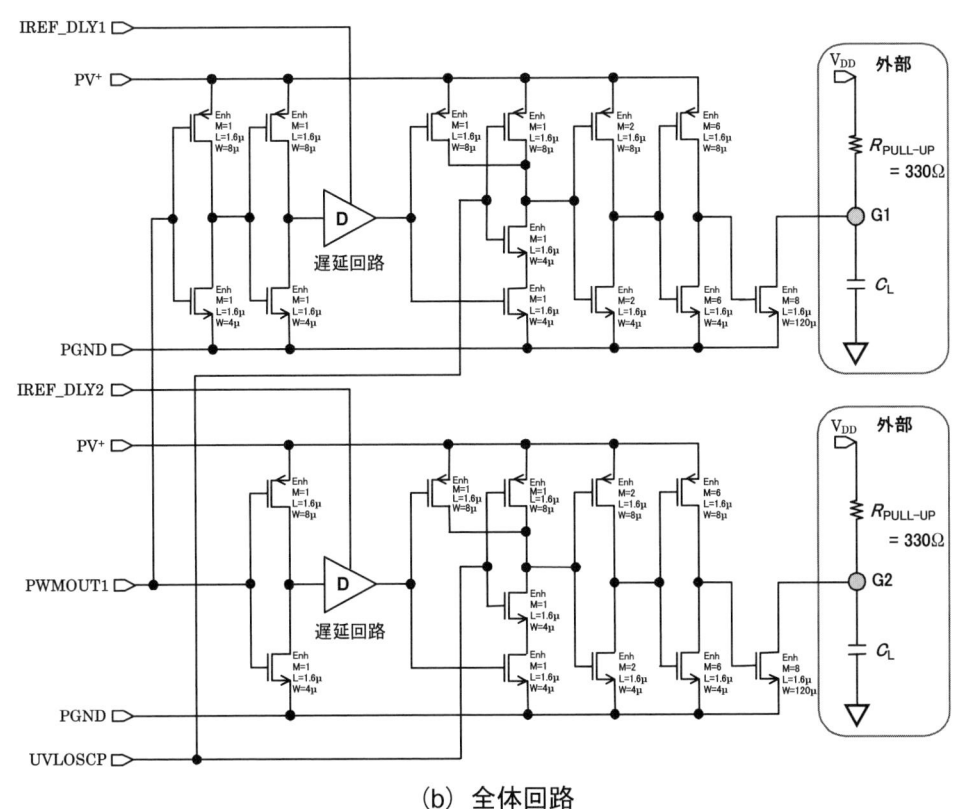

(a) 遅延回路 D

(b) 全体回路

図 5.50 オープン・ドレイン出力段の回路図
PWM01 で使用する出力段の回路.フォトカプラの駆動も考慮し,オープン・ドレイン出力の構成となっている.

Appendix B　PWM01 全体回路の検証

各ブロックの回路設計/検証が完了したら，最後に回路シミュレータによる全体回路での検証を行います．図 B.1 に示す PWM01 の全体動作の回路図において，
- リミッタ機能や三角波と CO 端子電圧からの PWM 信号発生などのファンクションが正常に行われるか．
- 設計どおりの消費電流となっているか，誤った電流経路に電流が流れていないか．
- 電源投入時の各回路の起動タイミングに問題はないか，誤動作していないか．

など，各回路ブロックを接続しないと検証できない項目の検証事例の一部を以下に紹介します．

図 B.2 の回路で，SI 端子に正弦波を入力し CI = CO として出力信号のデューティ比を 50% に設定すると，図 B.3 のようなリミッタ回路の動作と PWM 信号となり，正常に動作していることが確認できます．

図 B.4 は，電源 V^+ の立ち上がり時間を $t_r = 100\mu s$ で投入したときの出力信号の過渡応答特性で，UVLO 回路が正常に動作している結果となっています．

図 B.5 に消費電流の変化を示します．

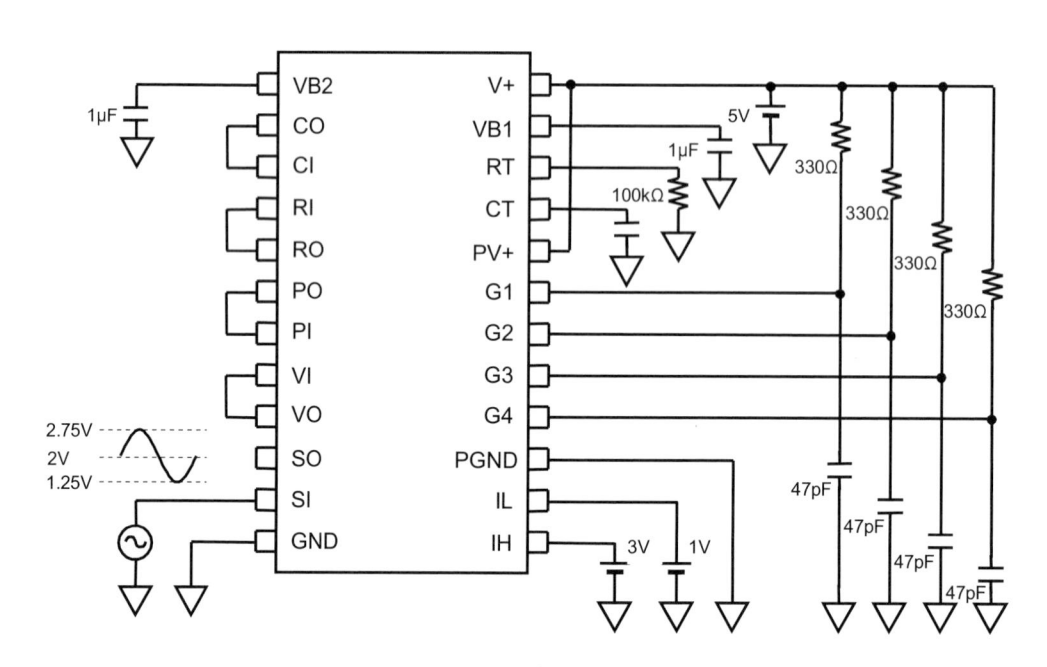

図 B.2　PWM01 の全体回路での動作確認

各回路ブロックを接続して，回路全体での動作確認を行う．

Appendix B　PWM01 全体回路の検証　189

図 B.1　PWM01 の全体回路図
924 個の素子で構成されている。

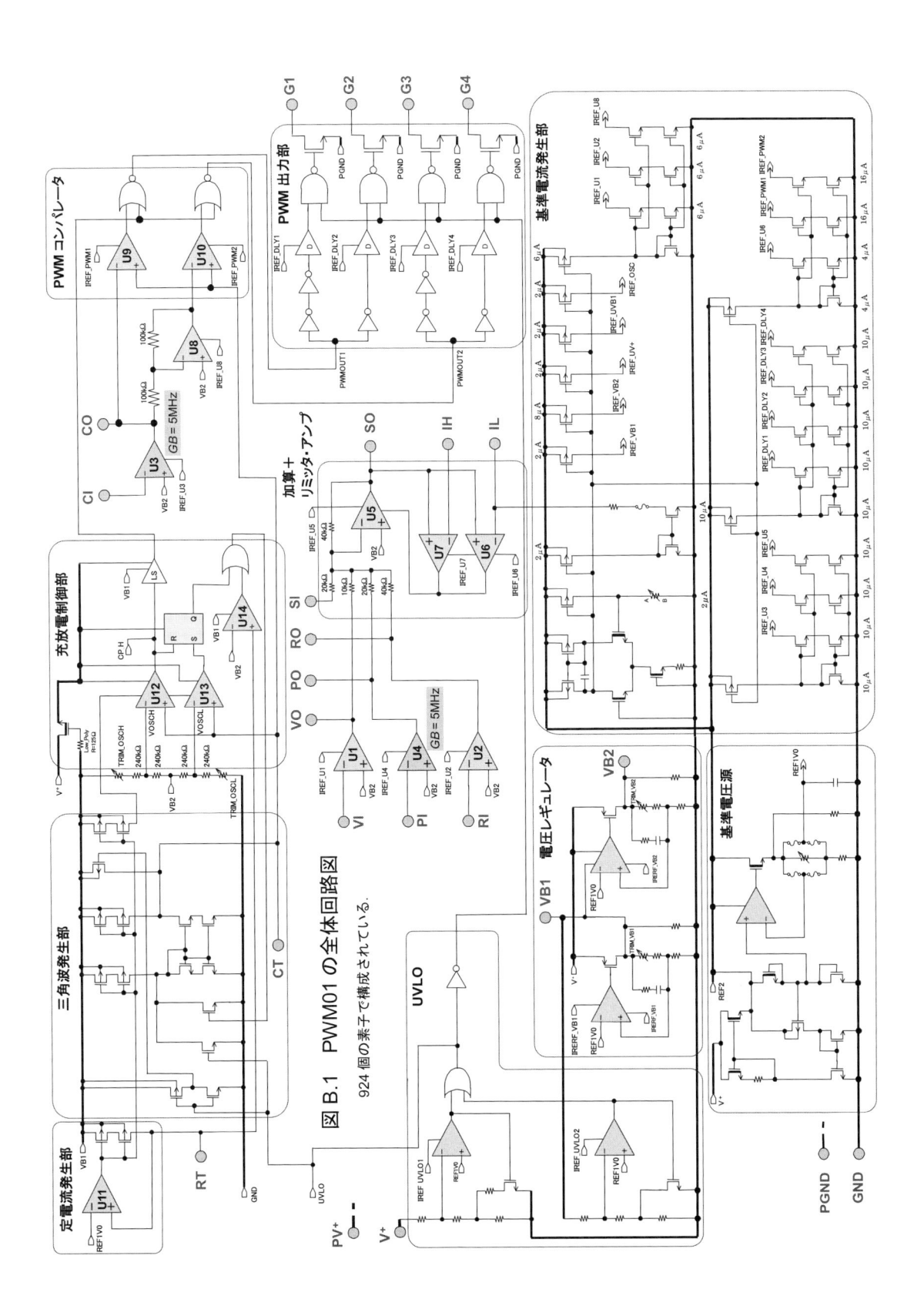

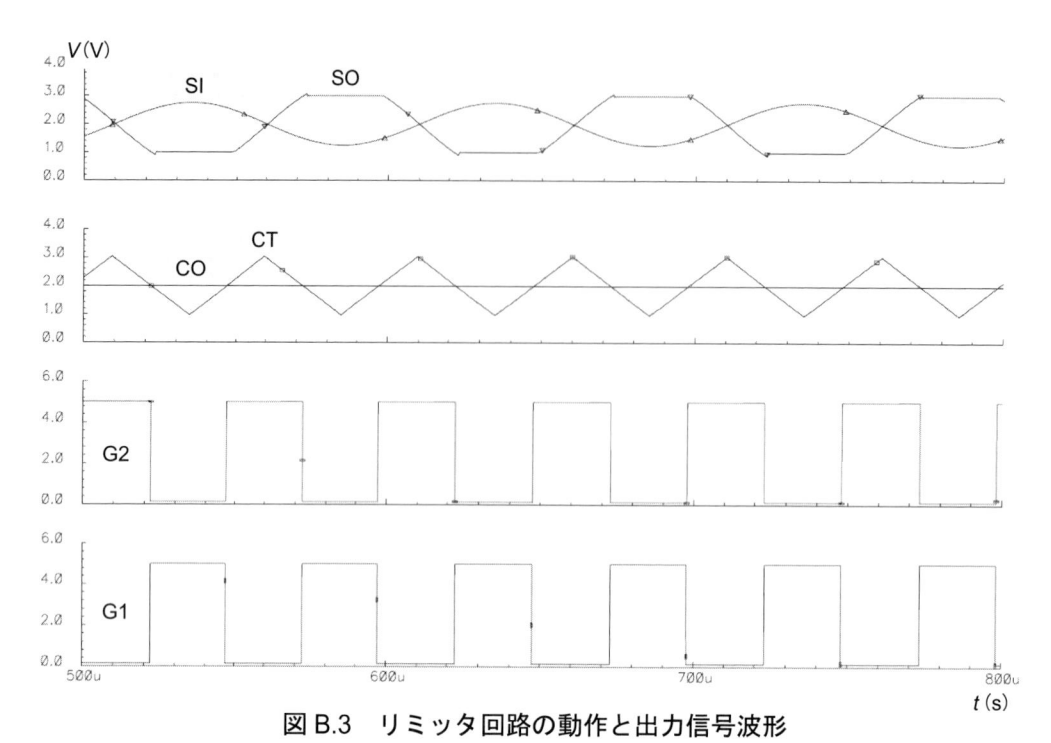

図 B.3　リミッタ回路の動作と出力信号波形

SI 端子に正弦波を入力したときのリミッタ回路の動作と PWM 信号波形.

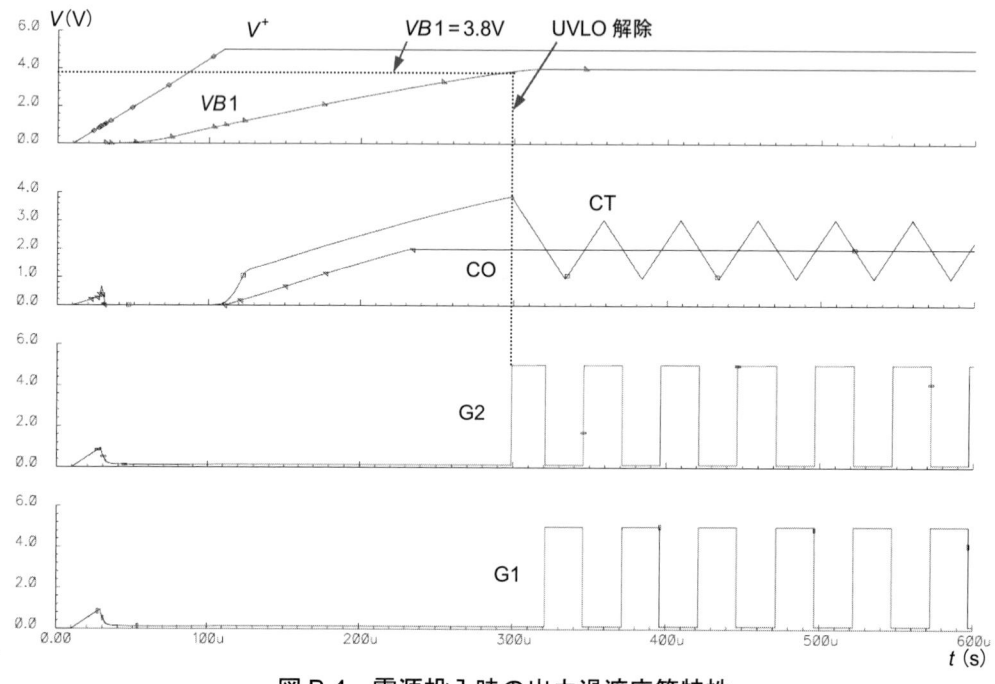

図 B.4　電源投入時の出力過渡応答特性

電源 V^+ を $tr=100\mu s$ で立ち上げたときの出力過渡応答特性.

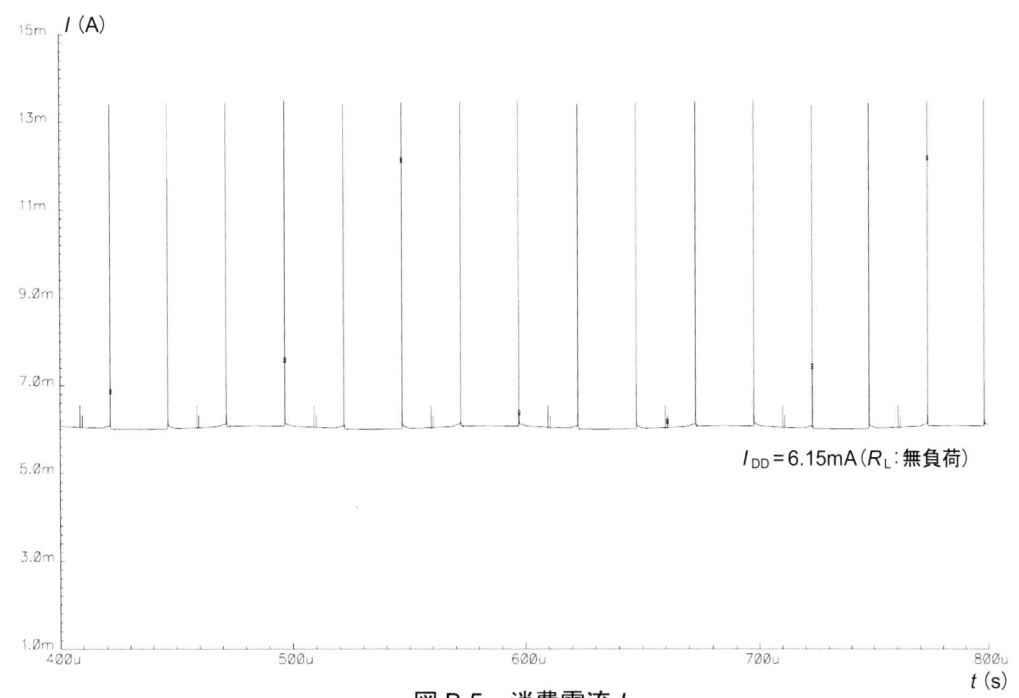

図 B.5　消費電流 I_{DD}

R_L =無負荷時の消費電流特性．

Appendix C　PWM01 の設計予実表

回路設計完了後，全体の回路シミュレーションを終えたら，PWM01 の開発仕様と設計検証結果との整合性や妥当性を確認するための設計予実表の作成を行います．各素子のばらつき（絶対値ばらつき，相対値ばらつき）や温度変動，電源電圧変動なども含めて確認を行います．

以下に，PWM01 における実際の設計予実表の一部を示します．

表 C.1　PWM01 の設計予実表

（測定条件：V^+=5.0V, R_T=100kΩ, C_T=120pF, VI=VO, RI=RO, CI=CO, PI=PO, V_{IH}=VB1, V_{IL}=GND, Ta=25℃）

最大定格

項目	記号	条件	分類	最大定格	単位
動作電圧	V^+	—	開発仕様	+10	V
			設計目標	+10	
出力シンク電流	I_O	—	開発仕様	±100	mA
			設計目標	±100	
消費電力	P_D	DMP-24	開発仕様	700	mW
			設計目標	700	
動作温度	T_{opr}	—	開発仕様	−40 ～ +85	℃
			設計目標	−40 ～ +85	
保存温度	T_{stg}	—	開発仕様	−40 ～ +125	℃
			設計目標	−40 ～ +125	

シミュレーション条件

項目	記号	最小値	標準値	最大値	単位
NMOS (Enhancement)	V_{TNE}	0.65	0.80	0.95	V
NMOS (LowVt)	V_{TNL}	0.35	0.50	0.65	V
NMOS (Initial)	V_{TNI}	0.20	0.35	0.50	V
NMOS (Depletion)	V_{TND}	−0.50	−0.30	−0.10	V
PMOS (Initial)	V_{TPI}	−1.05	−1.20	−1.35	V
PMOS (Enhancement)	V_{TPE}	−0.70	−0.85	−1.00	V
PMOS (LowVt)	V_{TPL}	−0.40	−0.55	−0.70	V
Resistance (HRPOL)	RPH	1.2k	2.2k	2.8k	Ω/□
Resistance (POL)	RPL	20	25	30	Ω/□
Resistance (NLD)	RND	1.875k	2.500k	3.125k	Ω/□
Resistance (PLD)	RPD	3.7k	5.5k	7.3k	Ω/□

（注）Ω/□ = ohm/square（シート抵抗）

全体仕様

■電圧レギュレータ部

項目	記号	条件	分類	最小値	標準値	最大値	単位
出力電圧 1	V_{REG1}	I_{REG1}=0mA	開発仕様	-2%	4.0	+2%	V
			SIM 値	4.00	4.00	4.00	
			BB/TEG	—	—	—	
ロード・レギュレーション 1	$\Delta V_{REG1}/\Delta I_{REG1}$	I_{REG1}=0mA〜1mA	開発仕様	—	—	20	mV
			SIM 値	4.27	5.08	5.71	
			BB/TEG	—	—	—	
出力電圧 2	V_{REG2}	I_{REG2}=0mA	開発仕様	-2%	2.0	+2%	V
			SIM 値	1.99	1.99	2.00	
			BB/TEG	—	—	—	
ロード・レギュレーション 2	$\Delta V_{REG2}/\Delta I_{REG2}$	I_{REG2}=0mA〜5mA	開発仕様	—	—	20	mV
			SIM 値	3.75	4.08	4.34	
			BB/TEG	—	—	—	

■OP アンプ：1ch, 2ch

項目	記号	条件	分類	最小値	標準値	最大値	単位
入力オフセット電圧	V_{IO}	—	開発仕様	—	—	5	mV
			SIM 値	0.106	0.115	0.119	
			BB/TEG	—	—	—	
入力バイアス電流	I_B	—	開発仕様	—	0.1	—	nA
			SIM 値	0	0	0	
			BB/TEG	—	—	—	
電圧利得	A_V	—	開発仕様	—	75	—	dB
			SIM 値	82.4	83.7	85.0	
			BB/TEG	—	—	—	
利得帯域幅積	GB	f=100kHz	開発仕様	—	1	—	MHz
			SIM 値	0.825	1.06	1.44	
			BB/TEG	—	—	—	
最大出力電圧	V_{OM}	R_L=10kΩ	開発仕様	3.5	—	—	V
			SIM 値	3.76	3.89	4.02	
			BB/TEG	—	—	—	
入力電圧範囲	V_{ICM}	—	開発仕様	0.5〜3.5	—	—	V
			SIM 値	0.5〜3.5	—	—	
			BB/TEG	—	—	—	
出力ソース電流	I_{OM+}	V_O=2V, V_{IN}=1.8V	開発仕様	1	—	—	mA
			SIM 値	23.6	28.3	35.1	
			BB/TEG	—	—	—	
出力シンク電流	I_{OM-}	V_O=2V, V_{IN}=2.2V	開発仕様	0.2	0.4	—	mA
			SIM 値	0.43	0.45	0.46	
			BB/TEG	—	—	—	

■OP アンプ：3ch, 4ch

項目	記号	条件	分類	最小値	標準値	最大値	単位
入力オフセット電圧	V_{IO}	—	開発仕様	—	—	5	mV
			SIM 値	0.252	0.258	0.271	
			BB/TEG	—	—	—	
入力バイアス電流	I_B	—	開発仕様	—	0.1	—	nA
			SIM 値	0	0	0	
			BB/TEG	—	—	—	
電圧利得	A_V	—	開発仕様	—	75	—	dB
			SIM 値	80.1	81.4	82.7	
			BB/TEG	—	—	—	
利得帯域幅積	GB	f=100kHz	開発仕様	—	5	—	MHz
			SIM 値	3.85	5.12	7.54	
			BB/TEG	—	—	—	

■OP アンプ：3ch, 4ch（続き）

項目	記号	条件	分類	最小値	標準値	最大値	単位
最大出力電圧	V_{OM}	R_L=10kΩ	開発仕様	3.5	—	—	V
			SIM 値	3.73	3.87	4.00	
			BB/TEG	—	—	—	
入力電圧範囲	V_{ICM}	—	開発仕様	0.5〜3.5	—	—	V
			SIM 値	0.5〜3.5	—	—	
			BB/TEG	—	—	—	
出力ソース電流	I_{OM+}	V_O=2V, V_{IN}=1.8V	開発仕様	1	—	—	mA
			SIM 値	23.6	28.3	35.1	
			BB/TEG	—	—	—	
出力シンク電流	I_{OM-}	V_O=2V, V_{IN}=2.2V	開発仕様	0.4	0.7	—	mA
			SIM 値	0.71	0.73	0.75	
			BB/TEG	—	—	—	

■加算＋リミッタ・アンプ：5ch

項目	記号	条件	分類	最小値	標準値	最大値	単位
入力オフセット電圧	V_{IO}	—	開発仕様	—	—	5	mV
			SIM 値	0.252	0.258	0.271	
			BB/TEG	—	—	—	
利得帯域幅積	GB	f=100kHz	開発仕様	—	5	—	MHz
			SIM 値	3.85	5.12	7.54	
			BB/TEG	—	—	—	
最大出力電圧	V_{OM}	R_L=10kΩ	開発仕様	3.5	—	—	V
			SIM 値	3.73	3.87	4.00	
			BB/TEG	—	—	—	
出力ソース電流	I_{OM+}	V_O=2V, V_{IN}=1.8V	開発仕様	1	—	—	mA
			SIM 値	23.6	28.3	35.1	
			BB/TEG	—	—	—	
出力シンク電流	I_{OM-}	V_O=2V, V_{IN}=2.2V	開発仕様	0.4	0.7	—	mA
			SIM 値	0.71	0.73	0.75	
			BB/TEG	—	—	—	
クランプ入力電圧範囲	V_{I-IH}	IH 端子	開発仕様	1.5〜3.5	—	—	V
			SIM 値	1.5〜3.5	—	—	
			BB/TEG	—	—	—	
	V_{I-IL}	IL 端子	開発仕様	0.5〜3.5	—	—	V
			SIM 値	0.5〜3.5	—	—	
			BB/TEG	—	—	—	
クランプ電圧	V_{LIM+}	V_{IH}=3V	開発仕様	2.95	3.00	3.05	V
			SIM 値	2.996	2.996	2.996	
			BB/TEG	—	—	—	
	V_{LIM-}	V_{IL}=1V	開発仕様	0.95	1.00	1.05	V
			SIM 値	1.002	1.002	1.002	
			BB/TEG	—	—	—	

■低電圧誤動作防止（UVLO）回路部

項目	記号	条件	分類	最小値	標準値	最大値	単位
ON スレッショホールド電圧	V_{T_ON}	V^+=L→H	開発仕様	4.2	4.4	4.6	V
			SIM 値	4.406	4.407	4.408	
			BB/TEG	—	—	—	
OFF スレッショホールド電圧	V_{T_OFF}	V^+=H→L	開発仕様	4.0	4.2	4.4	V
			SIM 値	4.206	4.207	4.208	
			BB/TEG	—	—	—	
ヒステリシス幅	V_{HYS}	—	開発仕様	100	200	—	mV
			SIM 値	198	200	201	
			BB/TEG	—	—	—	

■三角波発振器部

項目	記号	条件	分類	最小値	標準値	最大値	単位
RT端子電圧	V_{RT}	—	開発仕様	−5%	1.0	+5%	V
			SIM値	0.999	0.999	0.992	
			BB/TEG	—	—	—	
発振周波数	f_{OSC}	—	開発仕様	−10%	20	+10%	kHz
			SIM値	20.5	20.6	20.7	
			BB/TEG	—	—	—	
三角波H側電圧	V_{TH}	—	開発仕様	2.94	3.00	3.06	V
			SIM値	3.004	3.006	3.015	
			BB/TEG	—	—	—	
三角波L側電圧	V_{TL}	—	開発仕様	0.97	1.00	1.03	V
			SIM値	0.990	0.993	0.999	
			BB/TEG	—	—	—	
周波数電源電圧変動	f_{DV}	V^+=4.7〜9V	開発仕様	—	1	—	%
			SIM値	0.019	0.030	0.044	
			BB/TEG	—	—	—	
周波数温度変動	f_{DT}	Ta=−40〜+85℃	開発仕様	—	3	—	%
			SIM値	0.29	0.52	0.69	
			BB/TEG	—	—	—	

■PWMコンパレータ部

項目	記号	条件	分類	最小値	標準値	最大値	単位
最大デューティ・サイクル	$m_{AX}D_{UTY\_G1}$	G1: V_{CI}=2.2V, V_{CO}=3.5V	開発仕様	96	98	99.5	%
			SIM値	97.7	98.0	98.4	
			BB/TEG	—	—	—	
	$m_{AX}D_{UTY\_G3}$	G3: V_{CI}=2.2V, V_{CO}=0.5V	開発仕様	96.0	98.0	99.5	%
			SIM値	97.7	98.0	98.4	
			BB/TEG	—	—	—	
最小デューティ・サイクル	$m_{IN}D_{UTY\_G2}$	G2: V_{CI}=2.2V, V_{CO}=3.5V	開発仕様	0.5	2.0	4.0	%
			SIM値	1.6	1.8	2.0	
			BB/TEG	—	—	—	
	$m_{IN}D_{UTY\_G4}$	G4: V_{CI}=2.2V, V_{CO}=0.5V	開発仕様	0.5	2.0	4.0	%
			SIM値	1.6	1.8	2.0	
			BB/TEG	—	—	—	

■オープン・ドレイン出力部

項目	記号	条件	分類	最小値	標準値	最大値	単位
出力電流	I_O	V_{DS}=0.5V	開発仕様	20	50	—	mA
			SIM値	48.7	52.6	56.8	
			BB/TEG	—	—	—	
出力リーク電流	I_{LEAK}	V_{OUT}=5V	開発仕様	—	—	0.1	μA
			SIM値	—	—	0	
			BB/TEG	—	—	—	
ディレイ・マッチング	t_{DM1}	R_{PULL_UP}=330Ω	開発仕様	—	25	—	ns
			SIM値	22.8	26.4	30.2	
			BB/TEG	—	26	—	
	t_{DM2}	R_{PULL_UP}=330Ω, C_L=47pF	開発仕様	—	45	—	ns
			SIM値	30.0	33.3	36.9	
			BB/TEG	—	48	—	

■総合特性

項目	記号	条件	分類	最小値	標準値	最大値	単位
消費電流	I_{DD}	R_L=無負荷	開発仕様	—	6.5	10	mA
			SIM値	5.8	6.2	6.8	
			BB/TEG	—	—	—	

第6章

CMOS アナログ IC レイアウト設計の基礎

6.1 アナログ IC レイアウト設計のフロー

6.2 信頼性対策上必須の ESD 破壊耐量の確保

6.3 CMOS 特有のラッチアップ耐量の確保

6.4 素子レイアウトの基本的な考え方

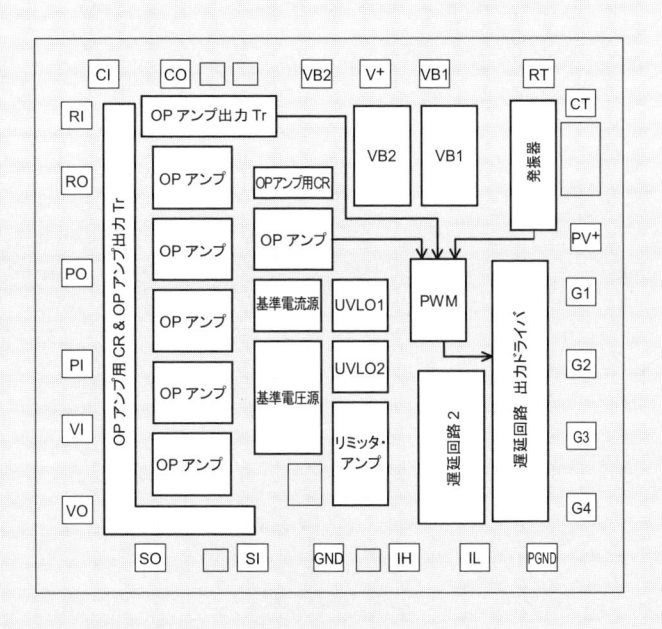

6.1 アナログ IC レイアウト設計のフロー

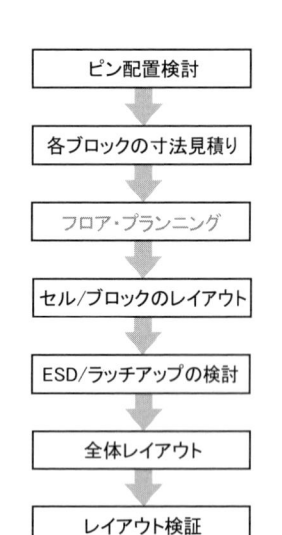

アナログ IC の一般的なレイアウト設計のフローを図 6.1 に示します．はじめに想定されるアプリケーション回路を考慮してピン配置を決め，所望の性能が得られるよう各機能ブロックや入出力端子などの配置やチップ・レイアウトの全体構成(フロア・プラン)の検討を行います．

次に，セル(機能単位)や各ブロックのレイアウト設計，ESD(Electro-Static Discharge…静電気放電)保護回路の設計やラッチアップ耐量を考慮したレイアウトの検討，およびチップ全体でのレイアウト設計を行います．そして最後に，**表 6.1** に示すようなレイアウト検証ツールを用いた各種のレイアウト検証，および目視によるマニュアル検図などを行います．

図 6.1 レイアウト設計フロー

ピン配置検討 → 各ブロックの寸法見積り → フロア・プランニング → セル/ブロックのレイアウト → ESD/ラッチアップの検討 → 全体レイアウト → レイアウト検証

PWM01 では，このようなフローでレイアウト設計を行っている．

表 6.1 レイアウト検証項目とツール

検証項目	検証内容
DRC (Design Rule Checking)	製造プロセスに基づいて定められた最小線幅，最小間隔などの幾何学的設計ルールに違反していないかを検証し，指定されたプロセス・テクノロジで製造可能であることを確認する．
LVS (Layout Versus Schematic)	回路接続情報(ネット・リスト)とレイアウト・データを比較し，素子や素子間配線の不一致を検出する．
ERC (Electrical Rule Checking)	ショート回路，オープン回路，フローティング・ノード，入力ゲート開放，出力ゲート短絡などの電気的な誤りを検出する．
LVL (Layout Versus Layout)	類似した二つのレイアウト・データから抽出したネット・リスト同士を比較し，データの不一致を検出する．
LPE (Layout Parameter Extraction) RCX (Physical Parasitic RC eXtraction)	実際の配線抵抗や配線容量などの影響を含めた電気的特性の確認シミュレーション(ポスト・レイアウト・シミュレーション)を行うために，レイアウト・データの幾何学情報から配線などに寄生する抵抗値や容量値などを抽出して，寄生素子を含んだネット・リストを出力する．
目視によるマニュアル検図	・チップ内の熱分布や機械的ストレス(ウェハの反りやモールドひずみなど)を考慮した素子形状・配置 ・素子間の対称性(素子サイズ，電流密度，配置，方向，ダミー素子の挿入など)の配慮 ・配線やコンタクトの許容電流密度 ・配線抵抗，寄生素子の考慮 ・基板結合(寄生抵抗)，静電結合(寄生キャパシタ)，電磁誘導(寄生インダクタ)によるノイズ伝播の配慮 ・ESD 破壊耐量の確保 ・ラッチアップ耐量の確保 など

●はじめはピン配置の検討

図6.2にPWM01のピン配置を示します．PWM01では，主に下記のような点を総合的に考慮してピン配置を決めています．

- 使用パッケージの形状やピン数
- 外付け部品やIC周辺回路の配置や配線
- リード・フレームやボンディング・ワイヤによる隣接ピンへの静電結合や電磁誘導の影響
- はんだブリッジなどによる隣接ピン・ショート時の影響
- IC内部のレイアウトとボンディング・パッド配置

など．

図6.2 PWM01のピン配置

プリント基板のパターン設計や隣接ピンとの相互誘導などを考慮してピン配置を決めている．

●フロア・プランニング

フロア・プランニングとは，各機能ブロックの素子数をもとに占有面積を見積り，電源/GNDラインや各ブロック間の信号線のやり取りを考慮し，チップ内の無駄なスペースが少なくなるように各ブロックの配置や形状，およびチップ・レイアウトの全体構成を決める作業のことです．

PWM01では下記の留意点を考慮し，図6.3に示すフロア・プランとしました．

① 図6.4にチップの応力分布を示します．基準電圧源などの特性や精度が重要なブロックを優先的に，パッケージングによる応力の影響を受けにくいチップの中心付近に配置する．また，整合性が必要となるブロックは，熱源となるブロックからできる限り距離を離し，等温度線上に配置する．

② 干渉やノイズの混入が問題となるブロック同士は距離を離して配置する．

③ 各信号はできる限り一方向に流れるよう，各ブロックを配置する．

④ 信号が接続されるブロックは近接して配置する．

⑤ 外部端子に接続されるブロックはラッチアップを考慮して配置する．

⑥ 使用するパッケージのリード・フレーム図面を参考にESD保護素子の配置も考慮する．ワイヤ・ボンディングしやすい箇所にボンディング・パッドを配置する．

など．

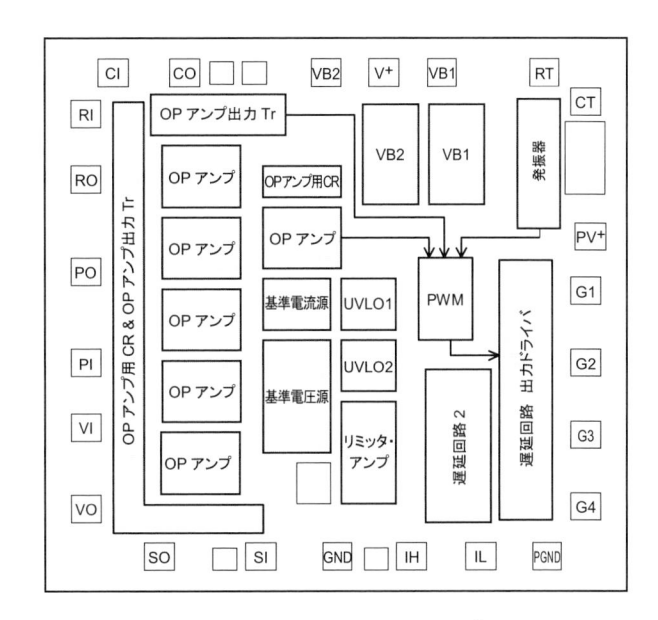

図6.3 PWM01のフロア・プラン

基準電圧源や基準電流源は，モールドひずみの影響が小さいチップ中心付近に配置している．また，熱源となる出力ドライバからも離している．

図 6.5 に PWM01 におけるボンディング・パッド配置図を示します．

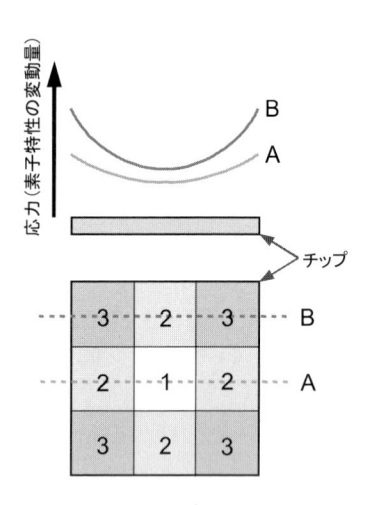

図 6.4　チップの応力分布
ピエゾ効果による素子特性の変動量分布．チップ内の数値は応力の小さい順に表記している．

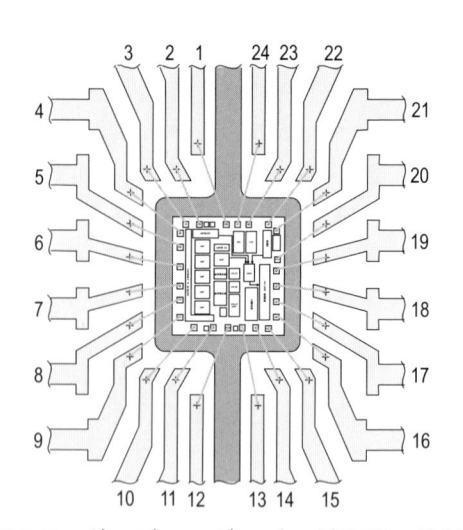

図 6.5　ボンディング・パッド配置の検討
予測されるチップ・サイズやボンディング・パッド座標で，パッケージへの実装に問題がないかを検証する．

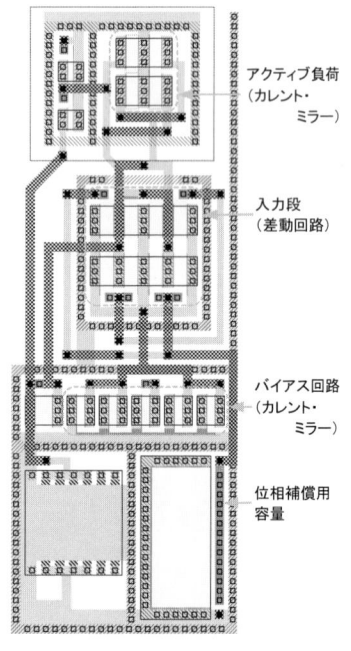

図 6.6　ブロック・レイアウトの一例
フロア・プランをイメージし，各ブロックの仕様を実現できるような素子配置と配線を行う．

● ブロック・レイアウトの検討

フロア・プランニングで検討した形状やサイズを基に，デッド・スペースが少なく配線が短くなるように，各ブロックの素子配置と配線を行います．

PWM01 では下記のような点を考慮し，各ブロック内のレイアウトを行っています．図 6.6 にブロック・レイアウトの一例を示します．

① 相対精度が必要な回路（差動入力段やカレント・ミラーなど）は素子を優先的に配置し，熱分布や機械的（モールド）ひずみを考慮する．必要によってはコモン・セントロイド（重心一致）配置やクロス・カップル（一次元交差）接続，ダミー・パターンの配置を行う．また，トランジスタのゲート電極上には配線を通さない．

② インピーダンスの高いノードを最優先に配線する．また，その配線にはディジタル信号ラインや大振幅の信号ラインを極力近づけない．

③ 配線やコンタクトの許容電流密度を考慮した配線幅やコンタクト数とする．

④ 電流変動による電磁誘導ノイズを低減するために，差動信号ラインなど，電流が逆方向に流れる電流経路は隣接配置する．

など．

6.2 信頼性対策上必須の ESD 破壊耐量の確保

●IC の静電破壊現象

ESD（Electro-Static Discharge）とは，静電気の放電現象のことです．この放電現象によって帯電電荷が，図 6.7 に示すように IC 内部を流れ，数百 V から数千 V 程度の高電圧が入出力端子に発生し，ゲート酸化膜破壊や拡散層のジャンクション破壊，アルミ配線の溶断などの破壊現象が起こります．

▶絶縁膜破壊

ゲート酸化膜や層間絶縁膜などの破壊は，高電界中でリーク電流が増加すると過電流が生じ，その結果としてジュール熱によって破壊する電圧破壊モードです．通常，熱酸化膜の絶縁破壊強度は約 10MV/cm です．PWM01 で使用したプロセスでは，ゲート酸化膜の膜厚が 270Å なので約 27V の耐電圧となります．静電気によってこの耐電圧を超える電圧がゲート酸化膜に印加されると，酸化膜に高い電界が生じ破壊にいたります．図 6.8 に絶縁膜破壊のようすを示します．

▶接合破壊

静電気などによって，PN 接合に耐電圧以上の電圧が印加されると過電流が集中的に流れ，局部的に発熱して破壊にいたります（図 6.9）．

▶配線膜破壊

配線の溶断は，接合破壊と同様な熱的破壊現象です．しかし，電圧よりも電流が主な因子となる過電流によるジュール熱で破壊する熱的破壊モードです．アルミやポリシリコンなどの配線で，許容電流を超える過電流が流れると，発熱し溶断にいたります（図 6.10）．

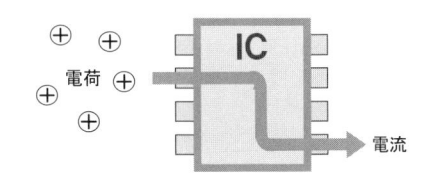

図 6.7　ESD とは
静電気放電のことで，IC に印加されると特性劣化や破壊を引き起こす．

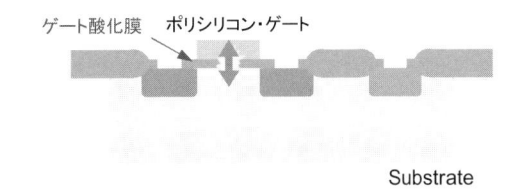

図 6.8　絶縁膜破壊
高電界中で絶縁膜内のリーク電流が増加し，熱的に破壊が発生．

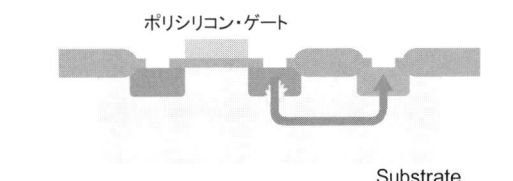

図 6.9　接合破壊
接合部が局部的に発熱し，Si の融点を超えることによって発生．

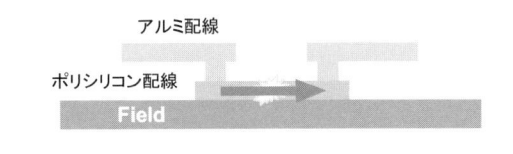

図 6.10　配線膜破壊
許容電流密度を超えた電流が流れることで溶断破壊が発生．

●ESD の試験方法

IC は静電気によって特性の劣化や破壊を引き起こすので，十分な検証が必要です．そこで，静電気放電現象をシミュレートするモデルとして，HBM(Human Body Model：人体モデル)，MM(Machine Model：機械モデル)，CDM(Charged Device Model：デバイス帯電モデル)と呼ばれるものがあります．HBM は帯電した人体がデバイス使用時に接触することによって発生する静電破壊を想定したモデルで，MM と CDM はデバイス製造時に発生する静電気破壊を想定したモデルとなります．

▶人体モデル…HBM(Human Body Model)

人体に帯電した電荷が IC の端子に触れたときに放電するモデルです(図 6.11)．リスト・ストラップをつけずに IC 端子に手が振れた際に電荷が放出され，熱的な素子破壊(長い時定数の静電気放電)が起こります．破壊現象をシミュレートする試験方法は，図 6.12 に示すように放電抵抗 1.5kΩ，放電容量 100pF を設定して実施します．

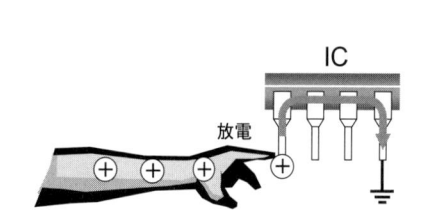

図 6.11 HBM の放電モデル
人体に帯電した電荷が IC の端子に触れたときに放電するモデル．

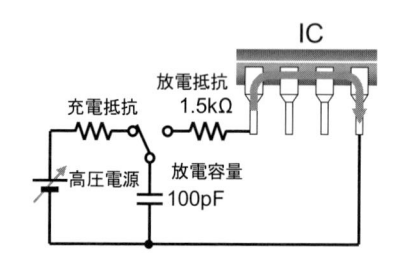

図 6.12 HBM の試験回路
HBM に対する ESD 試験回路．放電抵抗 1.5kΩ，放電容量 100pF で破壊現象をシミュレートする．

▶機械モデル…MM(Machine Model)

金属に帯電した電荷が IC の端子に触れたときに放電するモデルです(図 6.13)．IC 端子がアースに接続されていない製造設備などに接触した際に電荷が放出され，電界による素子破壊(比較的短い時定数の静電気放電)が起こります．破壊現象をシミュレートする試験方法は，図 6.14 に示すように放電抵抗 0Ω，放電容量 200pF を設定して実施します．

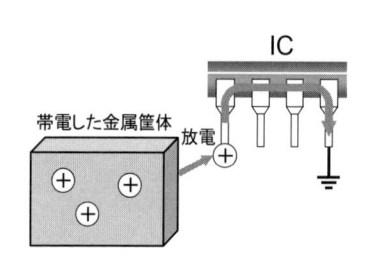

図 6.13 MM の放電モデル
金属に帯電した電荷がIC端子に触れたときに放電するモデル．

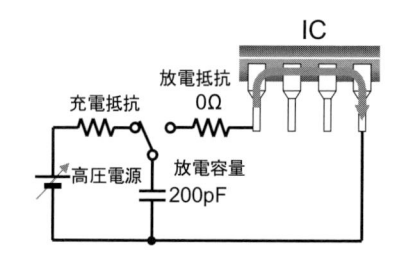

図 6.14 MM の試験回路
MM に対する ESD 試験回路．放電抵抗 0Ω，放電容量 200pF で破壊現象をシミュレートする．

6.2 信頼性対策上必須の ESD 破壊耐量の確保

▶デバイス帯電モデル…CDM（Charged Device Model）

製造段階や搬送中に摩擦などでICの導体部分（チップ，ボンディング・ワイヤ，リード・フレームなど）が静電気帯電し，基板にセットするときやIC端子が機器や治工具に触れたときなどに，帯電した電荷が放電するモデルです（図6.15）．図6.16がCDMの試験回路です．

CDMは抵抗を介さずに放電が起こるため図6.17のように，HBMやMMと比べて非常に短い時間で大電流が流れ，局所的に電荷やエネルギーが集中し，素子破壊が起こります．

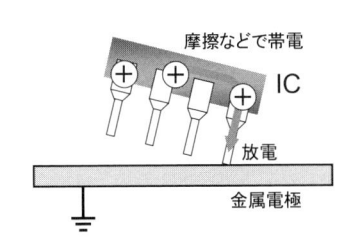

図6.15　CDMの放電モデル

摩擦などでICの導体部分に静電気帯電した電荷が放電するモデル．

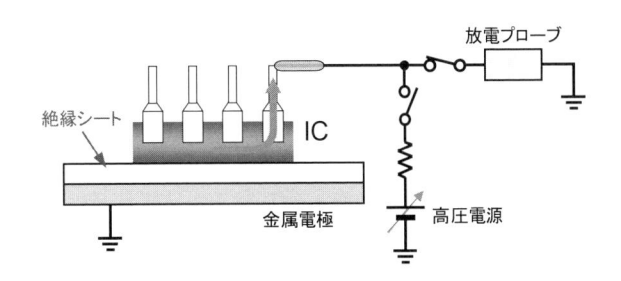

図6.16　CDMの試験回路

高圧電源でICを帯電後，リレーを閉じて帯電した電荷をGNDに放電する．

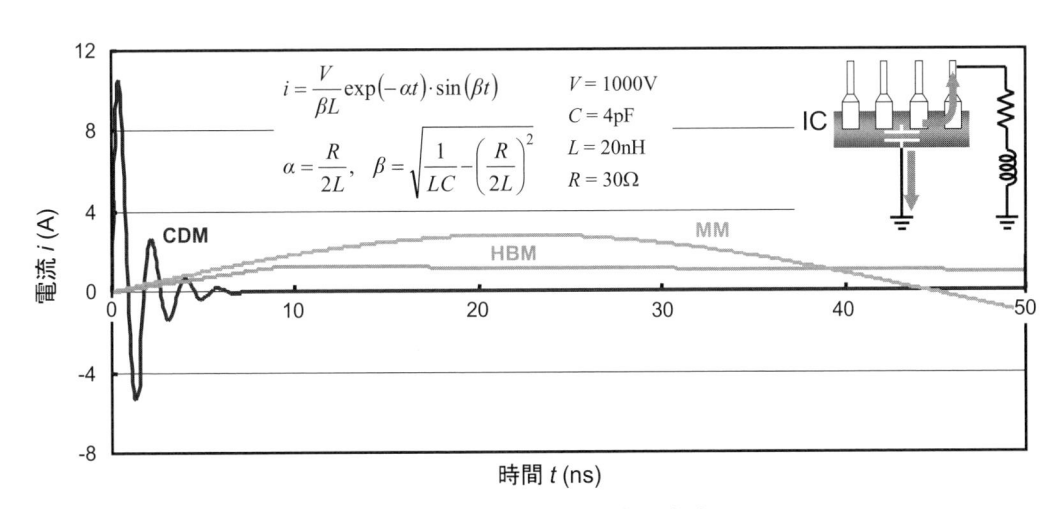

$$i = \frac{V}{\beta L}\exp(-\alpha t)\cdot\sin(\beta t)$$

$$\alpha = \frac{R}{2L}, \quad \beta = \sqrt{\frac{1}{LC} - \left(\frac{R}{2L}\right)^2}$$

$V = 1000\text{V}$
$C = 4\text{pF}$
$L = 20\text{nH}$
$R = 30\Omega$

図6.17　CDMの過渡電流波形

CDMは抵抗を介さずに放電が起こる．そのため，HBMやMMと比べて非常に短い時間で大電流が流れる．

▶TLP（Transmission Line Pulse）測定法によるESDパラメータの抽出

ESDは半導体デバイスにきわめて速い電流パルスが印加されるときの現象です．この現象を測定するためには，図6.18のような幅の狭い安定したパルスを得る特殊な装置が必要となり，TLP測定法と呼んでいます．このTLP試験器は，充電させたトランスミッション・ライン（高周波信号用同軸ケーブル）に蓄えられた電荷の一部をICに印加して，ESD現象を解析します．通常のESDシミュレータのようにESD保護回路が破壊する電圧を知るだけではなく，入射波と反射波

や通過波形を観測し，ESD 保護回路の特性を測定することができます．たとえば，図 6.19 のように徐々に印加電圧を変化させ，電圧−電流特性や電圧−リーク電流特性をプロットすることによって，ESD 保護回路が動作しはじめるトリガ電圧やホールド電圧，ESD 保護回路に流せる電流，ESD 保護回路が破壊する電圧などの ESD 保護回路設計に必要な動作パラメータを知ることができます．

図 6.20 は，5V 耐電圧 CMOS プロセスで製造した ggNMOS(gate grounded NMOS)の TLP 測定による I–V 特性とリーク電流特性です．ggNMOS とは，ゲートを接地した NMOS で構成され，ESD サージ電流印加時に寄生 NPN トランジスタが動作し，ESD ストレスに対して効果的に内部回路を保護する ESD 保護素子のことです．

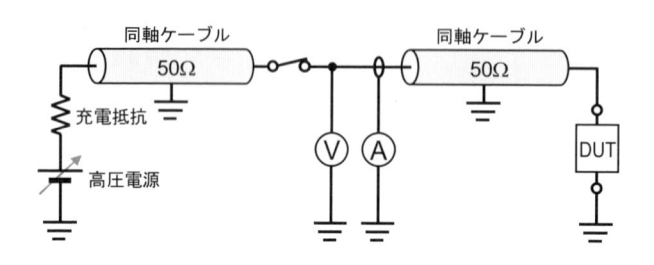

図 6.18 TLP 測定の等価回路
同軸ケーブルに蓄えられた電荷の一部を IC に印加して ESD 現象を解析する．

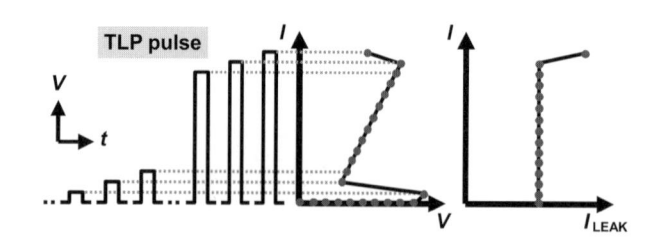

図 6.19 TLP の測定原理
電圧−電流特性や電圧−リーク電流特性をプロットすることによって，トリガ電圧やホールド電圧，破壊電流などを測定する．

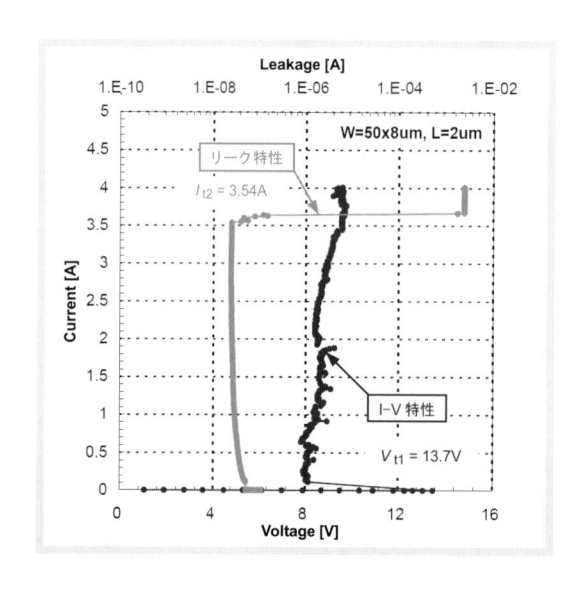

図 6.20 TLP の測定例(ggNMOS)
ggNMOS(5V 耐電圧のプロセス)の TLP 測定例．

●ESD 保護のための回路構成

静電気放電(ESD)から IC の劣化や破壊を防ぐために，ESD 保護回路をボンディング・パッドの周辺に配置する必要があります．保護回路によって静電気エネルギーを電源や GND ラインに逃がし，内部回路を保護します．ESD 保護素子は，抵抗などの電流制限素子とダイオードやトランジスタ，サイリスタなどを利用した電圧クランプ素子に分類されます．また，保護回路の挿入は，抵抗成分や静電容量成分，およびリーク電流の増加となるので，IC 特性への影響を注意する必要があります．

図 6.21 に示すのは，各 I/O 端子と電源/GND 間にダイオードを接続し，電源端子にパワー・クランプ素子として ggNMOS を接続した ESD 保護回路です．各 I/O 端子に印加される静電気をダイオード(D1，D2)や ggNMOS(M1)などの ESD 保護素子によって，内部回路の素子耐電圧以下の電圧に制限し，内部回路を保護します．印加されるサージは，GND コモンと電源コモンで正サージと負サージを考慮します．

図 6.22 は，理想的な ESD 保護回路の I-V 特性です．寄生素子成分やリーク電流がゼロ，トリガ電圧とホールド電圧の差がなく，オン抵抗がゼロで，最大破壊電流が無限の特性となる ESD 保護回路が理想となります．しかし，実際には ESD 保護回路を構成するためのダイオードや ggNMOS は，図 6.23 や図 6.24 に示すような特性になるので，目標とする ESD 耐量能力を満足する ESD 保護回路の最適化が必要となってきます．

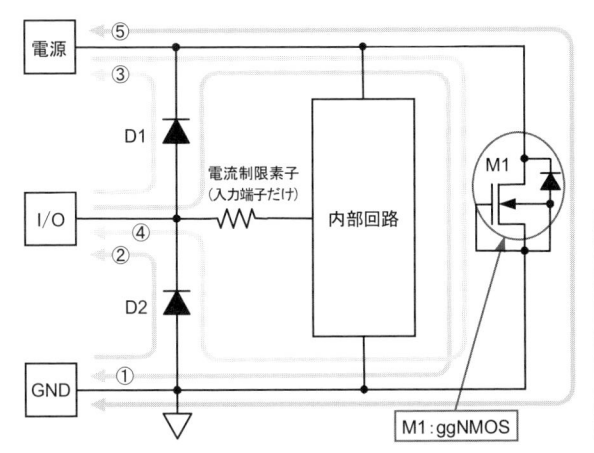

	端子	極性	放電経路
①	GND–I/O	正サージ	I/O→D1→M1→GND
②		負サージ	GND→D2→I/O
③	電源–I/O	正サージ	I/O→D1→電源
④		負サージ	電源→M1→D2→I/O
⑤	電源–GND	正サージ	電源→M1→GND
		負サージ	GND→M1→電源

図 6.21　ESD 保護回路とサージ放電経路

ダイオードや ggNMOS などの ESD 保護素子によって，内部回路の素子耐電圧以下の電圧に制限し，①〜⑤の各放電経路に対し内部回路を保護する．

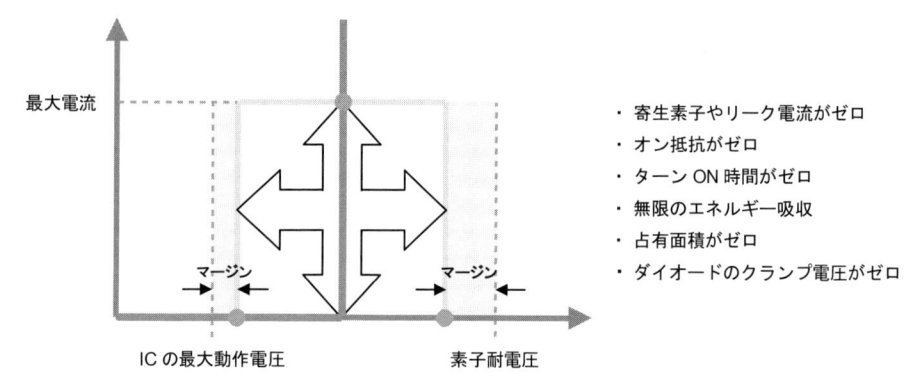

図 6.22 理想的な ESD 保護回路の I–V 特性

寄生素子成分やリーク電流がゼロ，トリガ電圧とホールド電圧の差がなく，オン抵抗がゼロで，最大破壊電流が無限の特性となる ESD 保護回路が理想．

・寄生素子やリーク電流がゼロ
・オン抵抗がゼロ
・ターン ON 時間がゼロ
・無限のエネルギー吸収
・占有面積がゼロ
・ダイオードのクランプ電圧がゼロ

図 6.23 実際のダイオードの I–V 特性

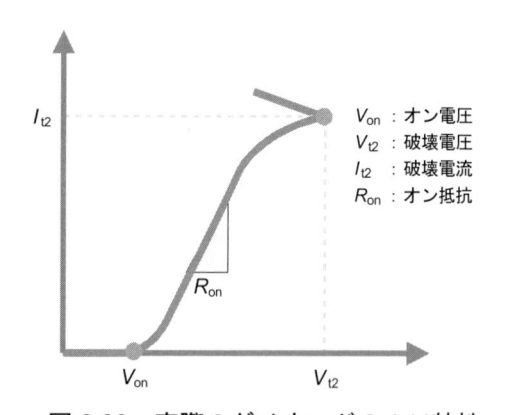

V_{on}：オン電圧
V_{t2}：破壊電圧
I_{t2}：破壊電流
R_{on}：オン抵抗

低いオン抵抗と ESD サージ電流が十分に流せる破壊電流特性が要求される．

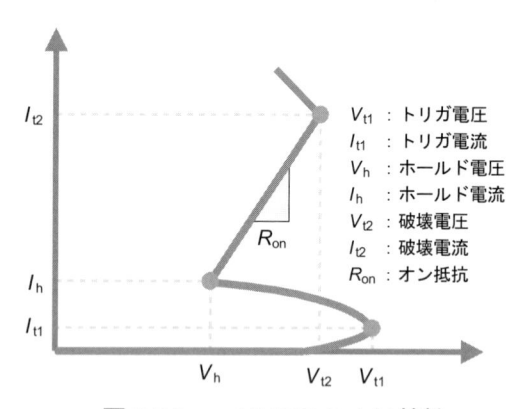

図 6.24 ggNMOS の I–V 特性

V_{t1}：トリガ電圧
I_{t1}：トリガ電流
V_h：ホールド電圧
I_h：ホールド電流
V_{t2}：破壊電圧
I_{t2}：破壊電流
R_{on}：オン抵抗

低いオン抵抗，十分な破壊電流に加え，各回路素子の耐電圧より低いトリガ電圧，および最大動作電圧より高いホールド電圧が要求される．

図 6.23 は，ダイオードの順方向 I–V 特性です．内部回路の素子耐電圧以下の電圧にクランプするために，十分に低いオン抵抗 R_{on}，および ESD サージ電流が十分に流せる破壊電流 I_{t2} 特性が要求され，電源や GND ライン，および電圧クランプ素子までの電流経路を作るのに使用します．

図 6.24 は，ggNMOS の I–V 特性です．ダイオード特性と同様に低いオン抵抗 R_{on}，十分な破壊電流 I_{t2} に加え，各回路素子の耐電圧より低いトリガ電圧 V_{t1}，および IC の最大動作電圧より高いホールド電圧 V_h が要求され，主に電源-GND 間やオープン・ドレイン端子-GND 間に使用します．

ESD 保護回路は，デバイス本来の特性に影響を与えない寄生インピーダンスとリーク特性が要求されます．しかし実際には寄生容量やリーク電流などが生じ，デバイス性能と ESD 耐性はトレードオフの関係になりますので注意が必要です．

図 6.25 は，ggNMOS の動作説明です．NMOS は既存の拡散層でラテラル構造の NPN トランジスタを形成しているので，ドレイン端子にバイアスを印加していき耐電圧に至るとアバランシェ降伏を起こします．そしてホール基板電流が p 型ウェルに流れ込み，基板電位を上昇させます．基板電流によって NPN トランジスタの E–B 間が順方向にバイアスされ，NPN トランジスタが"ON"することによって低インピーダンス状態となり，瞬時的ではありますが数 A 以上の電流を NMOS 保護素子に流すことができます．このときの I–V 特性では図 6.24 に示したような負性抵抗領域が現れ，この現象をスナップバック(snapback)と呼んでいます．

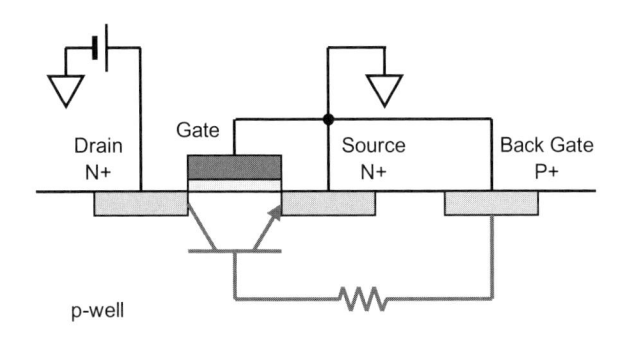

(a) NMOS は既存の拡散層でラテラル NPN を形成している．

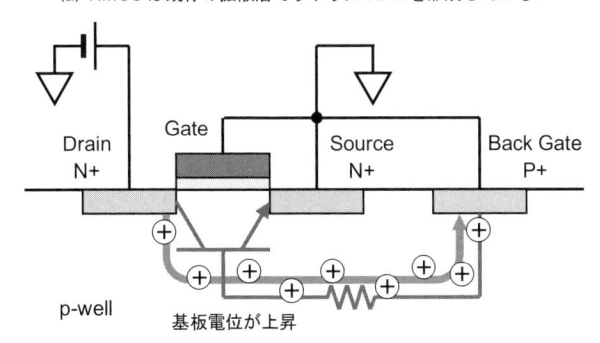

(b) ドレイン端子が耐電圧に至るとアバランシェ降伏を起こし，ホール基板電流が p 型ウェルに流れ込む．

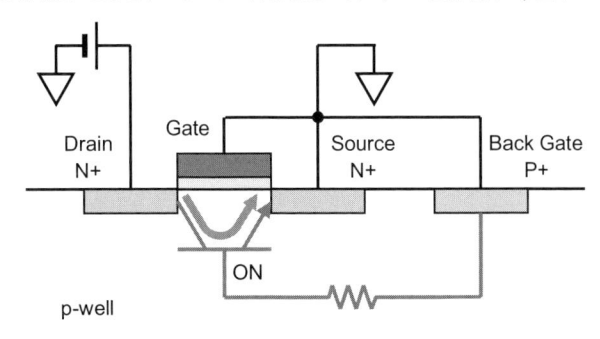

(c) 基板電流によって NPN の E–B 間が順方向にバイアスされ，NPN が"ON"する．この動作によって，瞬時ではあるが数 A 以上の電流を NMOS 保護素子に流すことができる．

図 6.25　ggNMOS の動作
アバランシェ降伏によって基板にホール電流が流れ，NPN トランジスタが ON することで大きな電流能力をもつ．

●ESD 保護を考慮したレイアウト・ルール

ESD 保護素子のポリシリコン・ゲート端からドレイン・コンタクトまでの間隔は，図 6.26 のように ESD 耐性を考慮し，最小ルールではなく少し広げてレイアウトします．D_X の部分がバラスト抵抗として働き，寄生 NPN トランジスタが ON してスナップバックを起こしたときの電流集中を緩和させます．

PWM01 で使用する MOS トランジスタは，図 6.27 に示す LDD（Lightly Doped Drain）と呼ばれる構造になっています．しかし，LDD 構造のトランジスタは，ドレイン端の LDD 層（NLD）付近での局所的な電流密度と電界の上昇による発熱によって，ドレインと基板間の PN 接合にダメージを与えリーク電流の増大などの特性劣化を引き起こします．したがって，LDD 構造によるトランジスタでは ESD 保護素子としての十分な性能が得られません．PWM01 では，図 6.28 のような LDD 層がないトランジスタで ggNMOS を構成しています．図 6.27 と図 6.28 の TLP の測定結果からも，LDD 構造のトランジスタでは十分な電流能力が得られていないことがわかります．

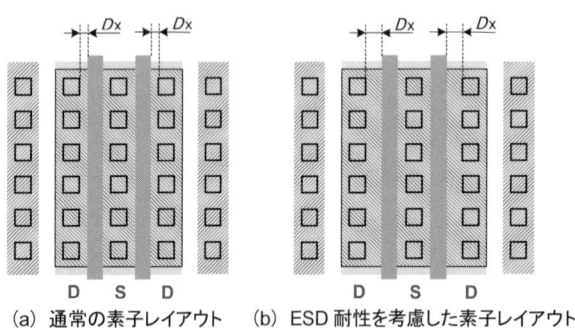

図 6.26　ESD 耐性を考慮した素子レイアウト
外部端子に接続される素子は，ゲートとドレイン・コンタクト間を広げる．

(a) 通常の素子レイアウト　(b) ESD 耐性を考慮した素子レイアウト

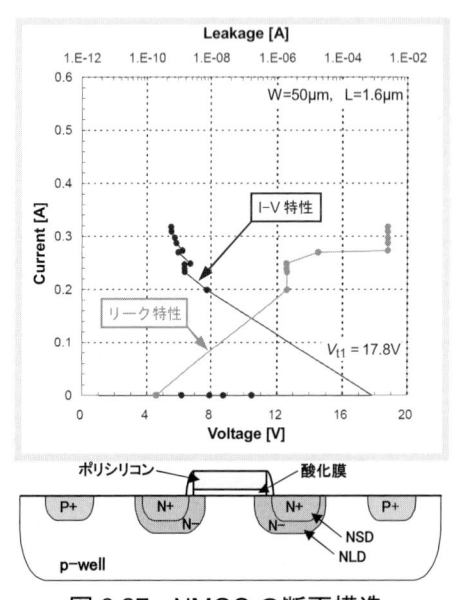

図 6.27　NMOS の断面構造
LDD 構造になっており，NLD 付近での発熱によって特性劣化する．

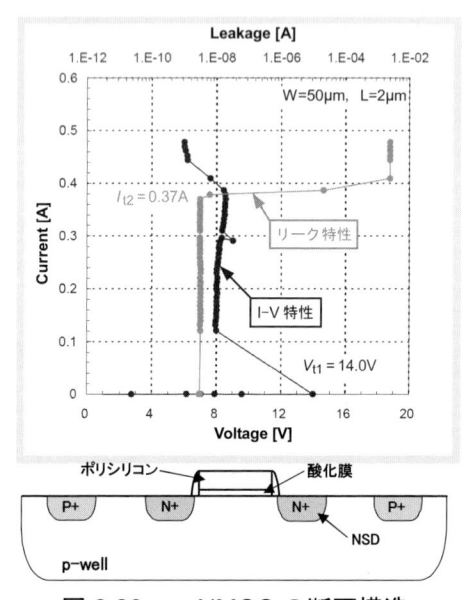

図 6.28　ggNMOS の断面構造
耐電圧が下がりリーク電流も増えるため，内部素子としては使用できない．

●CDMに対するESD保護回路

デバイス帯電モデル…CDM(Charged Device Model)では，非常に短い時間で大きな放電電流が流れます．そのためESD保護回路とGND端子間の配線抵抗によって内部回路に過渡電圧が印加され，電界によるゲート酸化膜などの破壊現象が発生します．したがって，素子耐電圧が低いプロセスやゲート酸化膜厚の薄いプロセスを使用した場合，パッケージ・サイズ(パッケージ容量)が大きな製品の場合などに対しては，図6.29に示すようなCDMに対するESD保護素子(R, M2)の挿入が必要となります．また，抵抗Rで電流が制限されるので，ESD保護素子M2は小さなサイズの保護素子(スモールggNMOS)でも問題なく機能します．

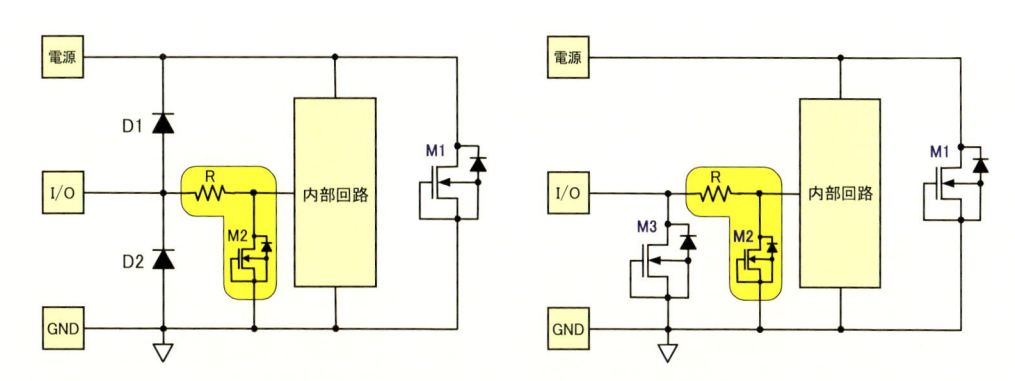

図6.29 CDMに対するESD保護回路

ゲート酸化膜厚の薄いプロセスを使用した場合やパッケージ・サイズが大きな製品の場合は，スモールggNMOSによるESD保護が必要．

●ESD保護回路の設計

ESD保護回路の設計手順を図6.30に示します．

最初にHBM法やMM法などに関して，ESDの能力の目標値(HBM法：4000V，MM法：200Vなど)を具体的に決めます．そして，目標値に対するESD保護素子の能力を検証するために，図6.31に示すようなESDデザイン・ウィンドウを設定します．ESDデザイン・ウィンドウは，

- 使用する保護素子のESDサージ最大電流値
- 最大電源電圧に10％程度のマージンを考慮した電圧値
- 端子に接続される素子の耐電圧に20～30％程度のマージンを考慮した電圧値

で設定されます．したがって，各端子に接続されるESD保護素子の性能やサイズ，素子の種類(耐電圧)によって，端子ごとでESDデザイン・ウィンドウは異なってきます．

次に，どのようなESD保護素子をどのように接続して目標のESD耐性能力を実現するかを検討します．これは図6.21の

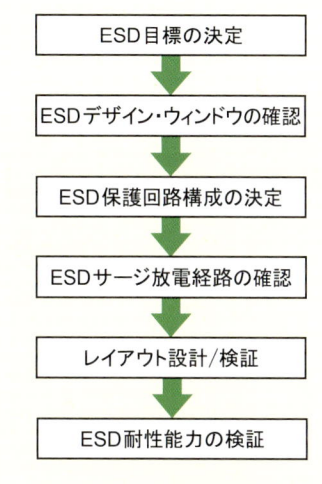

図6.30 ESD保護回路設計手順

ESD保護回路の設計手順を示す．ESDデザイン・ウィンドウに収まるようなESD保護素子(構造，サイズ)と配線抵抗とする．

ようにESD保護素子を通じて，ESD放電経路が形成されているかを確認します．なお，使用するプロセスやパッケージによっては，図6.29のようなCDMに対するESD保護素子の挿入が必要となります．

図6.32は，一般的なダイオードやggNMOSによるESD保護回路です．各端子に対しESDデザイン・ウィンドウの設定を行い，ESD保護回路の構成とその ESD放電経路で，*I–V*カーブがESDデザイン・ウィンドウに収まるための許容配線抵抗値を算出します．配線抵抗値が大きくなると図6.31のように*I–V*カーブの傾きが小さくなり，ESDデザイン・ウィンドウから外れるポイントの電流値（ESD耐量）が低下してしまいます．配線抵抗を低減するためには，配線幅を太くしたり複数本としたりして抵抗成分を低減させるなど，レイアウト設計での考慮が必要になってきます．とくに，サージが印加される端子と電源やGNDなどのコモン端子までの端子配置が離れている場合は，配線抵抗が大きくなってしまうので，注意が必要です．

最後（レイアウト設計後）に，ESD保護素子の性能や配線抵抗などから，ESD耐性能力がESDデザイン・ウィンドウで設定した目標レベルとなっているかの検証を行います．各端子に接続される素子の耐電圧でも，ESDデザイン・ウィンドウが異なってくるので，端子ごとにESD保護回路の最適設計，および検証が必要となってきます．

図6.31　ESDデザイン・ウィンドウ
最大電流値，最大動作電圧＋10%程度のマージン，素子耐電圧−20%程度のマージンで設定される領域．

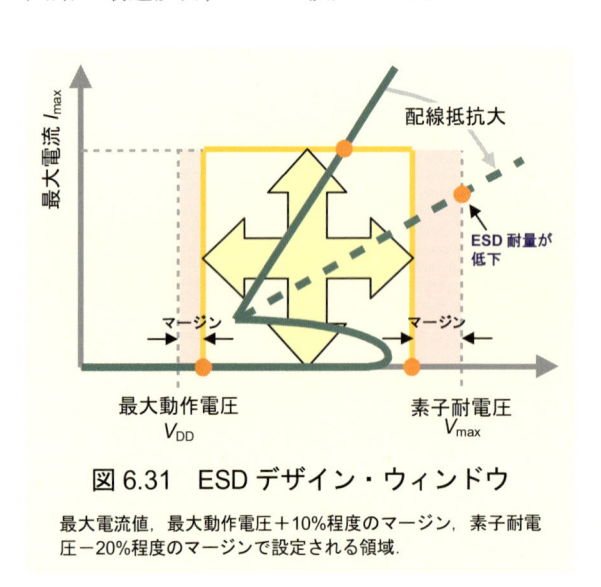

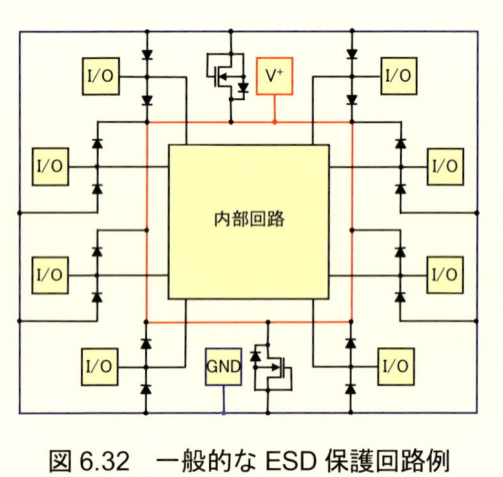

図6.32　一般的なESD保護回路例
ダイオードとggNMOSによるESD保護回路例．

● **PWM01における実際のESD保護回路**

ESD耐性レベルは，配線抵抗に大きく影響されます．配線抵抗はレイアウト上の工夫以外に，図6.21に示したダイオードに代わって，図6.33のようなESD保護（ローカル・クランプ）素子M2とM3を接続し，サージ放電経路を短く（ショート・カット）することでも配線抵抗を低減させることができます．PWM01では，ESD保護素子のサイズと許容配線抵抗値のバランスを考え，図6.34のようなggNMOSによるESD保護回路構成としました．

なお，オープン・ドレイン形式の出力端子（G1，G2，G3，G4）は，電源ラインより高い電圧が

加わる可能性があり，対電源間の ESD 保護素子を接続することができません．よって，対 GND 間はローカル・クランプ素子(ggNMOS)としています．また，素子耐電圧やチップ・サイズ，および同一プロセスでの既存製品などの実績から，CDM 用のスモール ggNMOS タイプ ESD 保護回路は挿入していません．

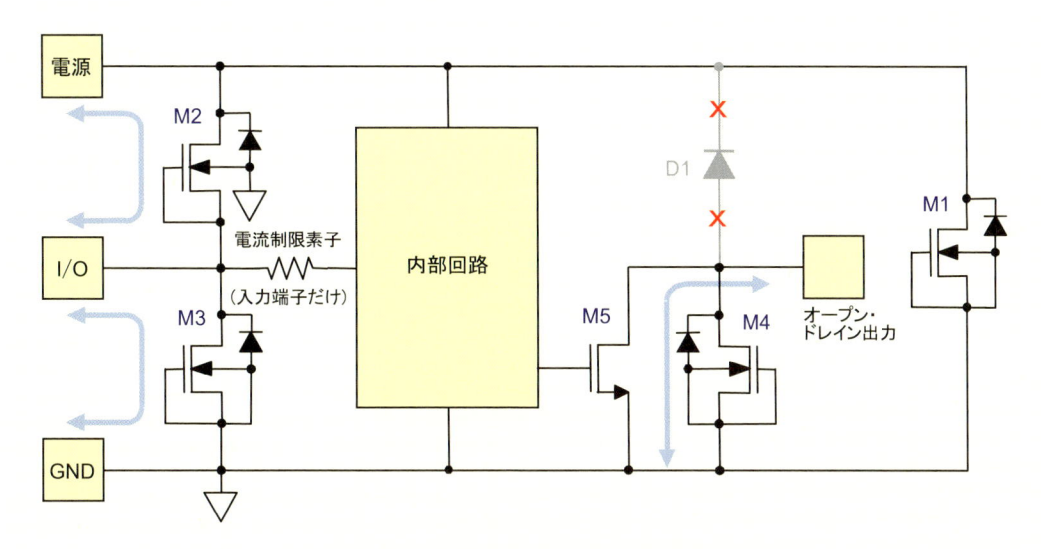

図 6.33　PWM01 の ESD 保護回路

PWM01 では，サージ放電経路を短くするために ggNMOS で ESD 保護回路を構成している．

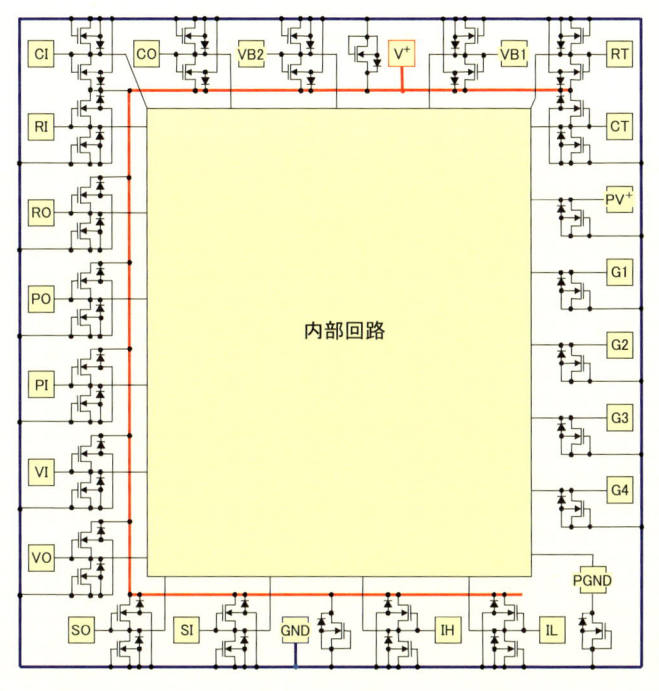

図 6.34　PWM01 の ESD 保護回路（全体図）

PWM01 の ESD 保護回路の構成図．ゲート幅 $W =$ 400μm の ggNMOS をベースに構成している．

表 6.2 は，PWM01 の各端子に接続される最小耐電圧の素子，および ESD 保護素子の種類やサイズによって，目標とする ESD 耐量レベル（HBM で 4000V 程度）を実現できる許容配線抵抗値を示した表です．トランジスタのゲートだけが接続される端子は，接続される素子の最小耐電圧が最も高いため，他の端子に比べて ESD デザイン・ウィンドウが広くなり，許容配線抵抗値も大きな値になっています．また，サージ電流の経路は，電源端子コモンでの正サージと負サージ印加，および GND 端子コモンでの正サージと負サージ印加の 4 経路があります．

各経路において，この表で算出された配線抵抗値を超えないようなレイアウト設計を行い，ESD 放電経路での I–V カーブが ESD デザイン・ウィンドウに収まるようにします．また，サージ電流で配線が溶断破壊に至らないように電流密度を考慮し，最小配線幅を設定します．

表 6.2　PWM01 の許容配線抵抗

各端子に接続される素子耐電圧と ESD 保護素子の特性から，許容できる配線抵抗値を算出している．

	端子	接続素子						R	最小素子耐電圧	ESD 保護素子		許容配線抵抗値	備考
		NMOS			PMOS					対電源	対 GND		
		G	D	S	G	D	S						
1	VB2	○			○	○		○	18V	ggNMOS	ggNMOS	2.5Ω	
2	CO		○	○	○			○	18V	ggNMOS	ggNMOS	2.5Ω	
3	CI				○				28V	ggNMOS	ggNMOS	5.5Ω	
4	RI				○				28V	ggNMOS	ggNMOS	5.5Ω	
5	RO		○	○				○	18V	ggNMOS	ggNMOS	2.5Ω	
6	PO		○	○				○	18V	ggNMOS	ggNMOS	2.5Ω	
7	PI				○				28V	ggNMOS	ggNMOS	5.5Ω	
8	VI				○				28V	ggNMOS	ggNMOS	5.5Ω	
9	VO		○	○				○	18V	ggNMOS	ggNMOS	2.5Ω	
10	SO	○	○	○	○			○	18V	ggNMOS	ggNMOS	2.5Ω	
11	SI				○			○	28V	ggNMOS	ggNMOS	5.5Ω	
12	GND	−	−	−	−	−	−						
13	IH	○							28V	ggNMOS	ggNMOS	5.5Ω	
14	IL				○				28V	ggNMOS	ggNMOS	5.5Ω	
15	PGND	−	−	−	−	−	−				ggNMOS		
16	G4		○						18V		ggNMOS	2.5Ω	オープン・ドレイン
17	G3		○						18V		ggNMOS	2.5Ω	オープン・ドレイン
18	G2		○						18V		ggNMOS	2.5Ω	オープン・ドレイン
19	G1		○						18V		ggNMOS	2.5Ω	オープン・ドレイン
20	PV+	−	−	−	−	−	−				ggNMOS		
21	CT	○	○		○	○			18V	ggNMOS	ggNMOS	2.5Ω	
22	RT				○	○			18V	ggNMOS	ggNMOS	2.5Ω	
23	VB1				○	○		○	18V	ggNMOS	ggNMOS	2.5Ω	
24	V+	−	−	−	−	−	−				ggNMOS		

6.3　CMOS特有のラッチアップ耐量の確保

●ラッチアップのメカニズム

　CMOSプロセスでは，NMOS，PMOS，および抵抗やキャパシタの受動素子などで回路を構成しています．しかし構造上，図6.35に示すような寄生PNPトランジスタと寄生NPNトランジスタが存在し，各トランジスタは寄生サイリスタを形成します．図6.36に示す等価回路図のループ・ゲインが1以上で，かつ電源や入出力端子からの雑音などによって寄生トランジスタ(QP，QN)のいずれかが一度ON状態になると，電源とGND間に大電流が流れ続け，配線の溶断や素子の破壊などを引き起こすこともあります．このように寄生トランジスタが正帰還ループを構成する状態をラッチアップと呼んでいます．

　ラッチアップ耐量を確保するためには，寄生トランジスタ(QP，QN)の電流増幅率h_{FE}や寄生抵抗$R1$，$R2$の値が小さくなるようなレイアウト設計を行い，等価回路図のループ・ゲインを1より十分に小さくする必要があります．また，図6.36におけるA点とB点のノードへのノイズ伝播は，寄生サイリスタがターンONするトリガとなります．レイアウト設計では，A点やB点に接続される寄生容量や寄生トランジスタのh_{FE}も，十分小さくなるように配慮する必要があります．

　ここで，図6.36の等価回路図において，外部端子への負電圧印加によるラッチアップの発生過程を説明します．

① 外部端子がGND以下の電圧になる．
② 寄生NPNトランジスタQN2がONする．
③ 抵抗$R1$に電流が流れて，$R1$の両端に電圧降下が発生する(n型ウェルの電位が下がる．)．
④ 寄生PNPトランジスタQP1のベース-エミッタ間が順バイアスされ，QP1がONする．
⑤ 抵抗$R2$に電流が流れて，$R2$の両端に電圧降下が発生する(p型基板の電位が持ち上がる．)．
⑥ 寄生NPNトランジスタQN1のベース-エミッタ間が順バイアスされ，QN1がONする．

　こうしてQN1，$R1$，QP1，$R2$の閉ループ回路に正帰還がかかり，外部端子がGND以上の電位に復帰してQN2がOFFしても，上記の閉ループ回路はOFFせず，V_{DD}-GND間に大きな電流が流れ続け，ICが破壊に至ることもあります．

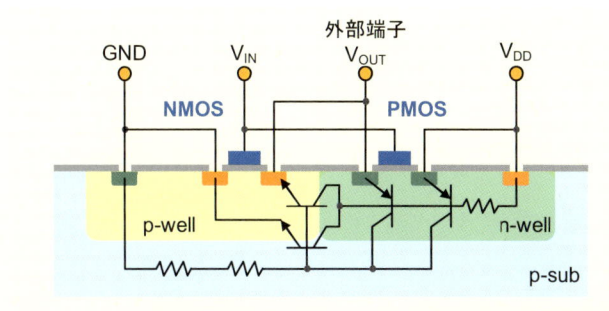

図6.35　CMOSプロセス(インバータ回路)の寄生素子

CMOSプロセスでは，寄生PNPトランジスタと寄生NPNトランジスタによって寄生サイリスタが形成される．

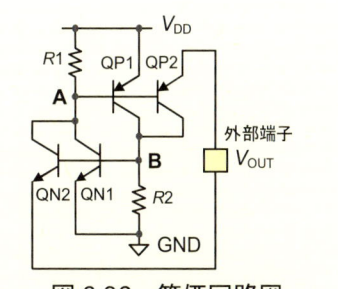

図6.36　等価回路図

QN1，$R1$，QP1，$R2$の閉ループ回路に正帰還がかかり，V_{DD}-GND間に大電流が流れ続ける状態をラッチアップという．

●パルス電流注入法によるラッチアップ耐量測定

図6.37にCMOS ICのラッチアップ耐量を確認するための，パルス電流注入法と呼ばれる測定法の回路図を示します．ICに電源を印加した状態で，被測定端子(電源端子を除いた全ピン)に定電流パルスを段階的に印加していきます．そして電源電流の変化でラッチアップが発生したかどうかを判断し，ラッチアップ耐量を判定するわけです．入力抵抗が高くて電流を流せない場合は，端子電圧が最大定格電圧を超えないように，電流源でのクランプ電圧の設定が必要です．

ラッチアップは電流注入によって発生する現象なので，このパルス電流注入法はラッチアップ耐量評価に適した試験方法であると言えます．

●電源過電圧法によるラッチアップ耐量測定

図6.38は電源過電圧法と呼ぶラッチアップ耐量の測定回路図です．ICの最大定格電圧を超えない範囲で，電源電圧にトリガ・パルス電圧を重畳させて評価します．電源端子にパルス電圧を段階的に印加して，電源電流の変化でラッチアップが発生したかどうかを判断し，ラッチアップ耐量を判定します．

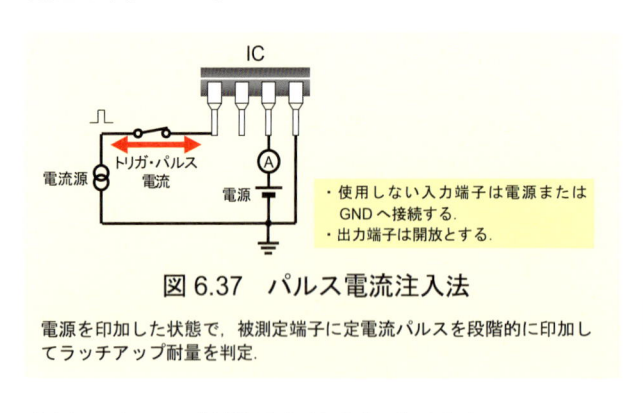

図6.37 パルス電流注入法
電源を印加した状態で，被測定端子に定電流パルスを段階的に印加してラッチアップ耐量を判定．

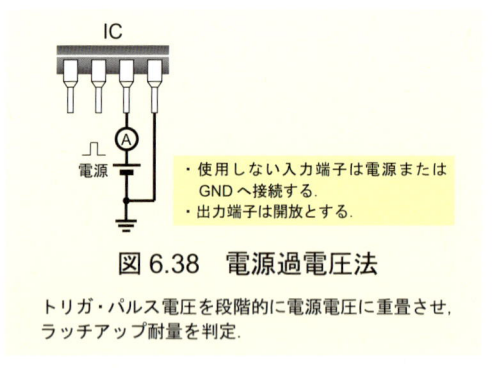

図6.38 電源過電圧法
トリガ・パルス電圧を段階的に電源電圧に重畳させ，ラッチアップ耐量を判定．

●ラッチアップ対策のためのレイアウト

CMOSプロセスでは，寄生PNPトランジスタと寄生NPNトランジスタが存在し，各トランジスタはサイリスタ構造となります．したがって，入出力端子での電圧オーバ・シュート/アンダ・シュートや，外来雑音電流などによって寄生サイリスタがターンONして，ラッチアップ現象を引き起こします．ラッチアップ現象を防止するためには，寄生トランジスタの電流増幅率や寄生抵抗値を小さくし，外来雑音を吸収するために，下記のようなレイアウト設計を行う必要があります．

① 端子に接続されるn+拡散領域と，隣接するp+拡散領域を含むn型ウェル領域までの距離を100μm程度以上とする(図6.39)．
② 端子に接続されるp+拡散領域を含むn型ウェル領域と，n+拡散領域までの距離を100μm程度以上とする(図6.39)．また，n型ウェル領域は必要以上に大きくしない．
③ 上記①～②が守れない場合には，双方の領域間にガード・リングを挿入し，極力短い間隔でコンタクトを配置する(図6.40)．
④ CMOSロジック部では，数十μm程度ごとにn型ウェルと基板領域へのコンタクトを形成する．

など．

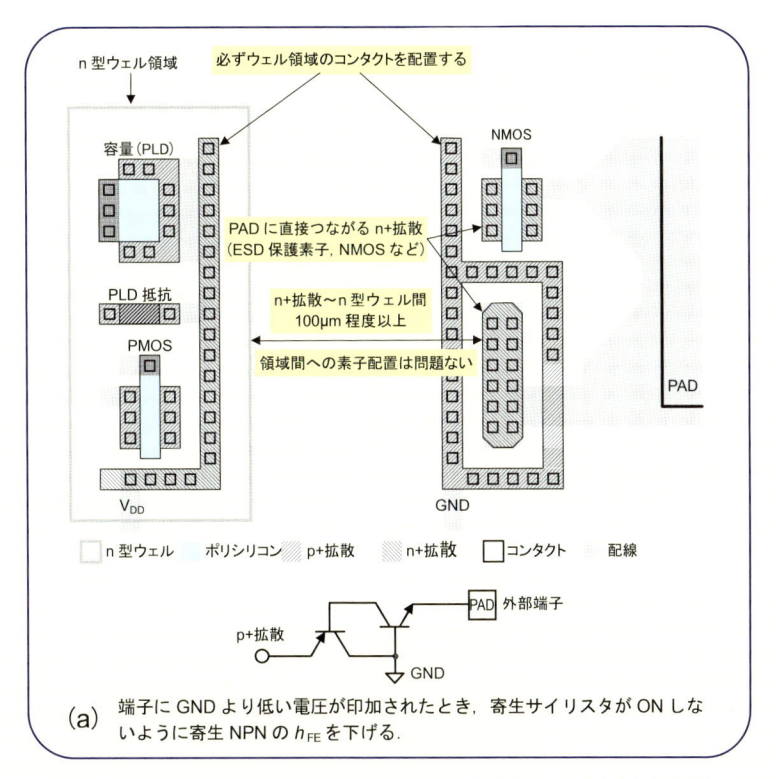

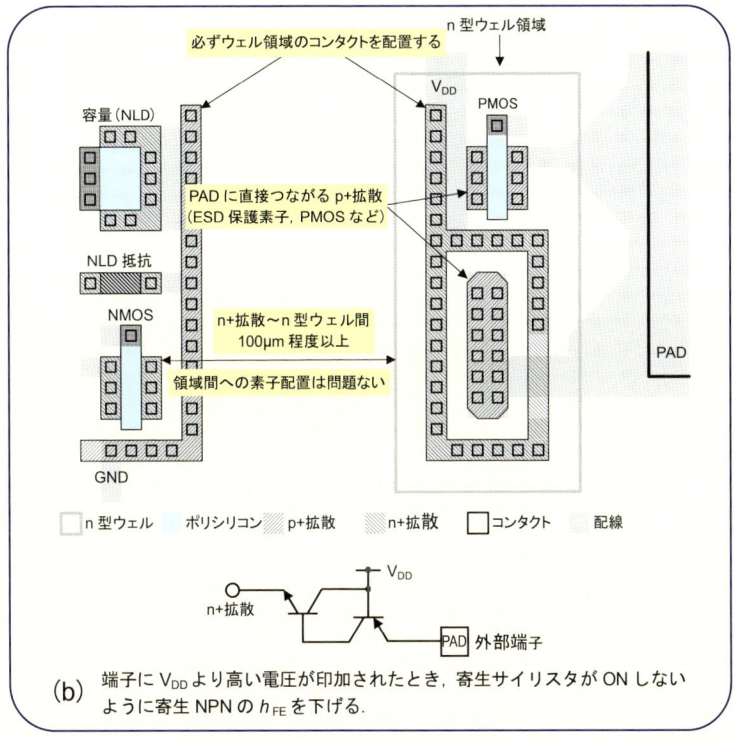

6.3 CMOS 特有のラッチアップ耐量の確保

(a) 端子に GND より低い電圧が印加されたとき，寄生サイリスタが ON しないように寄生 NPN の h_{FE} を下げる．

(b) 端子に V_{DD} より高い電圧が印加されたとき，寄生サイリスタが ON しないように寄生 NPN の h_{FE} を下げる．

図 6.39 ラッチアップ対策 1

寄生 NPN トランジスタの電流増幅率を下げるために，n+拡散～n 型ウェル間の距離を離す．

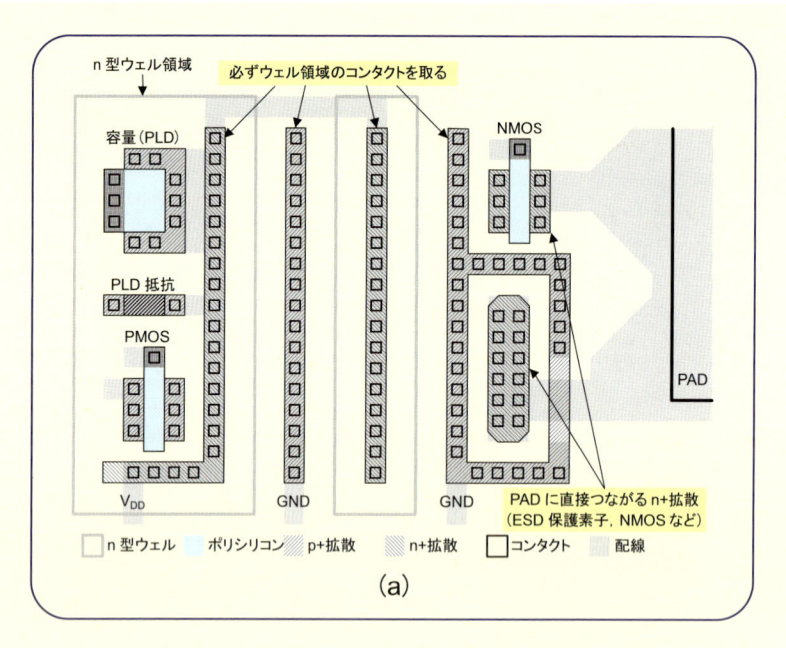

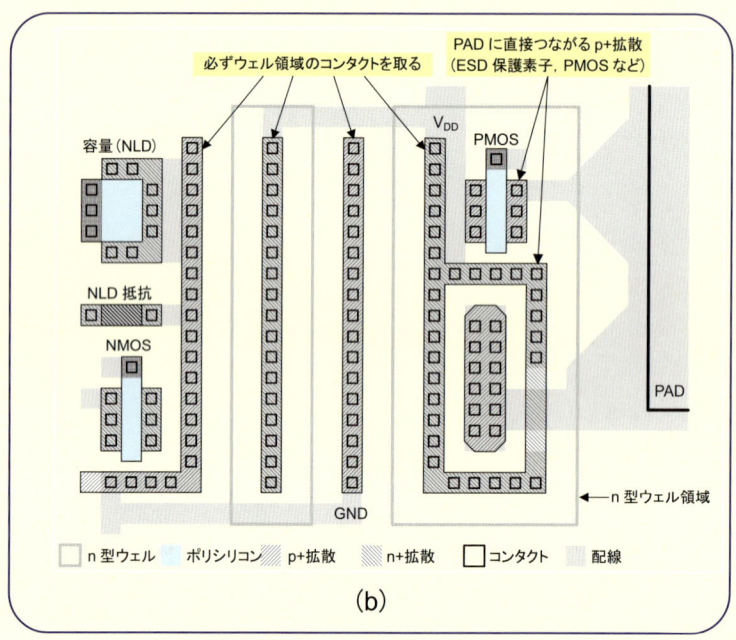

216　第6章　CMOSアナログICレイアウト設計の基礎

図6.40　ラッチアップ対策2
寄生NPNトランジスタの電流増幅率を下げるためにガード・リングを挿入する.

6.4 素子レイアウトの基本的な考え方

●MOSトランジスタのレイアウト

PWM01 で使用する MOS トランジスタ（12V 耐電圧 CMOS プロセス）のレイアウト図と断面図（点線部分）を図 6.41 に示します．MOS トランジスタは，NMOS の NLD（低濃度 n 型拡散）と PMOS の PLD（低濃度 p 型拡散）部分によって，ドレイン端における電界集中を緩和させ，ホット・キャリア[(6.1)]耐性を向上させる LDD（Lightly Doped Drain）と呼ばれる構造になっています．LDD 構造の MOS トランジスタの実効ゲート長 L（図 7.4 参照）は，この NLD と PLD の距離で決まります．

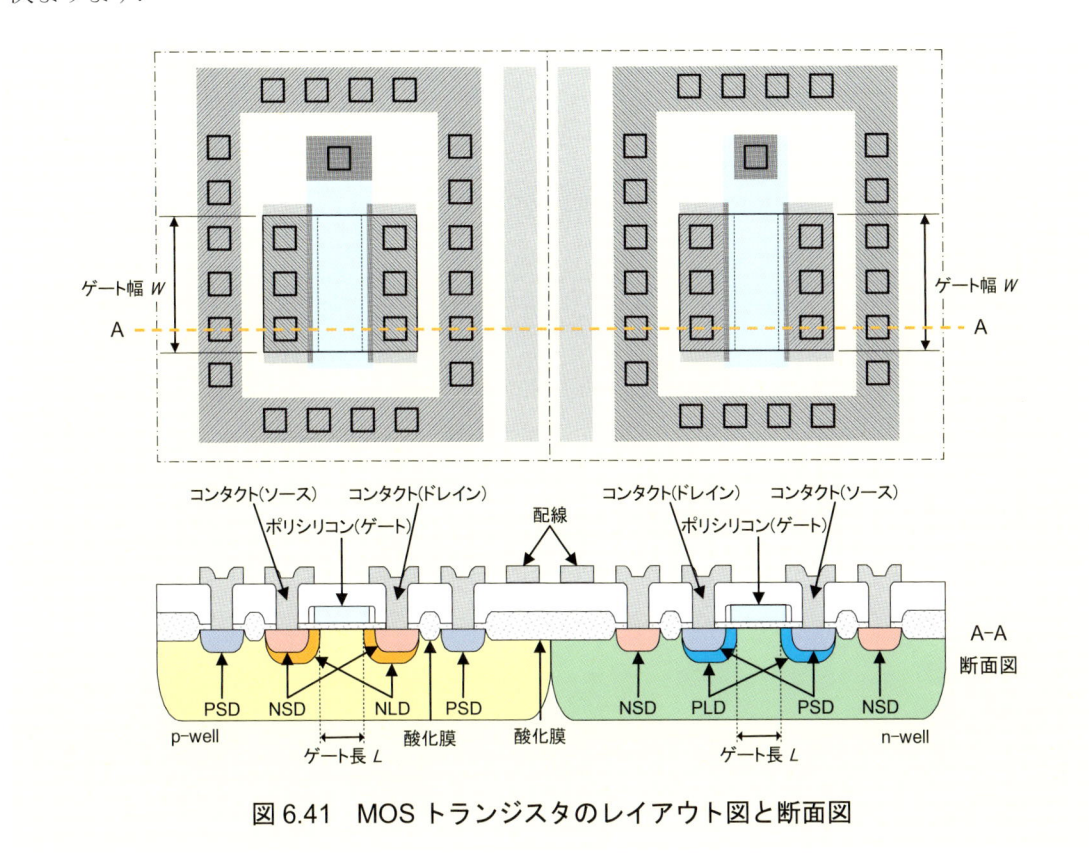

図 6.41　MOS トランジスタのレイアウト図と断面図

●MOSトランジスタの種類

PWM01 で使用するプロセスでは，エンハンスメント型，低 V_T 型，イニシャル型，ディプリーション型というしきい値電圧の異なる 4 種類の MOS トランジスタが使用できます．4 種類のトランジスタはレイアウト設計の際，トランジスタのアクティブ領域にしきい値電圧制御マスク用のパターンを追加することによって作り分けます（図 6.42）．

[(6.1)] 高電界領域に流れ込んだキャリアの一部が，高いエネルギーをもつホット・キャリアとなり，ゲート酸化膜中に注入される．その一部が酸化膜中にトラップや界面準位を形成し，V_T や gm などのトランジスタ特性を変動させる．

218　第6章　CMOSアナログICレイアウト設計の基礎

図6.42　しきい値電圧の制御

しきい値電圧制御マスクでエンハンスメント型，低 V_T 型，イニシャル型，ディプリーション型のMOSトランジスタを形成する．

● 抵抗素子のレイアウト

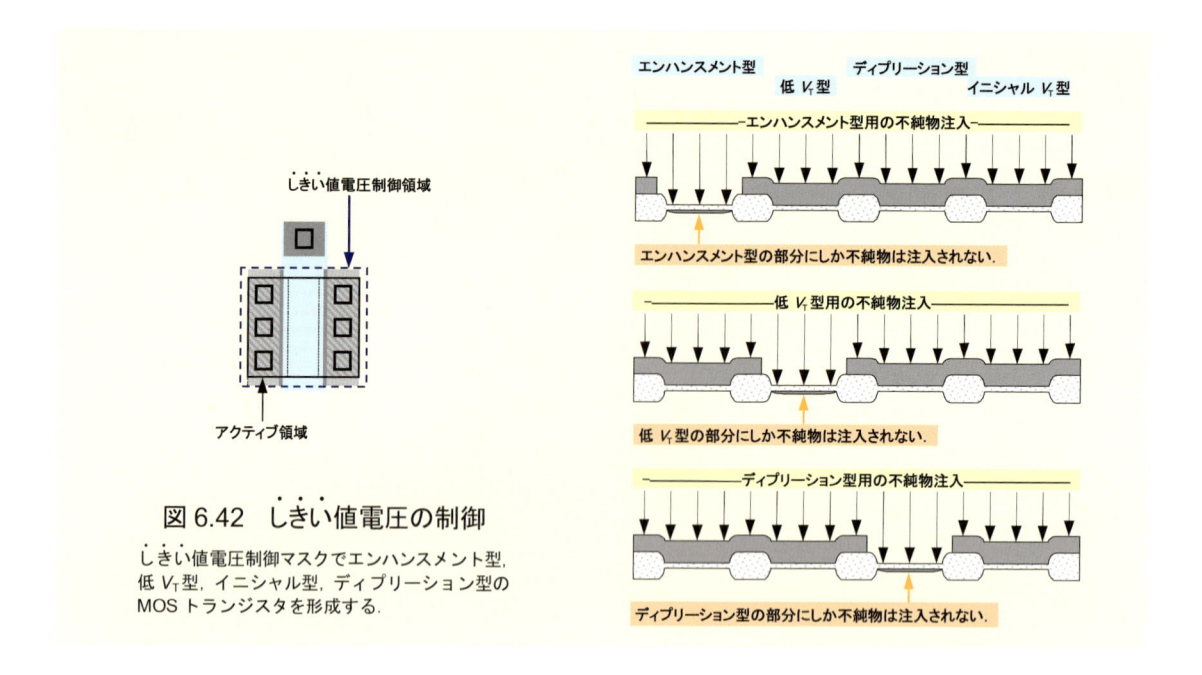

　PWM01で使用する抵抗素子のレイアウト図と断面図(点線部分)を**図6.43**と**図6.44**に示します．

▶ ポリシリコン抵抗

　MOS トランジスタのポリシリコン・ゲート電極を利用したポリシリコン低抵抗($25\Omega/\square$)と，ゲート電極への不純物導入をプロテクトするマスク(POM マスク)工程とイオン注入工程を追加することによって，ポリシリコン・ゲート電極とは異なる不純物濃度のポリシリコン高抵抗($2k\Omega/\square$)が形成できます．

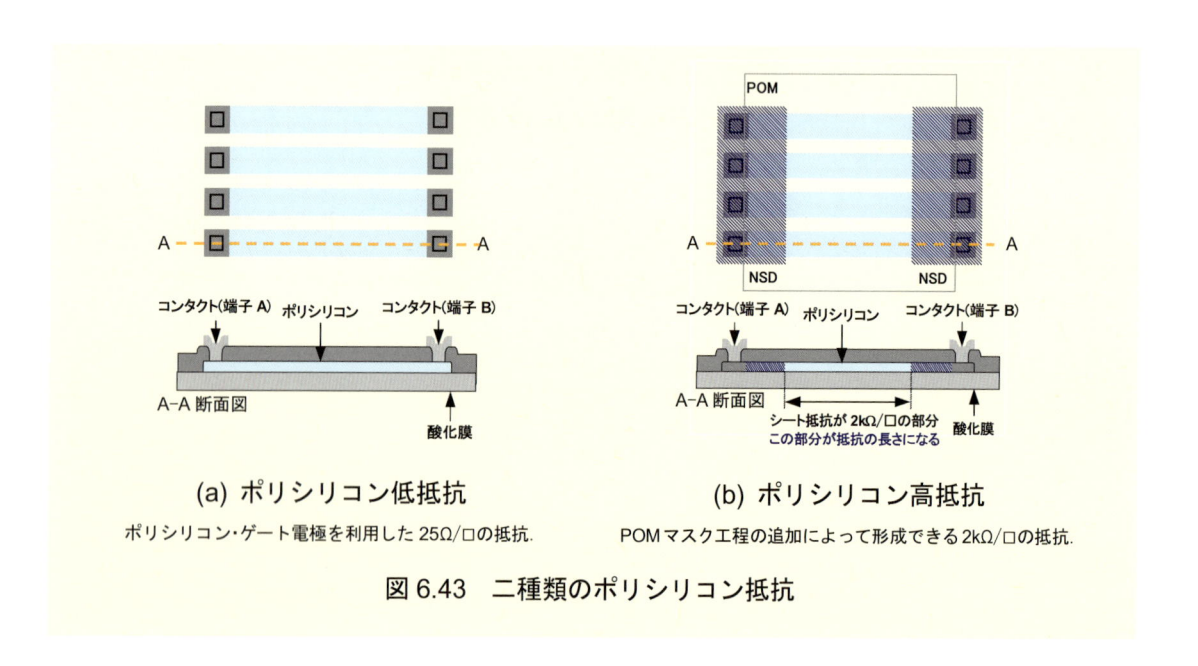

(a) ポリシリコン低抵抗
ポリシリコン・ゲート電極を利用した $25\Omega/\square$ の抵抗．

(b) ポリシリコン高抵抗
POMマスク工程の追加によって形成できる $2k\Omega/\square$ の抵抗．

図6.43　二種類のポリシリコン抵抗

▶拡散抵抗

　低濃度 n 型拡散 NLD を使用した n 型拡散抵抗（2.5kΩ/□）と，低濃度 p 型拡散 PLD を使用した p 型拡散抵抗（5.5kΩ/□）があります．この 2 種類の抵抗はポリシリコン高抵抗のように専用の工程を追加することなく，標準の製造工程で作ることが可能です．

(a) n 型拡散抵抗
NLD を使用した 2.5kΩ/□ の n 型拡散抵抗．

(b) p 型拡散抵抗
PLD を使用した 5.5kΩ/□ の p 型拡散抵抗．

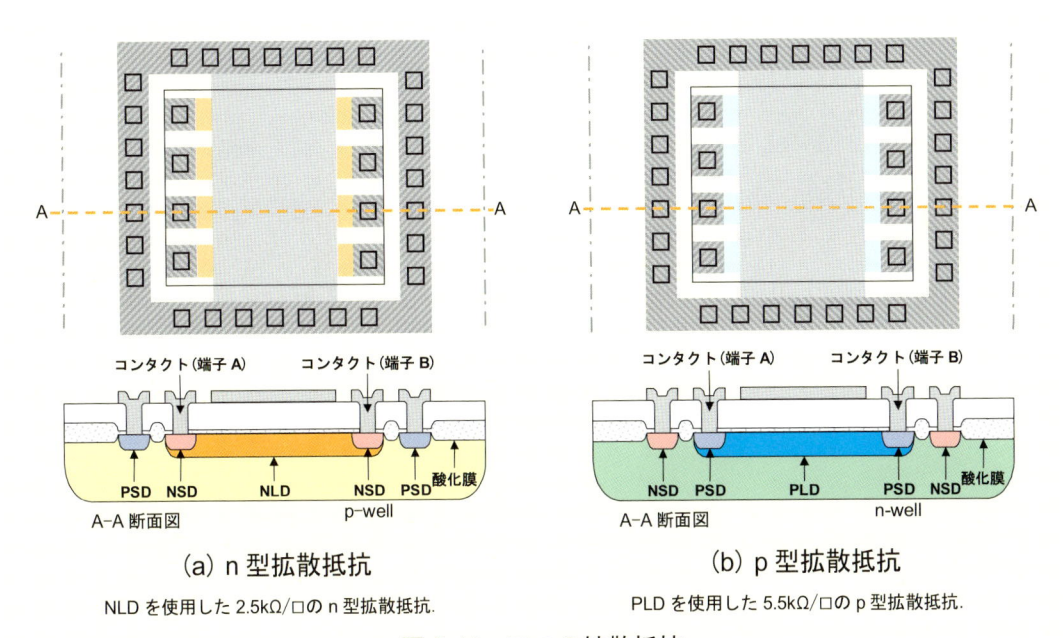

図 6.44　二つの拡散抵抗

● キャパシタのレイアウト

　PWM01 で使用するキャパシタ…コンデンサのレイアウト図と断面図（点線部分）を図6.45に示します．MIS（Metal Insulator Semiconductor）構造になっており，n 型 MIS キャパシタは下部電極が NLD，p 型 MIS キャパシタは PLD となっています．通常，下部電極は高濃度の拡散層を形成しますが，高濃度拡散層を形成するために製造工程が増えてしまうので，今回の PWM01 では NLD と PLD を，MIS キャパシタの下部電極として使用しています．

　ただし，NLD と PLD を下部電極とすると，等価直列抵抗 ESR（Equivalent Series Resistance）が大きくなるので注意が必要です．また，NLD–p 型ウェル間や PLD–n 型ウェル間でリーク電流が発生しますので，上部のポリシリコン電極側にインピーダンスの高いほうのノードを接続するようにしています．

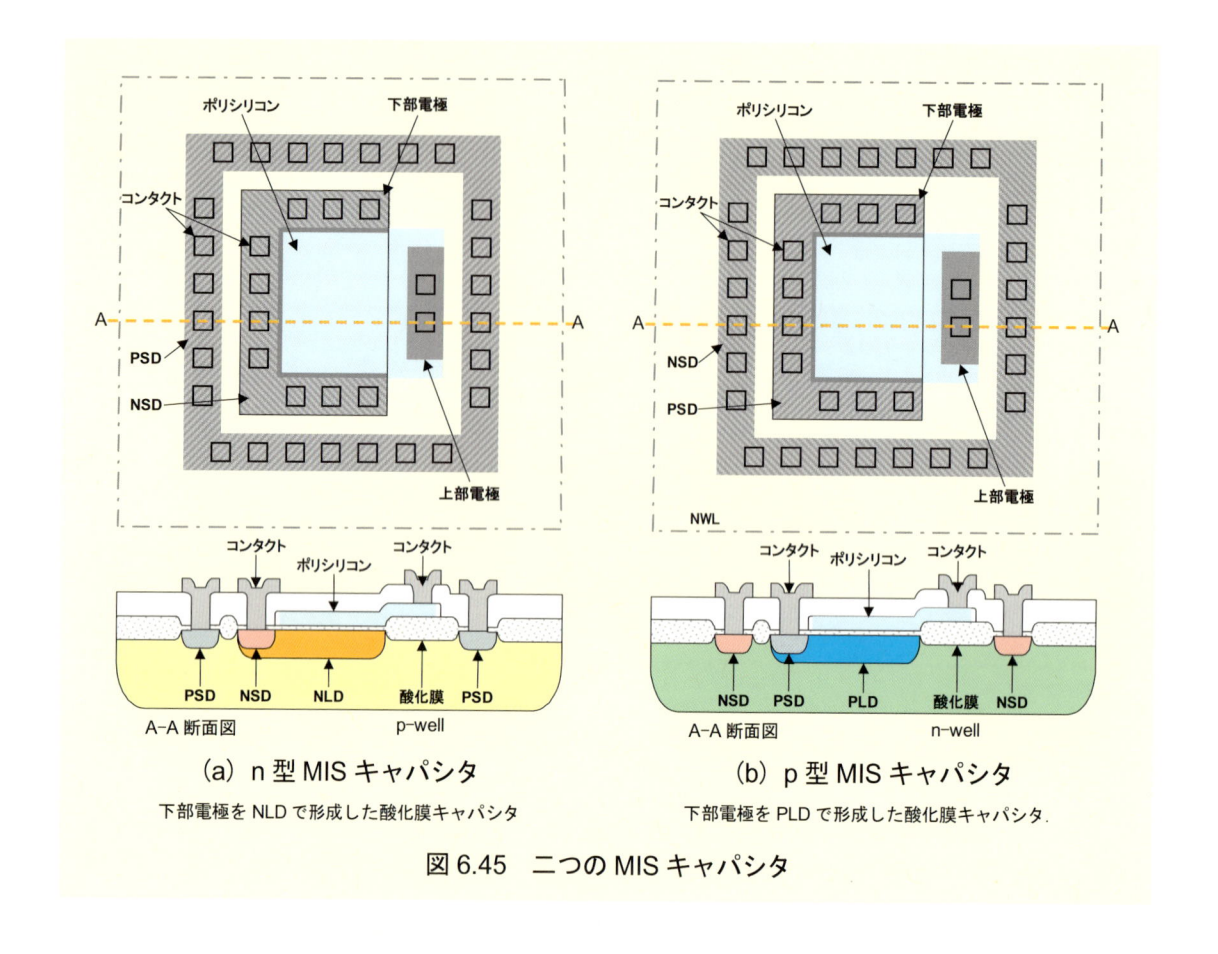

第 6 章 CMOS アナログ IC レイアウト設計の基礎

(a) n 型 MIS キャパシタ
下部電極を NLD で形成した酸化膜キャパシタ

(b) p 型 MIS キャパシタ
下部電極を PLD で形成した酸化膜キャパシタ．

図 6.45　二つの MIS キャパシタ

第 7 章

PWM01 のレイアウト設計

7.1 基準電圧源のレイアウト

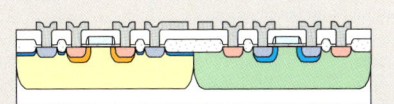

7.2 基準電流源のレイアウト

7.3 電圧レギュレータ（VB1）のレイアウト

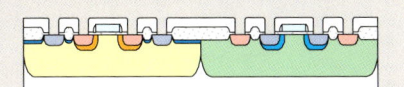

7.4 電圧レギュレータ（VB2）のレイアウト

7.5 OP アンプのレイアウト

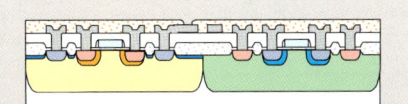

7.6 リミッタ・アンプのレイアウト

7.7 三角波発振器のレイアウト

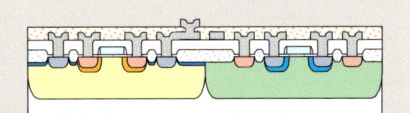

7.8 PWM コンパレータのレイアウト

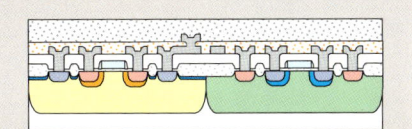

7.9 低電圧誤動作防止回路のレイアウト

7.10 オープン・ドレイン出力段のレイアウト

7.11 PWM01 の全体レイアウトと各層のマスク・パターン

Appendix D　PWM01 のウェハ試作工程

7.1 基準電圧源のレイアウト

基準電圧源の回路図を**図 7.1** に示します．基準電圧源は，ゲート長 L の調整可能な基準電圧部，オフセット電圧を考慮した OP アンプ部，および出力段ソース・フォロワ M23 と，トリミング回路をふくむ出力帰還抵抗（$R1$）と負荷抵抗（Ro）にブロック分けしてレイアウトしています．**図 7.2** が，出力段ソース・フォロワ M23 以降の回路を除いた基準電圧源のレイアウトです．

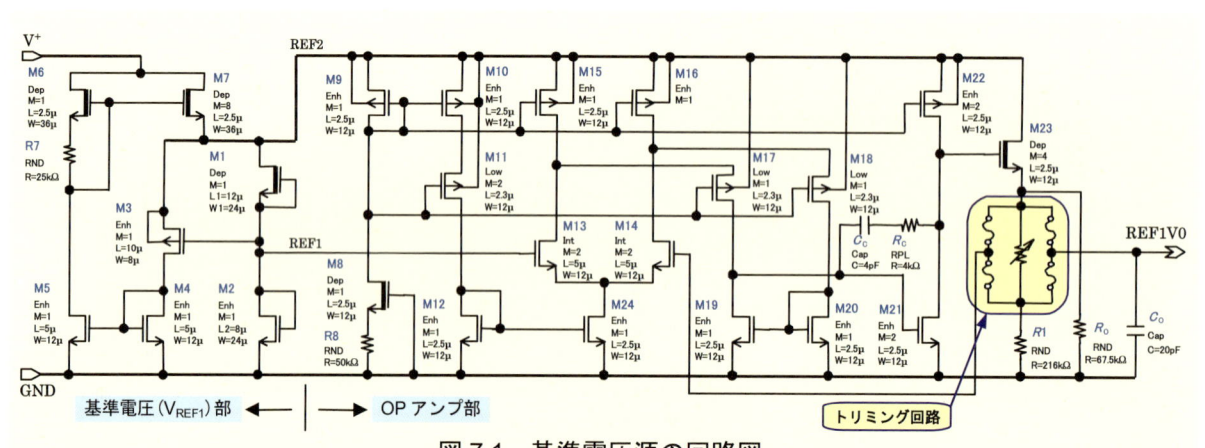

図 7.1　基準電圧源の回路図

高 PSRR で，出力電圧精度が 1V±1% の基準電圧源回路．

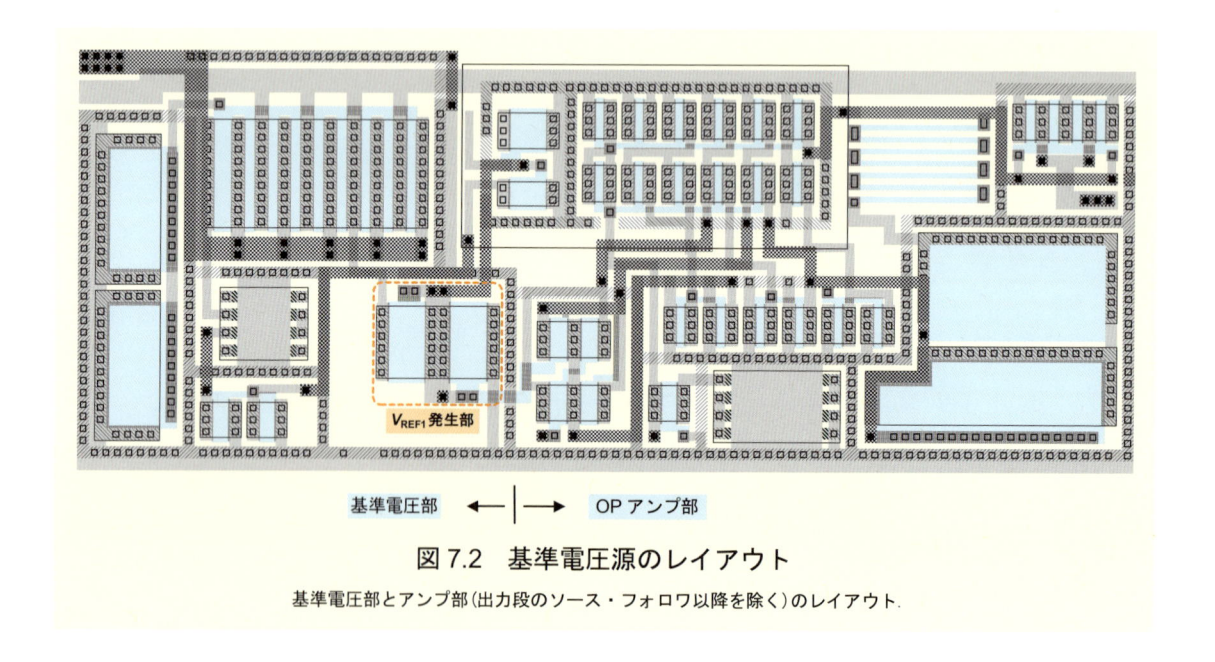

図 7.2　基準電圧源のレイアウト

基準電圧部とアンプ部（出力段のソース・フォロワ以降を除く）のレイアウト．

● V_{REF1}発生部

図7.3は，V_{REF1}発生部のレイアウトです．M1とM2のゲート長 L のサイズ比を変えることで基準電圧の温度特性を変化させることができるので，試作品での温度特性評価結果によって調整が可能なレイアウトにしています．PWM01 の NMOS トランジスタは，図 7.4 に示す LDD (Lightly Doped Drain) と呼ぶ構造になっています．よってポリシリコン・ゲート下の NLD 間隔が実質的なゲート長 L になるので，NLD マスクでゲート長 L を可変します．

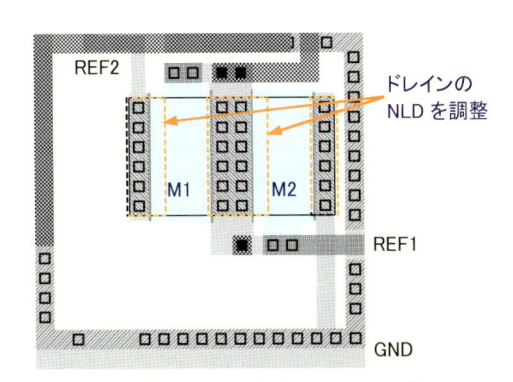

図 7.3　V_{REF1}発生部のレイアウト
NLD マスクでゲート長を変えられるレイアウトにしている．

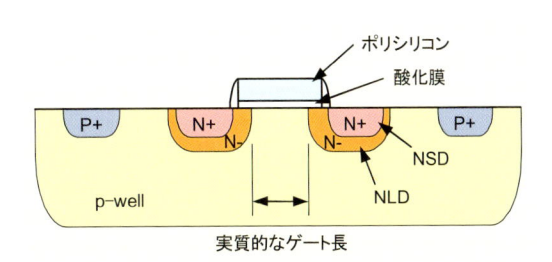

図 7.4　PWM01 の NMOS 断面構造
ポリシリコンでなく NLD でゲート長が決まるトランジスタ構造になっている．LDD 構造と呼ぶ．

● OP アンプ部
▶差動入力段

図 7.5 に OP アンプ部の回路図を示します．

図 7.6 は図 7.5 に示した OP アンプ部の差動入力段レイアウトです．A と B の MOS トランジスタは相対精度が必要なので，ゲート幅 $W = 24\mu m$ のトランジスタをそれぞれ $W = 12\mu m \times 2$ に分割して，図 7.6 のようにコモン・セントロイド配置でレイアウトしています．

図 7.5　OP アンプ部の回路図

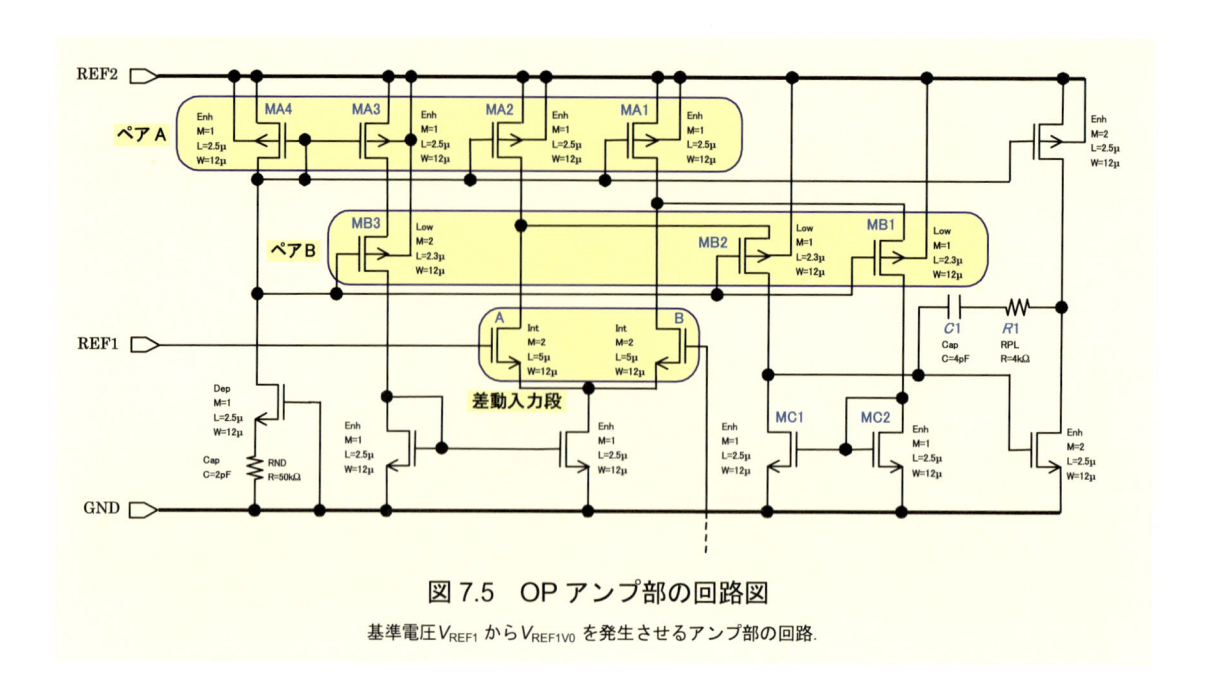

基準電圧 V_{REF1} から V_{REF1V0} を発生させるアンプ部の回路.

　通常は，図 7.7 のようにポリシリコン・ゲートのパターン精度を考慮してダミー・パターンを両端に配置しますが，PWM01 で使用するトランジスタはゲート長 L が NLD/PLD マスクで決まるので，ダミー・パターンは配置していません．

図 7.6　差動入力段のレイアウト

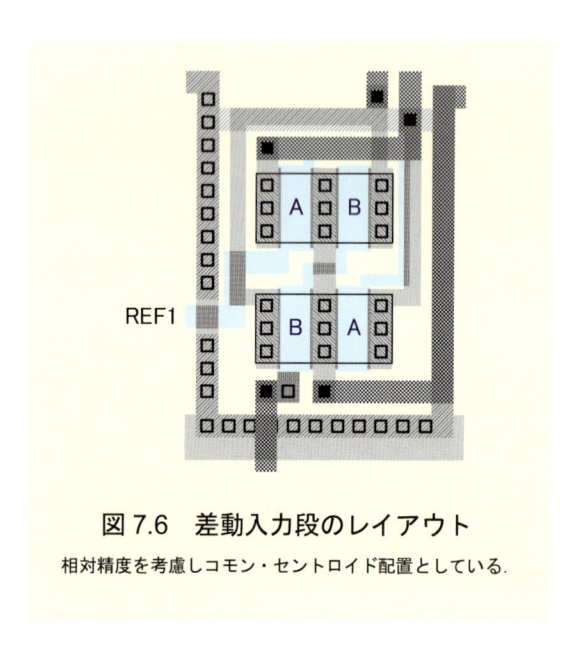

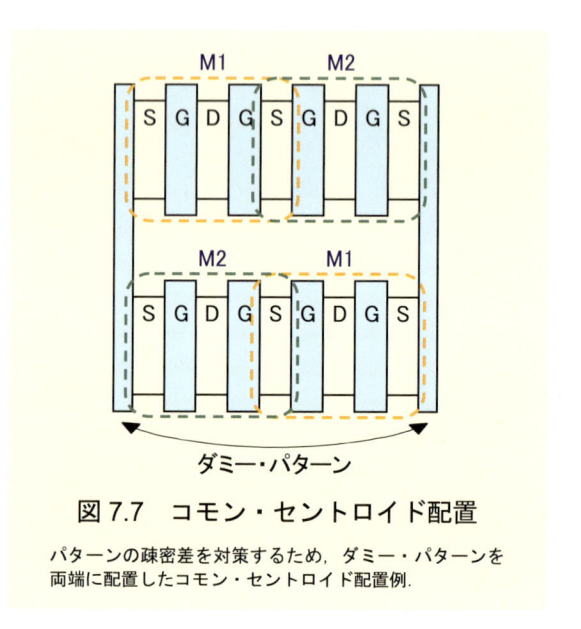

相対精度を考慮しコモン・セントロイド配置としている．

図 7.7　コモン・セントロイド配置

パターンの疎密差を対策するため，ダミー・パターンを両端に配置したコモン・セントロイド配置例．

▶カレント・ミラー

図7.5の回路図において，カスコード型カレント・ミラーの電流比精度は，ペアBよりもペアAの素子マッチングが大きく影響します．また，ペアAの中でもMA1，MA2，MA3の素子マッチングが重要となります．そのため，この三つのトランジスタをブロックの中心付近に隣接配置し，他のトランジスタで挟み込むようにレイアウトしています．図7.8がカレント・ミラーのレイアウト図です．

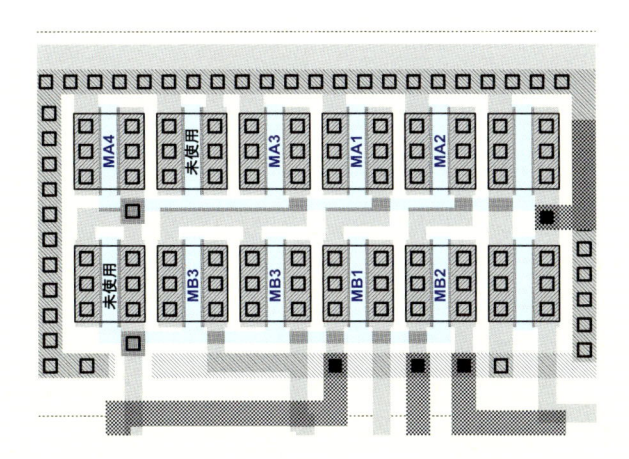

図7.8 カレント・ミラーのレイアウト
MA1，MA2，MA3の相対精度を考慮したレイアウトとしている．

●出力帰還抵抗と負荷抵抗

出力帰還抵抗（トリミング回路＋$R1$）は，図7.9のように13.5kΩのNLD抵抗（2.5kΩ/□）を基準抵抗として各抵抗を構成しています．相対精度の観点から，抵抗群の両端にはダミーを兼ねた予備抵抗を配置しています．負荷抵抗は，出力帰還抵抗と隣接配置することで，NLD抵抗の周囲を囲むガード・リング領域のレイアウト面積を削減しています．

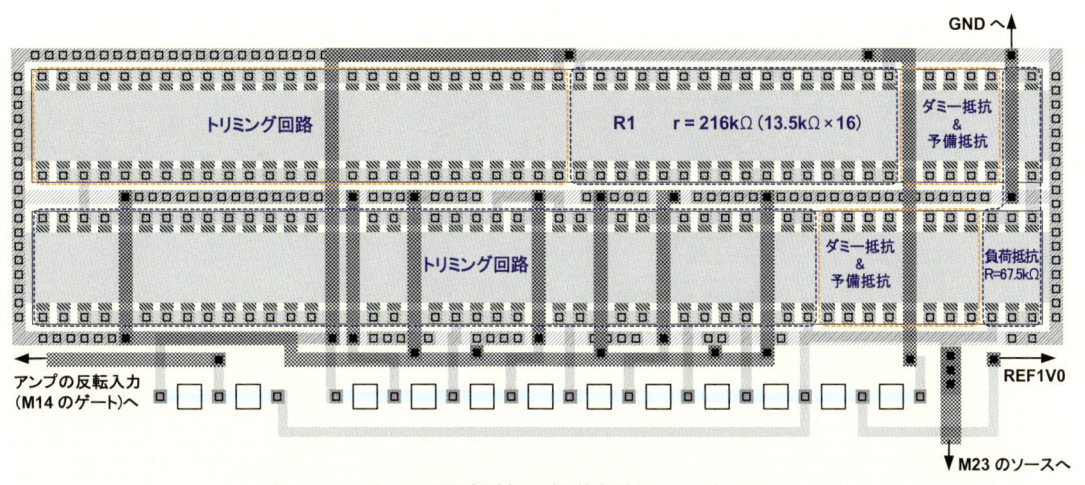

図7.9 出力帰還抵抗と負荷抵抗のレイアウト
13.5kΩのNLD抵抗の組み合わせで出力帰還抵抗と負荷抵抗を構成している．

7.2 基準電流源のレイアウト

基準電流源の回路図を**図 7.10**に示します．基準電流源は，定電流発生回路（トリミング回路を除く），トリミング回路，および三組のNMOSカレント・ミラーにブロック分けしてレイアウトしています．

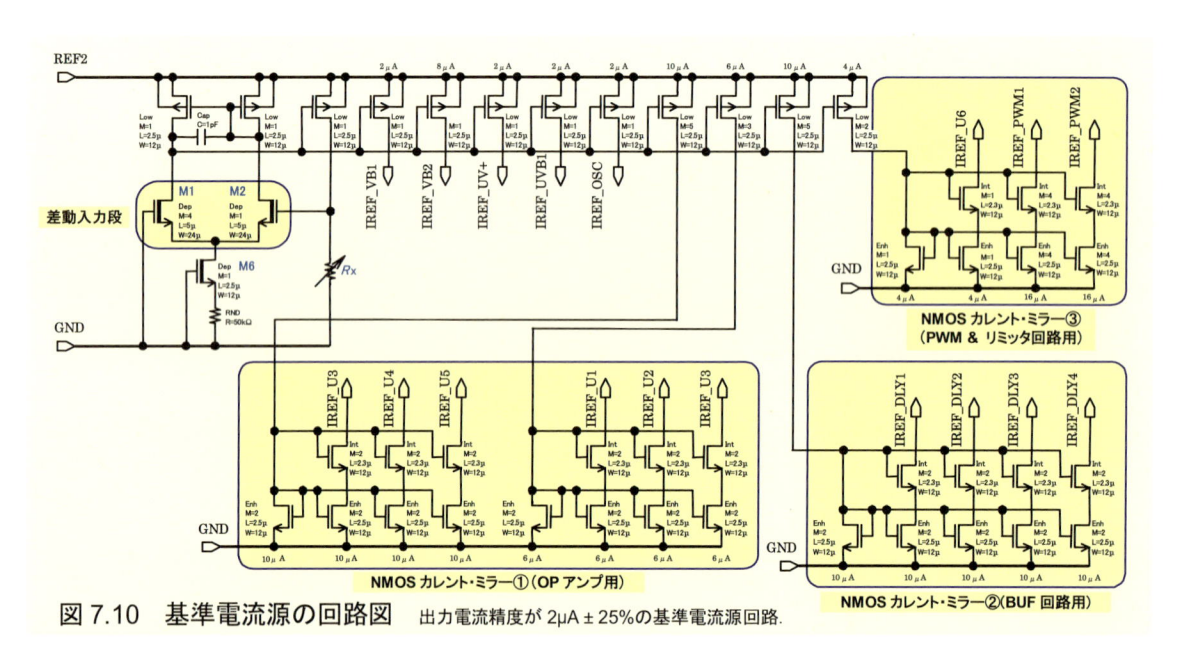

図 7.10 基準電流源の回路図 出力電流精度が 2μA ± 25% の基準電流源回路．

●定電流発生回路

基準電流を発生するサイズ比 4 対 1 の差動入力段（M1，M2）は，比精度が重要です．そのため，図 7.11 に示すように M2 を四つの M1 で挟み込みクロス・カップル接続としています．

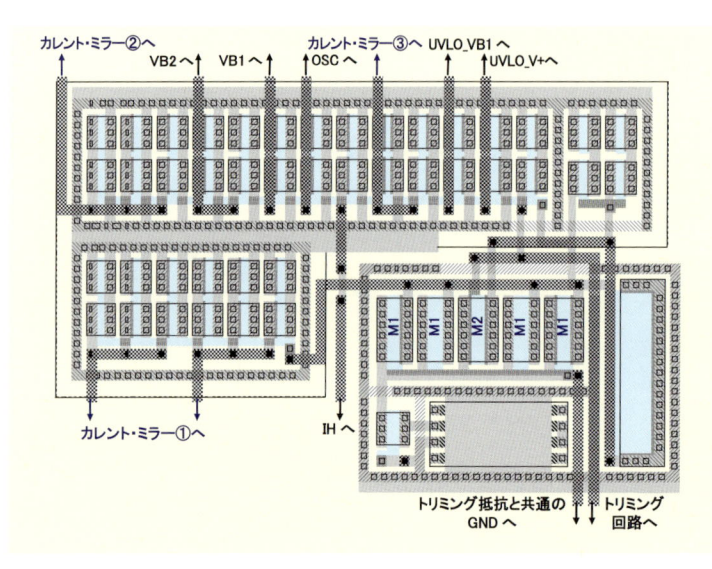

図 7.11 定電流発生回路のレイアウト

相対精度を考慮し，M1 と M2 をクロス・カップル接続としている．

7.2 基準電流源のレイアウト

●トリミング回路

13.5kΩ の NLD 抵抗(2.5kΩ/□)を基準抵抗として各抵抗をつくり,トリミング回路を構成しています.相対精度の観点から抵抗群の両端にダミーを兼ねた予備抵抗を配置しています(図7.12).

●NMOS カレント・ミラー

各ブロックへのバイアス電流の供給は,OP アンプ用(出力 6 本),BUF 回路用(出力 4 本),PWM コンパレータとリミッタ・アンプ用(出力 3 本)に分割します.そして図 7.13 に示すように,各ブロックの近くに配置したカレント・ミラーに一本のラインで電流を供給することによって,長い配線を少なくして配線のレイアウト面積を削減しています.また,図 7.14 は OP アンプ用 NMOS カレント・ミラーのレイアウトで,基準電流源から 6μA と 10μA のバイアス電流を受け取り,各 OP アンプ・ブロックへ電流を供給しています.

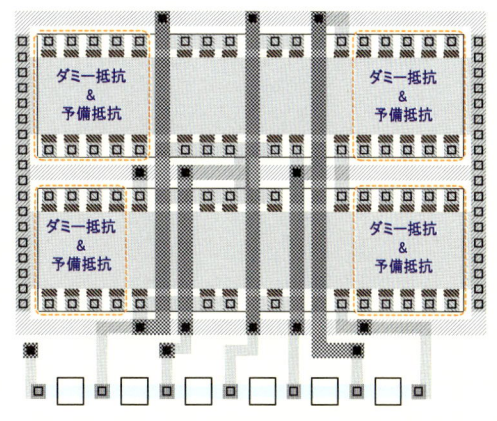

図 7.12 トリミング回路のレイアウト
13.5kΩ の NLD 抵抗を組み合わせて構成している.

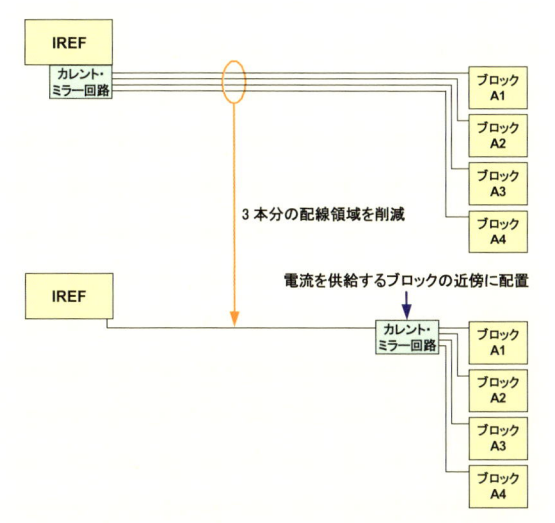

図 7.13 カレント・ミラーの局所配置の例
カレント・ミラーの配置を工夫して配線領域を削減している.

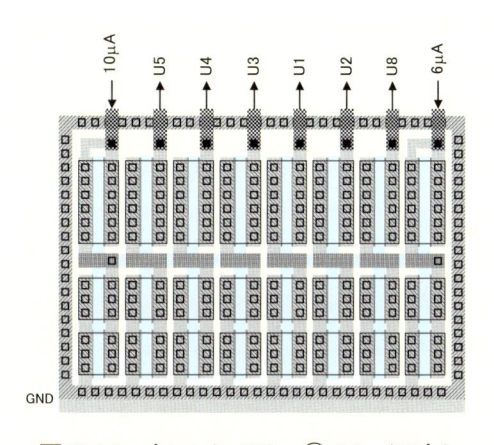

図 7.14 カレント・ミラー①のレイアウト
各 OP アンプ・ブロックへバイアス電流を供給するカレント・ミラーのレイアウト.

7.3 電圧レギュレータ（VB1）のレイアウト

図 7.15 の電圧レギュレータ（VB1）は，ポリシリコン高抵抗（2kΩ/□）を使用した出力帰還抵抗と負荷抵抗，位相補償用キャパシタと抵抗，出力 PMOS，およびそれ以外のメイン回路にブロック分けしてレイアウトしています．

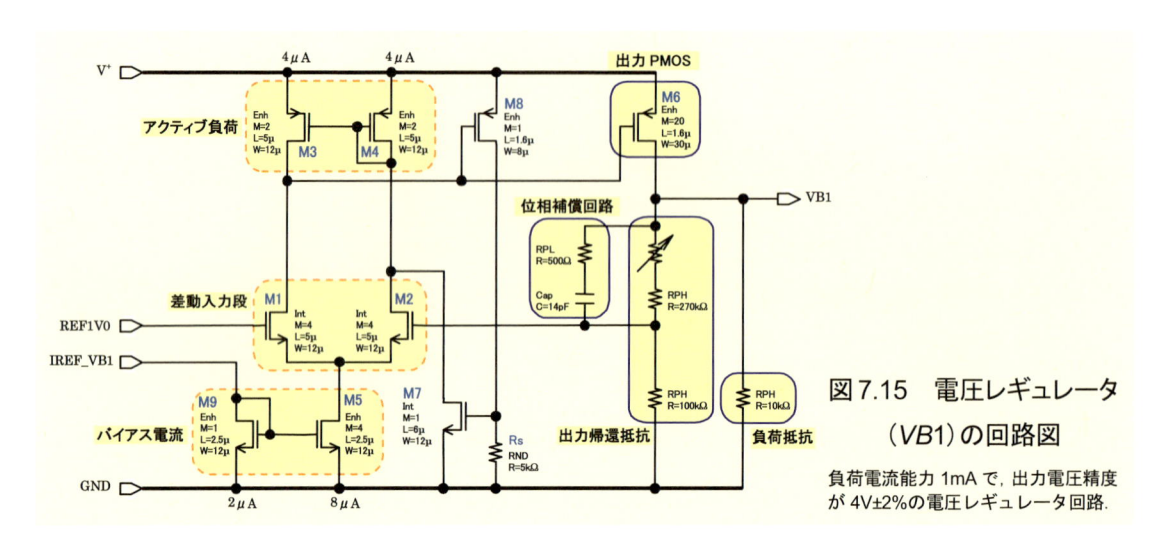

図 7.15　電圧レギュレータ（VB1）の回路図

負荷電流能力 1mA で，出力電圧精度が 4V±2% の電圧レギュレータ回路．

●メイン回路ブロック

図 7.16 のように差動入力段の M1 と M2，およびアクティブ負荷の M3 と M4 をそれぞれコモン・セントロイド配置としています．バイアス電流部は，サイズ比が 1 対 4 のカレント・ミラーで構成され，M9 を四つの M5 で挟み込むようなクロス・カップル接続としています．また，抵抗 R_S は 20kΩ の NLD 抵抗を 4 本並列接続し，抵抗値調整が可能なレイアウトにしています．

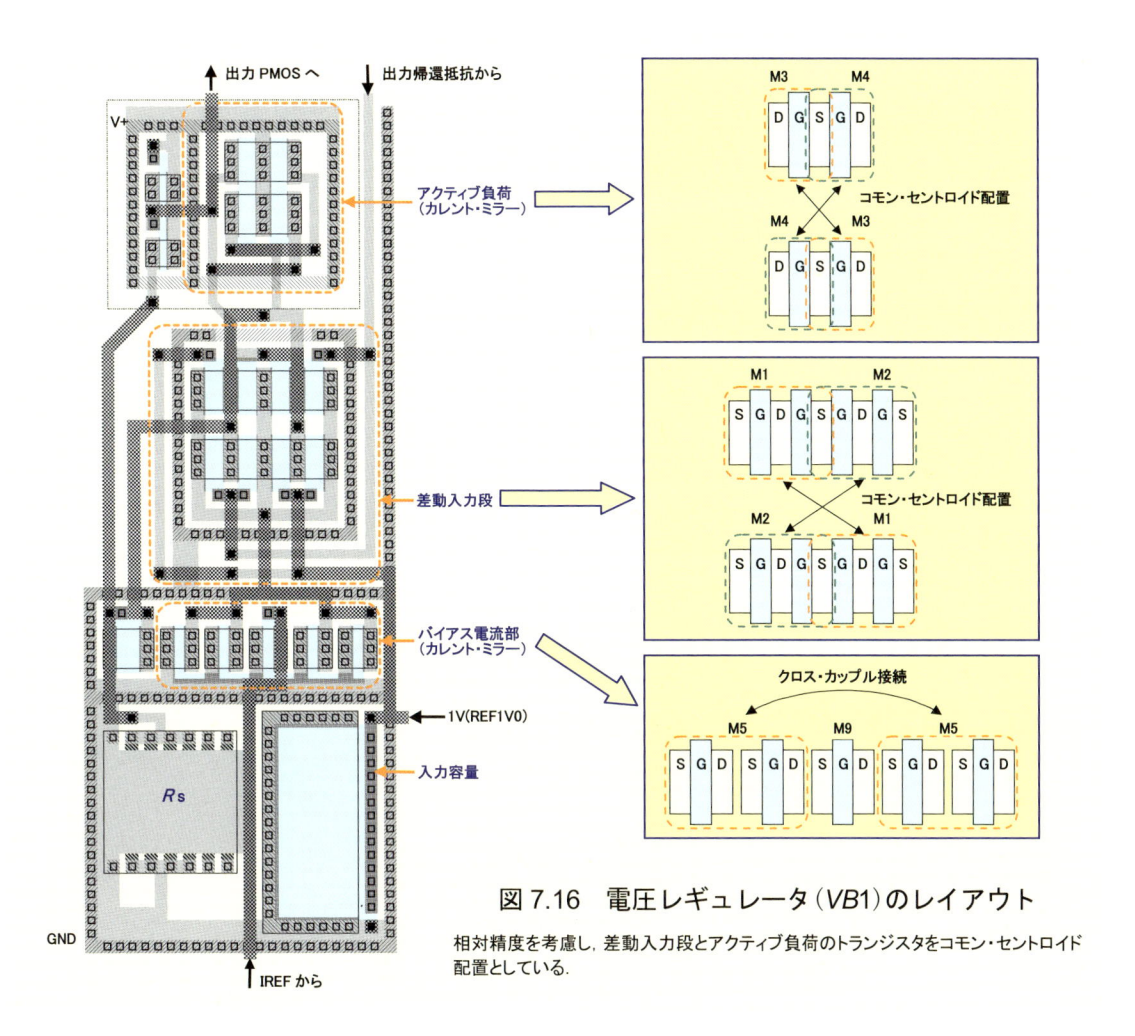

7.3 電圧レギュレータ(VB1)のレイアウト　229

図7.16　電圧レギュレータ(VB1)のレイアウト

相対精度を考慮し，差動入力段とアクティブ負荷のトランジスタをコモン・セントロイド配置としている．

●出力帰還抵抗と負荷抵抗

　電圧設定用の出力帰還抵抗(トリミング回路を含む)は，各抵抗の相対精度が重要です．**図7.17**のように20kΩのポリシリコン高抵抗(2kΩ/□)を基準抵抗として，各抵抗を構成しています．両端の抵抗は露光時の反射や，エッチング時のローディング効果などの影響によって，パターンの疎密差(**図7.18**)が発生します．そのため抵抗群の両端にダミー抵抗を配置しています．また，負荷抵抗は出力帰還抵抗と同じサイズの抵抗を使用するとレイアウトが容易になるため，20kΩを2本並列で10kΩとしています．

図 7.17 出力帰還抵抗と負荷抵抗のレイアウト
20kΩのポリシリコン高抵抗の組み合わせで出力帰還抵抗を構成している．

図 7.18 パターン疎密差
両端の抵抗は露光時の反射やエッチング時のローディング効果などの影響によって，パターンの疎密差が発生する．

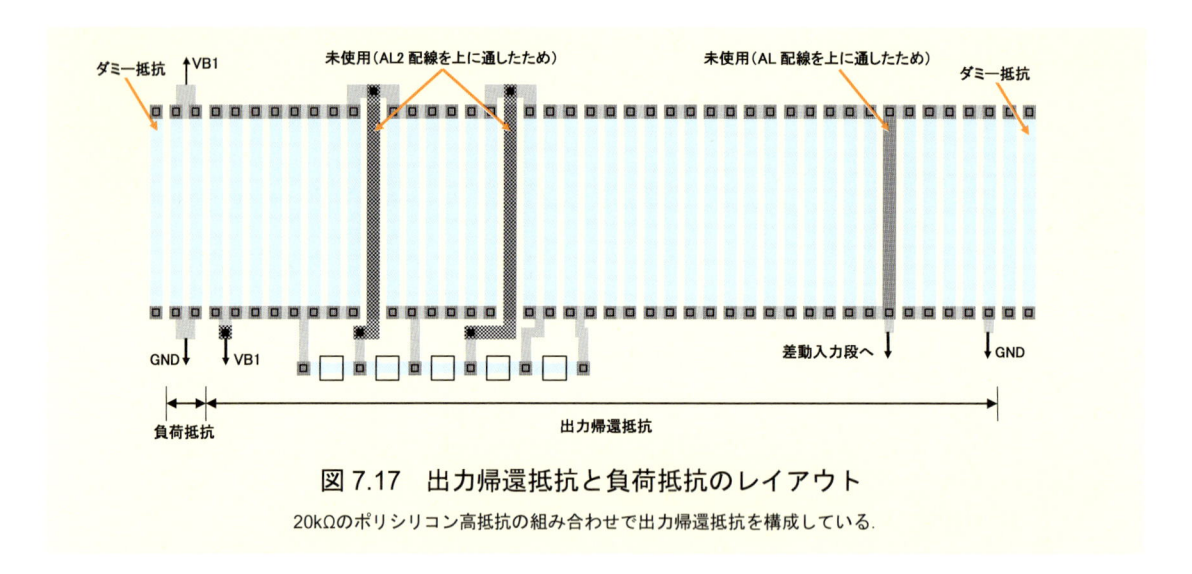

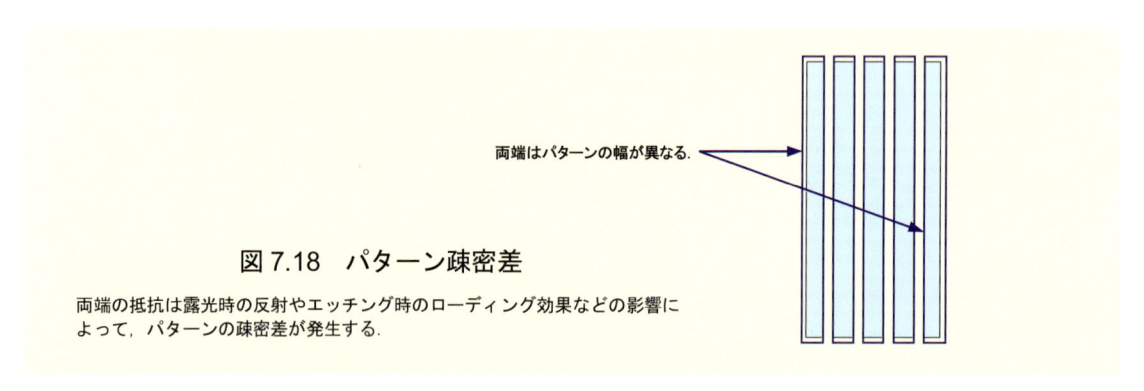

● 位相補償用 CR

　位相補償用キャパシタは，14pF のキャパシタを一つ配置するのではなく，図 7.19 に示すように 2pF×6 と 1pF×2 で14pF のキャパシタ，および予備キャパシタを配置することによって容量値の調整を可能にしています．

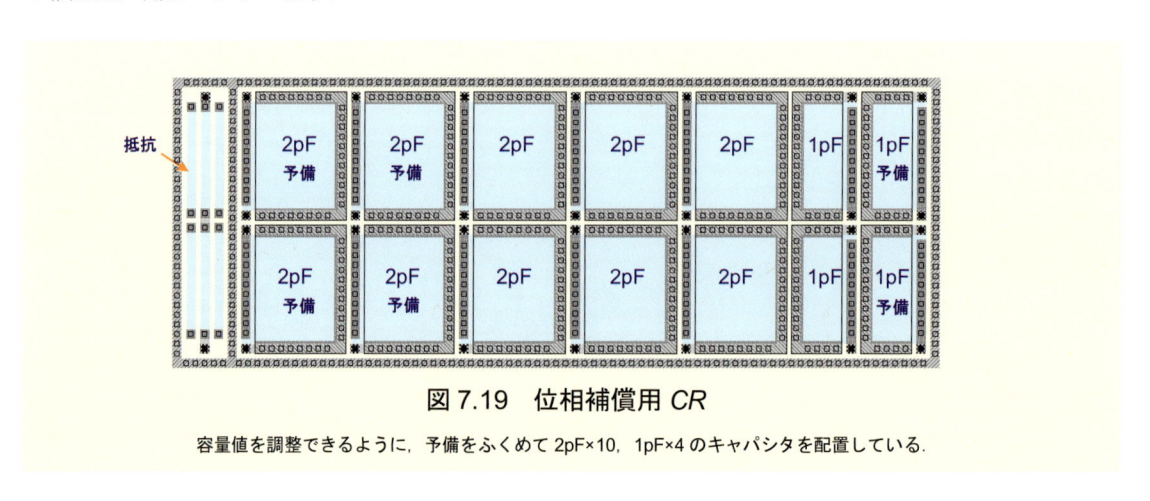

図 7.19 位相補償用 CR
容量値を調整できるように，予備をふくめて 2pF×10，1pF×4 のキャパシタを配置している．

7.4 電圧レギュレータ(VB2)のレイアウト

図7.20の電圧レギュレータ(VB2)は，ポリシリコン高抵抗(2kΩ/□)を使用した出力帰還抵抗と負荷抵抗，位相補償用キャパシタと抵抗，出力PMOS，およびそれ以外のメイン回路にブロック分けしてレイアウトしています．

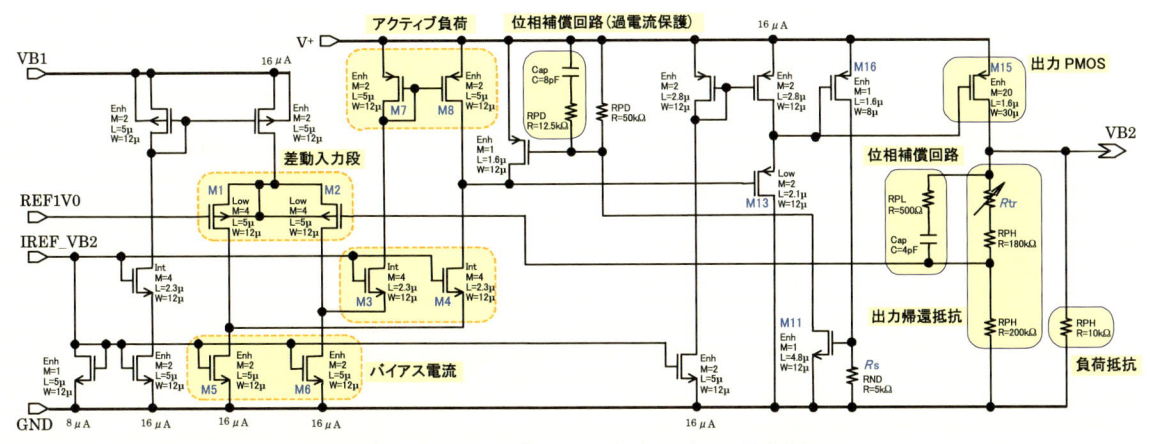

図7.20 電圧レギュレータ(VB2)の回路図

負荷電流能力5mAで，出力電圧精度が2V±2%の電圧レギュレータ回路．

●メイン回路ブロック

電圧レギュレータ(VB1)と同様に，差動入力段のM1とM2，およびアクティブ負荷のM7とM8をそれぞれコモン・セントロイド配置としています．また，M3，M4，M5，M6のカレント・ミラーをクロス・カップル接続としています(図7.21).

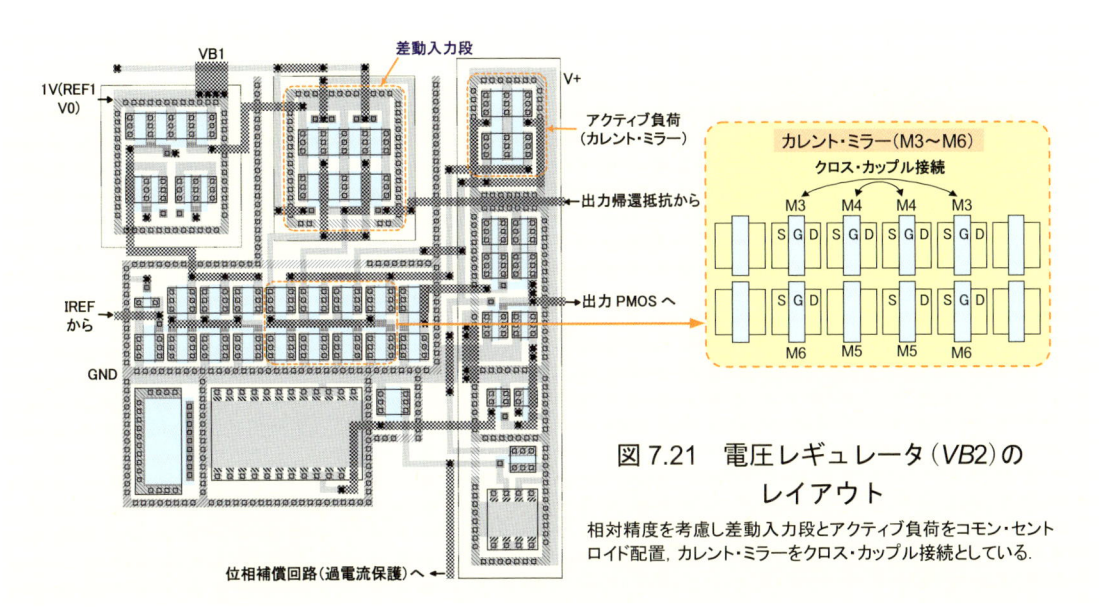

図7.21 電圧レギュレータ(VB2)のレイアウト

相対精度を考慮し差動入力段とアクティブ負荷をコモン・セントロイド配置，カレント・ミラーをクロス・カップル接続としている．

● 出力帰還抵抗と負荷抵抗

電圧レギュレータ($VB1$)と同様に，20kΩのポリシリコン高抵抗(2kΩ/□)を基準抵抗として各抵抗を構成し，抵抗群の両端にはダミー抵抗を配置しています(**図7.22**)．

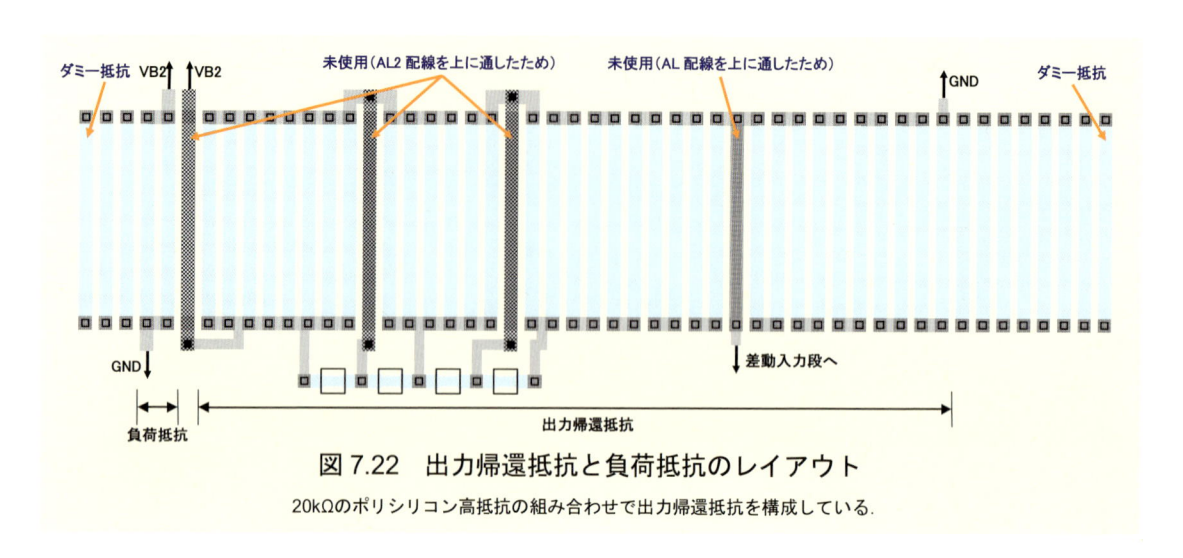

図7.22 出力帰還抵抗と負荷抵抗のレイアウト
20kΩのポリシリコン高抵抗の組み合わせで出力帰還抵抗を構成している．

● 位相補償用 CR

位相補償用キャパシタは，4pFのキャパシタを一つ配置するのではなく，**図7.23** のように1pF×4で4pFのキャパシタ，および予備キャパシタを配置することによって容量値の調整を可能にしています．

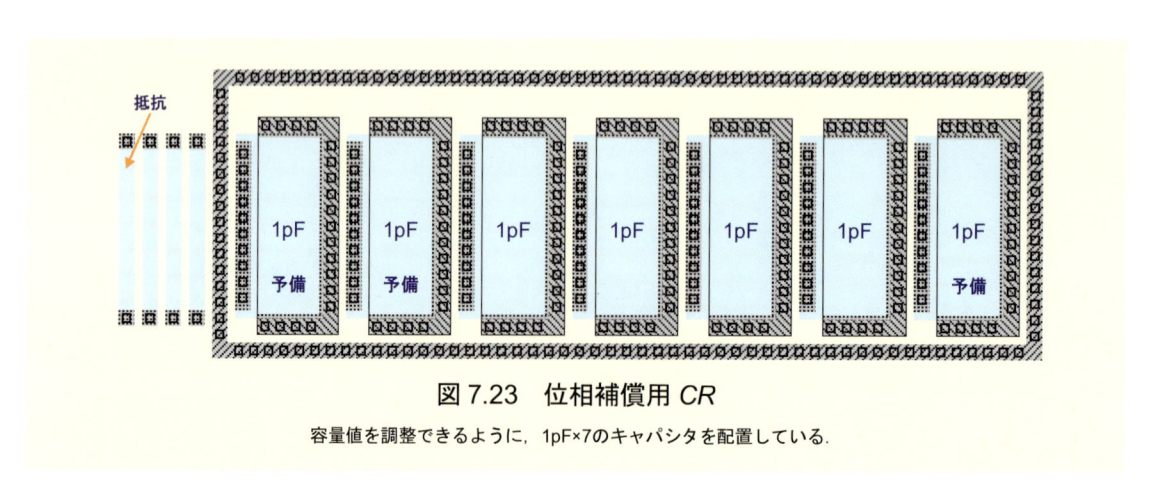

図7.23 位相補償用 CR
容量値を調整できるように，1pF×7のキャパシタを配置している．

7.5 OPアンプのレイアウト

図7.24に示すOPアンプは，位相補償用キャパシタと抵抗，出力段，およびその他のメイン回路にブロック分けしてレイアウトしています．

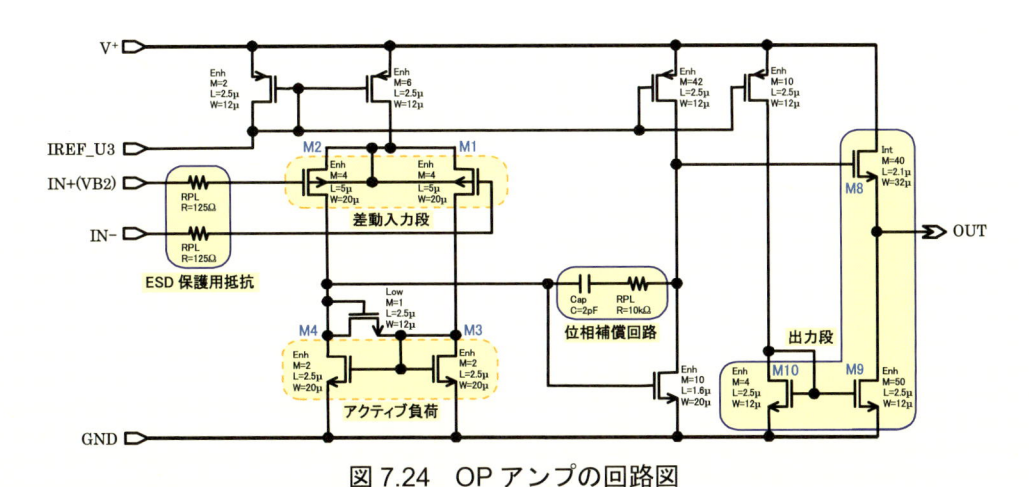

図7.24 OPアンプの回路図

PWM01では，位相補償回路のCR値とバイアス電流値を変更し，利得帯域幅積が5MHzと1MHzの2種類のOPアンプを構成している．

● メイン回路ブロック

図7.25は，出力段と位相補償用CRを除いた部分のレイアウトです．

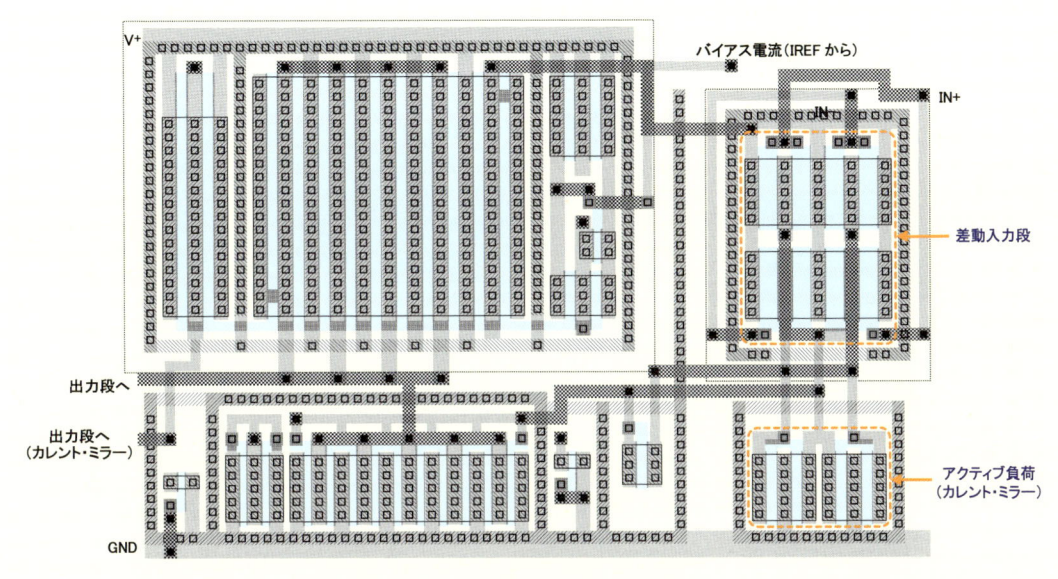

図7.25 OPアンプのレイアウト

出力段と位相補償用CRを除いた部分のレイアウト．利得帯域幅積が5MHzと1MHzのOPアンプは，バイアス電流値と位相補償用CRを配線層だけの変更で対応している．

PWM01では，利得帯域幅積が 5MHz と 1MHz の 2 種類の OP アンプを使用しています．2 種類の OP アンプは，位相補償回路のキャパシタ容量値と抵抗値，および基準電流源から供給されているバイアス電流（IREF）値以外は同じなので，メイン回路ブロックは共通のブロック・セルを使用しています．

また，差動入力段は $W/L = (20\mu m/5\mu m) \times 2$ の MOS トランジスタを 1 ユニットとして，コモン・セントロイド配置にしています（図 7.26）．

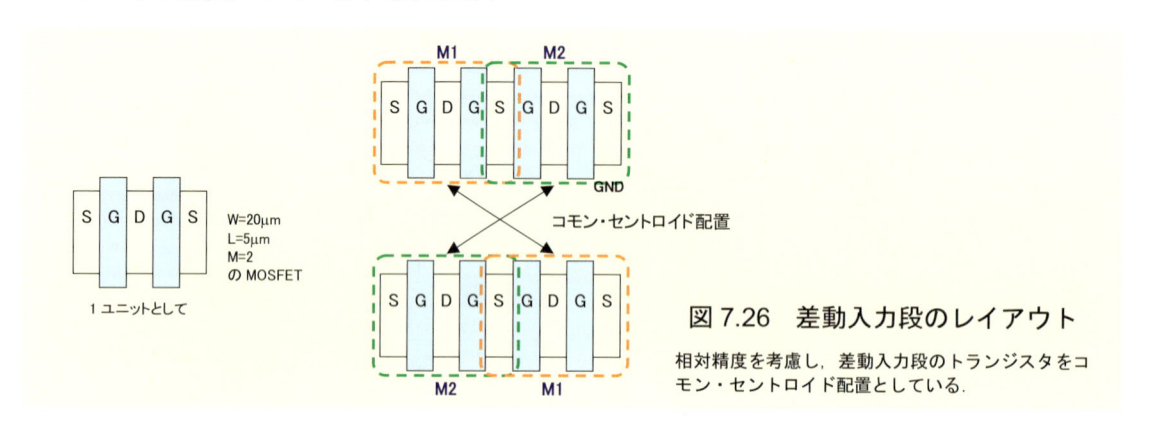

図 7.26 差動入力段のレイアウト

相対精度を考慮し，差動入力段のトランジスタをコモン・セントロイド配置としている．

● 出力段（ソース・フォロワ）

出力段のソース・フォロワを構成している M8 と M9 は，ソースまたはドレインの n+ 拡散が外部端子に接続されるのでラッチアップ耐性を考慮します．ここでは PMOS，PLD 抵抗，p 型 MIS キャパシタなどを構成する，n 型ウェル領域から離れた場所に配置する必要があります．したがって，出力段の素子と差動入力段などのメイン回路とは，ブロック分けしてレイアウトしています．また，M10 はドレインもソースも外部端子には接続されませんが，M9 と M10 でカレント・ミラーを構成しており，素子マッチングをとる必要があります．そのため，M9 と M10 はなるべく近くに配置しています．図 7.27 は出力段カレント・ミラー，図 7.28 は出力 NMOS のレイアウトです．

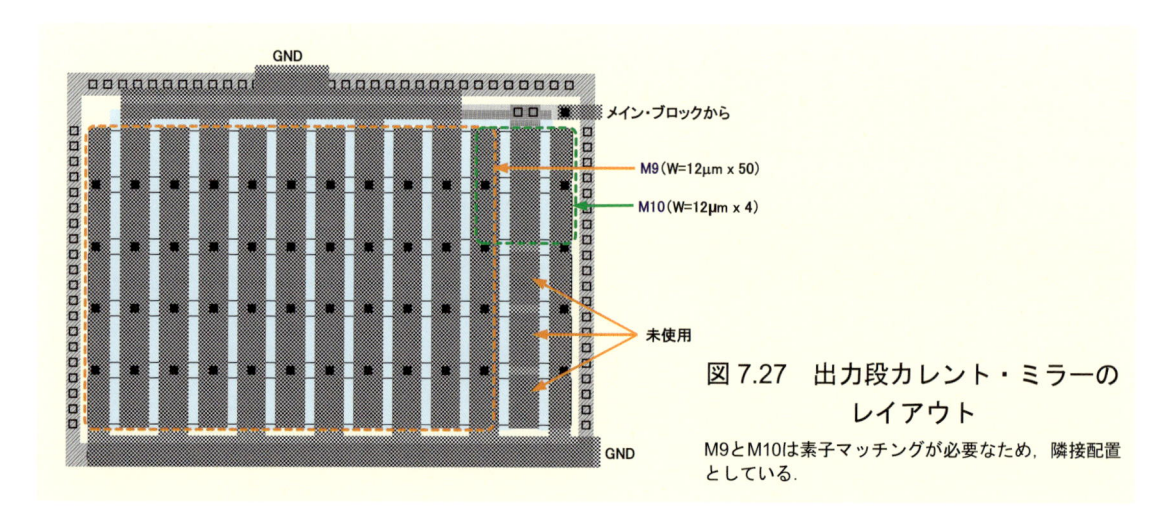

図 7.27 出力段カレント・ミラーのレイアウト

M9 と M10 は素子マッチングが必要なため，隣接配置としている．

7.5 OPアンプのレイアウト

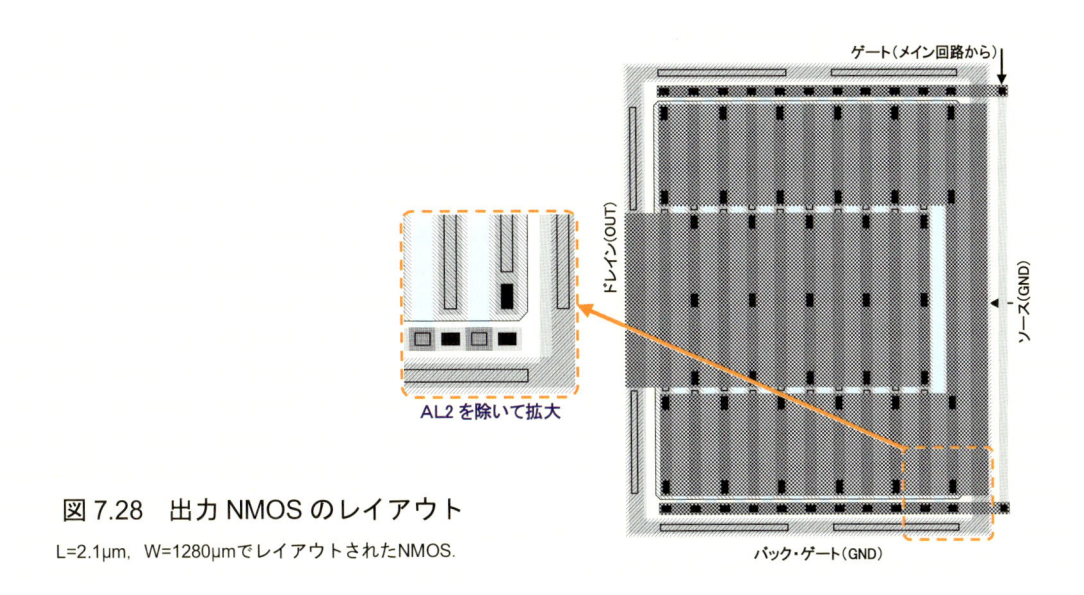

図 7.28 出力 NMOS のレイアウト
L=2.1μm，W=1280μm でレイアウトされた NMOS．

● 位相補償用 CR

位相補償用キャパシタと抵抗は MOS トランジスタに比べて占有面積が大きく，個別のブロック内では収まりが悪くなります．形状に自由度がある位相補償用キャパシタの形を工夫して，スペースに余裕のある出力段とメイン回路ブロック間に配置しています．

この位相補償回路は，キャパシタと抵抗の直列回路になっており，多少の配線抵抗が付いても問題ありません．しかし，PSRR の劣化や発振の原因になるので，ディジタル信号ラインや電源ラインの配線を隣接させないようにレイアウトしています．

図 7.29 は，位相補償用キャパシタと抵抗のレイアウトです．2pF と 1pF のキャパシタ・セルを各三つ，5kΩ の抵抗セルを二つ配置しています．利得帯域幅積が 5MHz の OP アンプのキャパシタは 2pF，抵抗は 10kΩ（5kΩ+5kΩ）を接続しています．なお，利得帯域幅積 1MHz の OP アンプのキャパシタは 7pF（2pF×3＋1pF），抵抗は 5kΩ を，配線層（AL2 マスク）だけの変更で接続を変えられるようにレイアウトしています．

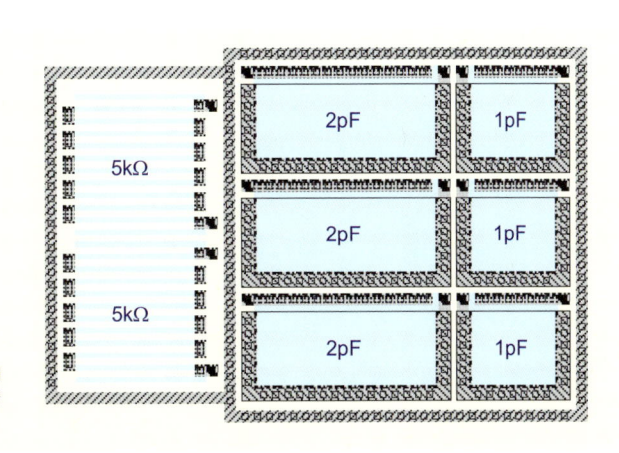

図 7.29 位相補償用 CR のレイアウト
利得帯域幅積が 5MHz と 1MHz の OP アンプの位相補償用 CR は，同じブロック・セルを使用し配線層だけの変更で対応している．

7.6 リミッタ・アンプのレイアウト

図7.30に示すリミッタ・アンプは，SO端子電圧をモニタしてIL端子電圧V_{IL}でSO端子信号を制限するアンプU6と，IH端子電圧V_{IH}でSO端子信号を制限するアンプU7にブロック分けしてレイアウトしています．図7.31がリミッタ・アンプのレイアウトです．

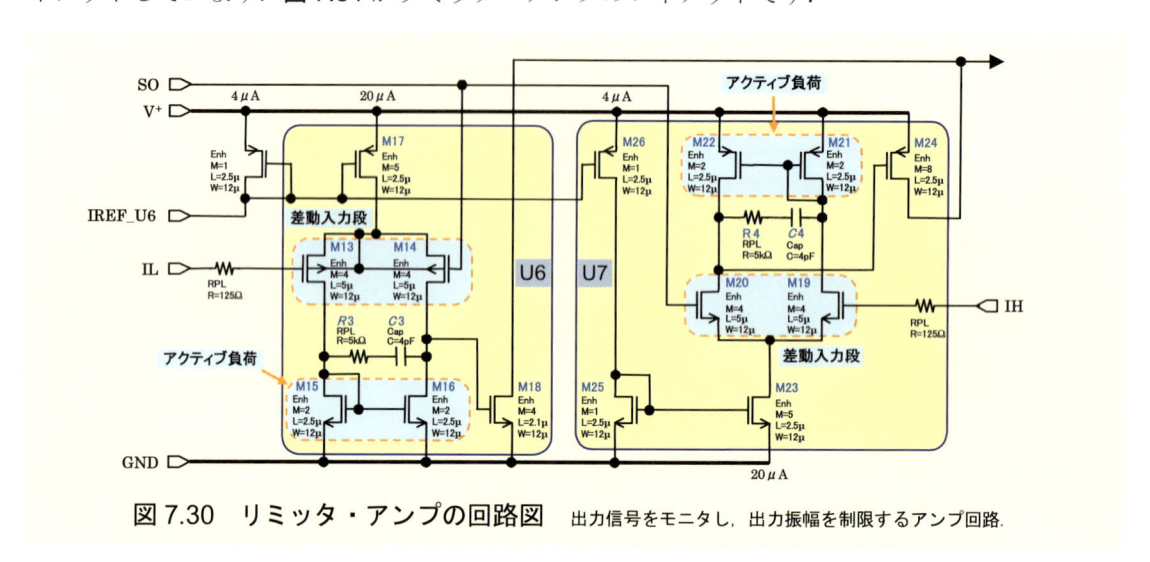

図7.30　リミッタ・アンプの回路図　出力信号をモニタし，出力振幅を制限するアンプ回路．

●リミッタ・アンプU6/U7

U6は差動入力ペアのM13とM14とをコモン・セントロイド配置，アクティブ負荷のM15とM16とをクロス・カップル接続としています．また，予備素子として位相補償用CRやMOSトランジスタを配置しています．

U7はU6と同様に，差動入力ペアのM19とM20とをコモン・セントロイド配置，アクティブ負荷のM21とM22とをクロス・カップル接続としています．

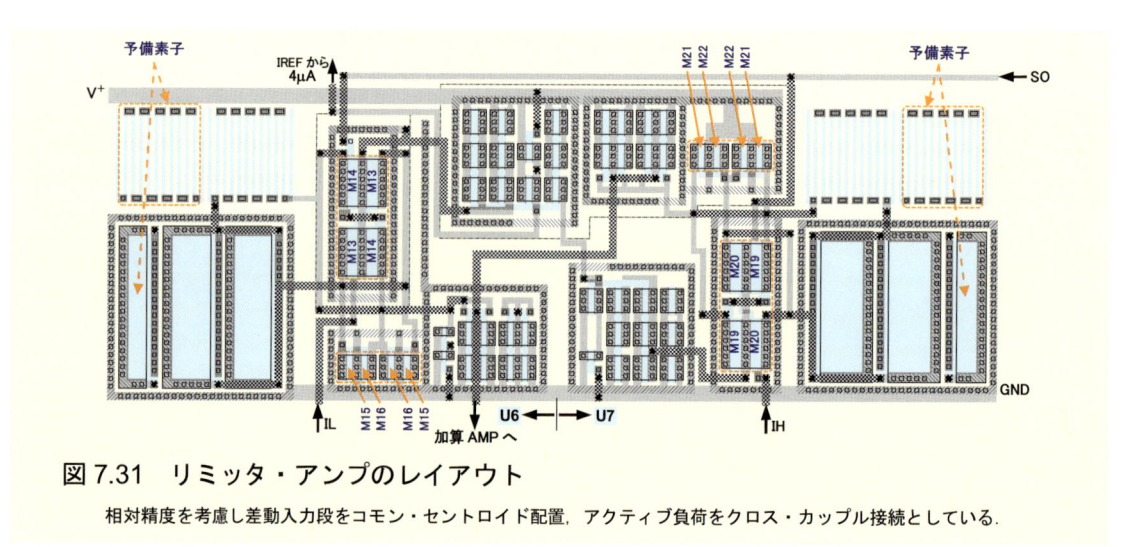

図7.31　リミッタ・アンプのレイアウト
相対精度を考慮し差動入力段をコモン・セントロイド配置，アクティブ負荷をクロス・カップル接続としている．

7.7 三角波発振器のレイアウト

三角波発振器は，図7.32のように四つのブロックで構成されています．破線箇所の三つのMOSトランジスタはドレインが外部端子に接続されるので，ラッチアップ対策が必要です．したがって電流発生部の出力段PMOSと三角波発生部は，CT端子の付近に他ブロックから距離を離して配置し，周囲をガード・リングで囲んでいます．また，充放電制御部は，電流発生部と発振停止部とは異なる電位でバイアスするため，二つにブロック分けしてレイアウトしています（図7.33）．

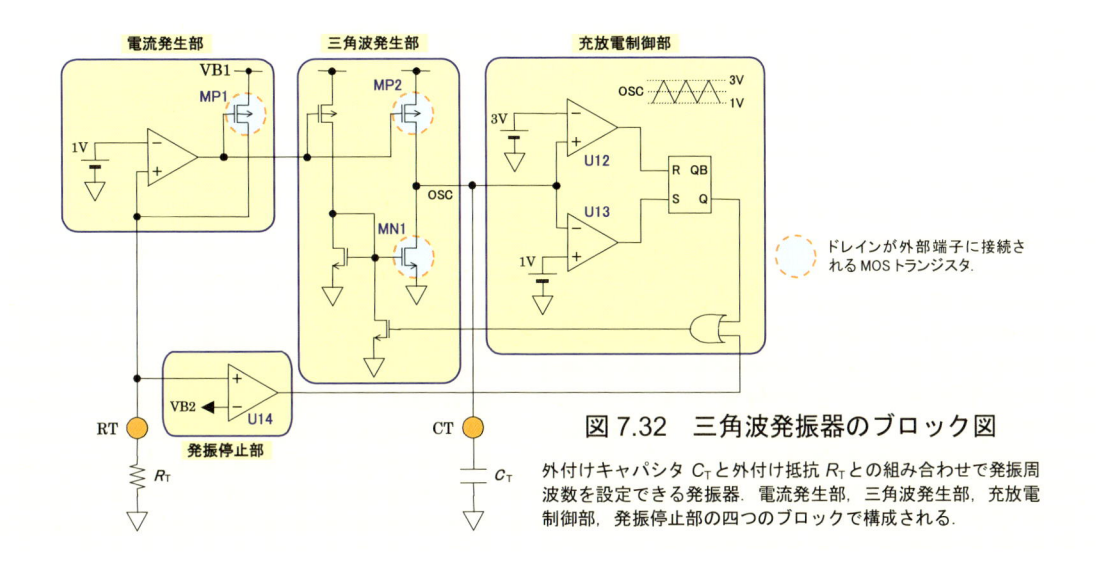

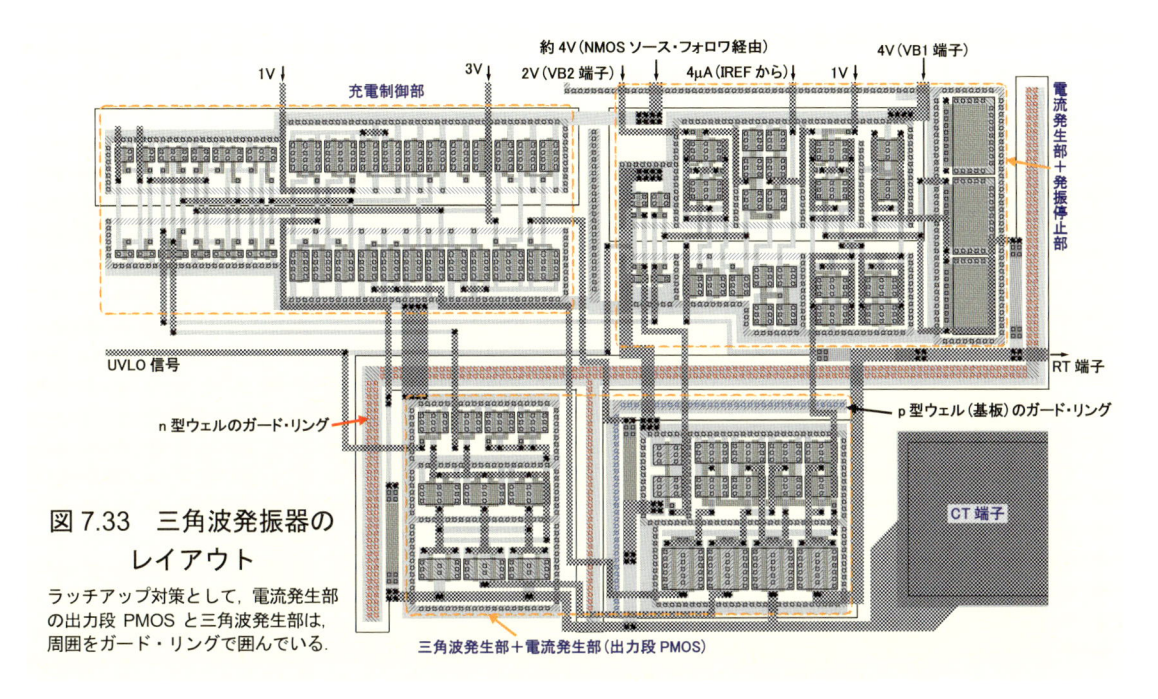

図7.32 三角波発振器のブロック図

外付けキャパシタ C_T と外付け抵抗 R_T との組み合わせで発振周波数を設定できる発振器．電流発生部，三角波発生部，充放電制御部，発振停止部の四つのブロックで構成される．

図7.33 三角波発振器のレイアウト

ラッチアップ対策として，電流発生部の出力段PMOSと三角波発生部は，周囲をガード・リングで囲んでいる．

● 三角波発生部と電流発生部（出力段 PMOS）

ラッチアップ対策のため，図 7.34 のように NMOS だけのブロックと PMOS だけのブロックに分けてレイアウトします．それぞれのブロック間には n 型ウェルのガード・リングと p 型ウェル（基板）のガード・リングを挿入し，極力短い間隔でコンタクトを配置しています．

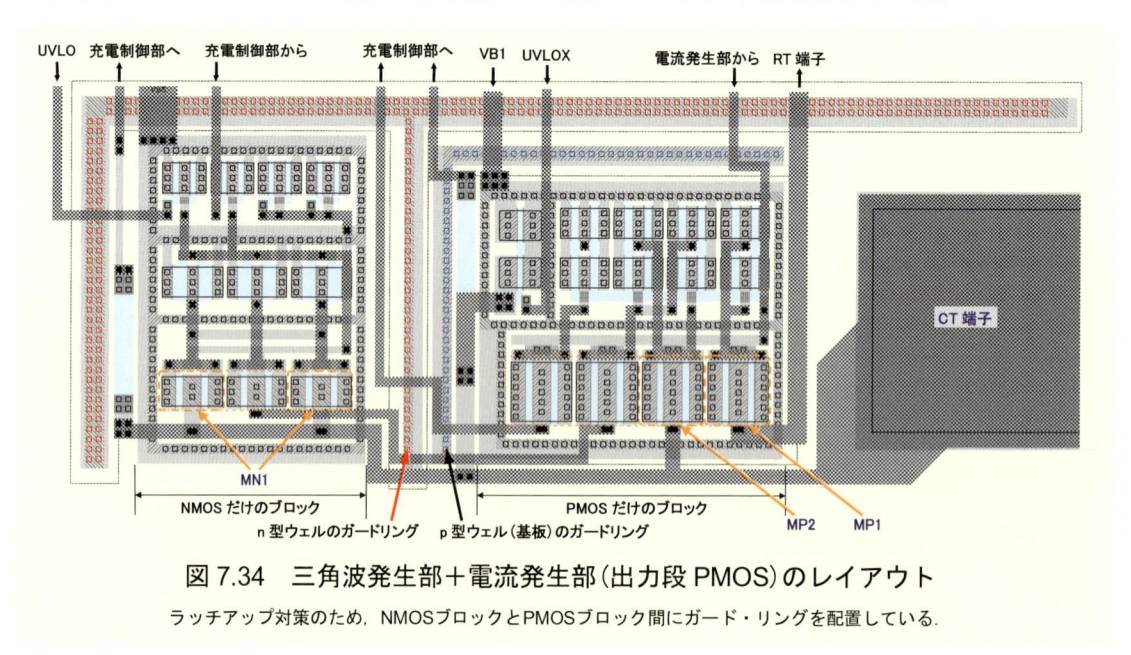

図 7.34 三角波発生部＋電流発生部（出力段 PMOS）のレイアウト
ラッチアップ対策のため，NMOSブロックとPMOSブロック間にガード・リングを配置している．

● 電流発生部と発振停止部

電流発生部は，差動入力段，カレント・ミラーをクロス・カップル接続としています．また，発振停止部は通常は使用せず，試験や評価時に使用する回路です．よって差動入力段だけをクロス・カップル接続としています（図 7.35）．

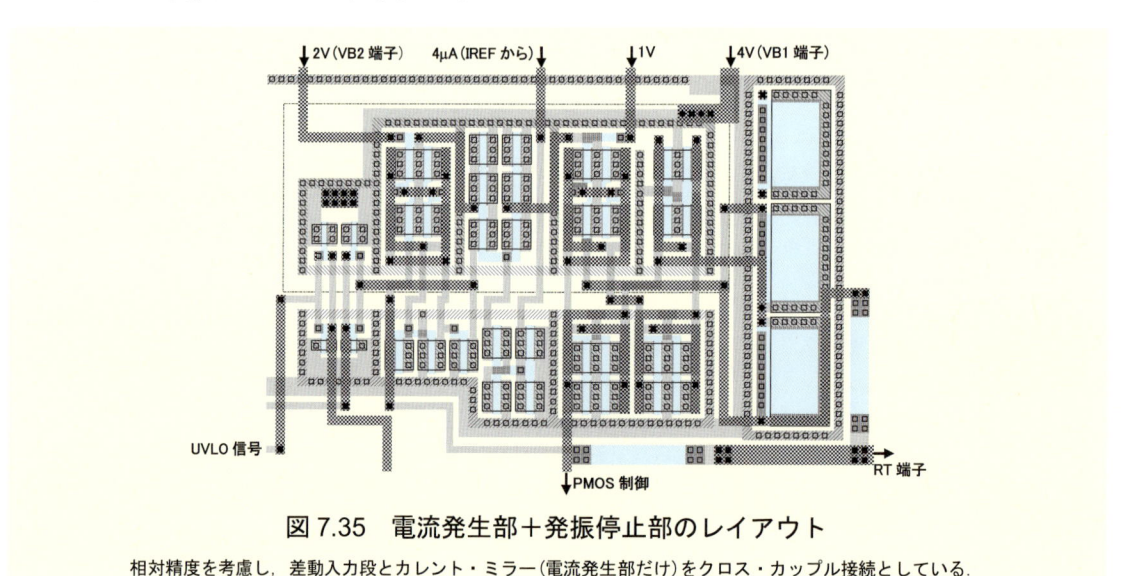

図 7.35 電流発生部＋発振停止部のレイアウト
相対精度を考慮し，差動入力段とカレント・ミラー（電流発生部だけ）をクロス・カップル接続としている．

●充放電制御部

このブロックは，三角波（CT端子）を1Vと3Vとで検出する二つのコンパレータとロジック回路で構成しています．コンパレータの入力段は差動回路ですが，コンパレータの遅延による三角波の振幅誤差が，コンパレータのオフセットによる誤差よりも大きくなります．そのため，DC的な検出電圧精度よりも回路の応答速度を重視して，差動入力段はコモン・セントロイド配置としていません（図7.36）．

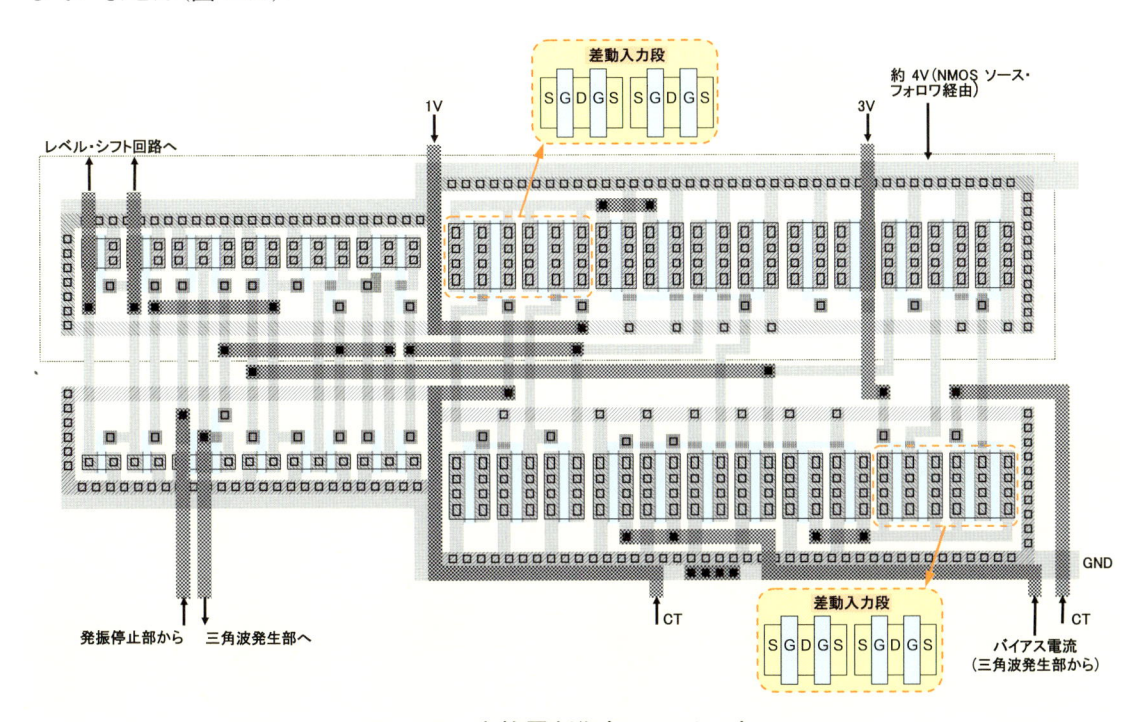

図7.36 充放電制御部のレイアウト

コンパレータの入力差動段は，相対精度より応答速度を優先しコモン・セントロイド配置にしていない．

7.8 PWMコンパレータのレイアウト

図7.37に示すPWMコンパレータは，図7.40のようなオフセット電圧を考慮したレイアウトにしています．このブロック・セルを，PWM信号発生部(図7.38)のOPアンプU3，U8の出力信号と三角波(CT)とを比較するコンパレータU9，U10に使用します．

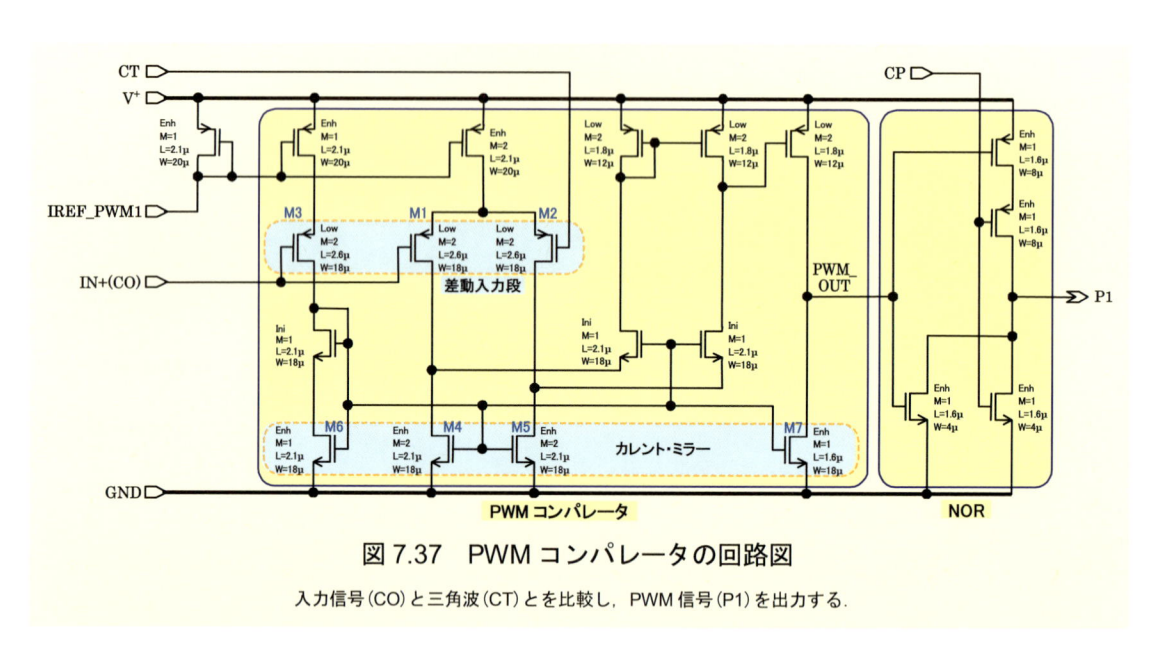

図7.37 PWMコンパレータの回路図
入力信号(CO)と三角波(CT)とを比較し，PWM信号(P1)を出力する．

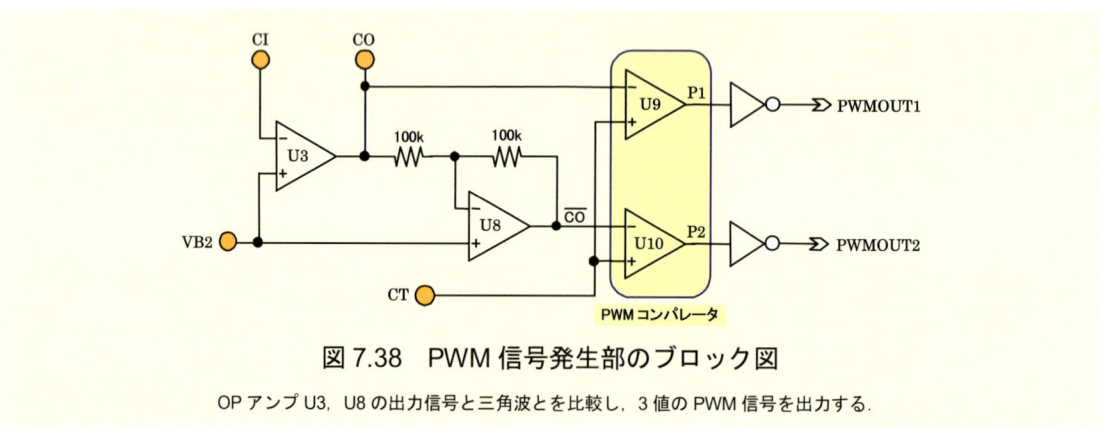

図7.38 PWM信号発生部のブロック図
OPアンプU3，U8の出力信号と三角波とを比較し，3値のPWM信号を出力する．

● 差動入力段

PWMブロックの差動入力段のMOSトランジスタは，M1とM2の素子間だけではなく，M3との素子マッチングも考慮する必要があります．したがって，他のブロックのようにソースを重ねたレイアウト(図7.39)にはせず，面積は多少大きくなりますが，図7.40のように向きをそろえてM1とM2をクロス・カップル接続として，M3を隣接させる配置としています．

7.8 PWM コンパレータのレイアウト

●カレント・ミラー

M4～M7 の NMOS カレント・ミラーは，M4 と M5 のトランジスタのミス・マッチングがコンパレータの入力オフセット電圧に与える影響が最も大きくなります．M4 と M5 を図 7.40 のようなクロス・カップル接続にして，M6 と M7 をその両端に配置しています．

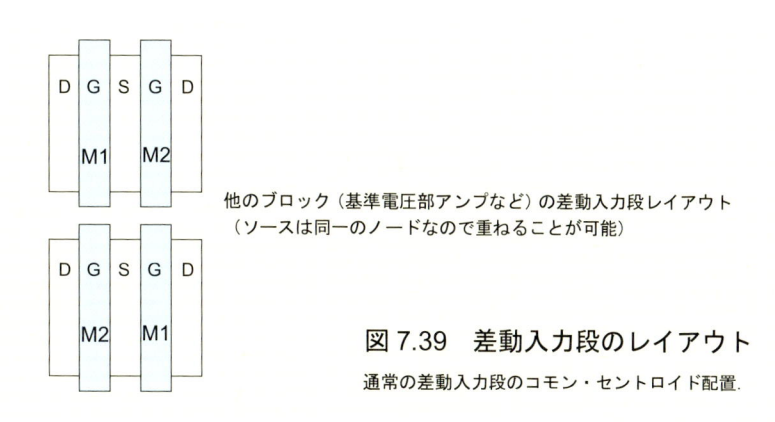

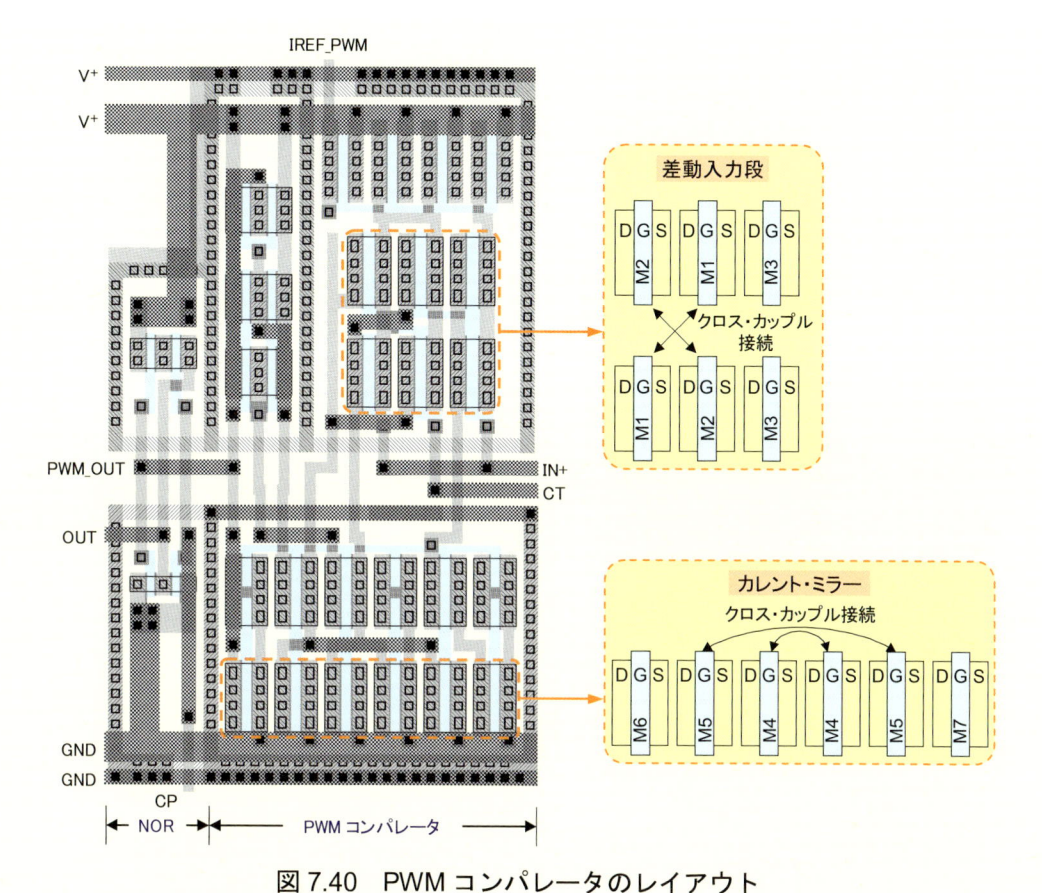

他のブロック（基準電圧部アンプなど）の差動入力段レイアウト
（ソースは同一のノードなので重ねることが可能）

図 7.39　差動入力段のレイアウト
通常の差動入力段のコモン・セントロイド配置．

図 7.40　PWM コンパレータのレイアウト
相対精度を考慮し，差動入力段とカレント・ミラーをクロス・カップル接続としている．

7.9 低電圧誤動作防止回路のレイアウト

低電圧誤動作防止(UVLO)回路は，図7.41のようにUVLO_V$^+$，UVLO_VB1，OR回路の三つのブロックで構成されています．

電圧検出用の直列抵抗(R1B～R3B)とヒステリシス用 NMOS(M10B)以外の回路は，UVLO_V$^+$とUVLO_VB1で同じです．よってUVLO_V$^+$とUVLO_VB1は一部の配線層(ALマスク)のレイアウトだけが異なる，共通のブロック・セルを使用しています．ただし，OR回路を挟み込むようにUVLO_V$^+$は出力が右，UVLO_VB1は出力が左の線対称となるようにレイアウトしています．

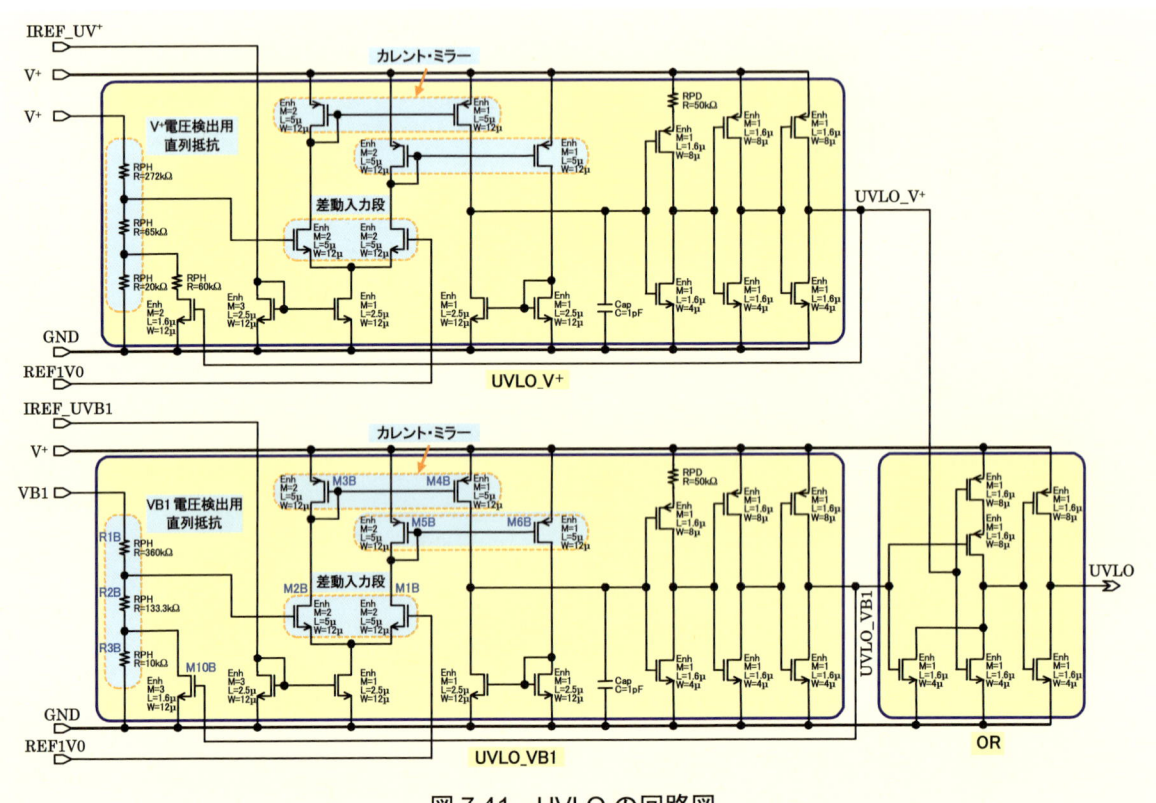

図7.41 UVLO の回路図

V^+とVB1を監視する二つの電圧コンパレータで構成され，それぞれの出力論理和をとって制御信号を出力する．

●UVLO_VB1/OR回路

差動入力段(M1BとM2B)は，OPアンプなどのブロックと同様のコモン・セントロイド配置としています．M3BとM4Bのカレント・ミラーはコモン・セントロイド配置にはしていませんが，M3BのPMOSの間にM4BのPMOSを挟む配置として，M3BとM4Bの相対精度の向上を図っています．M5BとM6Bのカレント・ミラーについても同様です(図7.42)．

7.9 低電圧誤動作防止回路のレイアウト

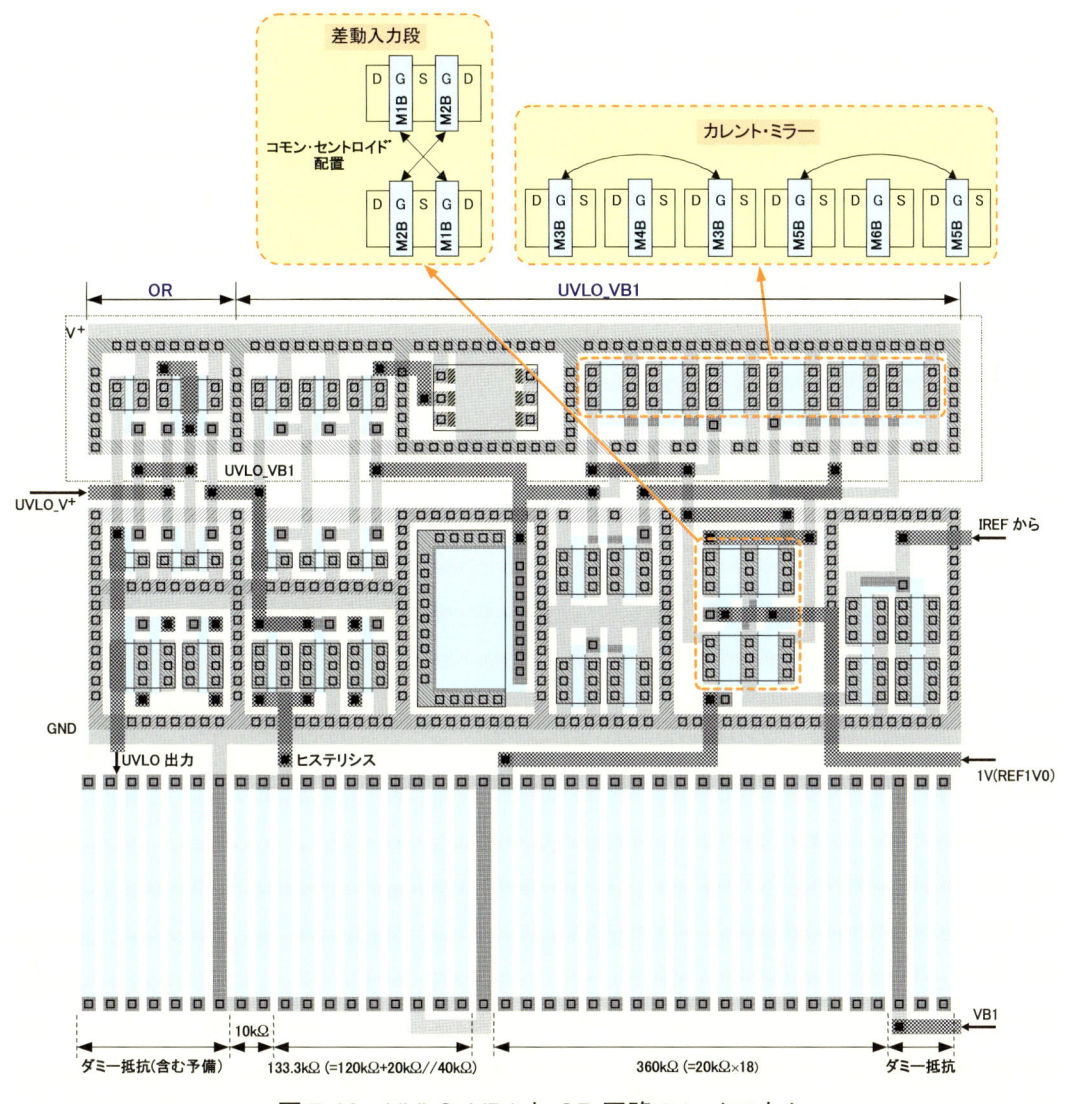

図 7.42　UVLO_VB1 と OR 回路のレイアウト

相対精度を考慮し差動入力段をコモン・セントロイド配置．カレント・ミラーはクロス・カップル接続にはしていないが配置を工夫している．

● 電圧検出抵抗

　UVLO の電圧検出抵抗は，電圧レギュレータ（$VB1$）と同様に，20kΩ のポリシリコン高抵抗（2kΩ/□）を基準抵抗として，10kΩ，133.3kΩ，360kΩ の各抵抗を構成し，抵抗群の両端にはダミー抵抗を配置しています（**図 7.42**）．また，抵抗の上に配線を通す場合は，抵抗上の配線の電位によって抵抗値が変化するので，その箇所の抵抗は未使用としています．

7.10 オープン・ドレイン出力段のレイアウト

　図7.43に示す出力段は，出力制御部と出力NMOS部にブロック分けしてレイアウトしています．図7.44は，出力制御部1のレイアウトです．出力制御部2との違いはインバータの有無だけです．したがって，出力制御部1のレイアウトを基に，配線層(ALマスク)の変更で出力制御部2のブロックを作成しています．

● 出力制御部

　出力制御部は，スイッチング動作するディジタル・ブロックです．この回路の電源とグラウンドは，ディジタル回路や大電流を流す回路用に用意したPV$^+$端子とPGND端子のボンディング・パッドに接続しています．

　PWM01ではツイン・ウェル構造のプロセスを使用しており，p型基板は電気的に分離することができません．よって，このブロックでNMOSの基板コンタクトをPGND端子に接続すると，GNDとPGNDが基板経由で接続されてしまいます．そこでPWM01では，ディジタル・グラウンドをPGND端子に，アナログ・グラウンドをGND端子(基板)に接続し，基板ノイズの抑制を図っています．したがって，NMOSバック・ゲート電位をとる基板コンタクトはGND端子に接続しています．

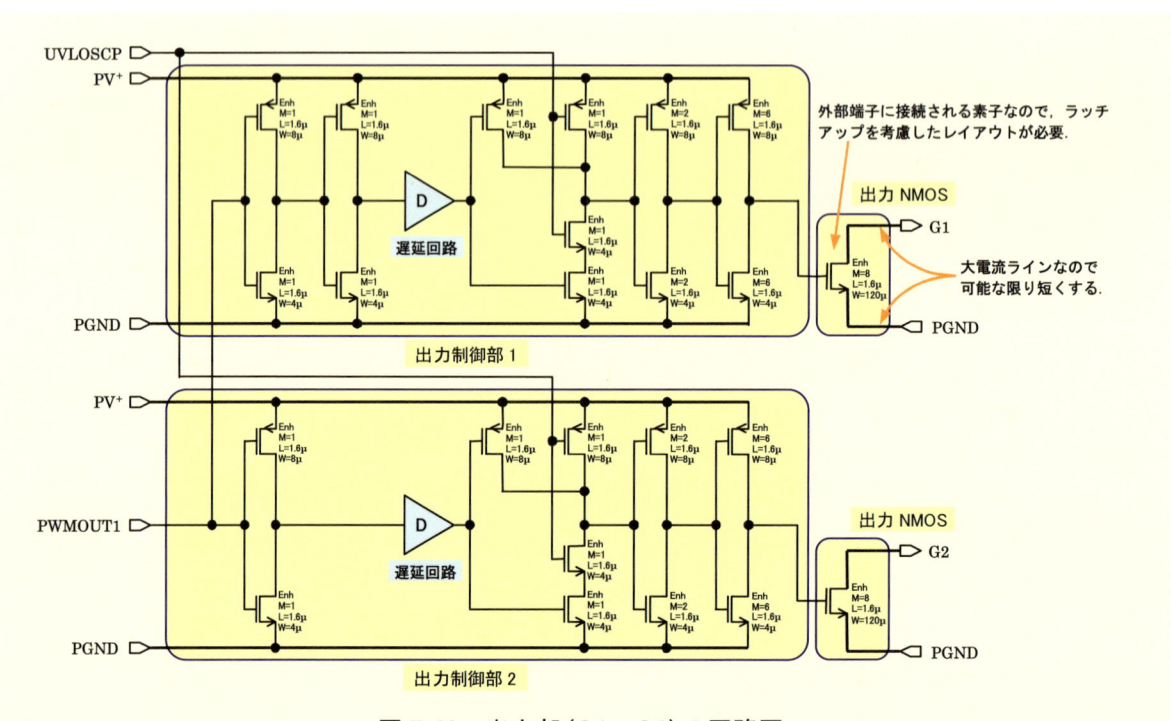

図7.43　出力部(G1, G2)の回路図

遅延回路で出力パルスの立ち上がり時に遅延を発生させ，デッド・タイムを設けることで貫通電流の低減を図る．

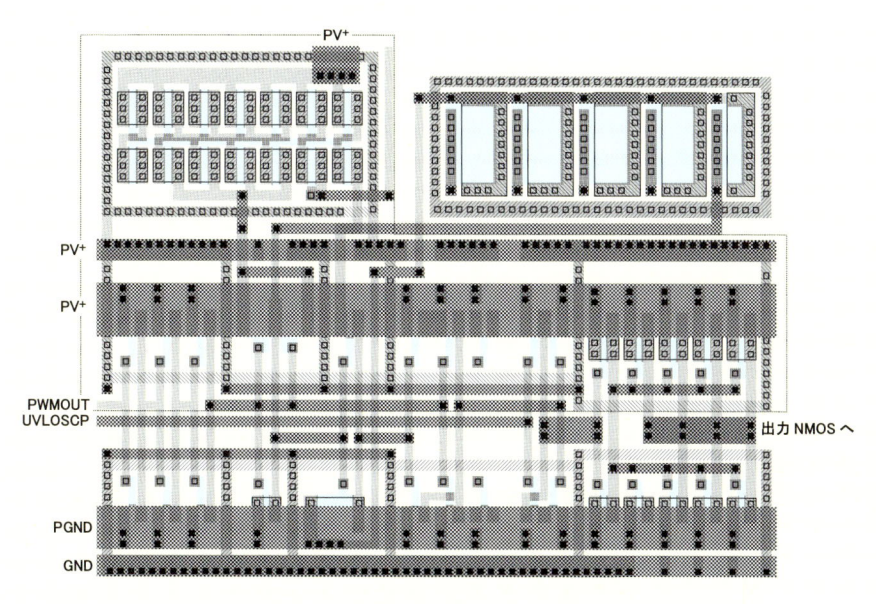

図7.44 出力制御部1のレイアウト

基板ノイズを低減させるために，NMOSのバック・ゲートはPGNDではなくGNDに接続している．

● 出力NMOS

図7.45は，出力段NMOSのレイアウトです．出力段NMOSは，大きな電流が流れるので，ボンディング・パッド近傍に配置しています．また，ドレインのn+拡散が外部端子（G1～G4）に接続されるので，ラッチアップ耐性を考慮した素子配置としています．

出力端子（G1～G4）は，PV$^+$端子とPGND端子に隣接した端子配置とし，出力NMOSをPV$^+$端子とPGND端子の近傍に配置し，ノイズ発生の抑制を考慮したレイアウトとしています．

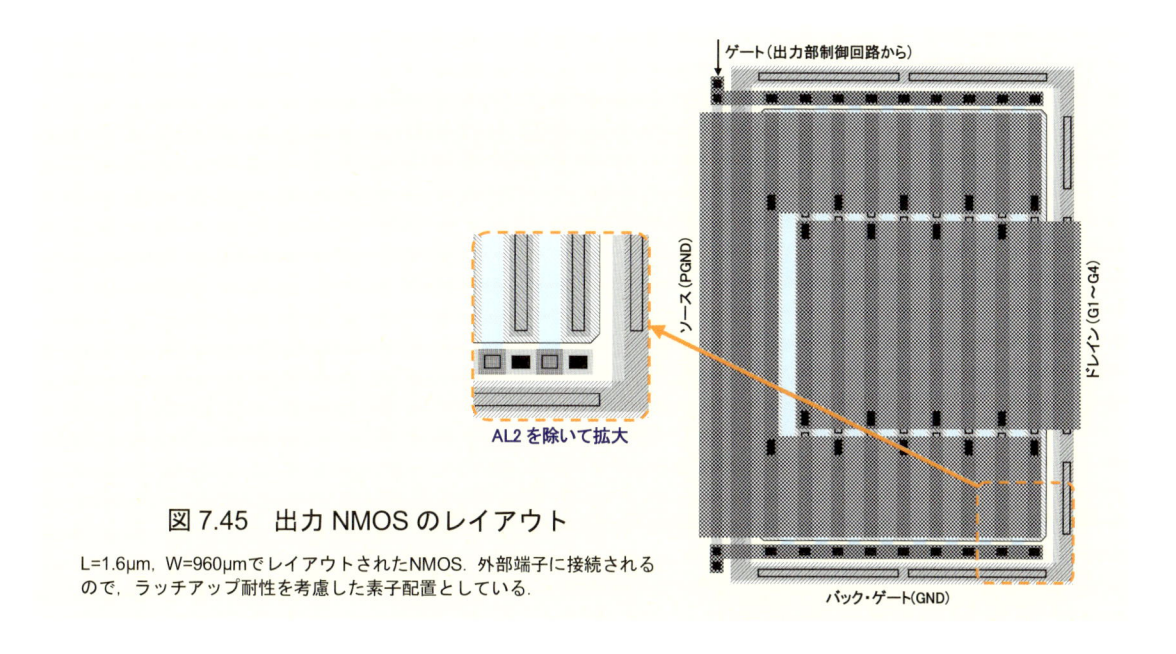

図7.45 出力NMOSのレイアウト

L=1.6μm，W=960μmでレイアウトされたNMOS．外部端子に接続されるので，ラッチアップ耐性を考慮した素子配置としている．

7.11 PWM01の全体レイアウトと各層のマスク・パターン

図7.46がPWM01の全体レイアウト図です．PWM01では，各ブロックの配置とブロック間の配線を，下記のような留意点を考慮してレイアウトしています．

① アナログ・ブロックとディジタル・ブロックはできるだけ離して，ブロック間にはガード・リングを挿入すると共にコンタクトを十分に配置し，基板ノイズの経路を遮断する．
② アナログ信号とディジタル信号の配線は分離し，配線間の交差も避ける．とくにインピーダンスの高いノードは，隣接する配線との寄生の容量やインダクタンスによるノイズ伝播の影響も考慮する．
③ 大電流が流れる配線はできるだけ短くなるように優先して配線する．またエレクトロマイグレーション[7.1]を考慮した配線幅とする．
④ サージ耐量を考慮した配線抵抗と配線幅にする．
⑤ 整合性が必要なブロックや素子は，熱分布や機械的ストレスを考慮した配置や方向とする．
⑥ 各回路ブロックへの電源配線とGND配線は，ボンディング・パッド部分から分岐し，共通インピーダンスをもたないようにする．

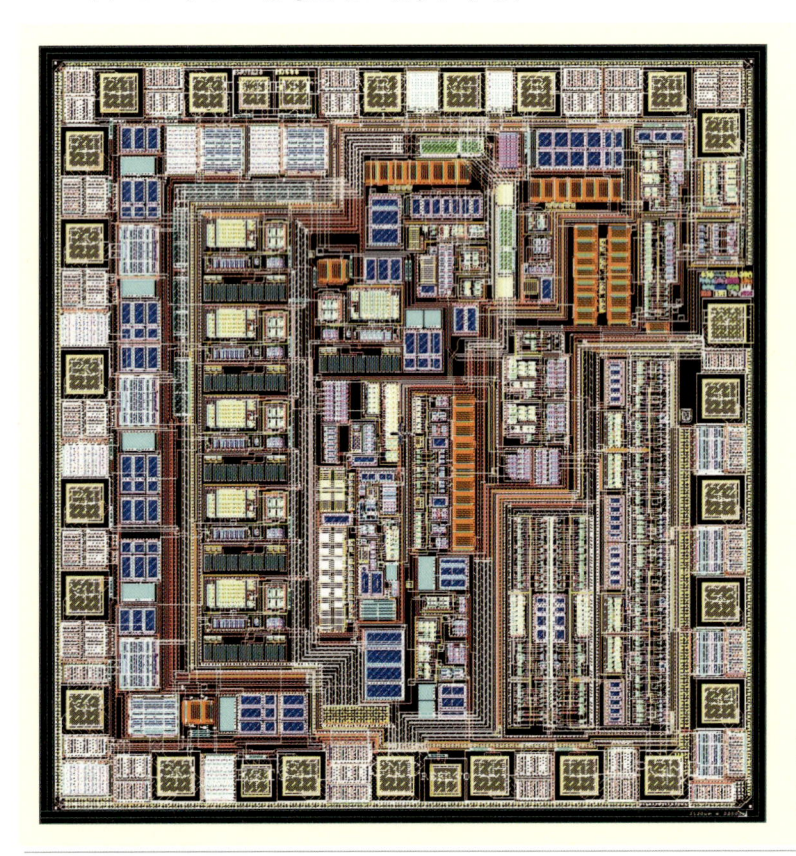

図7.46 PWM01の全体レイアウト
完成したPWM01のレイアウト．チップ・サイズは2.12×2.20mm．各回路ブロックの割り当ては口絵1のチップ写真を参照．

(7.1) 金属配線に流れる電流密度が大きくなると，金属原子が移動しボイドやヒロック (hillock) が発生する．ボイドの発生によって配線膜の断面積が減少し更に電流密度が大きくなるため，断線に至ることもある．

7.11 PWM01の全体レイアウトと各層のマスク・パターン　247

　各層（全19層）のレイアウト・パターン（各層のマスク）を図7.47(a)〜図7.47(s)に示します．この19層のレイアウト・パターンを重ね合わせると，図7.46のようになります．

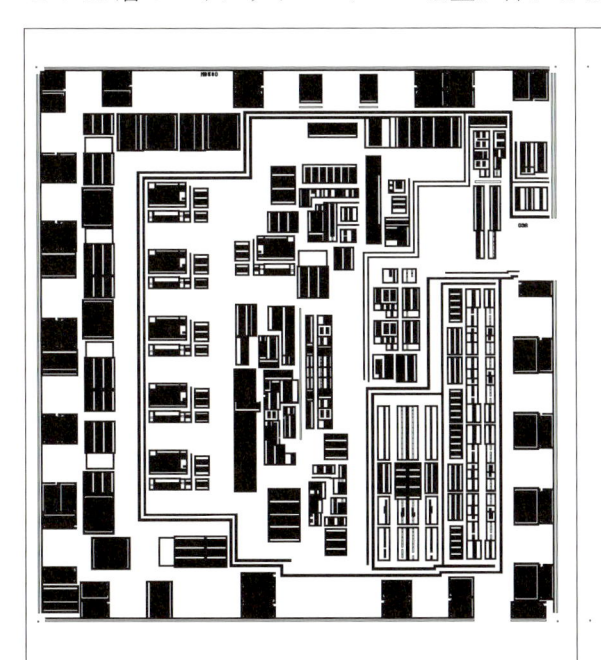

アクティブ領域を形成するためのレイアウト・データ．
(a) LOXマスク

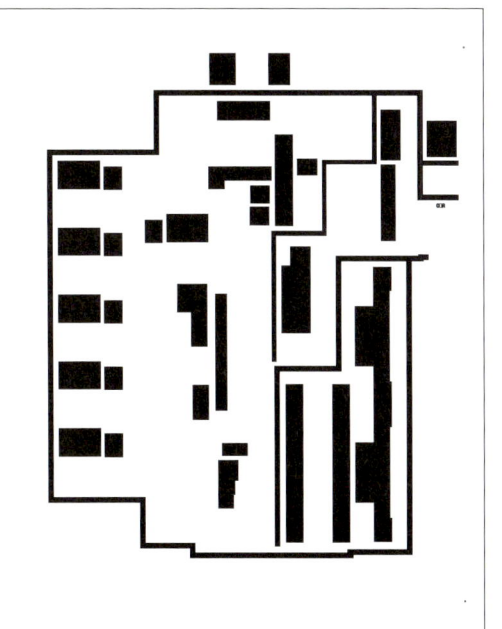

p型ウェル領域を形成するためのレイアウト・データ．
(b) PWLマスク

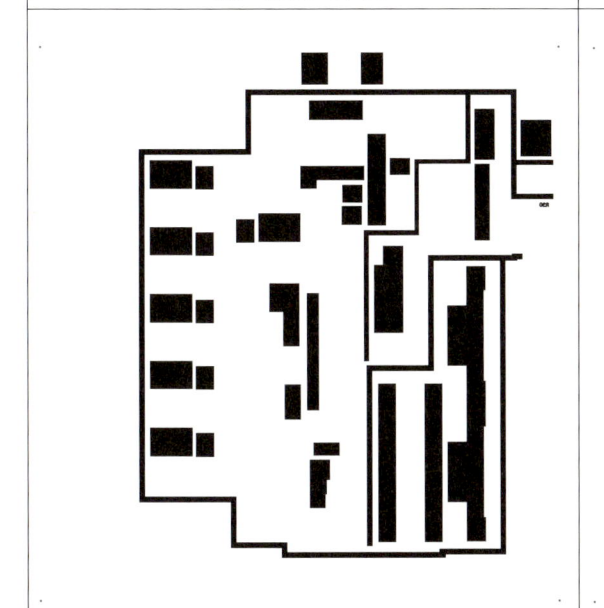

n型ウェル領域を形成するためのレイアウト・データ．
PWLマスクに対し正転/反転が異なる状態でフォト・マスクが作成される．
(c) NWLマスク

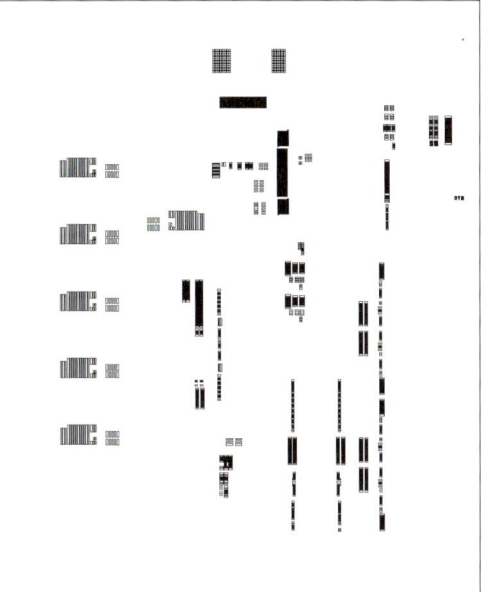

電界強度緩和のためのPLD(p型低濃度拡散)領域を形成するためのレイアウト・データ．
(d) PLDマスク

図7.47　PWM01 各層のマスク

電界強度緩和のためのNLD(n型低濃度拡散)領域を形成するためのレイアウト・データ．

(e) NLDマスク

エンハンスメント型PMOSしきい値電圧を制御するためのレイアウト・データ．

(f) VPEマスタ

エンハンスメント型NMOSのしきい値電圧を制御するためのレイアウト・データ．

(g) VNEマスク

低V_T型PMOSのしきい値電圧を制御するためのレイアウト・データ．

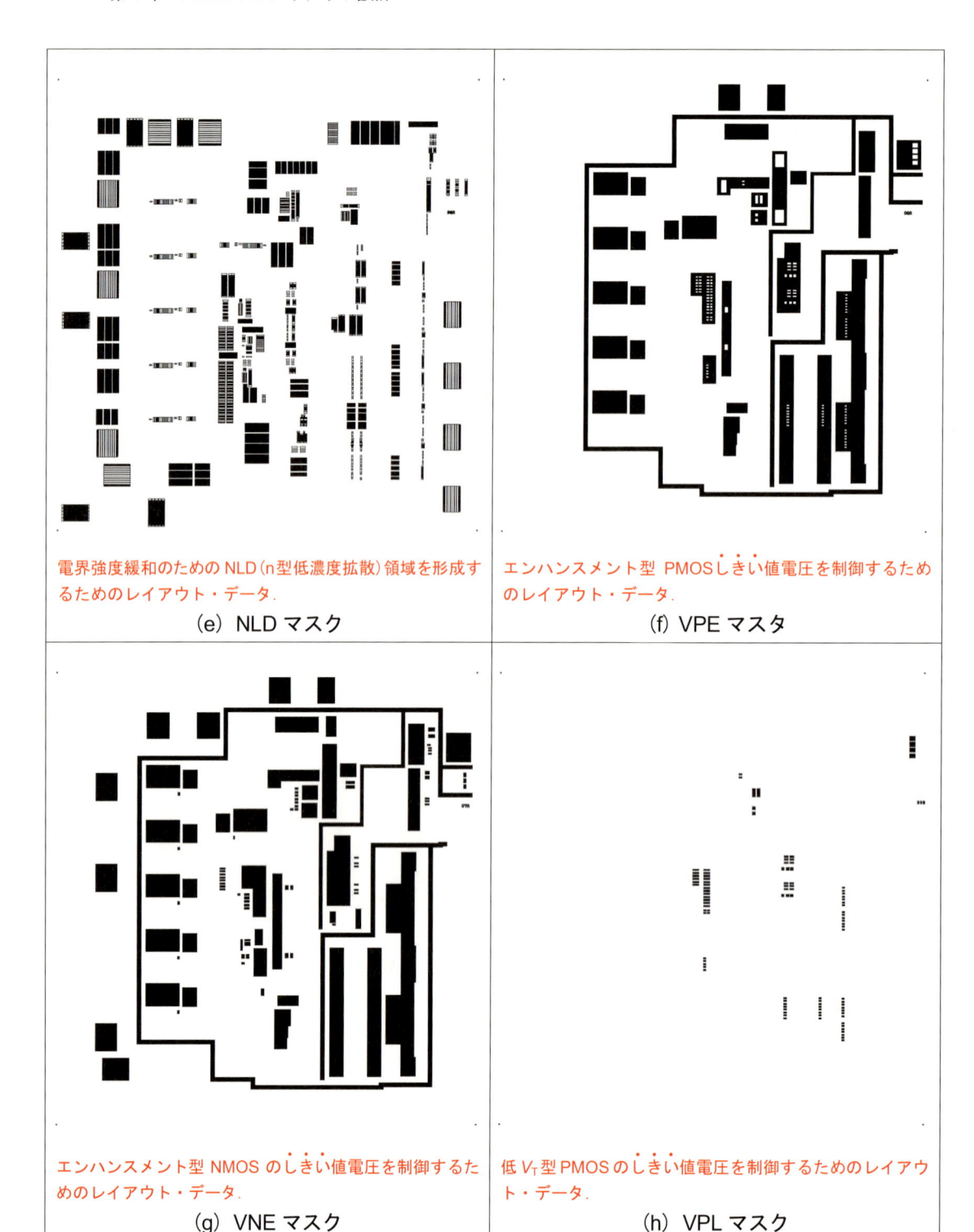

(h) VPLマスク

図7.47　PWM01各層のマスク(続き)

7.11 PWM01の全体レイアウトと各層のマスク・パターン　　249

低V_T型NMOSのしきい値電圧を制御するためのレイアウト・データ．

(i) VNL マスク

ディプリーション型NMOSのしきい値電圧を制御するためのレイアウト・データ．

(j) VND マスク

ポリシリコン抵抗（2kΩ/□）を形成するためのレイアウト・データ．

(k) POM マスク

ゲート電極とポリシリコン抵抗を形成するためのレイアウト・データ．

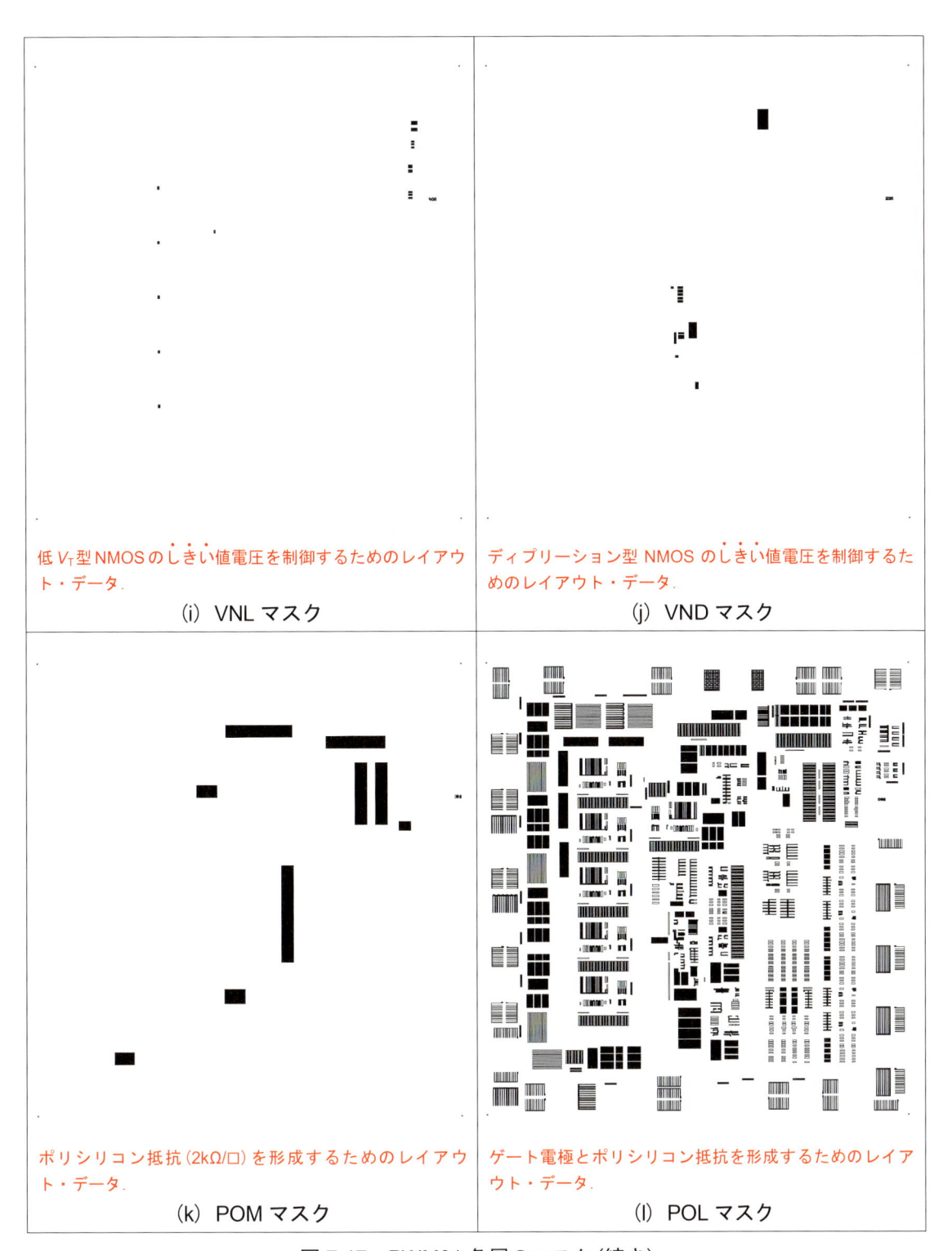

(l) POL マスク

図 7.47　PWM01 各層のマスク（続き）

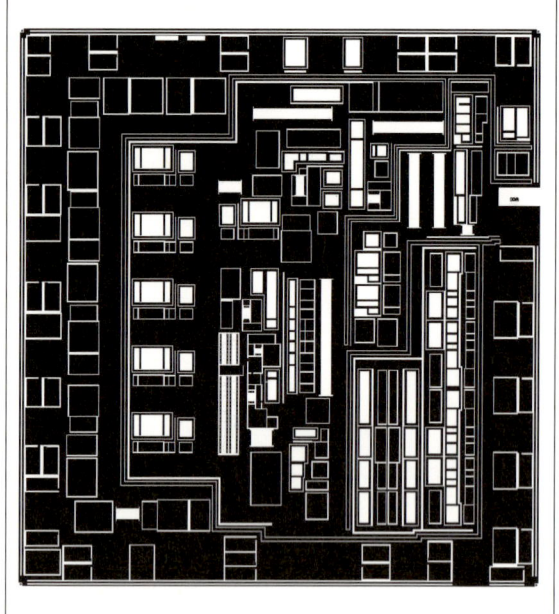

n+拡散領域を形成するためのレイアウト・データ．
(m) NSD マスク

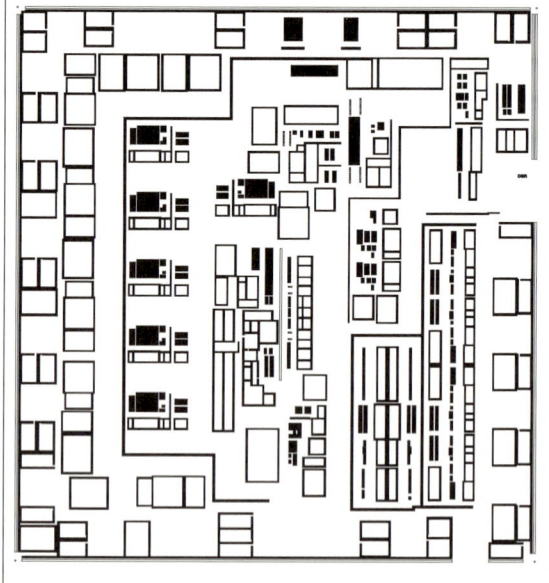

p+拡散領域を形成するためのレイアウト・データ．
(n) PSD マスク

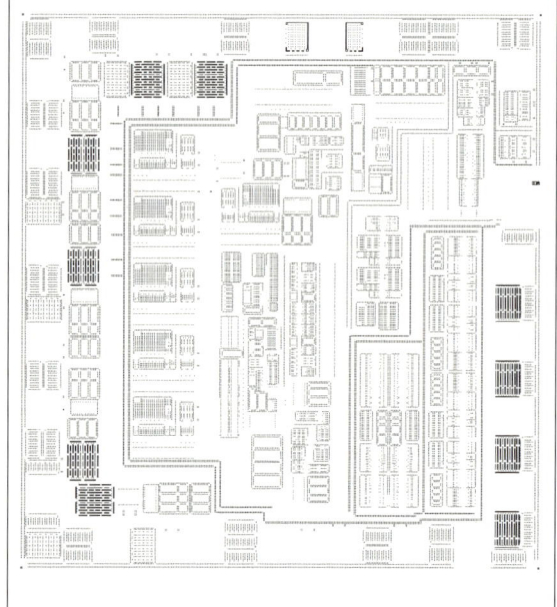

コンタクト・ホールを形成するためのレイアウト・データ．
(o) CNT マスク

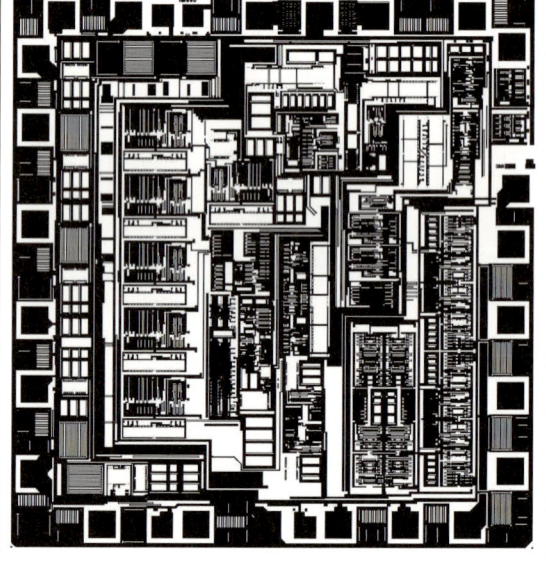

1層目のメタル配線を形成するためのレイアウト・データ．
(p) AL マスク

図 7.47　PWM01 各層のマスク（続き）

7.11 PWM01の全体レイアウトと各層のマスク・パターン   251

ヴィア・ホールを形成するためのレイアウト・データ．
(q) VIA マスク

2層目メタル配線を形成するためのレイアウト・データ．
(r) AL2 マスク

ボンディング・パッドの開口部を形成するためのレイアウト・データ．
(s) PAD マスク

図 7.47　PWM01 各層のマスク（続き）

Appendix D　PWM01 のウェハ試作工程

　図 7.47 に示したレイアウト・データからフォト・マスクを製作し，12V 耐電圧で最小ゲート長が 1.6μm の CMOS プロセスでウェハを試作しました．そのときのプロセス・フローと各工程でのトランジスタの断面図を図 D.1 に示します．口絵トップ・ページの写真は，ウェハ試作で作成された PWM01 のチップ写真です．

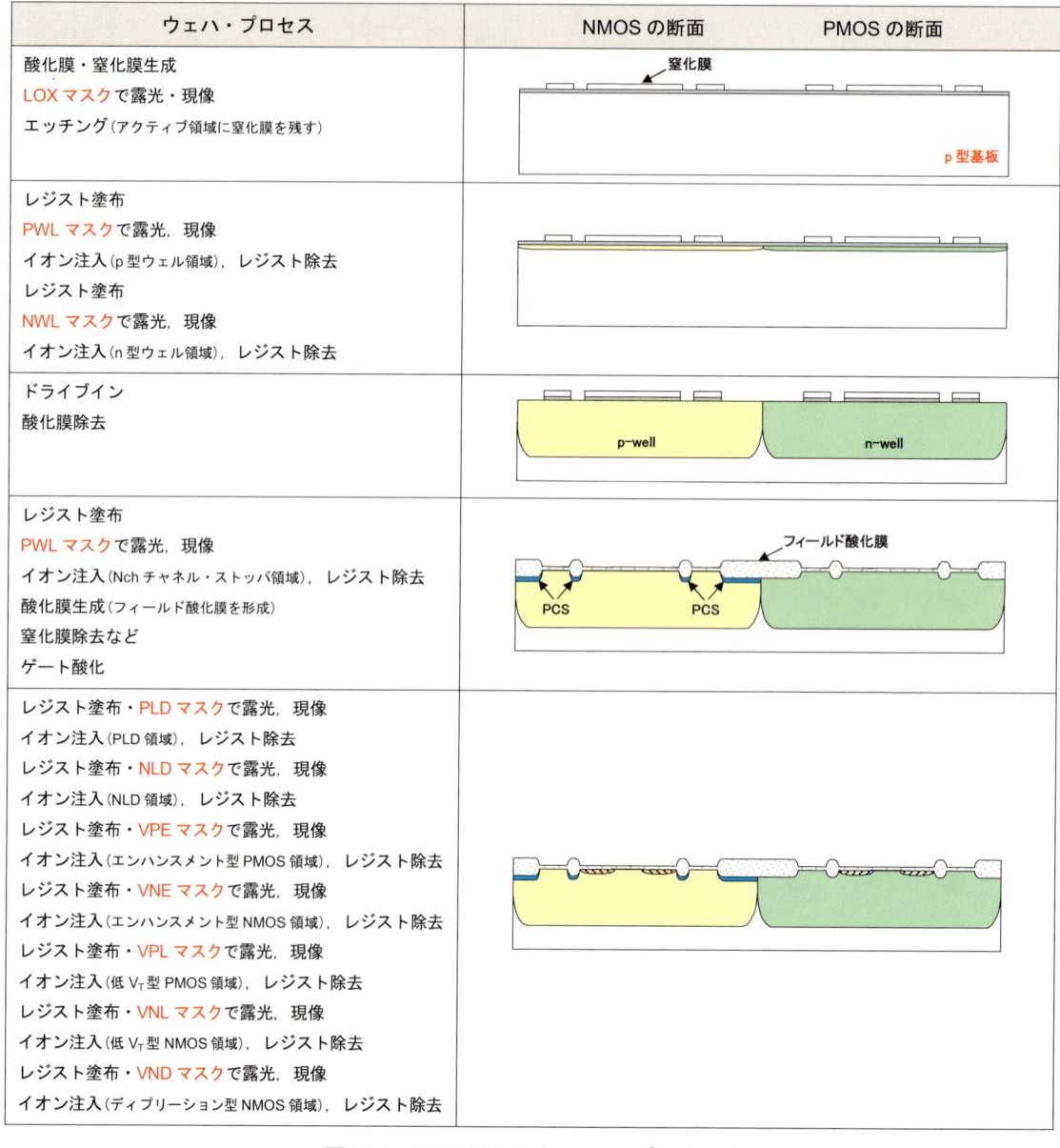

ウェハ・プロセス	NMOS の断面	PMOS の断面
酸化膜・窒化膜生成 LOX マスクで露光，現像 エッチング(アクティブ領域に窒化膜を残す)	窒化膜	p 型基板
レジスト塗布 PWL マスクで露光，現像 イオン注入(p 型ウェル領域)，レジスト除去 レジスト塗布 NWL マスクで露光，現像 イオン注入(n 型ウェル領域)，レジスト除去		
ドライブイン 酸化膜除去	p-well	n-well
レジスト塗布 PWL マスクで露光，現像 イオン注入(Nch チャネル・ストッパ領域)，レジスト除去 酸化膜生成(フィールド酸化膜を形成) 窒化膜除去など ゲート酸化	フィールド酸化膜 PCS　PCS	
レジスト塗布・PLD マスクで露光，現像 イオン注入(PLD 領域)，レジスト除去 レジスト塗布・NLD マスクで露光，現像 イオン注入(NLD 領域)，レジスト除去 レジスト塗布・VPE マスクで露光，現像 イオン注入(エンハンスメント型 PMOS 領域)，レジスト除去 レジスト塗布・VNE マスクで露光，現像 イオン注入(エンハンスメント型 NMOS 領域)，レジスト除去 レジスト塗布・VPL マスクで露光，現像 イオン注入(低 V_T 型 PMOS 領域)，レジスト除去 レジスト塗布・VNL マスクで露光，現像 イオン注入(低 V_T 型 NMOS 領域)，レジスト除去 レジスト塗布・VND マスクで露光，現像 イオン注入(ディプリーション型 NMOS 領域)，レジスト除去		

図 D.1　PWM01 のウェハ・プロセス
PWM01 で使用した 12V 耐電圧で最小ゲート長が 1.6μm プロセスの製造工程とトランジスタの断面図．

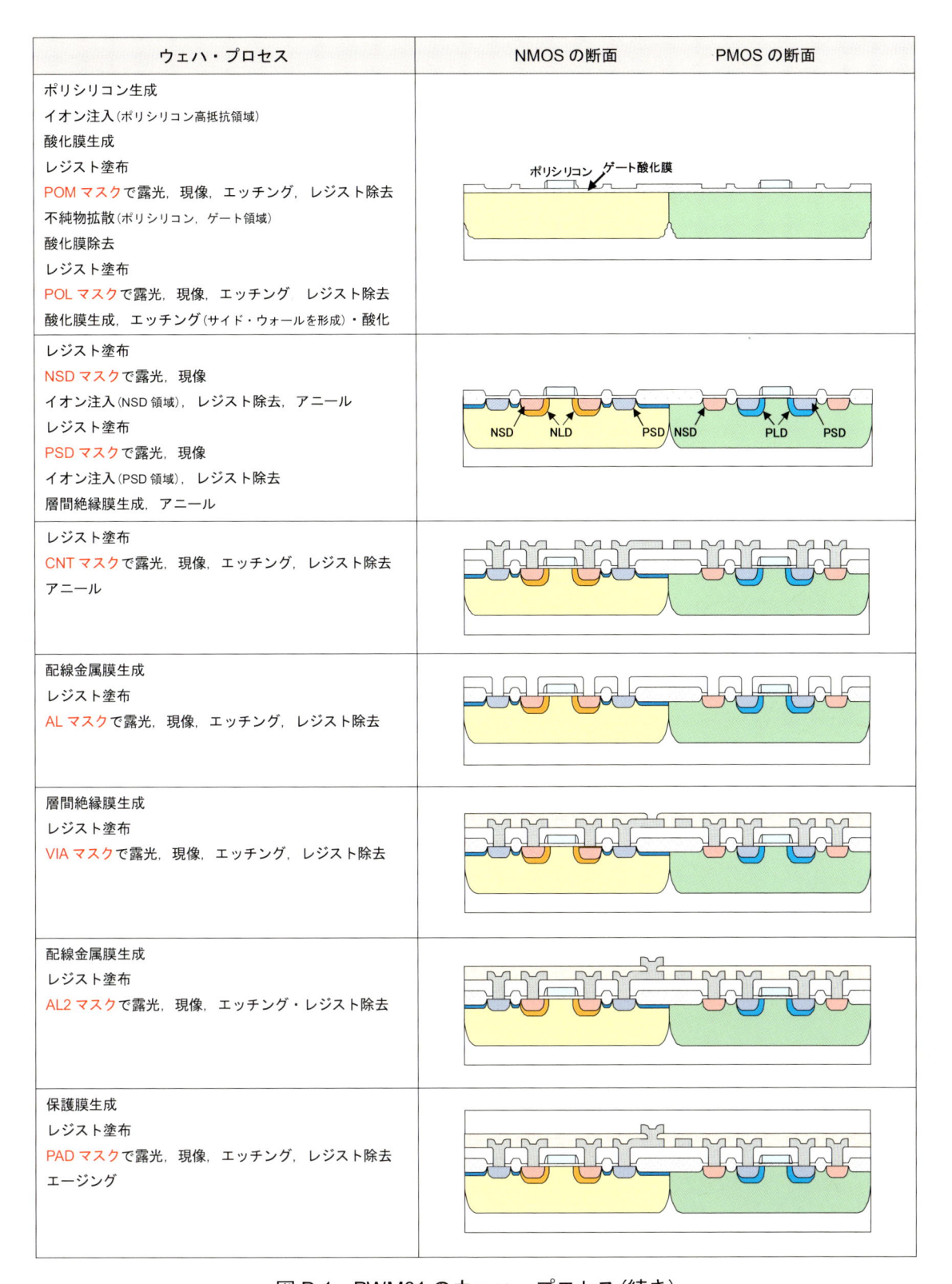

ウェハ・プロセス	NMOS の断面 / PMOS の断面
ポリシリコン生成 イオン注入（ポリシリコン高抵抗領域） 酸化膜生成 レジスト塗布 POM マスクで露光，現像，エッチング，レジスト除去 不純物拡散（ポリシリコン，ゲート領域） 酸化膜除去 レジスト塗布 POL マスクで露光，現像，エッチング　レジスト除去 酸化膜生成，エッチング（サイド・ウォールを形成）・酸化	ポリシリコン　ゲート酸化膜
レジスト塗布 NSD マスクで露光，現像 イオン注入（NSD 領域），レジスト除去，アニール レジスト塗布 PSD マスクで露光，現像 イオン注入（PSD 領域），レジスト除去 層間絶縁膜生成，アニール	NSD　NLD　PSD／NSD　PLD　PSD
レジスト塗布 CNT マスクで露光，現像，エッチング，レジスト除去 アニール	
配線金属膜生成 レジスト塗布 AL マスクで露光，現像，エッチング，レジスト除去	
層間絶縁膜生成 レジスト塗布 VIA マスクで露光，現像，エッチング，レジスト除去	
配線金属膜生成 レジスト塗布 AL2 マスクで露光，現像，エッチング・レジスト除去	
保護膜生成 レジスト塗布 PAD マスクで露光，現像，エッチング，レジスト除去 エージング	

図 D.1　PWM01 のウェハ・プロセス（続き）

PWM01 で使用した 12V 耐電圧で最小ゲート長が 1.6μm プロセスの製造工程とトランジスタの断面図．

第 8 章

試作 IC の評価と信頼性の確保

8.1 試作 IC の特性評価フロー

8.2 アナログ IC 特性評価時の注意事項

8.3 IC の設計品質確保と信頼性試験

IC の信頼性試験装置と試験の風景

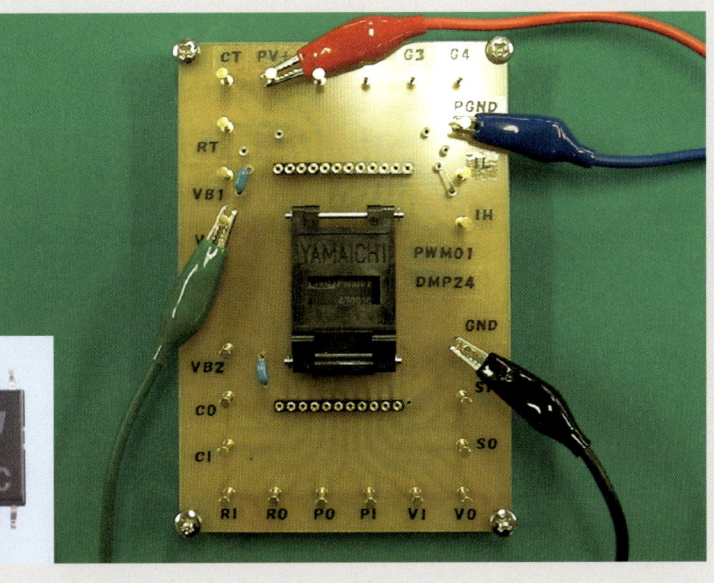

第8章 試作ICの評価と信頼性の確保

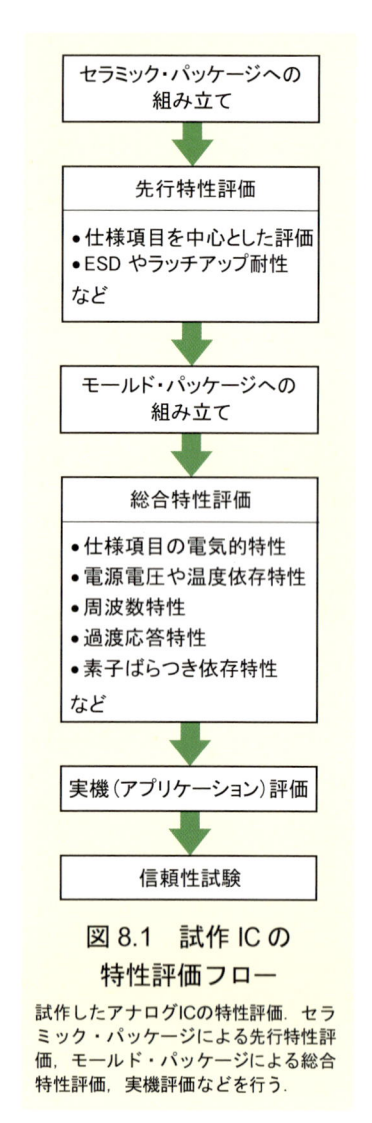

工場からIC…PWM01の試作品が上がったとの報告が入りました．いよいよ完成品の評価です．

この章では，PWM01を例に，アナログICの特性評価のフローと，各仕様項目の評価方法などの説明，および期待した性能が実現できているかどうかを実際に評価してみます．

8.1 試作ICの特性評価フロー

試作したアナログICの特性評価を行うときのフローを図8.1に示します．製品の最終形態である写真8.1のようなモールド・パッケージへの組み立てには，1〜2週間程度の期間を要するので，まずは1〜2日で組み立てが行える写真8.2のようなセラミック・パッケージに試作チップを搭載して，先行特性評価を行います．

この先行特性評価では，仕様項目の特性評価を中心に行い，モールド・パッケージへの組み立て可否を判断します．また，ESD(MM，HBM)やラッチアップ耐性なども先行特性評価の段階で実力値を確認しておきます．

ESDやラッチアップ耐性に不具合が発生した場合は，ウェハ・プロセスの前半工程からのマスク修正となる可能性が高くなります．ここで紹介しているPWM01のウェハ・プロセス期間は，1.5ヶ月程度ですから，もしも第2試作が必要ということになると，新たなウェハ・プロセス期間が1〜1.5ヶ月要することになります．そのため，ESDやラッチアップ耐性に関しては，先行特性評価の段階で実力値を把握し，問題があれば早い段階で不具合に対応します．

図8.1 試作ICの特性評価フロー
試作したアナログICの特性評価．セラミック・パッケージによる先行特性評価，モールド・パッケージによる総合特性評価，実機評価などを行う．

また，軽度な不具合であれば，その対策がPOL(ポリシリコン・ゲート)マスクやAL(配線)マスク以降のマスク修正で対応できることが多いため，通常はウェハ・プロセスにおいてPOLマスクやALマスク前にウェハをホールド(工程途中でウェハを保管)しておきます．このホールド・ウェハを使用した場合のウェハ・プロセス期間は1週間程度となります．

先行特性評価の結果，大きな問題がなければモールド・パッケージへの組み立てを行います．そして，仕様項目の特性評価に加え，電源電圧依存特性，周囲温度依存特性，周波数特性，過渡応答特性，素子ばらつき(マージン)依存特性などの総合的な特性評価，およびアプリケーション回路での実機評価による機能確認を行います．

また，特性評価にあたっては室温や湿度，静電気などに対する測定環境への配慮が必要となります．室温や湿度が異なるとICやその外付け部品の特性，測定器の精度などが変化します．測定結果の信頼度を確保するためにも，測定結果と共に室温や湿度，および使用測定器の型番や校

正番号も記録しておく必要があります．静電気に対する配慮としては，リスト・ストラップや静電マットの使用，湿度管理などが必要となります(**コラム 8.2** 参照)．

写真 8.1　モールド・パッケージ(DMP-24)用の評価ボード

モールド・パッケージによる特性評価で，仕様項目に加え，電源電圧依存特性，周囲温度依存特性，周波数特性，過渡応答特性，素子ばらつき依存特性などの総合特性評価や実機評価を行う．

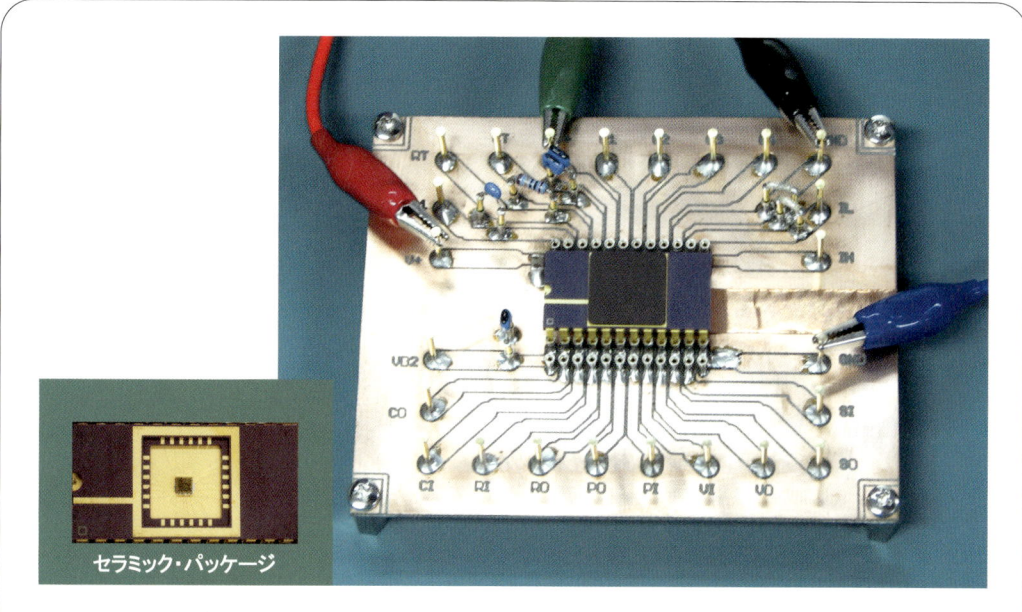

写真 8.2　セラミック・パッケージ(DIP-24)用の評価ボード

セラミック・パッケージによる先行特性評価で，早い段階での不具合のフィードバック，およびモールド・パッケージへの組み立て可否判断を行う．

8.2 アナログIC特性評価時の注意事項

アナログICに限りませんが，ICの電気的特性を測定するときの測定器，および測定時の注意事項を以下に示します．測定器や部品の性能を把握し，測定項目に適した方法や条件で再現性のある評価を行う必要があります．

●測定器に関する注意事項
▶安定性
　測定器は，電源投入からの時間や使用時の周囲温度などによって測定精度が変化します．測定を始める際には，測定器の電源投入後の測定精度安定性や，周囲温度などの測定器使用条件を確認してから測定を行う必要があります．

▶許容精度
　一般に測定器が示す値には誤差が含まれています．測定器には測定器メーカが定めた測定精度を示す仕様(確度仕様)があります．各測定レンジに対して測定精度がどれ位であるかをあらかじめ把握し，測定器が示す値すべてを記録するのではなく，場合によっては測定値の有効桁数を変えるなどして，許容精度を意識した測定結果の記録を行う必要があります(**写真8.3**)．

ディジタル・マルチメータの使用例で，1Vの電圧を異なる測定レンジで測定している．測定器は決められた使用条件に対し，常に測定誤差をもっている．測定誤差は測定器メーカが確度仕様として規定しており，測定例では1Vレンジで±26μV，10Vレンジで±55μVの確度となっている．まったく同一の電圧を測定した場合でも，使用測定レンジや使用環境によって測定結果に含まれる測定誤差が異なる．

■1Vレンジ使用時

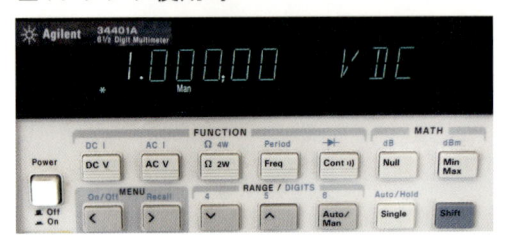

●確度仕様(24時間，23°C±1°C)
　＝±(読み値の 0.0020%＋測定レンジの 0.0006%)

●確度＝±(1V×0.0020%＋1V×0.0006%)

■10Vレンジ使用時

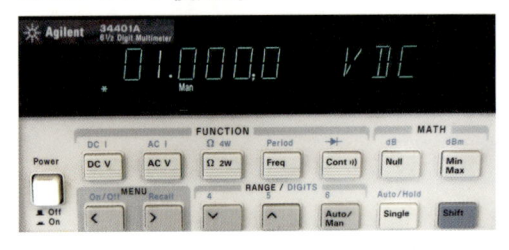

●確度仕様(24時間，23°C±1°C)
　＝±(読み値の 0.0015%＋測定レンジの 0.0004%)

●確度＝±(1V×0.0015%＋10V×0.0004%)
　　　＝±(15μV＋40μV)＝±55μV

写真8.3　ディジタル測定器の有効桁数

▶微小信号

微小信号はノイズに埋もれやすく，微小信号測定の際には<u>ノイズ対策が重要</u>となります．主なノイズ対策としては，被測定 IC や測定治具をノイズからシールドする<u>シールド・ボックスの使用</u>，および微小信号配線がノイズの影響を受けないように，シールド線や同軸ケーブルを使用することがあります．また，AC 電源コンセントからのノイズに対しては，接地極付き (3P) コンセントやノイズ・フィルタ内蔵コンセントなどを使用します．

▶配線抵抗

とくに大電流を流して測定を行う場合には，使用する配線の抵抗や接触抵抗による電圧降下が測定精度に影響します．たとえば直流電源装置で 10V を出力し，配線抵抗による電圧降下が 0.1V 発生すると，直流電源装置の出力端子では 10.0V を出力していても，IC には 9.9V しか加わらないことになります．このような場合には<u>リモート・センシング</u>(写真 8.4)を使用します．大電流を出力できる直流電源装置はリモート・センシング機能を内蔵していることが多く，出力(フォース)端子と電圧制御入力(センス)端子を別に設け，<u>負荷までの配線を 4 線で接続</u>し，配線抵抗による電圧降下を補償します．

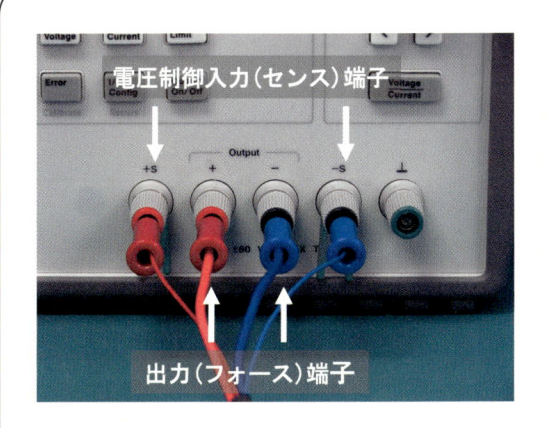

大きな電流が流れる負荷に対し，精度良く電源を供給し，精度良く評価する場合は，リモート・センス機能を使用すると良い．電流はフォース配線だけに流れ，センス配線にはほとんど流れない．センス配線は負荷端での電圧を直流電源装置に帰還し，負荷端での電圧が設定電圧になるように制御する．そのため，電流が流れるフォース配線に配線抵抗による電圧降下が生じても，負荷に発生する電圧は常に設定電圧に保たれる．仮に配線での電圧降下が 0.1V 生じた場合，直流電源装置のフォース端子には設定電圧＋0.1V の電圧が出力され，負荷端での電圧が設定電圧となるように制御される．

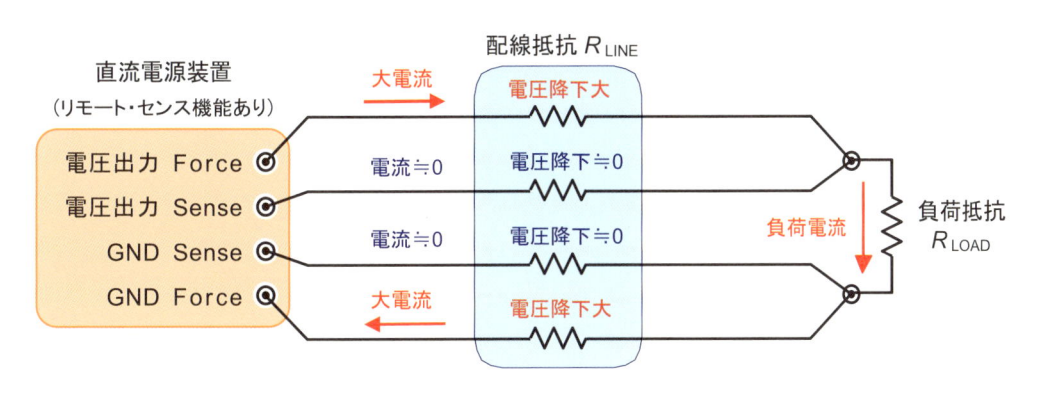

写真 8.4　直流電源を供給するときはリモート・センシング

▶内部抵抗

電圧測定時に使用するマルチメータは内部抵抗∞が理想的ですが，実際の測定器の内部抵抗は有限です．とくに有限の内部抵抗をもつ測定器を接続したままでリーク電流や微小電流を測定すると，これらの測定器の内部抵抗に流れる電流も同時に測定されてしまい，正しい値を得ることができません．きわめて高い内部抵抗をもった測定器でも抵抗値が有限であることを認識し，測定を行う必要があります．

また，電流測定時に使用するマルチメータは内部抵抗0が理想的ですが，実際の測定器の内部抵抗は有限です．配線抵抗と同様に大電流を流して測定を行う場合には，電圧降下が測定精度に影響します．測定器(電流計)が含まれる端子間の電圧を測定する場合は，正確な測定値を得ることができないので，測定器の電圧降下の影響がない端子間で測定する必要があります．

▶寄生容量

波形観測時にオシロスコープのプローブをICに接続すると，ICにはプローブやオシロスコープ自体の入力容量による容量負荷が接続されることになります．容量負荷が接続されると，ICによっては正しい出力波形を出力することができなくなります．このような場合にはアクティブ・プローブと呼ばれるプローブ(写真8.5)を使用します．

アクティブ・プローブはプローブの先端部に入力信号を増幅するアンプを内蔵しており，入力容量はほぼこのアンプの入力容量だけです．およその値として一般的なプローブの入力容量が10～15pF程度であるのに対し，アクティブ・プローブでは1p～2pFまたはそれ以下で，IC側から見た負荷容量を1/10以下に減少させることができます．

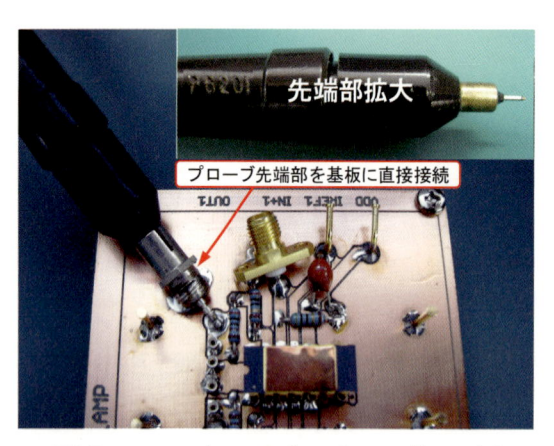

写真8.5 アクティブ・プローブの一例

▶周波数特性

ディジタル・マルチメータで直流電圧を測定している際に，被測定電圧にノイズなどのAC成分が含まれていると，測定値に誤差を生じます．これはディジタル・マルチメータが測定電圧をサンプリングし，ある一定期間積分することで電圧値を得ているためで，そのサンプリング・スピード(周波数)や積分時間によって測定誤差が変化します．

また，一定電圧を出力する直流電源装置でも，急激な負荷の変動が起これば出力電圧が変動します．これも出力電圧を一定に保とうとする直流電源装置のレギュレーション特性が周波数に依存することが原因です．測定器の使用時には，その測定器がもっている周波数特性を把握しておくことも大切です．

▶インピーダンス

測定器によっては入力インピーダンスや出力インピーダンスがある標準的な値に固定されてい

るものや，インピーダンスを切り替えられるものがあります．たとえば，高周波系の50Ωやビデオ系の75Ω，オーディオ系の600Ωなどです．測定対象の出力または入力インピーダンスに対し，正確に測定できるのかを確認しておきましょう．とくに周波数が高い場合は，端子の入出力インピーダンスに合ったケーブルや伝送線路を用いる必要があります．

▶校正 (キャリブレーション)

　測定器によっては，キャリブレーション機能を備えたものがあります．キャリブレーションは測定器の電源投入時などに自動的に実行されるものと，測定者が手動で行うものとがあります．とくに手動でキャリブレーションをしなければならない測定器では，電源投入からの時間や室温などを確認し，測定環境を整えた後にキャリブレーションを行います．

　また，キャリブレーション機能の有無にかかわらず，測定器の定期的な校正を測定器メーカへ依頼します．測定者が行うキャリブレーションとは別に測定器メーカによる校正記録を確認し，正しく校正された測定器を使用する必要があります．

▶電源装置

　測定器の出力スイッチをON/OFFしたり，測定中の電圧やレンジを切り替えたりしたときは，過渡的な状態が発生します．その際の出力の過渡的な挙動については，仕様などで明確にされていない測定器も多く，事前に確認しておく必要があります．たとえば，被測定ICの電源電圧が過渡的に変動することで測定対象ICの内部保護回路が誤動作したり，ダメージを受けたりすることもあります．

▶同期

　発振器や周波数カウンタなどは，外部基準信号入出力端子を備えているものがあります．各測定器同士の内蔵発振器は微妙にずれているものです．それらの端子を接続することで測定器間の同期をとり，正確な測定が行えるようになります．

▶平均値と実効値

　測定対象がAC成分を含む場合，測定器が実効値測定に対応しているかの注意が必要です．ディジタル・メータで表示される電圧・電流値およびそれらを演算して得られる測定値は通常，測定器内部で設定されたサンプリング回数に応じて得られた測定値を平均化するので，表示される値も平均値である場合が一般的です．測定値をDCで考える場合はこれで問題はありませんが，ACや電力など，実効値ベースで考える必要がある場合は，注意が必要です．

● 測定時の注意事項

▶測定環境

　室温や湿度が異なるとICやその外付け部品の特性が変化しますが，使用する測定器の測定精度も変化します．測定条件として室温や湿度が適切であるかを確認し，測定結果と共に室温・湿度などの測定環境条件を記録します．また，使用する測定器の型番や校正番号も同時に記録しておくことで，測定結果の信頼度を確保することができます．

▶静電気

IC，とくにCMOS ICは静電気に弱く，人体や作業机に帯電した静電気によって破壊することがあります．人体の帯電に対してはリスト・ストラップの使用，作業机の帯電に対しては静電マットの使用，また評価での湿度管理（目安として相対湿度40％以上）などの対策が必要です（**コラム8.2**参照）．

▶結果の予測

測定と同時に測定結果をプロットすることによって，それまでに測定した結果の妥当性の判断や測定結果の予測を行うことができます．これによって測定ミスや被測定ICの不具合を早期に発見することができます．

▶波形のモニタ

測定結果として出力の電圧値だけが必要な場合でも，その出力波形をオシロスコープでモニタしながら評価することによって，発振やノイズ，誤動作などを検出しやすくなります．DCを測定しているつもりが，ノイズなどのAC成分によって精度や再現性に影響を与えることもあります．

また，温度特性評価での温度可変時や入力電圧特性評価での入力電圧可変時など，測定条件を変えながら評価する場合に，視覚的かつ動的に検証することができます．

▶サンプル数

ICは製造工程のばらつきによって，サンプル間に特性差が発生します．とくに特性差が大きな評価項目に関しては，複数のサンプルを評価することによって統計的手法を活用し，測定結果を検証します．

▶発熱

とくに高電圧・大電流を扱うICでは，IC自体で消費される電力によって発熱します．ICが発熱すると特性が変動するため，大電力を消費する時間を短くするためのパルス・モード測定や，ICで発生する熱を放出するヒート・シンク（**写真8.6**）の取り付けなどによって対応します．

▶部品性能

外付け部品には抵抗，コンデンサ，コイル，ダイオード，トランジスタなどがありますが，これら外付け部品にもICと同様に精度，温度特性，ノイズ量，周波数特性，リーク電流，最大定格などの各仕様が定められています．測定時には，これら外付け部品の仕様や性能を把握しておく必要があります．

たとえばICの温度特性評価時には，温度特性が良い（温度係数の小さい）外付け部品を，周波数特性評価時には周波数特性が良い（周波数による特性変化が少ない）外付け部品を使用します．また，使用した外付け部品の仕様や型番を記録しておくことも重要です．

写真8.6 ヒート・シンクに取り付けることもある
ICで発生する熱を放出するヒート・シンクの取り付け例．

▶電磁的環境

微小信号の測定や高利得の測定においては，周囲の電磁環境についても注意する必要があります．AC 電源はもちろん，パソコンや携帯電話，インバータ蛍光灯やエアコン，さらに測定器自身からも電磁放射がされており，測定対象に影響を及ぼすことがあります．微小信号測定時は，周辺からの影響をよく観測し，対策してから測定するようにします．

◆コラム 8.1　出力雑音電圧の評価方法

出力雑音電圧の評価時には，蛍光灯や商用電源などからの電界，トランスやモータなどからの磁気誘導などの外来雑音を遮断する必要があります．電界による雑音のシールドには，導電性の材料(アルミ，銅，カーボンなど)のケースに入れ，シールド・ケースからアース線をとり電源の接地端子に接続します．また，測定ケーブルは同軸ケーブルを使用します．トランスなど低周波の磁界による雑音は，透磁率の高い材料(鉄，パーマロイ，フェライトなど)のケースに入れることで遮断することができます．

このような対策を施しても外来雑音を完全に遮断することはできませんので，実績のある環境で測定された既存製品などのデータ付きサンプルを標準サンプルとして準備しておき，出力雑音電圧値に差異のないことを確認し測定環境の信頼度を確認します．

PWM01 では，電界雑音の影響を低減するために，**写真 8.A** のようなアルミのシールド・ケースに入れ，出力雑音電圧の評価を行っています．また，電圧レギュレータ部の安定動作領域，電源電圧変動除去比などの評価についても外来雑音の影響を受けやすいため，同様の測定環境において評価を行っています．

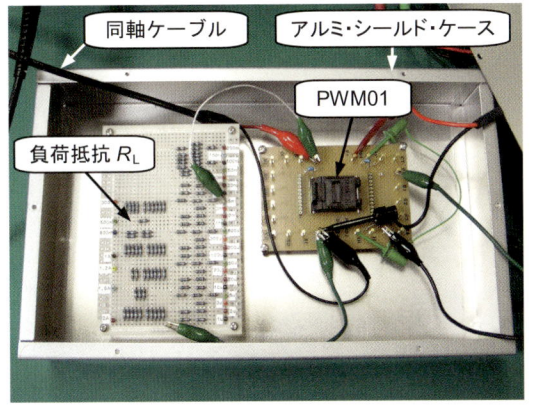

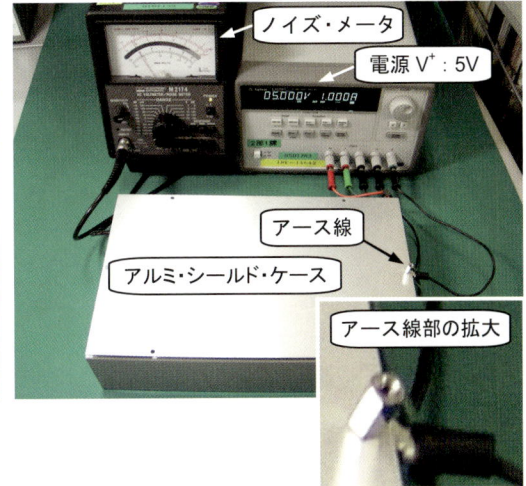

写真 8.A　PWM01 の出力雑音電圧評価
アルミのシールド・ケースに入れることで，電界雑音の影響を低減させている．

▶発振

高利得回路や高周波数回路の測定では,被測定 IC 周囲の部品配置や配線の引き回しなどで発振する場合があります.評価基板は,寄生成分やノイズなどの影響を考慮したレイアウトとする必要があります.

▶寄生素子

部品と同様に,ケーブルやソケットなどを使用する場合も注意が必要です.ケーブルやソケットなどの寄生抵抗や寄生容量も測定結果に影響を与える場合があります.測定対象に比べて無視できる程度であるか否かの確認や見きわめが必要です.

◆コラム 8.2 評価試験時の静電対策

IC,とくに CMOS IC は静電気に弱く,IC に静電気放電(ESD)が起こると破壊されることがあります.IC を評価するときには,静電気対策がたいへん重要です.

IC 破壊要因としては,人体への帯電による放電,IC 自体への帯電による放電,帯電物体からの放電,過大な外部ノイズの侵入,電界による静電誘導などがあります.

静電気対策としては,静電気を発生,帯電,放電させない環境をつくることが基本的な考え方となります.写真 8.B のように,リスト・ストラップの装着,アース接続された導電性の天板構造の作業机または導電性(静電)マットをひいた作業机,導電性の床または導電性(帯電防止)のフロア・マット,導電靴,導電性のサンプル・ケース(静電防止袋,チップ・トレイ),測定器・治具・はんだごてのアース,イオナイザ[8.1]の使用,湿度管理などが有効な静電気対策となります.

写真 8.B 評価環境も重要

IC は静電気に弱いので,リスト・ストラップの装着,アース接続された導電性マットやフロア・マットの装着,湿度管理などの静電気対策を施す.

(8.1) イオナイザとは,プラスとマイナスの空気イオンをエリアに等量放出し,帯電した物体を逆極性のイオンで中和して静電気を除去する装置.

8.3 IC の設計品質確保と信頼性試験

品質の良い IC とは，
- 機能が優れている
- 特性・性能が良い
- 性能のばらつきが少ない

などといった「機能や性能の良さ」に加え，
- 不良が少ない
- 寿命が長い

といった「信頼性の高さ」が大切です．その品質を確保するためには，機能や性能などの品質確保を考慮した製品設計，高信頼性の品質確保を考慮した信頼性設計に加え，設計審査などを行い，「設計品質」を確保する必要があります．

また，製品となる IC は「信頼性試験」を行い，所定の信頼性を有しているかどうかを検証してから量産ラインへ移管されます．製造工程では，「製造品質」を確保するために，ウェハ工程と組み立て工程の後に電気的特性検査，および各工程での製造ばらつきや品質管理，統計的工程管理 (SPC)，製造設備の環境管理や日常点検・定期保守，継続的な品質改善活動などを行います．さらに，量産移管された製品の品質を確認するため，製造開始直後の一定期間，特別の管理 (初期流動管理) 体制などをとることがあります．

●信頼性設計とは

IC…半導体の耐用寿命は，一般には半永久的と言われることがありますが，正確には配線，酸化膜やトランジスタなどの素子の耐久性によって決まります．

また，製品としての耐用寿命は，一般に推奨条件内での使用で 10 年以上が要求されます．IC の機能・性能と信頼性とは相反する場合が多く，設計者は，設計段階からの信頼性の作り込みを考慮したバランスのとれた製品設計・信頼性設計を行う必要があります．

設計品質を確保するためには，製品の実使用期間に対して十分な摩耗耐性を考慮し，信頼性の確保に向けて下記のような信頼性設計を行います．
- 想定されるあらゆる負荷やストレスなどの使用条件を考慮する
- 過去のトラブル事例やフィールド情報を盛り込む
- 設計の標準化を行い，実績のある回路，素子，レイアウト，ウェハ・プロセス，パッケージなどを使用する
- 実績のない要素技術については，TEG (Test Element Group) などを使って品質, 信頼性の事前確認を行う
- 製造プロセスの量産時のばらつき (工程能力) を考慮し，十分に余裕度のある設計を行う (ロバスト設計)

- 品質機能展開（QFD: Quality Function Deployment）や故障モード影響解析（FMEA: Failure Mode and Effect Analysis）などの手法を活用する

●設計審査

　設計審査（デザイン・レビュー）は，あらゆるモノの企画・設計において欠かすことができません．ICの設計においては，設計品質の確保とさらなる特性向上を目的に，製品開発の要所となる各段階（開発仕様・開発計画，回路設計，レイアウト設計，評価，信頼性試験など）の終了時に実施されます．各段階での成果物に対して，各関連部門（設計，商品企画，プロセス，テスト，組み立て，品質保証など）の有識者が参加し，たとえば下記のような内容について徹底的に審査し，次の段階へ進めるかどうかを判断します（**写真 8.7**）．

写真 8.7　ICの設計審査風景

製品開発の要所となる各段階で各部門…設計，商品企画，プロセス，テスト，組み立て，品質保証部門などの有識者が参集する．開発する製品の目標品質についての客観的な評価や審議を行い，各段階での成果物と要求事項との適合性や妥当性などを確認する．

▶**開発仕様・開発計画作成後**では，
- 開発仕様
- 開発計画
- リスク洗い出し内容の検証

　など

▶**回路設計後**では，
- 適切な回路設計・検証がなされているか
- 開発仕様と設計結果との予実確認
- 信頼性を考慮した設計がなされているか
- テスト回路の妥当性確認

　など

▶**レイアウト設計後**では，

- 適切なレイアウト設計・検証がされているか
- 設計基準，設計ルールを遵守しているか
- パッケージ組み立て基準を遵守しているか
- ESD，ラッチアップなどで問題が出ないレイアウトになっているか
- コスト試算の再見積もり

など

▶**プローブ試験・セラミック評価後**では，
- 試作条件・結果に問題はないか
- 適切な評価がなされているか，評価漏れがないか
- 開発仕様と評価結果との予実確認
- プローブ試験が標準歩留まりをクリアしているか，十分な工程能力を確保しているか

など

▶**最終試験・モールド評価後**では，
- 適切な評価がなされているか，評価漏れがないか
- 開発仕様と評価結果との予実確認
- 最終試験結果が標準歩留まりをクリアしているか，十分な工程能力を確保しているか
- 製造プロセスの工程能力に見合った製造ばらつき要素を含めた試作(マージン試作)で十分な余裕度があるか

など

▶**信頼性試験後**では，
- 信頼性や品質が確保されているか
- 量産工程の妥当性確認

など

● IC の信頼性試験の実際

　JIS Z 8115「ディペンダビリティ(信頼性)用語」によれば，信頼性とは，「アイテムが与えられた条件で規定の期間中，要求された機能を果たすことができる性質」と定義されています．また信頼度とは，「アイテムが与えられた条件で規定の期間中，要求された機能を果たす確率」と定義されています．

　したがって，信頼性試験とは，「製品が機器に組み込まれ，最終ユーザにおいてその使用環境のもとで意図する期間，機器の性能が発揮されること，および保管時や輸送時において製品機能の維持，特性劣化のないことを確認する試験」と言えます．もう少し簡単に表現すると，「製品が使用期間中，故障しないで機能することを確認する試験」ということになり，製品の時間的品質を表します．

　信頼性試験は，製品の実使用状態に即して行うことが最も単純かつ確実な試験です．しかし，半導体などの長寿命電子部品の使用期間を確認するには，数年〜数十年の長期間の試験時間となってしまい現実的ではありません．そこで必要となる概念が「加速試験」です．

JIS Z 8115「ディペンダビリティ（信頼性）用語」によれば，加速試験とは，「試験時間を短縮する目的で，基準条件より厳しい条件で行う試験」と定義されています．実使用状態よりさらに「ストレス」を加えることによって，製品の劣化要因を物理的・化学的に加速することで，短期間に製品の寿命や故障率を推定することが可能になります．加速試験は，電子部品や電子部品を組み合わせた電子機器の信頼性試験を行ううえでは必要不可欠な概念です．

なお，加速要因ストレスとしては，環境ストレス（温度，湿度，振動，応力など）や電気的ストレス（電圧，電流など）などがあります．半導体デバイスに限りませんが，電子部品では，とくに温度が多くの故障モードの共通的な加速因子となっているので，温度加速試験の知識はたいへん重要です．

CMOS IC における温度加速の代表的な試験方法としては，高温保存試験や低温保存試験，連続動作試験などがあります．加速因子として，温度ストレスを印加することによって，短時間で故障を発生させようという試験です．接合破壊，ゲート絶縁膜破壊，層間絶縁膜破壊，配線断線，コンタクト断線などが故障メカニズムとして発生します．このような現象は反応論モデルが一般的に用いられますが，化学反応論モデルの中で熱的遷移を最も端的に現したものに，アレニウスの式（Arrhenius equation）と呼ばれる実験式（8.1）があります．このアレニウス・モデルは，半導体デバイスの信頼性試験や故障解析に多用されています．

$$\ln L = A + \frac{Ea}{kT} \quad \cdots\cdots(8.1)$$

- L：寿命時間（h）
- A：定数
- Ea：活性化エネルギー（eV）
- k：ボルツマン定数（eV/K）
- T：絶対温度（K）

温度加速性は，活性化エネルギー（Activation Energy）と呼ばれる尺度で表現されますが，この値は故障メカニズムによって異なる値をもちます．活性化エネルギーが大きい値であれば温度加速性が大きく，小さければ温度加速性が小さくなります．

式（8.1）から，ある温度2点間の加速係数は，温度 T_1 における寿命時間を L_1 とし，温度 T_2 における寿命時間を L_2 とすると，このときの加速係数 K は，下式（8.2）で求めることができます．

$$K = \frac{L_2}{L_1} = \frac{\exp\left(\frac{Ea}{kT_2}\right)}{\exp\left(\frac{Ea}{kT_1}\right)} = \exp\left\{\frac{Ea}{k}\left(\frac{1}{T_2} - \frac{1}{T_1}\right)\right\} \quad \cdots\cdots(8.2)$$

- K：加速係数
- L：寿命時間（h）
- Ea：活性化エネルギー（eV）
- k：ボルツマン定数（eV/K）
- T：絶対温度（K）

ここで，$Tj=125℃$ のときの連続動作試験での寿命時間を予測します．実使用条件を $V^+ = 10V$ として，$Tj=50℃$，$Ea=0.80eV$ であると仮定すると，加速係数は，

$$K = \exp\left\{\frac{Ea}{k}\left(\frac{1}{T_2} - \frac{1}{T_1}\right)\right\} = \exp\left\{\frac{0.8}{8.6157\times10^{-5}}\left(\frac{1}{273+50} - \frac{1}{273+125}\right)\right\} = 225$$

となります．

この結果は，温度加速試験は実使用条件に対し，約225倍の加速性があることを意味しています．連続動作試験を1000(h)実施すると，実使用条件での使用時間 L_2 は，$L_2 = 225 \times 1000\,(\mathrm{h}) = 225000\,(\mathrm{h})$ となり，$V^+ = 10\mathrm{V}$ で製品寿命は，約25年以上に相当することになります．

信頼性試験は，試験の対象，製品の用途，試験の目的によって，再現性のある標準化された試験方法，試験条件，判定基準が必要となります．半導体デバイスの標準的な試験方法としては，通常は日本工業規格(JIS)，電子情報技術産業協会(JEITA)規格，国際電気標準会議(IEC)規格，米軍用(MIL)規格などの規格に準拠した信頼性試験規格による品質，信頼性評価で製品の認定を行います．

表8.1は，EIAJ ED-4701(JEITA)を基本としたICの信頼性試験例です．

ICが受けるストレスとしては，温度ストレス，湿度ストレス，電気的ストレス，機械環境ストレス，特殊環境ストレスなどがあります．これらのストレス耐性を確認する試験は，環境試験，耐久試験(加速試験)，特殊試験に分類できます．次ページ以降に，ICの信頼性試験装置と試験の風景を示します．

なお，半導体の信頼性試験では故障モードとして，ファンクション不良，短絡・断線不良などの致命的故障のほかに，特性劣化のような劣化故障があります．どの程度の劣化を不良(故障)と判定するかによって信頼度が大幅に違ってくるので，判定基準の設定が非常に重要です．

表 8.1　EIAJ ED-4701(JEITA)の信頼性試験例

分類	試験項目	試験方法 EIAJ ED-4701	試験条件
耐久試験	高温保存試験	201	$T_{stg\,max}$，1000h
	低温保存試験	202	$T_{stg\,min}$，1000h
	高温高湿保存試験	103	85℃，85%，1000h
	連続動作試験	101	$T_j = T_{stg\,max}$，電圧＝最大定格，1000h
	高温高湿バイアス試験(THB)	102	85℃，85%，電圧＝最大定格，1000h
	飽和蒸気加圧試験(PCT)	―	121℃，2.03×10^5Pa，100%，100h
環境試験	はんだ耐熱試験	301	はんだリフロー：ピーク温度 260℃×2回
	熱衝撃試験	307	0℃ 5min〜100℃ 5min，10サイクル
	温度サイクル試験	105	$T_{stg\,min}$ 30min〜25℃ 5min〜$T_{stg\,max}$ 30℃ 5min，100サイクル
	はんだ付け性試験	―	Sn-37Pb：230℃，5s(非活性フラックス使用) Sn-3Ag-0.5Cu：245℃，5s(非活性フラックス使用)
特殊試験	静電破壊試験	304	HBM：C=100pF，R=1.5kΩ，試験電圧 V=±1000V MM：C=200pF，R=0Ω，試験電圧 V=±200V
		305	CDM：電圧印加，試験電圧 V=±1000V
	ラッチアップ試験	306	Tp=10ms，試験電流 I=±100mA

■ICの信頼性試験装置と試験の風景

(1) 恒温槽

高温保存試験，低温保存試験を行うための装置(MC-811P/エスペック)．槽内は–85°Cから+165°Cまで設定できる．

(2) 高温高湿槽

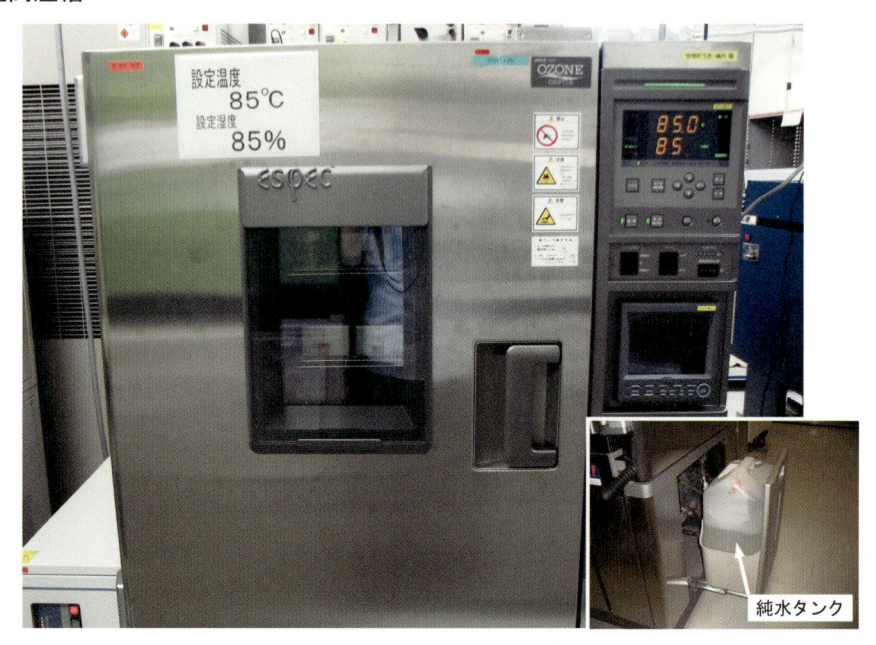

槽内を高温多湿にコントロールする装置(PH-2KT/エスペック)．高温高湿保存試験，高温高湿バイアス試験を行う．この装置では水が必要なので，純水を使用している．

（3）バーンイン・ボード

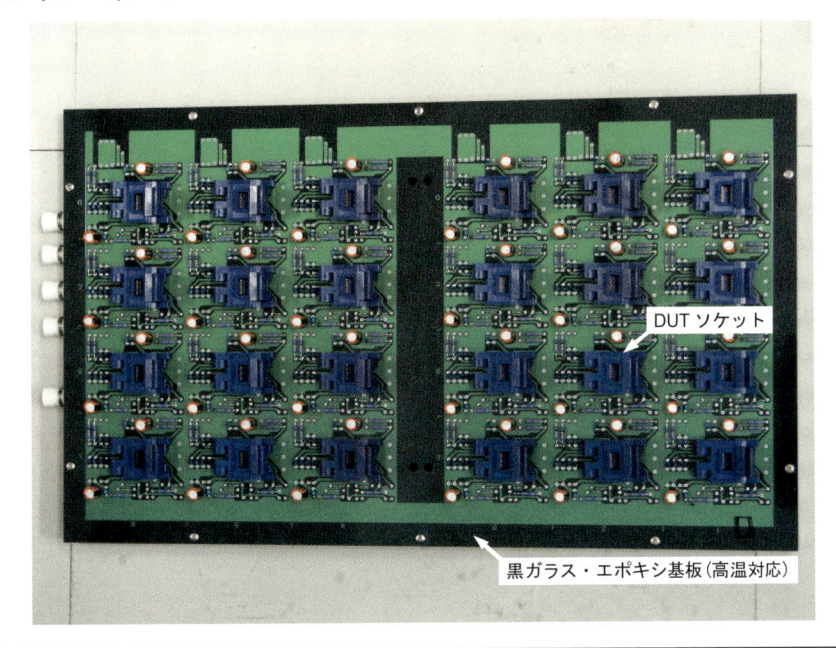

DUT ソケット

黒ガラス・エポキシ基板（高温対応）

連続動作試験，高温高湿バイアス試験に使用する通電治具．高温で使用するため，耐熱性のある部品を使用している．

（4）PCT 槽

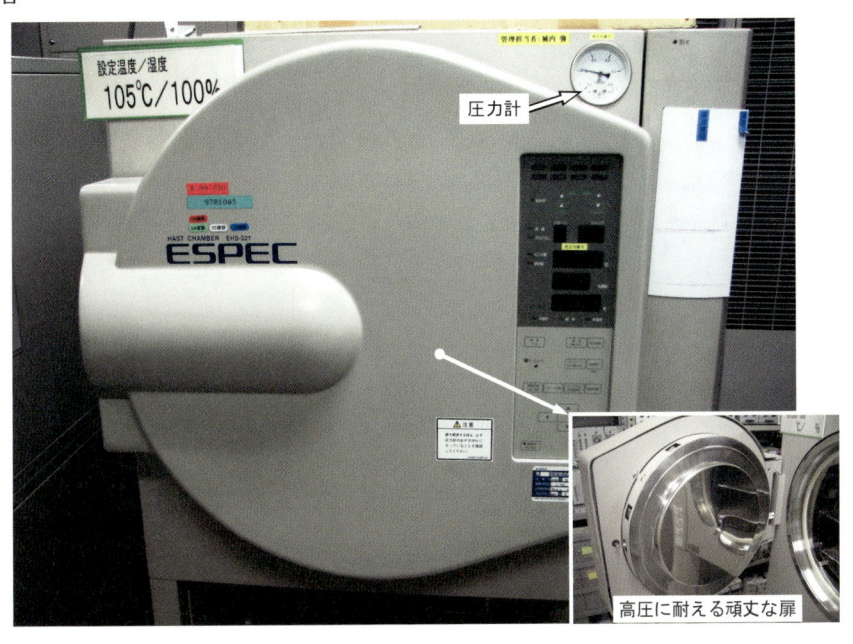

設定温度/湿度 105℃/100%

圧力計

高圧に耐える頑丈な扉

飽和/不飽和蒸気加圧試験(PCT：Pressure Cooker Test)を行うための装置(EHS-221M/エスペック)．この装置では水が必要なので純水を使用している．

(5) はんだリフロー炉

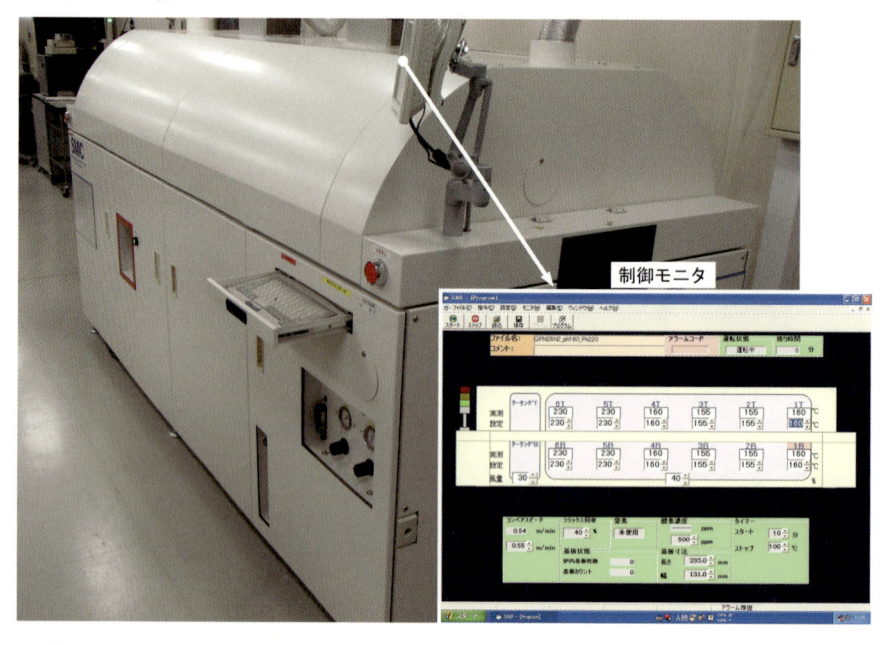

制御モニタ

はんだ耐熱試験を行うための装置(SNR-615/千住金属工業).炉内には熱源が上下に12個あり,デバイス表面は最大で+260°Cとなる.

(6) 熱衝撃装置

熱衝撃試験を行うための装置(TSB-5-A/エスペック).低温と高温間を行き来するかごの中にデバイスを入れ,急激な熱変化を与える.使用する媒体は油性の液体で,最大−65°Cから+150°Cにすることができる.

（7）温度サイクル槽

高温

槽内の移動

低温

温度サイクル試験を行うための装置（TSE-11-A/エスペック）．低温と高温間の雰囲気内を行き来するエレベータ内にデバイスを入れ，熱変化を繰り返す．熱衝撃装置と異なり，媒体が空気なので比較的緩やかな温度変化となる．

（8）はんだ槽

はんだ濡れ性試験を行うための装置（USS-225D/JAPAN UNIX）．高温（最大+300℃）で溶けたはんだが槽内に入っており，この中にデバイスの端子部を入れて端子のはんだ濡れ性を確認する．

(9) 静電破壊試験装置（MM，HBM）

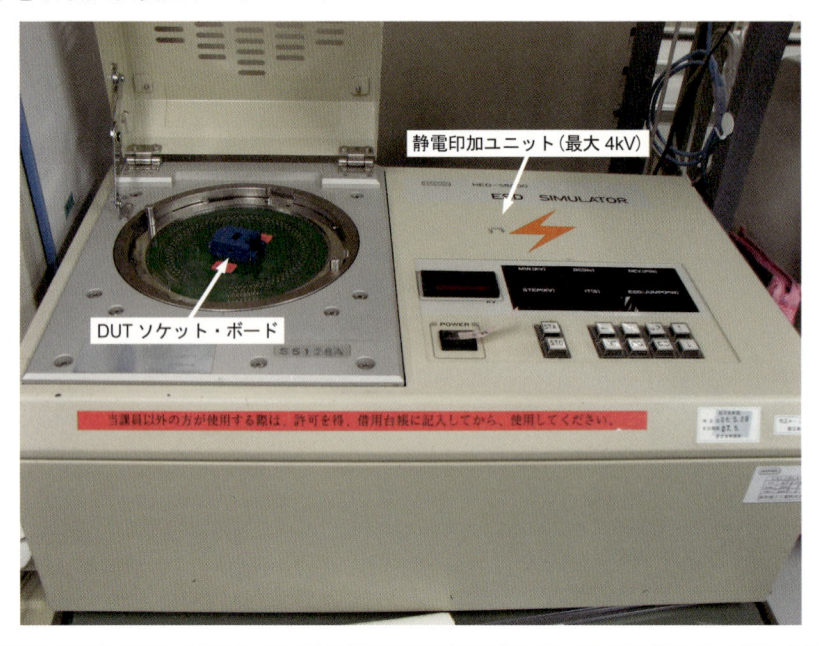

静電印加ユニット（最大 4kV）

DUT ソケット・ボード

静電破壊試験を行うための装置（HED-S5000/阪和電子工業）．端子間の電気的特性（I–V 測定）やリーク電流の変化を検出して自動で故障判定を行う．内部の充電コンデンサと放電抵抗を変更することによって MM（Machine Model）や HBM（Human Body Model）を試験する．

(10) 静電破壊試験装置（CDM）

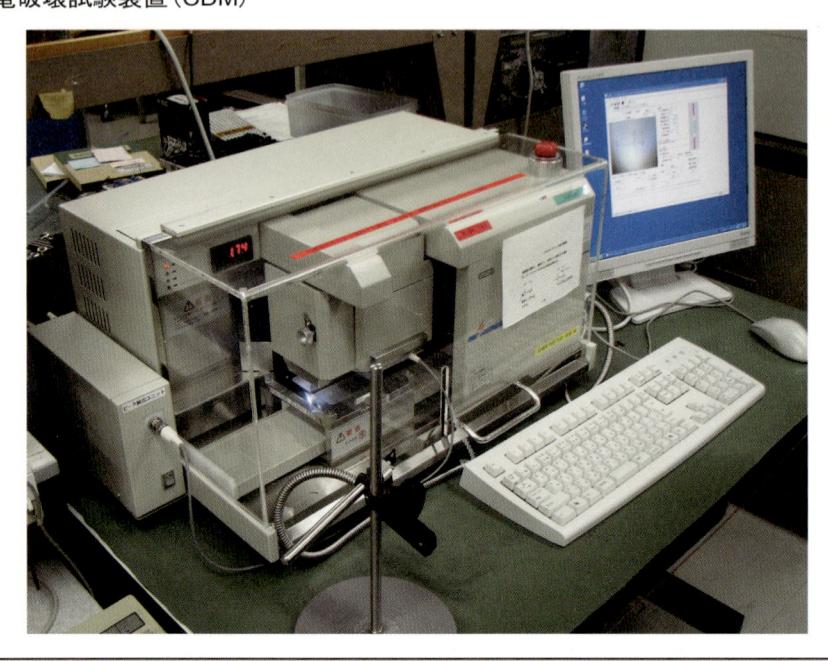

CDM（Charged Device Model）での静電破壊試験を行うための装置（HED-C5000/阪和電子工業）．I–V カーブやリーク電流の変化を検出して自動で故障判定を行う．

（11）ラッチアップ試験装置

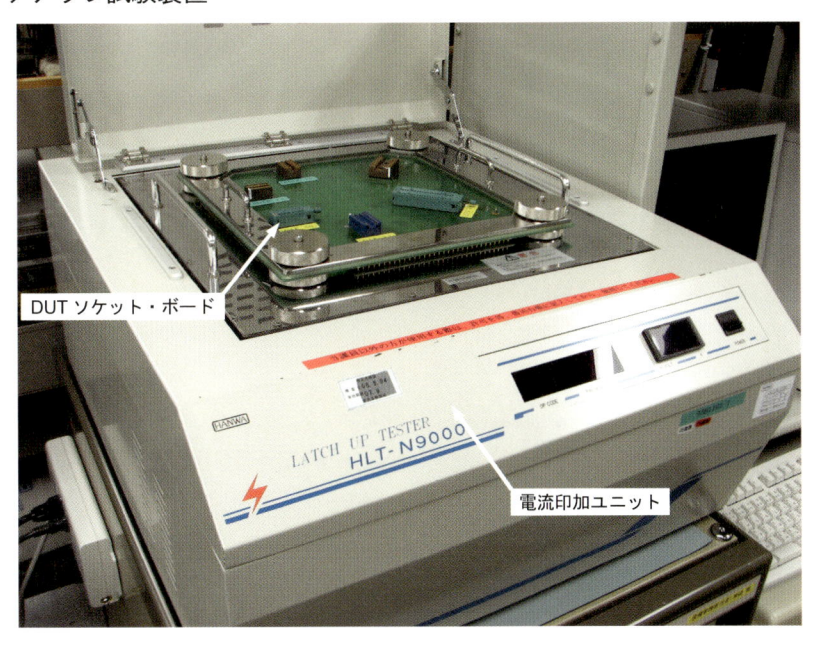

- DUT ソケット・ボード
- 電流印加ユニット

ラッチアップ試験を行うための装置（HLT-N9000/阪和電子工業）．定電流パルスを電源ピン以外の入出力ピンに与え，電源ピンの電圧と電流を測定してラッチアップ現象を検出する．

（12）連続動作試験

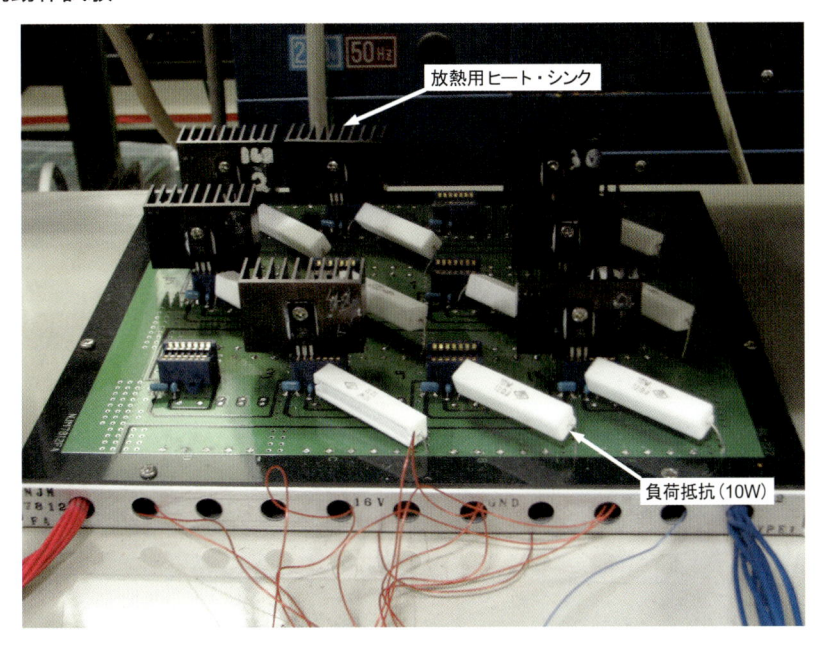

- 放熱用ヒート・シンク
- 負荷抵抗（10W）

最大定格電圧，および $T_j = T_{stg\,max}$ となる負荷条件で連続動作試験を行う．

PWM01 開発仕様書(以下に PWM01 の開発仕様書の一部を示します.)

■概要

　PWM01 は，PWM 方式フル・ブリッジ・インバータ/コンバータ用アナログ方式のコントローラ IC です．代表的なアプリケーションとしてはスイッチング(D 級)パワー・アンプがあります．
　スイッチング・アンプに不可欠な出力 LC フィルタの負荷側から安定なフィードバックを施すことができます．そのため LC フィルタによって発生するひずみ，出力インピーダンス，高域周波数特性の変動などを抑制し，ロバスト性の高いスイッチング・パワー・アンプを実現することができます．
　工業用アプリケーションでは過電流保護機能がきわめて重要です．PWM01 の過電流保護は理想に近い定電流垂下特性を実現します．主回路の MOS FET や IGBT を保護するだけでなく，負荷装置を過電流から保護するために出力電流の最大値をプログラムすることも可能です．これらの機能は，ユニークな状態フィードバック制御回路の開発によって可能になりました．
　PWM01 は，3 値(ダブル・キャリア)三角波 PWM 変調器を内蔵し，スイッチング周波数の範囲は 10kHz～400kHz です．100W～10kW のフル・ブリッジ・インバータ/コンバータの制御部に最適です．

■アプリケーション
- 工業用スイッチング・パワー・アンプ
- AC/DC 電源装置
- UPS
- バイポーラ電源
- オーディオ用 D 級パワー・アンプ
- 電気二重層キャパシタ蓄電装置
- CV/CC DC Power Supply

■特徴
- 定電流垂下特性の過電流保護
- 最大出力電流値のプログラミング
- 状態フィードバックと PI 制御による高精度で安定な制御
- 3 値(ダブル・キャリア)三角波 PWM 変調器を内蔵
- フォト・カプラを直接ドライブ可能

■応用回路例

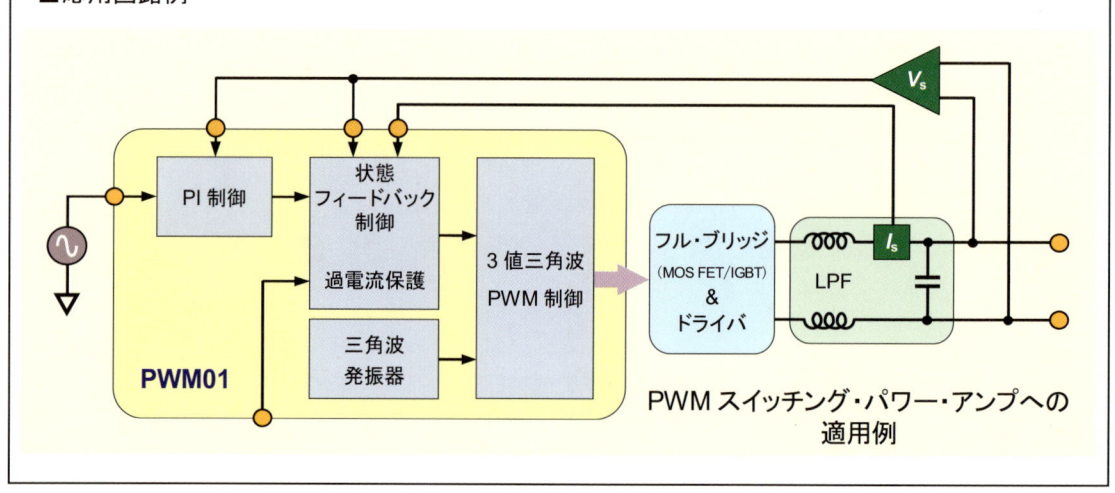

PWM スイッチング・パワー・アンプへの適用例

■絶対最大定格 (Ta=25°C)

項目	定格値	略号（単位）
電源電圧	+10	V^+ (V)
出力シンク電流	100	I_O (mA)
消費電力	700	P_D (mW)
動作温度範囲	-40～+85	T_{opr} (°C)
保存温度範囲	-40～+125	T_{stg} (°C)

■外形

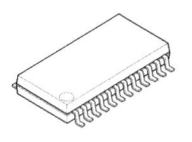

DMP-24

■推奨動作条件

項目	記号	最小	標準	最大	単位
電源電圧	V^+	4.7	−	9	V
発振器タイミング抵抗	R_T	10	100	200	kΩ
発振器タイミング・コンデンサ	C_T	33	120	−	pF
発振周波数	f_{OSC}	10	20	400	kHz

■電気的特性 (V^+=5V, R_T=100kΩ, C_T=120pF, VI=VO, RI=RO, CI=CO, PI=PO, V_{IH}=VB1, V_{IL}=GND, Ta=25°C)

項目	記号	条件	最小	標準	最大	単位
電圧レギュレータ部						
出力電圧1	V_{REG1}	I_{REG1}=0mA	-2%	4.0	+2%	V
ロード・レギュレーション1	$\Delta V_{REG1}/\Delta I_{REG1}$	I_{REG1}=0mA～1mA	−	−	20	mV
出力電圧2	V_{REG2}	I_{REG2}=0mA	-2%	2.0	+2%	V
ロード・レギュレーション2	$\Delta V_{REG2}/\Delta I_{REG2}$	I_{REG2}=0mA～5mA	−	−	20	mV
OPアンプ：U1, U2						
入力オフセット電圧	V_{IO}	−	−	−	5	mV
入力バイアス電流	I_B	−	−	0.1	−	nA
電圧利得	A_V	−	−	75	−	dB
利得帯域幅積	GB	f=100kHz	−	1	−	MHz
最大出力電圧	V_{OM}	R_L=10kΩ	3.5	−	−	V
入力電圧範囲	V_{ICM}	−	0.5～3.5	−	−	V
出力ソース電流	I_{OM+}	V_O=2V, V_{IN-}=1.8V	1	−	−	mA
出力シンク電流	I_{OM-}	V_O=2V, V_{IN-}=2.2V	0.2	0.4	−	mA
OPアンプ：U3, U4						
入力オフセット電圧	V_{IO}	−	−	−	5	mV
入力バイアス電流	I_B	−	−	0.1	−	nA
電圧利得	A_V	−	−	75	−	dB
利得帯域幅積	GB	f=100kHz	−	5	−	MHz
最大出力電圧	V_{OM}	R_L=10kΩ	3.5	−	−	V
入力電圧範囲	V_{ICM}	−	0.5～3.5	−	−	V
出力ソース電流	I_{OM+}	V_O=2V, V_{IN-}=1.8V	1	−	−	mA
出力シンク電流	I_{OM-}	V_O=2V, V_{IN-}=2.2V	0.4	0.7	−	mA

■電気的特性(続き)

項　　目	記　号	条　件	最小	標準	最大	単位
加算+リミッタアンプ: U5						
入力オフセット電圧	V_{IO}	−	−	−	5	mV
利得帯域幅積	GB	−	−	5	−	MHz
最大出力電圧	V_{OM}	R_L=10kΩ	3.5	−	−	V
出力ソース電流	I_{OM+}	V_O=2V, V_{IN-}=1.8V	1	−	−	mA
出力シンク電流	I_{OM-}	V_O=2V, V_{IN-}=2.2V	0.4	0.7	−	mA
クランプ入力電圧範囲	V_{I-IH}	IH 端子	1.5〜3.5	−	−	V
	V_{I-IL}	IL 端子	0.5〜3.5	−	−	V
クランプ電圧	V_{LIM+}	V_{IH}=3V	2.95	3.00	3.05	V
	V_{LIM-}	V_{IL}=1V	0.95	1.00	1.05	V
低電圧誤動作防止回路部						
ON スレッショルド電圧	V_{T-ON}	V^+=L→H	4.2	4.4	4.6	V
OFF スレッショルド電圧	V_{T-OFF}	V^+=H→L	4.0	4.2	4.4	V
ヒステリシス幅	V_{HYS}	−	100	200	−	mV
発振器部						
RT端子電圧	V_{RT}	−	−5%	1.0	+5%	V
発振周波数	f_{OSC}	−	−10%	20	+10%	kHz
三角波 H 側電圧	V_{TH}	H側スレッショールド電圧(DC測定)	2.94	3.00	3.06	V
三角波 L 側電圧	V_{TL}	L側スレッショールド電圧(DC測定)	0.97	1.00	1.03	V
周波数電源電圧変動	f_{DV}	V^+=4.7〜9V	−	1	−	%
周波数温度変動	f_{DT}	Ta=−40〜+85°C	−	3	−	%
PWM比較器部						
最大デューティ・サイクル	$M_{AX}D_{UTY-G1}$ G1	V_{CI}=2.2V, V_{CO}=3.5V	96	98	99.5	%
	$M_{AX}D_{UTY-G3}$ G3	V_{CI}=2.2V, V_{CO}=0.5V	96	98	99.5	%
最小デューティ・サイクル	$M_{IN}D_{UTY-G2}$ G2	V_{CI}=2.2V, V_{CO}=3.5V	0.5	2	4	%
	$M_{IN}D_{UTY-G4}$ G4	V_{CI}=2.2V, V_{CO}=0.5V	0.5	2	4	%
出力部						
出力電流	I_O	V_{DS}=0.5V	20	50	−	mA
出力リーク電流	I_{LEAK}	V_{OUT}=5V	−	−	0.1	μA
ディレイ・マッチング	t_{DM1}	$R_{PULL-UP}$=330Ω	−	25	−	ns
	t_{DM2}	$R_{PULL-UP}$=330Ω, C_L=47pF	−	45	−	ns
総合特性						
消費電流	I_{DD}	R_L=無負荷	−	6.5	10	mA

■等価回路図

■端子配列

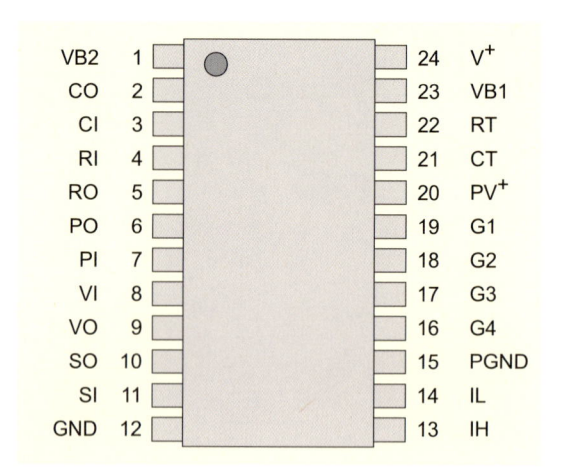

```
VB2   1              24  V⁺
CO    2              23  VB1
CI    3              22  RT
RI    4              21  CT
RO    5              20  PV⁺
PO    6              19  G1
PI    7              18  G2
VI    8              17  G3
VO    9              16  G4
SO   10              15  PGND
SI   11              14  IL
GND  12              13  IH
```

■端子機能

端子番号	端子名	I/O	機　　能
1	VB2	I/O	電圧レギュレータ2（V_{REG2}：2V）出力端子
2	CO	I/O	OPアンプU3 出力端子
3	CI	I	OPアンプU3 反転入力端子
4	RI	I	OPアンプU2 反転入力端子
5	RO	I/O	OPアンプU2 出力端子
6	PO	I/O	OPアンプU4 出力端子
7	PI	I	OPアンプU4 反転入力端子
8	VI	I	OPアンプU1 反転入力端子
9	VO	I/O	OPアンプU1 出力端子
10	SO	I/O	加算＋リミッタ・アンプU5 出力端子
11	SI	I	加算＋リミッタ・アンプU5 反転入力端子
12	GND	−	GND端子：GND＝0V
13	IH	I	H側クランプ電圧設定端子
14	IL	I	L側クランプ電圧設定端子
15	PGND	−	GND端子：PGND＝0V
16	G4	O	出力端子（オープン・ドレイン出力）
17	G3	O	出力端子（オープン・ドレイン出力）
18	G2	O	出力端子（オープン・ドレイン出力）
19	G1	O	出力端子（オープン・ドレイン出力）
20	PV⁺	−	電源端子
21	CT	I/O	発振回路用キャパシタ接続端子
22	RT	I/O	発振回路用抵抗接続端子
23	VB1	I/O	電圧レギュレータ1（V_{REG1}：4V）出力端子
24	V⁺	−	電源端子

索 引

【アルファベット・ギリシャ字】

AC 解析 …………………………………… 50
BSIM3 ……………………………………… 51
CDM ………………………………… 202, 209
CMOS プロセス ……………………… 82, 213
C_{ox} …………………………………… 83, 88
CS ……………………………………… 40, 81
CVD ……………………………………… 口絵 5
DC 解析 …………………………………… 50
DC 電圧利得 ……………………………… 136
DRC ………………………………………59, 198
EIAJ ED-4701 …………………………… 269
ERC ……………………………………… 59, 198
ES ………………………………………… 40, 81
ESD ……………………………………… 62, 256
ESD 耐量能力 …………………………… 205
ESD 破壊耐量 ……………………… 60, 62, 201
ESD 保護 ……… 138, 205, 208, 209, 211, 212
ESR ……………………………………… 114, 219
FMEA ……………………………………… 266
gd ………………………………………… 85
GDS-II …………………………………… 66
ggNMOS ………………………………… 204, 208
gm ………………………………………… 85
HBM ……………………………………… 202
I-V 特性 ……………………………… 206
LDD ………………………………… 208, 217, 223
LDO ……………………………………… 110
LPE ……………………………………… 59, 198
LVL ……………………………………… 59, 198
LVS ……………………………………… 59, 198
MM ……………………………………… 202

MOS トランジスタ ……………………… 82
MOS トランジスタのレイアウト図 ……… 217
NLD ……………………………………… 217, 223
NMOS カレント・ミラー ………………… 227
NMOS トランジスタ …………………… 82
NMOS の断面 …………………………… 208, 252
n 型 MIS キャパシタ …………………… 220
n 型拡散抵抗 …………………………… 82, 219
OJT ……………………………………… 71
OP アンプ ………… 93, 136, 146, 193, 224, 223
PCT 槽 …………………………………… 271
PLD ……………………………………… 217
PMOS トランジスタ …………………… 82
PMOS の断面 …………………………… 252
PSRR ……………………… 90, 92, 94, 123, 128
PWM ……………………………………… 74
PWM01 …………………… 口絵 1, 74, 79, 188, 199
PWM コンパレータ ………… 171, 175, 195, 240
PWM 信号発生部 ………………………… 240
p 型 MIS キャパシタ …………………… 220
p 型拡散抵抗 …………………………… 82, 219
QFD ……………………………………… 266
RCX ……………………………………… 59
r_o ………………………………………… 85
SEM ……………………………………… 口絵 9
SPICE …………………………………… 50
TEG ……………………………………… 51, 66, 265
TLP 測定法 ……………………………… 203
t_{ox} ………………………………………… 83
UVLO ……………………………… 177, 180, 194, 242
UV 露光 ………………………………… 口絵 6
ε_0 …………………………………………… 83

ε_{ox} ··· 83
λ ··· 84
μ_n ·· 83
μ_{nD} ·· 88
μ_{nE} ··· 88
μ_p ·· 83

【 ア・あ行 】

アイドリング電流 ······················· 113, 125
アクティブ・プローブ ························ 260
アクティブ負荷 ······················· 141, 160
アッシング ································· 口絵 9
後工程 ····································· 口絵 16
アナログ IC 設計者 ·························· 68
アナログ信号処理 ···························· 71
アニール ································· 口絵 10
アバランシェ降伏 ···························· 207
アライメント・マーク ························ 66
アライメント誤差 ····························· 67
アレニウス・モデル ························· 268
安定性 ·· 258
アンテナ効果 ······················· 60, 64
イオナイザ ································· 264
イオン注入法 ··························· 口絵 10
位相補償 ·················· 95, 126, 131, 150
位相補償回路ゼロ ····························· 115
位相補償回路ポール ·························· 115
位相補償抵抗 ································· 142
位相補償用キャパシタ ············· 230, 232
移動度の差 ·································· 90
イニシャル V_T 型 ··························· 111
イニシャル型 ············ 82, 93, 109, 137, 163
インバータ回路 ······························· 213
インピーダンス ······························· 260
ウェハ・プロセス ············ 口絵 2, 66, 252

ウェハ目視検査 ······························· 口絵 7
エッチング ·································· 口絵 25
エンハンスメント型 ·········· 82, 88, 121, 161
応力分布 ······································ 200
オーディオ用 D 級アンプ ····················· 78
オープン ······································ 59
オープン・ドレイン出力 ······ 181, 187, 195, 244
オープン・ループ周波数特性 ·········· 127, 161
オフセット電圧 ······························· 141
温度加速試験 ································· 268
温度勾配 ······································ 61
温度サイクル槽 ······························· 273
温度特性 ······································ 52

【 カ・か行 】

ガード・リング ··············· 63, 214, 216, 237
開発仕様書 ························· 41, 74, 276
開発スケジュール ····························· 81
開発フロー ···································· 40
回路 TEG ············· 51, 75, 89, 104, 184, 186
回路シミュレータ ····························· 49
回路設計フロー ······························· 74
拡散抵抗 ······································ 104
カスコード接続 ······························· 161
加速試験 ····································· 267
過電流制限 ·································· 148
過電流保護 ······················· 110, 120, 131
過渡応答特性 ································· 144
過渡解析 ······································ 50
カレント・ミラー ················ 92, 103, 113, 120, 162, 225, 227, 241
カレント・ミラーの折り返し ················· 108
貫通電流 ····································· 182
機械的ストレス ······························· 60
機械モデル ··································· 202

基準電圧源 …………………………88, 101, 222
基準電圧用 OP アンプ ……………………………95
基準電流源 …………………………103, 109, 226
寄生効果 …………………………………………60
寄生サイリスタ ……………………………63, 213
寄生素子 ………………………………………60, 264
寄生トランジスタ …………………………63, 213
寄生負荷容量 ………………………138, 142, 146
寄生容量 ……………………………………126, 260
起動特性 …………………………………………94
基板結合 …………………………………………60
基板バイアス効果 ……………………………90, 138
キャパシタ …………………………………………219
キャリア移動度 ………………………………83, 88
キャリブレーション ……………………………261
強反転領域 ………………………………………53
許容精度 …………………………………………258
許容電流密度 ……………………………………60
許容配線抵抗 ……………………………………212
クランプ …………………………………………144
クランプ入力電圧 ………………………………152
クロス・カップル接続 …226, 229, 231, 238, 240
ゲート・ドライバ IC ……………………………181
ゲート酸化膜厚 …………………………………82
ゲート容量 ………………………………………83
現像 ………………………………………口絵 25
高温高湿槽 ………………………………………270
恒温槽 ……………………………………………270
校正 ………………………………………………261
高精度アナログ回路 ……………………………65
コモン・セントロイド配置 ………………………
　　　　　　61, 141, 224, 229, 231, 234, 239
コンパレータ ………………………………171, 177

【 サ・さ行 】

サージ放電 ………………………………………205
最小ゲート長 ……………………………………82
最大許容損失 ……………………………………121
差動増幅回路 ………………………………61, 65
差動増幅器 ………………………………………136
差動入力段 …………………………………224, 234
三角波発振器 ………………………………195, 237
三角波発振回路 ……………………………158, 171
三角波発生部 ……………………………………162
酸化膜形成 ………………………………口絵 4
シールド・ボックス ……………………………259
しきい値近傍 ……………………………………52
しきい値電圧 …………………………………51, 183
しきい値電圧の制御 ……………………………218
試作 IC ……………………………………………256
実効ゲート長 L ……………………………………217
実効値 ……………………………………………261
実質的なゲート長 ………………………………223
シミュレーション条件 …………………………192
シミュレーション精度 …………………………51
周波数特性 ………………………………………260
充放電制御部 ……………………………………164
出力帰還抵抗 ………………………………129, 225
出力ゲート短絡 …………………………………59
出力段カレント・ミラー ………………………234
出力抵抗 …………………………………………85
出力電圧精度 ……………………………………130
小信号特性 ………………………………………85
消費電流 …………………………………………191
使用プロセス ……………………………………76
ショート …………………………………………59
シリコン・ウェハ ………………………口絵 3
シンク電流 ………………………………………139
人体モデル ………………………………………202

信頼性試験 …………………………… 265, 267
信頼性設計 …………………………………… 265
ストレス ……………………………………… 268
スナップバック ……………………………… 207
スパッタ蒸着 …………………………… 口絵 23
スパッタリング …………………………… 口絵 5
スルー・レート …………………………… 140, 144
寸法測定パターン ……………………………… 67
静電気 ………………………………………… 262
静電気対策 …………………………………… 62
静電気放電 …………………………………… 264
静電結合 ……………………………………… 60
静電破壊試験装置 …………………………… 274
石英ガラス ……………………………… 口絵 23
絶縁膜破壊 …………………………………… 201
設計技術力 …………………………………… 68
設計審査 ………………………………… 40, 266
設計予実表 …………………………… 55, 57, 192
接合破壊 ……………………………………… 201
セラミック・パッケージ ………… 40, 256, 257
相対精度誤差 ………………………………… 117
ソース・フォロワ ……… 94, 127, 132, 136, 234
ソース接地回路 ……………………………… 141
素子間の対称性 ……………………………… 60
素子レイアウト …………………………… 208, 217

【タ・た行】

ダイ・ボンディング …………………… 口絵 17
対称性 ………………………………………… 61
ダイシング ………………………… 口絵 17, 66
匠の技 ………………………………………… 64
ダミー・パターン …………………………… 224
ダミー素子 …………………………………… 60
ダミー抵抗 …………………………………… 62
遅延回路 ………………………………… 182, 184

遅延時間 ……………………………………… 178
チップ・サイズ …………………… 口絵 1, 58, 66
チップ・データ ……………………………… 67
致命的故障 …………………………………… 269
チャネル長変調 ……………………………………
　　… 84, 85, 109, 112, 113, 139, 159, 161, 163, 172
低 V_T 型 …………………………… 82, 104, 123
ディジタル回路 ……………………………… 71
低損失型レギュレータ ……………………… 110
低電圧誤動作防止 ……………………… 177, 242
定電流回路 …………………………………… 94
定電流発生 …………………………………… 103
定電流発生回路 ……………………………… 226
ディプリーション型 … 82, 88, 94, 103, 167, 174
ディレイ・マッチング …………………… 182, 186
ディレーティング …………………………… 121
デザイン・ルール …………………………… 58
デザイン・レビュー ………………………… 266
デッド・タイム ……………………………… 183
デバイス TEG ………………………………… 51
デバイス帯電モデル ……………………… 202, 209
手戻り ………………………………………… 40
デューティ・サイクル ……………………… 172
電圧コンパレータ …………………………… 164
電圧リミッタ ………………………………… 148
電圧レギュレータ ‥ 110, 115, 128, 193, 228, 231
電源過電圧法 ………………………………… 214
電源電圧変動除去比 ………………………… 90
電源投入時 …………………………………… 190
電子ビーム露光 …………………………… 口絵 24
電磁誘導 ……………………………………… 60
電流発生部 …………………………………… 158
等価回路図 …………………………………… 74
等価直列抵抗 ………………………………… 219
ドライ・エッチング ……………… 口絵 8, 口絵 25

ドライブイン	口絵 11
トランジスタ・サイズ	92, 114, 137, 139, 142, 161, 181, 184, 185
トランスコンダクタンス	85
トリミング	76, 97, 105, 117, 129, 167
トリミング・テーブル	99, 106, 130
トリミング回路	227
トリミング精度	97
ドレイン・コンダクタンス	85
ドレイン電流	83, 84

【ナ・な行】

内部抵抗	260
入出力過渡応答	154
入力ゲート開放	59
熱拡散法	口絵 11
熱源	61, 65
熱衝撃装置	272
ネット・リスト	59
熱分布	60
ノイズ対策	259
ノイズ伝播	63
ノイズ回り込み	167

【ハ・は行】

バーンイン・ボード	271
ハイ・サイドMOS	182
ハイ・サイド駆動	172
バイアス電流	140
配線抵抗	259
配線膜破壊	201
パターン粗密差	230
バック・グラインド	口絵 13
発振	264
発振周波数	166
発振停止部	165
バラスト抵抗	208
パルス電流注入法	214
はんだ槽	273
はんだリフロー炉	272
ヒート・シンク	262
微小信号	259
ヒステリシス	177
非飽和領域	83
ヒューズ	97, 117
比誘電率	83
評価技術力	68
ピン配置	58, 199
ブートストラップ回路	172
フォーミング	口絵 19
フォールデッド・カスコード	93
フォールデッド・カスコード型OPアンプ	126
フォト・マスク	口絵 22, 口絵 27, 66
フォトリソグラフィ	口絵 2
負荷容量	114
不純物導入	口絵 2
プラズマ・プロセス	64
プリ・ウェハ・テスト	99
プリレギュレータ	90, 91
フレーム・データ	66, 67
ブレッド・ボード	51, 54
フロア・プラン	58, 199
フローティング・ノード	59
プローブ・テスト	138
プローブ試験	口絵 14
ブロック・レイアウト	200
平均値	261
ペリクル装着	口絵 27
飽和領域	84
ポール	95

ポールとゼロ	115
ポスト・レイアウト・シミュレーション	59, 66
ホット・キャリア耐性	217
ポリシリコン高抵抗	82, 218
ポリシリコン低抵抗	82, 218
ボンディング・パッド	138
ボンディング・パッド配置	200
ボンディング・パッド座標	66

【 マ・ま行 】

マーキング	口絵 15, 口絵 16, 口絵 19
前工程	口絵 2
マスク・ブランクス	口絵 24
マニュアル検図	60, 64, 198
μ n	88
μ nD	88
μ nE	88
μ p	88
モールド	口絵 18
モールド・パッケージ	256, 257
目視検図	60

【 ヤ・や行 】

誘電率	83
ユニティ・ゲイン周波数	138
要素回路	49

【 ラ・ら行 】

ラッチアップ	213
ラッチアップ試験装置	275
ラッチアップ対策	237
ラッチアップ耐量	60, 63
ラテラル NPN	207
リードフレーム	口絵 16
リスク	44
リスクの洗い出し	75
リスト・ストラップ	264
リミッタ・アンプ	108, 148, 155, 194, 236
リミッタ回路	190
リモート・センシング	259
レイアウト	64, 222
レイアウト・ルール	208
レイアウト検証	59
レイアウト設計	105, 198, 213
レーザ・トリミング	口絵 14, 97, 102
レジスト除去	口絵 9
レジスト塗布	口絵 6
劣化故障	269
レベル・シフタ	174
連続動作試験	275
ロー・サイド MOS	182
ローディング効果	62, 229
ロード・レギュレーション	112, 125

【 ワ・わ行 】

ワースト条件	54
ワイヤ・ボンディング	口絵 18

参考文献

(1) 森末道忠，『LSI 設計製作技術』，電気書院，1987 年
(2) 西久保靖彦，『半導体の基本と仕組み』，秀和システム，2004 年
(3) 「半導体 LSI のできるまで」編集委員会，『半導体 LSI のできるまで』，日刊工業新聞社，2004 年
(4) 日本規格協会，『ディペンダビリティ（信頼性）用語』，JIS Z 8115，2000 年
(5) 安食恒夫，『半導体デバイスの信頼性技術』，日科技連，1989 年
(6) ルネサステクノロジ，『信頼性ハンドブック』，2006 年
(7) 谷口研二，『CMOS アナログ回路入門』，CQ 出版社，2005 年
(8) Behzad Razavi(著)，黒田忠広(監訳)，『アナログ CMOS 集積回路の設計 基礎編/応用編』，丸善，2003 年
(9) 吉澤浩和，『CMOS OP アンプ回路 実務設計の基礎』，CQ 出版社，2007 年

■著者紹介

吉田晴彦(よしだ はるひこ)
1985年　名城大学　理工学部　電気工学科卒業
同年　　新日本無線(株)入社
　　　　プロセス開発業務に従事
現在　　IC設計部門に所属

■企画協力

インパルス(株)　瀬川　毅
元(株)エヌエフ回路設計ブロック　荒木邦彌

- ●**本書記載の社名，製品名について** ── 本書に記載されている社名および製品名は，一般に開発メーカーの登録商標または商標です．なお，本文中では™，Ⓡ，Ⓒの各表示を明記していません．
- ●**本書掲載記事の利用についてのご注意** ── 本書掲載記事は著作権法により保護され，また産業財産権が確立されている場合があります．したがって，記事として掲載された技術情報をもとに製品化をするには，著作権者および産業財産権者の許可が必要です．また，掲載された技術情報を利用することにより発生した損害などに関して，CQ出版社および著作権者ならびに産業財産権者は責任を負いかねますのでご了承ください．
- ●**本書に関するご質問について** ── 直接の電話でのお問い合わせには応じかねます．文章，数式などの記述上の不明点についてのご質問は，必ず往復はがきか返信用封筒を同封した封書でお願いいたします．ご質問は著者に回送し直接回答していただきますので，多少時間がかかります．また，本誌の記載範囲を越えるご質問には応じられませんので，ご了承ください．
- ●**本書の複製等について** ── 本書のコピー，スキャン，デジタル化等の無断複製は著作権法上での例外を除き禁じられています．本書を代行業者等の第三者に依頼してスキャンやデジタル化することは，たとえ個人や家庭内の利用でも認められておりません．

〔JCOPY〕〈(社)出版者著作権管理機構委託出版物〉本書の全部または一部を無断で複写複製（コピー）することは，著作権法上での例外を除き，禁じられています．本書からの複製を希望される場合は，(社)出版者著作権管理機構(TEL：03-3513-6969)にご連絡ください．

CMOSアナログIC回路の実務設計

2010年2月15日　初版発行
2019年7月1日　第2版発行

Ⓒ新日本無線株式会社/吉田晴彦　2010

著　者　吉田　晴彦
発行人　寺前　裕司
発行所　CQ出版株式会社
　　　　（〒112-8619）東京都文京区千石4-29-14
　　　　電話　編集　03-5395-2123
　　　　　　　販売　03-5395-2141

ISBN978-4-7898-3068-3

定価はカバーに表示してあります．
無断転載を禁じます．
乱丁・落丁本はお取り替えいたします．
Printed in Japan

編集担当者　蒲生良治
DTP協力　大倉郁生
印刷・製本　大日本印刷株式会社